JLPT
新日檢

N1

合格實戰
模擬題

일단 합격하고 오겠습니다 - JLPT일본어능력시험 실전모의고사 N1
Copyright © by HWANG YOCHAN & PARK YOUNGMI
All rights reserved.
Traditional Chinese Copyright © 2025 by GOTOP INFORMATION INC.
This Traditional Chinese edition was published by arrangement with Dongyang Books Co., Ltd. through Agency Liang.

前言

　　JLPT（日本語能力測驗）是由國際交流基金和日本國際教育支援協會共同舉辦的全球性日語能力測驗。這項考試自 1984 年開始，專為母語非日語的學習者設計，是唯一由日本政府認證的日語檢定考試。JLPT 目前每年舉行兩次，成績被廣泛應用於大學升學、特殊甄選、企業錄用、公務員考試等多個領域。

　　至 2023 年為止，全球報考 JLPT 人數已超過 148 萬人，創下歷史新高，其中台灣的報考人口密度更高居全球第二。應試目的包括自我能力測試、求職、晉升、大學升學及海外就業等。近年來，隨著 2020 年東京奧運會的舉辦及日本就業市場的活躍，JLPT 的影響力與日俱增。成績優異者將有利於大學入學的特殊甄選，在國內外企業的就業中也具有絕對的優勢。

　　本書正是為了快速應對這樣的社會需求而編寫，希望考生在考前能透過大量的練習題來積累自信和經驗。我認為熟悉考試題型，是取得好成績的關鍵之一。此外，為了方便自學者，本書的解析部分不僅提供正確答案，還包括同義詞與考試要點的詳細說明，是任何考生在考前必備的參考書籍。

　　透過本書的五回模擬試題，希望所有考生都能增強信心，在正式考試中能取得優異成績。最後，特別感謝出版社相關人士對本書出版的協助，謹此致上誠摯謝意。

作者　黃堯燦　朴英美

關於 JLPT（日本語能力測驗）

❶ JLPT 概要

JLPT（Japanese-Language Proficiency Test，日本語能力測驗）是用於評估與認證非日語母語者日語能力的測驗，由國際交流基金會與日本國際教育支援協會共同主辦，自 1984 年開始實施。隨著考生群體的多樣化及應試目的的變化，自 2010 年起，JLPT 進行了全面改版，固定每年舉行兩次（7 月與 12 月）。

❷ JLPT的級數和認證基準

級別	測驗內容 測驗科目	時間	認證基準
N1	言語知識（文字・語彙・文法）・讀解	110 分鐘	難易度比舊制 1 級稍難 【讀】能閱讀且理解較為複雜及抽象的文章，還能閱讀話題廣泛的新聞或評論，並理解其文章結構及詳細內容。 【聽】能聽懂一般速度且連貫的對話、新聞、課程內容，並且掌握故事脈絡、登場人物關係或大意。
	聽解	55 分鐘	
	合計	165 分鐘	
N2	言語知識（文字・語彙・文法）・讀解	105 分鐘	難易度與舊制 2 級相當 【讀】能看懂一般報章雜誌內容，閱讀並解說一般簡單易懂的讀物，並可理解事情的脈絡及其表達意涵。 【聽】能聽懂近常速且連貫的對話、新聞，並能理解其話題走向、內容及人物關係，並掌握其大意。
	聽解	50 分鐘	
	合計	155 分鐘	
N3	言語知識（文字・語彙）	30 分鐘	難易度介於舊制 2 級與 3 級之間（新增） 【讀】能看懂日常生活相關內容具體的文章。能掌握報紙標題等概要資訊。能將日常生活情境中接觸難度稍高的文章換句話說，並理解其大意。 【聽】能聽懂稍接近常速且連貫的對話，結合談話內容及人物關係後，可大致理解其內容。
	言語知識（文法）・讀解	70 分鐘	
	聽解	40 分鐘	
	合計	140 分鐘	
N4	言語知識（文字・語彙）	25 分鐘	難易度與舊制 3 級相當 【讀】能看懂以基本語彙及漢字組成、用來描述日常生活常見話題的文章。 【聽】能大致聽懂速度稍慢的日常會話。
	言語知識（文法）・讀解	55 分鐘	
	聽解	35 分鐘	
	合計	115 分鐘	
N5	言語知識（文字・語彙）	20 分鐘	難易度與舊制 4 級相當 【讀】能看懂平假名、片假名或日常生活中基本漢字所組成的固定詞句、短文及文章。 【聽】在日常生活中常接觸的情境中，能從速度較慢的簡短對話中獲得必要資訊。
	言語知識（文法）・讀解	40 分鐘	
	聽解	30 分鐘	
	合計	90 分鐘	

❸ JLPT測驗結果表

級別	成績分項	得分範圍
N1	言語知識（文字・語彙・文法）	0～60
N1	讀解	0～60
N1	聽解	0～60
N1	總分	0～180
N2	言語知識（文字・語彙・文法）	0～60
N2	讀解	0～60
N2	聽解	0～60
N2	總分	0～180
N3	言語知識（文字・語彙・文法）	0～60
N3	讀解	0～60
N3	聽解	0～60
N3	總分	0～180
N4	言語知識（文字・語彙・文法）・讀解	0～120
N4	聽解	0～60
N4	總分	0～180
N5	言語知識（文字・語彙・文法）・讀解	0～120
N5	聽解	0～60
N5	總分	0～180

❹ 測試結果通知範例

如下圖，分成①「分項成績」及②「總分」，為了日後的日語學習，還會標上③「參考資訊」及④「百分等級排序」。

＊範例：報考 N3 的 Y 先生，收到如下成績單（可能與實際有所不同）

① 分項成績			② 總分	④ 百分等級排序（PR值）
言語知識（文字・語彙・文法）	讀解	聽解		
50/60	30/60	40/60	120/180	95

⇩

③ 參考資訊	
文字・語彙	文法
A	B

③ 參考資訊並非判定合格與否之依據。
　A：表示答對率達 67%（含）以上
　B：表示答對率 34%（含）以上但未達 67%
　C：表示答對率未達 34%

⇩

PR 值為 95 者，代表該考生贏過 95% 的考生。

❺ JLPT證書範例

N1

日本語能力認定書
CERTIFICATE
JAPANESE-LANGUAGE PROFICIENCY

氏名
Name

生年月日(y/m/d)
Date of Birth

受験地　　　　台北　　　　　　　　Taipei
Test Site

上記の者は　　年　　月に、台湾において、公益財団法人日本台湾交流協会が、独立行政法人国際交流基金および公益財団法人日本国際際教育支援協会と共に実施した日本語能力試験 N1 レベルに合格したことを証明します。
　　　　　　　　　　　　　　　　　　　　　　年　　月　　日

This is to certify that the person named above has passed Level N1 of the Japanese-Language Proficiency Test given in Taiwan in December 20XX, jointly administered by the Japan-Taiwan Exchange Association, the Japan Foundation, and the Japan Educational Exchanges and Services.

公益財団法人　日本台湾交流協会
理事長　谷崎　泰明
Tanizaki Yasuaki
President
Japan-Taiwan
Exchange Association

独立行政法人　国際交流基金
理事長　梅本　和義
Umemoto Kazuyoshi
President
The Japan Foundation

公益財団法人　日本国際教育支援協会
理事長　井上　正幸
Inoue Masayuki
President
Japan Educational
Exchanges and Services

目錄

前言 3
關於 JLPT（日本語能力測驗）... 4

- **實戰模擬試題 第 1 回**
  言語知識（文字・語彙）... 11
  讀解 24
  聽解 45

- **實戰模擬試題 第 2 回**
  言語知識（文字・語彙）... 63
  讀解 76
  聽解 97

- **實戰模擬試題 第 3 回**
  言語知識（文字・語彙）... 115
  讀解 128
  聽解 151

- **實戰模擬試題 第 4 回**
  言語知識（文字・語彙）... 169
  讀解 182
  聽解 205

- **實戰模擬試題 第 5 回**
  言語知識（文字・語彙）... 223
  讀解 236
  聽解 259

在這裡寫下你的目標分數！

以 ____ 分通過N1日本語能力考試！

設定目標並每天努力前進，就沒有無法實現的事。請不要忘記初衷，將這個目標深刻記在心中。希望你能加油，直到通過考試的那一天！

N1

實戰模擬試題
第1回

N1

言語知識（文字・語彙・文法）・読解

（110分）

注意 Notes

1. 試験が始まるまで、この問題用紙を開けないでください。
   Do not open this question booklet until the test begins.

2. この問題用紙を持って帰ることはできません。
   Do not take this question booklet with you after the test.

3. 受験番号と名前を下の欄に、受験票と同じように書いてください。
   Write your examinee registration number and name clearly in each box below as written on your test voucher.

4. この問題用紙は、全部で31ページあります。
   This question booklet has 31 pages.

5. 問題には解答番号の 1、 2、 3 … が付いています。
   解答は、解答用紙にある同じ番号のところにマークしてください。
   One of the row numbers 1, 2, 3 … is given for each question. Mark your answer in the same row of the answer sheet.

受験番号　Examinee Registration Number

名前　Name

問題1 ＿＿＿＿＿の言葉の読み方として最もよいものを、1・2・3・4から一つ選びなさい。

1 彼は問題が誇張されていると強く反論した。
　　1　かちょう　　　2　かじょう　　　3　こちょう　　　4　こじょう

2 女性の社会活動を阻む壁はまだ根強くある。
　　1　こばむ　　　　2　おがむ　　　　3　ちぢむ　　　　4　はばむ

3 私は、遮るもののない真っ暗な空を見上げていた。
　　1　さえぎる　　　2　よこぎる　　　3　あやつる　　　4　こころみる

4 選挙に行かないことは、政治に参加する権利を自ら放棄することである。
　　1　ほうち　　　　2　ほうき　　　　3　ふうち　　　　4　ふうき

5 私は鮮やかな色より、淡い色の方が好きだ。
　　1　あわい　　　　2　うすい　　　　3　とうとい　　　4　もろい

6 アメリカは、為替レートの過度の変動を警戒している。
　　1　そうば　　　　2　にせがえ　　　3　ためたい　　　4　かわせ

問題2 (　　　)に入れるのに最もよいものを、1・2・3・4から一つ選びなさい。

[7] お手軽に(　　　)だけで、定番のたらこパスタをおうちで作ることができます。
　　1　うめる　　　　2　あえる　　　　3　くだす　　　　4　かせぐ

[8] いじめられているクラスメートを(　　　)と、自分もやられるかもしれないから、知らんぷりするようだ。
　　1　めくる　　　　2　ためる　　　　3　かばう　　　　4　もめる

[9] 近頃の不景気の原因については、専門家ですら意見は(　　　)である。
　　1　まちまち　　　2　ぼつぼつ　　　3　いやいや　　　4　ひらひら

[10] 今回の選挙で野党はわずかながら支持率が上がったが、○○党だけは(　　　)だった。
　　1　よこばい　　　2　ゆきちがい　　3　おおまか　　　4　だいなし

[11] ここは歴史が感じられる(　　　)雰囲気の本物の教会で、結婚式用のチャペルとは違った印象を受けた。
　　1　しとやかな　　2　こっけいな　　3　すみやかな　　4　おごそかな

[12] 山本さんは昔から(　　　)なので、何か始めるとのめり込んでしまうタイプだ。
　　1　まけずぎらい　2　こりしょう　　3　たんき　　　　4　マイペース

[13] 保護者たちは、子育て世代の声を(　　　)聞いてほしいと訴えた。
　　1　くっきり　　　2　はっと　　　　3　じっくり　　　4　むやみに

問題3 ＿＿＿＿の言葉に意味が最も近いものを、1・2・3・4から一つ選びなさい。

14 日本だけではなく、世界各地を異常気象が襲っている。じわじわとこの地球が傷んでいる。
 1 きゅうげきに 2 だんだん 3 すみやかに 4 とつぜん

15 運動場の真ん中に、ぶかぶかのコートを着ている少年が立っていた。
 1 おおきすぎる 2 ちいさすぎる 3 ながすぎる 4 みじかすぎる

16 原発被災者にこれ以上の被害がないよう、最終的に国が賠償の責任を負うのはやむをえないと思う。
 1 さしつかえない 2 そっけない
 3 あっけない 4 しかたがない

17 B市では、市民参加の講座や各種セミナーを開き、この地域の人材育成に貢献するための教育の場、情報発信地を目指している。
 1 めどがつく 2 やくだつ 3 めだつ 4 むすびつく

18 最近ブームになっているファストファッションは、最新の流行の服をリーズナブルな値段で売るのが特色と言える。
 1 手軽な 2 手際な 3 手頃な 4 手回しな

19 被災地の復興を阻害するがれきを、どう処理していくべきか。
 1 うながす 2 さまたげる 3 きしむ 4 もめる

問題4 次の言葉の使い方として最もよいものを、1・2・3・4から一つ選びなさい。

20 凄まじい
1 凄まじい速さで襲う津波が、恐ろしくて仕方がない。
2 この作品が凄まじく落札されたという記事を目にした覚えがある。
3 演奏が終り、聴衆は凄まじい拍手をした。
4 私は彼の大きな声で凄まじく笑うことに魅力を感じた。

21 欠如
1 現代人は忙しい生活に追われ、必須栄養素が欠如しやすい。
2 あんな軽々しい判断をしたというのは、船長としての責任感が欠如しているのではないか。
3 数日が経ってから、彼の名前が名簿から欠如されたことが分かった。
4 歴史の欠如を補うために、この映画が製作された。

22 ほんのり
1 停電になった部屋は真夜中のようにほんのり暗くて、何も見えなかった。
2 新しい眼鏡を作ったら、字がほんのりと見えてきた。
3 部屋が暖まって、頬はほんのりと赤くなった。
4 学生時代の授業の内容を未だにほんのり覚えているなんて、まさにすばらしい。

23 担う
1 世の中には危険に陥っている人を担うために、24時間待機している人がいる。
2 地球の環境問題を担うエリート科学者の育成のためのプロジェクトを明らかにした。
3 これからの教育は人間が地球の未来を担うことができるように構想するべきだ。
4 登山のために重い荷物を担う訓練を受けている。

24 仕入れる

1 就職のためには、常に最新の情報を仕入れておく必要がある。

2 その時代は西洋の新しい文化や思想を仕入れるのが難しかった。

3 子供が英語活動に興味を持って仕入れているのか、チェックしている。

4 他校のガラの悪い連中がけんかを仕入れてきたので、どうしようもなかった。

25 しくじる

1 このアプリをしくじると、驚くほどスマホのスピードがアップされる。

2 子供がいい人間関係を作るため、教師がしくじるべきことは何だろう。

3 この本でペットをしくじる際、絶対必要な7つのポイントが分かる。

4 仕事をしくじったくらいでそんなに自己嫌悪することはないと思う。

問題5 次の文の(　　)に入れるのに最もよいものを、1・2・3・4から一つ選びなさい。

26 イギリスに居住している親戚に挨拶(　　　　)博物館にも寄ってみた。
　　1　がてら　　　2　ごとき　　　3　ばかり　　　4　ながら

27 彼は「いただきます」という(　　　　)、目の前の料理をがつがつ食べ始めた。
　　1　たとたん　　2　が早いか　　3　がはやるか　　4　のなんの

28 それは社会人としてある(　　　　)行為であることを自覚してほしい。
　　1　まじき　　　2　まじきの　　3　ごとき　　　4　ごときの

29 彼は時々言わず(　　　　)のことを言って、回りの人を傷付ける。
　　1　まじき　　　2　ばこそ　　　3　べくもない　　4　もがな

30 今回の作品は念には念を(　　　　)大変仕上がりがいい。
　　1　いかんで　　　　　　　　　　2　いれこんで
　　3　おしこんだから　　　　　　　4　いれたので

31 あなたの頼みと(　　　　)何でも受け入れるから、気軽に話してください。
　　1　あると　　　2　あったら　　3　あれば　　　4　あるなら

32 彼女は見(　　　　)少年の様に見える顔立ちをしている。
　　1　るによっては　　　　　　　　2　ようによっては
　　3　られるによっては　　　　　　4　せるによっては

33 弟は帰宅する（　　　　　）、スーツのまま布団の中に入ってしまった。
　　1　たとたん　　　2　であれ　　　3　なり　　　4　ながらに

34 彼女は貴族としての教育が行き届いた（　　　　　）いつも礼儀正しく振る舞った。
　　1　だけあって　　2　だけあれば　　3　だけで　　4　だけであると

35 彼女は喉の不調で涙（　　　　　）歌を熱唱し、みんなの盛大な拍手を受けた。
　　1　ながらに　　　　　　　　2　するとして
　　3　ながらと　　　　　　　　4　したとたん

問題6 次の文の　★　に入る最もよいものを、1・2・3・4から一つ選びなさい。

(問題例)

あそこで ＿＿＿ ＿＿＿ ★ ＿＿＿ は山田さんです。

1　テレビ　　　2　見ている　　　3　を　　　　4　人

(解答のしかた)

1．正しい文はこうです。

あそこで ＿＿＿＿ ＿＿＿＿ ★ ＿＿＿＿ は山田さんです。
　　　　1　テレビ　　3　を　　2　見ている　　4　人

2．　★　に入る番号を解答用紙にマークします。

(解答用紙)　(例)　① ● ③ ④

36　両国の交渉は難航する ＿＿＿★＿＿＿ ＿＿＿ ＿＿＿ ＿＿＿ 進んでいない。

1　解決を模索する　　　　2　ばかりで
3　一向に　　　　　　　　4　対策は

37　その救急救命士は ＿＿＿ ＿＿＿ ＿＿＿ ＿＿＿★ 出発した。

1　風雨を　　　　　　　　2　助けるため
3　ものともせずに　　　　4　遭難した人を

38 うちの子供 ___★___ ___ ___ ___ 世話が焼ける。

1 やたら　　　　　　　　　　2 わがままで
3 意地悪だから　　　　　　　4 ときたら

39 日本の ___★___ ___ ___ ___ 感銘させないではおかない。

1 おもてなし文化は　　　　　2 外国人を
3 至れり尽くせりの　　　　　4 多くの

40 家族の旅行を迎えて費用は ___★___ ___ ___ ___ 心配だ。

1 微妙に　　　2 さておき　　　3 悪くて　　　4 体調が

問題7 次の文章を読んで、文章全体の趣旨を踏まえて、41 から 45 の中に入る最もよいものを1・2・3・4から一つ選びなさい。

若者のメールで踊る略語や俗語、流行語に、あなたは戸惑うことはないでしょうか。

「ヒトカラ」「モノノフ」「ベッケンバウアー」「しょんどい」「ツイ飲み」「なう」「にわか」「ポチる」「ネトモ」「イミフ」「アースマラソン」「ドーピング」など、これらは若者同士では会話やチャットでよく使われてる言葉ですが、あなたはこの中でどれぐらいを把握しているのでしょうか。

一部のポータルサイトではこれらのいくつを知っているのかにより、若者の判断の基準にし、知っている単語の個数が「0」または「1」だったら「化石」にまで例えられるので非常に困ったものです。

もちろん、これらの言葉を使うことによって、 41 若者だという気持も楽しめるし、自分達の結束力を強化することにも役立つかもしれません。だからといってこれらの俗語や略語を使うからこそ、「今を生きている感じがする」と思い込んでしまうのはどうかと思います。

42 、これらの略語の使い方に違和感を持ったり、心配する声も寄せられました。そもそも略語や流行語というのは使っている人の範囲が限られている 43 、使っている本人はそういう自覚がなく、 44 「知っておくのが当たり前」だとか「知らないあなたは時代遅れ」という空気があるのではないでしょうか。仲間同士でも言葉の意味が分からなくても 45 聞けなかったりすることも多いようです。

会話の基本は、受け手も文脈から理解できるだろうという前提から始まります。会話に活気を与えるのはいいが、前置きなく略される言葉は相手に違和感を与えるかもしれないので注意しましょう。

41

1　まさに　　　　　2　とびっきり　　　3　めっきり　　　　4　著しく

42

1　それにもかかわらず　　　　　2　それはともかく
3　一方　　　　　　　　　　　　4　ともあれ

43

1　のを知りつつ　　　　　　　　2　のはもちろん
3　にも関わらず　　　　　　　　4　ものの

44

1　とはいうものの　　　　　　　2　とはいえ
3　しかしながら　　　　　　　　4　かえって

45

1　恥をかくのが怖くて　　　　　2　恥はかきすてで
3　違和感が残るのはいやだから　4　違和感を感じられるので

問題8 次の（1）から（4）の文章を読んで、後の問いに対する答えとして最もよいものを、1・2・3・4から一つ選びなさい。

（1）

> つばき市では、家庭ごみを街角でいつでも捨てられる「街のゴミボックス」方式のごみ収集を、日本で唯一実施していた。ところがきのう、この「街のゴミボックス」方式の廃止を正式に発表した。同市が2003年から導入した「街のゴミボックス」は、可燃ゴミ用と不燃ゴミ用に分かれた金属製の箱である。「街のゴミボックス」は、衛生的であり、街の美観を保ちつつ、24時間いつでも家庭ゴミを捨てられる仕組み。当然市民にも好評であったが、ゴミの分別が徹底されず、市外からの越境投棄が絶えなかった。実際、つばき市の家庭ゴミのうち、約3割は市外からの持ち込みであった。ただつばき市では、今年度中は現行方式での収集を続けるという。

[46] この文章の内容に合うものはどれか。
1 つばき市は、「街のゴミボックス」方式のゴミ収集を直ちにやめるという。
2 「街のゴミボックス」方式のゴミ収集は誰でも捨てられることで評価されている。
3 つばき市は、「街のゴミボックス」方式のゴミ収集を来年度からやめるという。
4 「街のゴミボックス」方式のゴミ収集は街の美観を損なうおそれがある。

（2）

　　最近「異性の友人も恋人もいない」という男女が増えていて、若者の恋愛離れが深刻になっているそうだ。結婚情報サービス「ハッピー・ネット」は、今年成人式を迎える男女各1000人を対象にアンケートを実施した。その結果によると、新成人の半分が異性との交際経験がなく、交際相手がほしいという人も約6割にとどまっていることが分かった。また結婚願望に関しても、「結婚したくない」が約3割と過去最多になった。結婚については、「私は結婚できないと思ったことがある」「結婚しなくても生きていける」が、どちらも6割を超えた。最近の若者の結婚離れも、まさにこの恋愛離れからひもづけられると思われる。昔は「恋愛＝結婚」だったが、今は恋愛離れが進み、婚活もできなくなったのでは。

[47] このアンケート調査の結果に合わないものはどれか。

1. 結婚のことを、半分あきらめている若者もかなり多いようだ。
2. 今頃の若者は、昔にひきかえ異性に対する興味をあまり持たなくなったようだ。
3. 異性との交際が減ったのが、婚姻率の低下に直接響いたようだ。
4. 二十歳になる前に、異性との交際経験を持っている人の割合は2人に1人だった。

（3）

　経営者にとって「決断」は、非常に重要な能力の一つである。また決断のためには良質な情報がどうしても必要になるが、多くの情報を集めたからといって正しい決断ができるとは限らない。自分に都合のよい情報だけを集めることに躍起になったり、リスクを気にするあまり、結局は踏ん切りがつかなかったりするからである。

　私は、ある物事を進めるべきかどうかの決断に迫られたとき、五割以上の可能性があれば、ちゅうちょせずその物事を推し進めてきた。だから当然失敗もあったし、途中でやり方を変更しなければいけないこともあった。しかし、始めなければ何も残らないが、思い切ってやってみれば、何らかの結果は残るはずである。たとえ、失敗に終わってとしても、それは残りの人生の「肥やし」になると考えてきた。思い切って決断をする勇気があったからこそ、現在の成功があるのだと思っている。

[48] 筆者は情報についてどう考えているか。

1　情報が多ければ多いほど決断をしやすくなるが、少なくてもかまわない。
2　情報はあるに越したことはないが、ときに決断を鈍らせるものである。
3　経営者なら必ず身につけておくべき能力の一つだが、リスクも考えておくべきだ。
4　正しい決断のじゃまにならないよう、自分に都合のよい情報だけを集めるべきだ。

(4)

> 規則的に運動する人は、40歳以降にかかる医療費が、日本人の平均より173万円も軽減するという試算が京都のある大学の研究グループの発表で明らかになった。規則的な運動の効果としては、まず免疫力の向上が挙げられる。規則的な運動は、エネルギー代謝を促進するため、インスリンとインスリン類似成長因子の循環濃度を減少させ、ガンの予防に役立つという。また、身体のホルモンの分泌を調節してくれて、ホルモン分泌異常に生じる病気を予防するだけでなく、免疫力を高める効果を生じるという。しかも血圧と血糖値の調節効果があり、心臓病、脳卒中、肥満などの慢性疾患を予防することも明らかになっている。試算はこの研究データに基づいて行われ、さらに20～79歳にかかる医療費の総額も推計して、日本人の平均と比較した。40歳以降にかかる医療費の総額は、日本人の平均が1人当たり約2000万円なのにひきかえ、規則的に運動する人は生活習慣病などが改善するため、173万円程度減少すると試算された。

[49] この文章の内容に合うものはどれか。

1　この試算によると、年齢にかかわりなく運動習慣のある人は医療費が抑えられる。
2　この試算によると、運動習慣は免疫力の向上とつながりかねるようだ。
3　この試算によると、運動習慣のある人はない人より長生きするようだ。
4　この試算によると、規則的に運動する人は年を取ってから医療費が抑えられるようだ。

問題9 次の（1）から（3）の文章を読んで、後の問いに対する答えとして最もよいものを、1・2・3・4から一つ選びなさい。

（1）

　家ではもう無用になった家電・家具や洋服などを、インターネットオークションで売却すれば、家計の助けにもなるし、ここで購入すれば、<u>費用の節約にもなる。</u>多少所帯じみたように聞こえるかもしれないが、うまく使い分けると良いと思う。

　テレビやエアコンなどの大型家電、それからソファーや食器棚などの家具は廃棄時にリサイクル料に収集・運搬料もかかる。しかしながら、インターネットで売却すると、経費の節約になる上、売却でお小遣いも得られる。そしてインターネットオークションなら、画面が破損し映らなくなった大型テレビのような故障品を売買することもできる。業者が故障品を低価格で買い取った後、修理し転売するのだと言う。

　また購入する側も、「新品の高性能デジカメが量販店では7万円もするのに、3万円で買えた。」というように、掘り出し物に遭遇することもあるという。

　しかも売り手が個人なら、購入に消費税がかからないため、最近では若年層中心に脚光を浴びているが、オークションは返品不可が原則とされているため注意しなければならない。そして購入品は傷と汚れがあったり、ひどい場合は破損している可能性があるため、実際に現物を見てから取引を行うのがトラブルを避ける上でも一番無難な方法だろう。

　だが、距離や時間の都合により直に会えない場合は、事前に販売側の評価をチェックすることも必須である。

50 「費用の節約にもなる」とあるが、それはどうしてか。

 1 税金が免除されるから

 2 ただでもらえるから

 3 壊れたものを購入するから

 4 掘り出し物が見つかるから

51 なぜ業者はわざわざ壊れたものを買い取ると考えられるか。

 1 骨董品を収集するため

 2 量販店へ行けばもっと高く売れるため

 3 また売りで差額をもうけるため

 4 リサイクル料が節約できるため

52 インターネットオークションを使うときに考えられるメリットではないものは何か。

 1 インターネットオークションでは、粗大ごみなどが無料で処分できる。

 2 インターネットオークションでは、買い手はリサイクル料を節約できる。

 3 インターネットオークションでは、金もうけもできる。

 4 インターネットオークションでは、故障品も売ることができる。

（2）

　広島のある工業大学教授が、重度の障害によって思いを言葉で伝えられない人のための意思疎通支援装置「アイアシスト」という目の瞬きを感知する機械を開発した。

　意思疎通支援装置は、重度の障害を持つ人のコミュニケーションに欠かせない用具であり、行政の補助対象商品でもあるが、これまで発売されていた装置は高額なものが多かった。しかし、今回開発された「アイアシスト」は、携帯電話でダウンロードすれば使用することができ、無料で一般に提供している。

　携帯電話の画面に映る五十音表の上をカーソルが自動で動き、使用者が瞬きで文字を選び、五十音表の左下部分の内蔵カメラがその動きを感知する仕組みになっている。瞬きを毎秒数十枚の画像にすることで、意識的なものか無意識的なものかを判定することができ、その正確性を高めるために使用される専用の高性能カメラは不可欠なものであるため、これまでの意思疎通支援装置の値段は一般的に数十万～百万円以上してしまう。

　さらにこの「アイアシスト」は、薄暗くても使用が可能で、設定画面で瞬きの判定の感度やカーソルの速度等も細かに設定が可能なので、個人の動きに合わせることもできる。

　慣れるまでは少々時間と苦労を要するが、この「アイアシスト」によって新たな可能性が広がるだろう。

53 「アイアシスト」を開発した目的と考えられるものは何か。

　　1　より円滑なコミュニケーションを図るために開発した。

　　2　高齢者のコミュニケーションに欠かせないので開発した。

　　3　言語による会話や筆談の困難な方のために開発した。

　　4　従来の意思疎通支援装置に高額なものが多かったので開発した。

54 「アイアシスト」の説明として正しくないものは何か。

　　1　「アイアシスト」は、ほの暗い屋内では使用不可能だ。

　　2　「アイアシスト」は、内蔵カメラが目のまばたきを感知する仕組みだ。

　　3　「アイアシスト」は、携帯電話さえあれば、誰でも無料で使える。

　　4　「アイアシスト」は、使い方に慣れるのに若干時間がかかりそうだ。

55 この文章の内容に合うものはどれか。

　　1　「アイアシスト」は、高額で庶民には手が出せないようだ。

　　2　意思疎通支援装置は、日本で初めて開発された装置である。

　　3　意思疎通支援装置は、視覚障害者のリハビリを行うのに使われる。

　　4　「アイアシスト」は、障害の軽重によって微細な設定もできる。

（3）

　首都圏のあるアンケート調査の専門会社が、「消費税増税前に買ったものと、買いたいものは？」というテーマで実施したアンケート結果をまとめた。対象は20歳から65歳までの成人3,000人で、調査実施期間は2014年1月5日～3月31日の約3か月だ。

　2014年4月に、消費税率が5％から8％に引き上げられた。消費税の引き上げは、17年ぶりだ。2004年から、価格の総額表示、つまり税込み価格の表示が義務づけられているが、2013年10月1日から2017年3月末までの期間に限って商品の価格表示に「税抜き価格」でもよいことが認められ、①店舗によって価格の表示方式が異なっていた。

　今回のアンケートは、増税前から採っていたので、「消費税増税前に買ったものと、買いたいものは？」として、回答を得ることにした。

　1位は「パソコン・タブレット端末」で56.0％を占めていたが、これはWindows OS製品の公式サポート終了で、不安を感じている人が多いのがその理由と見られる。家電量販店の実売データを集計したランキングでも、1月・2月は前年実績を上回っていた。ノートPC、デスクトップPCは、3月も前年の販売台数を超え、消費税アップとWindows OS製品サポート終了の影響は、実に大きかったようだ。

　2位は「別にない」で41.3％を占めている。3位は「生活家電・調理家電」、次いで「デジタル製品」、「生活消耗品」「食品飲料」などと続いた。予想外に「別にない」という返答が多く、3％程度の税率引き上げは家計への影響はさほど大きくないとみる人も少なからずいた。増税や品枯れ、限定商品などといった煽りに踊らされず、必要なときに必要なものを買う「②賢い消費者」が多いようだ。

56 「①店舗によって価格の表示方式が異なっていた」とあるが、それはどうしてか。

1 一定期間だけ税別表示が認められていたから

2 店舗の事情によって価格表示が異なるから

3 増税前と増税後は価格が異なるから

4 消費税の税率が店舗ごとに異なるから

57 「②賢い消費者」が多いようだとあるが、筆者はなぜこう考えたのか。

1 増税前に買っておこうとする消費者が多いから

2 衝動買いをしないで計画購買をする人が多いから

3 消費税の税率の引き上げ幅がそれほど大きくないから

4 増税後、生活必需品の購買意欲が落ちたから

58 この調査で「パソコン・タブレット端末」が1位になった理由ではないものはなにか。

1 消費税の税率の引き上げにともなうパソコンの値上げを予想した。

2 Windows OS 製品サポート終了に対する不安感が募った。

3 多様な機能を搭載した新しいパソコンが発売された。

4 Windows OS 搭載パソコンを使っている人がパソコンを買い替えた。

問題10 次の文章を読んで、後の問いに対する答えとして最もよいものを、1・2・3・4から一つ選びなさい。

　夕方6時。それは、多くの日本の勤め人にとってそろそろ帰りの電車の込み具合が気になる頃、あるいは「今日も残業か……」とため息をつく時刻であろうか。

　その6時に、ものすごい勢いでパソコンの電源を切り、①たどたどしく「オツカレサマ」を言いながら走り去る人々を私は見たことがある。それは社内の7割を占めるフィンランド人、もしくは欧米人であった。その彼らに挨拶を返しながらもまだパソコンの画面にへばりつき、あるいはもう残業が確定している仲間同士で夕飯の相談しているのが日本人従業員。②これが、今から15年ほど前に私が就業していたAK・ジャパンの光景だ。

　フィンランド人上司は遅くまで残業する日本人従業員に向かってよくいったものだ。「もう帰りなさい」「奥さんが待ってるでしょう」と。特に新婚の日本人男性にはうるさく言っていた。従業員を"会社の歯車"としてではなく、きちんと"人"として扱うヨーロッパの企業人らしい振る舞いだと感心したものである。

　さてそのAK・ジャパンでは、長時間労働にも耐え、締め切り厳守で働く日本人は高く評価されていただろうか？　それに対する私の答えは「NO」だ。私とて、プライベートライフを多少犠牲にしてでも仕事に忠実な日本人を「勤勉だ」「まじめだ」と褒めて欲しかった。お世辞でもいい、おだてて乗せて、自分たちの仕事を押し付けるのでもいい。しかし、正面切って「日本人は勤勉で長時間労働にも耐える良い働き手である」と言ってくれたフィンランド人は皆無である。

　当時隣の部署で働いていたフィンランド人のAさんは、「日本人はだらだら遅くまで働いていて効率が悪い」「そんなに長時間働いて、頭が冴えるのか？」とまで言う。「でも遅くまで働く彼らがいるから、日本のプロジェクトには遅れが少ないのでは？」と言い返すと、「与えられたタスクの内容を吟味せず、無駄なことでも延々とやるから残業になるのだ」という。そこで「上司からの命令だからでは？」と反論すると、「フィンランドでは相手が上司であろうと、現場を一番よく知っている人間が無駄な課題やプロセスには『NO』といって、より効率の良いやり方を提案する」と言い放った。

　（中略）

しかし個人の意識が変わり、社会制度やシステムも改善されたとしても、自由になった時間をどうするかはその人次第である。まずは、残業が無くなったら、休みが多く取れたら、何をしてどう充実させたいのか、具体的なシミュレーションをすることをお勧めする。それが思い描けるなら、「自分の時間」や「家族の時間」を、より豊かに過ごせるのではないだろうか。

[59] ①たどたどしく「オツカレサマ」を言いながら走り去る人々とはどんな人か。
1 帰りの電車の混雑を心配していた日本人
2 筆者の職場のフィンランド人などの外国人
3 残業のために夕食を取りに行く日本人
4 筆者の職場で結婚したばかりの欧米人

[60] ②これとは何をさすか。
1 電車の混雑を心配する者とそうでない欧米人がいる風景
2 パソコンを消してから帰る者と消さない者がいる風景
3 定時に帰宅する者と帰る気配のない者がいる職場風景
4 帰宅時に日本語と現地語の挨拶言葉が飛び交う風景

[61] 筆者の職場では日本人はどう評価されていたのか。
1 日本人はまじめで長時間よく働く国民だ。
2 日本人は自分の時間も仕事時間も上手に使う。
3 日本人は上司の命令に従順だが、無駄が多すぎる。
4 日本人の時間の使い方と仕事ぶりは効率が悪い。

[62] 筆者は自由な時間の使い方についてどう考えているか。
1 人はそれぞれ価値観が違うので、どの使い方がよいとは言えない。
2 まずは家族のために時間を使い、次に自分のために使うのがよい。
3 社会制度やシステムが改善されれば、充実した自由時間がとれる。
4 時間の使い方を具体的に考えてみれば、充実したものになるだろう。

問題11 次のAとBはそれぞれ、日本の温泉のマークについて書かれた文章である。後の問いに対する答えとして最もよいものを、1・2・3・4から一つ選びなさい。

A

　　慣れ親しんだ温泉マークが改正されるかもしれません。

♨

　　従来のものは、3本の湯気が立ったマークです。地図にも描かれていますし、一目で温泉があるとわかります。皆さんはこの3本の湯気にも意味があることをご存じですか。一番左の線は初めての入浴は5分程度でほどほどにして、2番目の線は2回目の入浴です。今度はゆっくり入って下さい。一番右は3回目。最後は3分ぐらいで、さっとお湯に浸かってくださいの意味があるんです。これが効果的な入浴法だそうです。なんだかホッとできます。でも、外国人が見たら、温かい料理をだす旅館だと思うらしいです。2020年の東京オリンピックに訪れる外国人を見据えて、分かりやすいマークに変えるということですが、地図や看板など全部変更したら莫大なお金がかかるでしょうね。

B

　　温泉マークが2020年の東京五輪、パラリンピック開催を見据えて改正される方向らしいです。

♨

　　従来のマークの70種類の改正を検討するようです。今までの温泉マークは外国人から見ると、料理店と勘違いされるらしいです。とくに温かい料理をふるまうお店だと思うらしいんです。なるほどね。でも、この新しいマークもなんだか微笑ましくていいですね。家族でゆっくり出来そうです。

温泉業界からは戸惑いや批判の声が次々と上がっているそうです。従来の温泉マークには歴史やれっきとした由来があり、新しいマークは国内には浸透していないので混乱を招くと。でも、日本人ならこのマークに改正されても、すぐに温泉だとわかるし、馴染みやすいんじゃないでしょうか。それに、外国人には確かにわかりやすいですよね。

[63] 温泉マークの改正についてAとBの視点はどのようなものか。

1　Aは温泉マークの由来や馴染み深さに重きをおき、Bは外国人への分かりやすさを重視している。

2　Aは外国人に日本文化を紹介できる点を重視し、Bは温泉業界の混乱を危惧している。

3　Aは温泉の由来や馴染み深さに重きをおき、Bは万人が安らげるデザインに焦点をあてている。

4　Aはマーク変更に伴う経費を問題視しており、Bは温泉業界への混乱や影響を懸念している。

[64] AとBは温泉マークの改正についてどのように述べているか。

1　AもBも従来のマークでも新マークでも分かりやすいのでどちらでもよい

2　Aは従来のマークの存続を望み、Bは新しいマークに変更することに賛成

3　AもBも温泉の日本文化を外国人が楽しんでくれるなら改正するのに賛成

4　Aは従来のマークは変えることに賛成で、Bは新しいマークにするのは反対

問題12 次の文章を読んで、後の問いに対する答えとして最もよいものを、1・2・3・4から一つ選びなさい。

　あるスイスの心理学者は、子供の嘘つきについて、いろいろの観察や実験をしていますが、その報告によると、嘘つきの子供は虚栄心が人一倍強いとされています。例えば、子供に自分の願望を書かせるテストをしてみましたが、その結果は次のようでした。

　「私は美男子と結婚したい。」という願望を述べたものは、嘘をつかない子供達の群では0パーセントでしたが、嘘つきの子供達の群では、何と100パーセントを示しました。

　また、「あなたは自分のことをどう思うか。」という趣旨の質問に、「私は大変に美しい」と答えた子供は、嘘をつかない群では0パーセントでしたが、嘘つきの群では66.7パーセントと高率を示したのです。

　これらは明らかにスターやヒーローや親分になろうとする喝采願望の現れと見てよさそうです。こうした傾向は子供である以上、多少なりとも皆持っているもので、喝采願望それ自体は決して非難されるべきものではありません。特に子供たちの向上心を刺激することは有効なことです。偉くなろう、有名になろうとする願望は、前向きに働けば人間の進歩の原動力ともなる意義深いものですが、単なる空想的願望に終わってしまってはつまりません。その点、私たちはふところ手では、偉くもなれないし、有名にもなれないことをよく教えなければならないわけです。(注)

　世間的な偉さとか、有名さを過大評価することは誤りですが、それらはある程度まで努力によって得られると考えてよいでしょう（T教授はカンニングをウソと解釈します）。

　つまり"努力賞"ということになりますが、嘘をつく子供達の喝采願望では、それが単なる空想的願望で終わってしまい、努力が伴わないのです。子供達が高校から大学へと学校生活を送るようになると、カンニングという不正行為が問題になってきます。このカンニングも、行われなければならない努力を回避して、ふところ手で甘い汁を吸おうとするヒステリー性反応のひとつなのです。私たちはカンニングの習慣化を防がなければならないのです。それは、嘘の場合と全く同じなのです。ふところ手で甘い汁が吸えるとなれば、嘘は常習化してしまいます。

（中略）

　ある者は両親が兄を偏愛してわざと自分を無視したと主張します。ある者は叔母が自分にくれた財産を父親が横領したからだと言い張ります。それらは、ヒステリー性反応としての空想から出発していることで、こうした空想的な考えを手段として、願望の充足を図ろうとするのですが、本当にそれを信じているように見えるのです。

（中略）

　彼らの持っているような被害妄想もやはりヒステリー反応の一つと考えることができます。

（注）ふところ手：自分は何もしないこと

---

[65] その報告とは、何か。

1　嘘をつく子供の心理分析

2　子供の嘘と空想の関係

3　嘘つきの子供の家庭環境

4　嘘をつく子供の動機の研究

[66] 嘘つきの子供の「喝采願望」についての、筆者の考えはどのようなものか。

1　喝采願望それ自体は、向上心の現れで歓迎するものである。

2　喝采願望は非難されるべきものだと、子供に教える必要がある。

3　喝采願望は悪いことではなく、努力次第で実現化するのである。

4　喝采願望は現実離れしていなければ、子供の将来に確実にプラスになる。

67 文章中で筆者が「ヒステリー反応」として挙げている例はどんなものか。

1 試験中のカンニング行為と願望実現のための暴力行為
2 試験中に他人の答案を盗み見る不正行為と妄想的な発言
3 自分の答案を他人に見せびらかす喝采願望と空想願望
4 自分の答案と他人の答案を見比べる行為と妄想的な発言

68 この文章で筆者が述べていることはどれか。

1 喝采願望から生じた嘘を、大人は非難せずに空想的願望に終わってもそのまま見守る姿勢が大切である。
2 カンニング行為が常習化してしまう前に大人はその行為を改めるように強硬な措置を取るべきである。
3 子供に嘘が良くないことをよく説明して、正直に努力を惜しまない行為を辛抱強く教え込むことが大事だ。
4 嘘をつく行為が癖になる前に、大人はその願望が努力によって実現可能なことを教えなければならない。

問題13 右のページは、みやび市平和マラソンの案内である。下の問いに対する答えとして、最もよいものを1・2・3・4から一つ選びなさい。

[69] このマラソン大会の申し込みで合っているものはどれか。

1 みやび市在住以外の者でも一般枠1000人まで先着順で申し込める。
2 みやび市在住18歳以上の者なら2000人まで先着順で申し込める。
3 みやび市在住で中学生以上なら10ｋｍマラソンに誰でも申し込める。
4 みやび市在住以外の者でも10ｋｍマラソンなら年齢に関係なく申し込める。

[70] このマラソン大会の案内に合っているものはどれか。

1 参加料の他に手数料がかかる場合がある。
2 どの参加者もＴシャツとタオルがもらえる。
3 傷害保険は各自がかけなければならない。
4 どの種目も参加料のみ払えばよい。

みやび市平和マラソン2018 開催のご案内

開催日時：平成30年2月15日（日） 9:00〜

種目	定員	参加資格		参加料	参加賞
マラソン 42.195km	★ **12,000人** ・先着順（みやび市民枠）2,000人 ※みやび市居住者対象 ・先着順（一般枠）9,000人 ・抽選 1,000人 ※みやび市居住者は一般枠でもエントリー可	登録の部	陸上競技連盟登録者で、18歳以上の男女	8,200円	Tシャツ&記念バッジ
		一般の部	陸上競技連盟未登録者で、18歳以上の男女		
10km (ショートマラソン)	・先着順 3,500人	18歳以上の男女		2,600円	
	・抽選 500人	18歳以上の男女		4,100円	

・別途エントリー手数料(先着順のみ)、抽選事務手数料(抽選のみ)がかかります。
・参加料は傷害保険料込みです。レース中の事故、傷病への補償は大会が加入した保険の範囲内とします。

★ 申込方法と募集期間は別途資料をご覧ください。

（主　催）：　みやび市平和マラソン実行委員会

問い合わせ：みやび市平和マラソン実行委員会事務局
みやび市法蓮町７５７　みやび市総合庁舎
ＴＥＬ：０７４２－８１－０００１　（９：００〜１６：３０　※土・日・祝日は除く）
ＦＡＸ：０７４２－８１－０００２
e-mail：info@miyabi-marathon.jp

N1

聴解

(55分)

注意 Notes

1. 試験が始まるまで、この問題用紙を開けないでください。
   Do not open this question booklet until the test begins.

2. この問題用紙を持って帰ることはできません。
   Do not take this question booklet with you after the test.

3. 受験番号と名前を下の欄に、受験票と同じように書いてください。
   Write your examinee registration number and name clearly in each box below as written on your test voucher.

4. この問題用紙は、全部で13ページあります。
   This question booklet has 13 pages.

5. この問題用紙にメモをとってもかまいません。
   You may make notes in this question booklet.

受験番号 Examinee Registration Number	

名前 Name	

問題1

問題1では、まず質問を聞いてください。それから話を聞いて、問題用紙の1から4の中から、最もよいものを一つ選んでください。

例

1 駅前で4時50分に
2 駅前で5時半に
3 映画館の前で4時50分に
4 映画館の前で5時半に

1番

1 ハガキに結婚式の予定日を書いて発送する

2 ハガキに同伴者の名前を書いて郵送する

3 当日セントアドル教会に訪ねる

4 当日ハガキを書いてセントアドル教会で申し込む

2番

1 栄養のバランスを取りながら、食べ方に注意する

2 時間を割いて体を動かすように工夫する

3 潜在意識を制御する訓練をやってみる

4 瞑想教室は通わないまま、女性に指示に従って行動する

3番

1 食料品や寝袋
2 アウトドア用のガスや虫刺されの薬
3 化粧品やスポーツサンダル
4 暖かい服や雨具

4番

1 健康診断の結果を待つ
2 健康診断の結果が出たら、別の用紙に作ってもらう
3 分割の手続のため、別の用紙に書類を作成する
4 入学金を急いで支払う

5番

1 手元の商品を近くの店に持参する
2 手元の商品を近くの消費生活センターに持参する
3 当該商品は購買しない
4 当該商品は愛顧しない

6番

1 数学
2 物理
3 化学
4 生物

問題2

問題2では、まず質問を聞いてください。そのあと、問題用紙のせんたくしを読んでください。読む時間があります。それから話を聞いて、問題用紙の1から4の中から、最もよいものを一つ選んでください。

例

1　子連れ出勤に賛成で、大いに勧めるべきだ
2　市議会に、子供を連れてきてはいけない
3　条件付きで、子連れ出勤に賛成している
4　子供の世話は、全部母親に任せるべきだ

1番

1. 説明指示の文章が難解で理解できないこと
2. 指示の文章の解釈に問題があったこと
3. 抽象的なイラスト描きが苦手なこと
4. 経験が邪魔して上手く描けないこと

2番

1. 同時に治療できない時は、前歯からと決まっているから
2. 歯医者が治療が簡単に済む方を勧めたから
3. 奥歯治療で腫れたり痛んだりしたら話せないから
4. 人の前で話す時に、歯が黒いと恥ずかしいから

3番

1 消費税込みの価格のみ
2 消費税抜きの本体価格のみ
3 消費税込みの価格と横に小さく本体価格
4 本体価格と横に小さく消費税込みの価格

4番

1 とりあえず穴をふさいでもらう
2 とりあえず釘だけぬいてもらう
3 とりあえずタイヤを変えてもらう
4 とりあえずタイヤに空気を入れてもらう

5番

1 夏バテしたくないため
2 子供時代を懐かしく想うため
3 肌がきれいになりたいため
4 免疫力を高めたいため

6番

1 毎日の反省事項や予定が明確になったこと
2 毎日の感謝を見つけるようになったこと
3 毎日の嫌なことが良いことに変わったこと
4 毎日、空を見るようになったこと

7番

1 恵まれた環境で生きたいという気持ち
2 様々な辛い体験や経験を克服すること
3 生き続けるという意志があること
4 自然に逆らわず毎日を楽しむこと

問題3

問題3では、問題用紙に何も印刷されていません。この問題は、全体としてどんな内容かを聞く問題です。話の前に質問はありません。まず話を聞いてください。それから、質問とせんたくしを聞いて、1から4の中から、最もよいものを一つ選んでください。

― メモ ―

問題4

問題4では、問題用紙に何も印刷されていません。まず文を聞いてください。それから、それに対する返事を聞いて、1から3の中から、最もよいものを一つ選んでください。

― メモ ―

問題5

問題5では、長めの話を聞きます。この問題には練習はありません。
問題用紙にメモをとってもかまいません。

1番、2番

問題用紙に何も印刷されていません。まず話を聞いてください。それから、質問とせんたくしを聞いて、1から4の中から、最もよいものを一つ選んでください。

― メモ ―

3番

まず話を聞いてください。それから、二つの質問を聞いて、それぞれ問題用紙の1から4の中から、最もよいものを一つ選んでください。

質問1

1 通勤、通学用
2 長距離走行用
3 坂道利用
4 シニア用

質問2

1 通勤、通学用
2 長距離走行用
3 坂道利用
4 シニア用

N1

實戰模擬試題
第2回

N1

言語知識(文字・語彙・文法)・読解

(110分)

注意
Notes

1. 試験が始まるまで、この問題用紙を開けないでください。
   Do not open this question booklet until the test begins.

2. この問題用紙を持って帰ることはできません。
   Do not take this question booklet with you after the test.

3. 受験番号と名前を下の欄に、受験票と同じように書いてください。
   Write your examinee registration number and name clearly in each box below as written on your test voucher.

4. この問題用紙は、全部で31ページあります。
   This question booklet has 31 pages.

5. 問題には解答番号の 1 、 2 、 3 … が付いています。
   解答は、解答用紙にある同じ番号のところにマークしてください。
   One of the row numbers 1, 2, 3 … is given for each question. Mark your answer in the same row of the answer sheet.

受験番号　Examinee Registration Number	

名前　Name	

問題1 ＿＿＿＿＿の言葉の読み方として最もよいものを、1・2・3・4から一つ選びなさい。

[1] まだ食べられるのに<u>廃棄</u>される食品が年間700万トンに上るという。

1　はいき　　　　2　へいき　　　　3　はっき　　　　4　へっき

[2] 妻にシャツのほころびを<u>繕って</u>もらった。

1　よそおって　　2　つくろって　　3　はかって　　　4　ほうむって

[3] 何事も先延ばしにしてしまう<u>悪癖</u>を直したい。

1　わるくせ　　　2　わるぐせ　　　3　あくへき　　　4　あくべき

[4] 青少年施設等でのボランティアを<u>志す</u>大学生が増えている。

1　はげます　　　2　いやす　　　　3　ほどこす　　　4　こころざす

[5] スポーツマンの引退の中で、最も<u>潔い</u>のはお相撲さんではないかと思う。

1　あわただしい　2　わずらわしい　3　いさぎよい　　4　あさましい

[6] 鍋の中のお湯が<u>沸騰</u>したら、麺を入れてください。

1　ことう　　　　2　ひっとう　　　3　ふっとう　　　4　ふつどう

問題2 (　　　) に入れるのに最もよいものを、1・2・3・4から一つ選びなさい。

7　安全を考慮し、従来の住宅では考えられない強い基礎工事を施したことで、沈没の被害を（　　　）ことができました。
　　1　それる　　　　2　まぬがれる　　　3　おさめる　　　　4　とげる

8　学校側は学内で発生した暴力問題を、お金で（　　　）とした。
　　1　もみけそう　　2　ぬかそう　　　　3　ついやそう　　　4　ちぢめよう

9　花火が上がると、自然に上を向く。落ち込んでいる時でも（　　　）、顔を上げれば少しは気が晴れるような気がする。
　　1　かえりみず　　2　こころみず　　　3　ふりかえず　　　4　うつむかず

10　JR東日本では12日、午後以降の運行計画を発表した。台風3号の接近に伴う措置で、一部区間で運転の（　　　）が決定している。
　　1　みだし　　　　2　みわたし　　　　3　みあわせ　　　　4　みつもり

11　これは、パソコンに接続したスキャナに本を載せてボタンを押すだけで、その内容を自然で肉声に近い（　　　）音声で読み上げてくれる装置です。
　　1　きちょうめんな　2　なめらかな　　3　こまやかな　　　4　はんぱな

12　私たちの約2年間の世界一周旅行も、いよいよ終盤に（　　　）としている。
　　1　さしかかろう　2　よみがえろう　　3　へりくだろう　　4　いたわろう

13　最近、疲れとストレスがたまっているせいか、地面が揺れているような（　　　）感覚に襲われることがある。
　　1　よちよちする　2　ふらふらする　　3　はらはらする　　4　ぐらぐらする

問題3 ＿＿＿＿の言葉に意味が最も近いものを、1・2・3・4から一つ選びなさい。

14 書籍は重い。CDとともにいつの間にか増えてしまい、転勤族にとってはやっかいな存在だ。
　　1　あらたまった　　2　はまった　　3　こまった　　4　つとめた

15 そろそろ出発の時間ですが、空港までのタクシーを手配してもらえませんか。
　　1　用意して　　2　待たせて　　3　修理して　　4　逮捕して

16 いつも冷静に見える人だったので、その反応は意外だった。
　　1　しずかに　　2　つめたく　　3　おちついて　　4　ほがらかに

17 私も太田先生にならって、全力を尽くして臨床歯科医学の研究を世界に発信できるような教室を作っていきたいと考えている。
　　1　を手がけて　　　　　　2　をお手上げにして
　　3　を手回しにして　　　　4　を手本にして

18 被災地の住民たちは、政府が認識を変えればただちに解決できると訴え、誠意ある対応を求めた。
　　1　かならず　　2　すぐ　　3　いつかは　　4　じかに

19 強制節電でストレスを感じることなく、夏に親しみ、楽しみながら身の回りのむだをそぎおとしていこうではないか。
　　1　ちぢめて　　2　あらためて　　3　はぶいて　　4　こころがけて

問題4　次の言葉の使い方として最もよいものを、1・2・3・4から一つ選びなさい。

20　煩わしい
1　最近高い年金や保険料納めているので、経済的に煩わしい。
2　煩わしい人間関係は苦手で、なるべく避けたい気分だ。
3　雑音に敏感な人は煩わしい子供の声や物音に苦情を言うかもしれない。
4　今年、鉄道内迷惑行為ランキングの最上位は「煩わしい会話やはしゃぎまわり」だそうだ。

21　参照
1　大学受験のためにいい参照書を薦めてもらいたい。
2　この件に関しては添付資料をご参照ください。
3　今回の案件は全員の意見を参照にして決定する。
4　この方法が役立つかどうか分からないが、あくまでも参照までに。

22　怠る
1　事業報告書を怠ると、10万円以下の過料が科される。
2　法律で定められた義務を怠ることは禁じられている。
3　会議の効率性を向上させるために、まずしてはいけないことが時間を怠ることです。
4　彼女はいつも人との約束を怠る傾向がある。

23　いくぶん
1　その目標をいくぶんなりとも達成することを専ら念願する次第だ。
2　父の病気は手術後、長年薬物療法も続けた結果いくぶん完治した。
3　親からの遺産の全額のいくぶんを寄付するつもりだ。
4　会社の運営に関する法律のいくぶんを改正する意見を出す。

24 取り組み

1 取り組み預金にご興味をお持ちの方はぜひ、読売銀行にご相談ください。

2 電子レンジの正しい取り組みを理解して使えば火事になることはない。

3 自分の考えや物事に対して論評したり、他のWebサイトに対する情報などを公開したりする取り組みをブログという。

4 ビジネス会議の生産性を高めるためにやるべき取り組みを紹介します。

25 曰く

1 会社に大きな損失を与えたのには何の曰くの余地もない。

2 国会議員としてとてつもない発言をしたと追及され、曰くに追われた。

3 あんなに仲がよかった二人が別れたのには、何か曰くがありそうだ。

4 江國香織の小説を読んで、曰く難い感銘を受けた。

問題5 次の文の（　　）に入れるのに最もよいものを、1・2・3・4から一つ選びなさい。

26　私（　　　　）、学生時代はこんな惨めな有り様ではありませんでした。
　　1　こと　　　　2　とて　　　　3　なり　　　　4　もの

27　小さい子供（　　　　）舌足らずの話し方をわざとする理由が分からない。
　　1　ならばの　　2　ならだけの　3　ならではの　4　ならいざしらず

28　こんな状況になった以上、あなたの釈明があって（　　　　）と思います。
　　1　欠かせない　2　やまない　　3　までだ　　　4　しかるべきだ

29　人間の常識や気持を理解する人間型のロボットが登場するなんて、昔は想像（　　　　）しなかった。
　　1　だに　　　　2　だの　　　　3　でも　　　　4　では

30　30ページ（　　　　）レポートをたった2時間で書くのはそもそも無理な話だ。
　　1　からなる　　2　にあって　　3　に足る　　　4　ところを

31　バイトでお金を貯めた弟は「今がチャンスだぞ」と（　　　　）、世界一周の準備を始めた。
　　1　ばかりに　　2　ばかりか　　3　ばかりも　　4　ばかりで

32 政治家（　　　　）ものは国民の幸福のために働くという覚悟が必要だ。

1　たりる　　　　2　なりの　　　　3　たる　　　　4　ならではの

33 給料（　　　　）待遇（　　　　）、本当に恵まれた環境で仕事していますね。

1　をとり / をとり　　2　といい / といい

3　というか / というか　　　　　　4　をもち / をもち

34 今晩の飲み会は約束した（　　　　）行かざるを得ないが、なるべく一次会で帰りたいものだ。

1　てまで　　　　2　てまえ　　　　3　だけなって　　　　4　ことに

35 たばこを止めて（　　　　）、食欲が出て体重が増えた。

1　からだといい　　　　　　　　2　のでだと言って

3　からというもの　　　　　　　4　からであるもの

問題6 次の文の＿＿★＿＿に入る最もよいものを、1・2・3・4から一つ選びなさい。

(問題例)

あそこで ＿＿＿ ＿＿＿ ★ ＿＿＿ は山田さんです。

1　テレビ　　　2　見ている　　　3　を　　　　4　人

(解答のしかた)

1．正しい文はこうです。

あそこで ＿＿＿ ＿＿＿ ★ ＿＿＿ は山田さんです。
　　　　　1　テレビ　3　を　2　見ている　4　人

2．★ に入る番号を解答用紙にマークします。

(解答用紙)　(例)　① ● ③ ④

36　新製品の展示会は札幌を ＿＿★＿＿ ＿＿＿ ＿＿＿ いく予定だ。

1　皮切り　　　2　南下して　　　3　順繰りに　　　4　にして

37　この案件に ＿＿＿ ＿＿★＿＿ ＿＿＿ 意見を聞かせていただきます。

1　がてら　　　2　つき　　　3　参考　　　4　みなさんの

38 こちらがご注文になった _____ _____ _____ ___★___ よろしいですが。

1　商品ですが　　2　召すと　　3　お気に　　4　お客様の

39 この体操は _____ _____ _____ ___★___ 関節と筋肉を柔軟にします。

1　体を　　2　だけで　　3　動かす　　4　あべこべに

40 彼のプロポーズを _____ _____ _____ ___★___ 今はいい奥さんになれるか心配だ。

1　ものの　　2　にもまして　　3　受け入れた　　4　嬉しいの

問題7 次の文章を読んで、文章全体の趣旨を踏まえて、 41 から 45 の中に入る最もよいものを1・2・3・4から一つ選びなさい。

　誰でもおごられるのは嬉しいものです。おごられ上手は愛され上手と言われていますが、あなたはどうでしょうか。周りには財布を持たずに飲みに行ったりする人もいるようですが、そこには何か技術があるようですね。

　「おごられ上手」な人になるためには、 41 。

　まず相手が選定した店や料理をほめながら、美味しそうに食べる。食事が終わって店を出たら、笑顔で「ごちそうさまでした」とお礼を言う。ここまでは普通のようですが、大事なのはこれからですね。それはご馳走された側も小さな誠意を見せることです。たとえば、払った金額が多めではなくても、 42 お礼の言葉を言ったり、次の機会に会ったとき、どんな小さなことでも自分の感謝の気持ちを伝えられるお礼のプレゼントを用意したりすることです。または、食後のコーヒーやお茶代などの少額をおごったり、翌日ご馳走した人に感謝のメールを送るのを忘れなかったら、あなたは「気が利く人だな」と思われやすいです。

　したがって、「おごられ上手」な人になるためには、誰もがやっているお礼を 43 、ご馳走してもらったことに対し、本当の嬉しい気持ちを表すことです。地位の高い人や経済力のある人がおごるのは当然だという考え方を止め、 44 と思ったら、かえってあなたへの好感度はアップできるでしょう。

　ところが、「おごられ上手」な人になるにはこれだけではないと思います。おごる側に「この人にはおごってもいい」と思わせるようなことも欠かせないですね。例えば、食事をしながら相手の話に充分耳を傾けていたとか、相手の気持ちになって会話を進めたのかも大事です。

　「金は天下の回り物」という言葉があります。ただのお金のやり取りに見えるかもしれませんが、そこには深い信頼関係が絡まれています。もし誰かにおごってもらいたい時は、 45 。

41

1　次の行動はやむを得ないと言われます
2　次の行動が欠かせないといいます
3　次のコツが望まれるのは当たり前です
4　次のコツが思い当たるはずです

42

1　かっきり　　　2　きちんと　　　3　きっかり　　　4　ずばり

43

1　言うばかりでなく　　　　　2　言ったついでに
3　言わんばかりに　　　　　　4　言ったつもりで

44

1　少額なら自分で出したい
2　少額は自分でも払える
3　金額の負担はできるだけ分けたい
4　金額の負担は少しながら分けたい

45

1　その相手から信用を得るようにひたすら努力しましょう
2　おごってもらえるようにモテましょう
3　まず信頼する誰かにおごってみましょう
4　おごってあげようという気持ちを持たせましょう

問題8 次の（1）から（4）の文章を読んで、後の問いに対する答えとして最もよいものを、1・2・3・4から一つ選びなさい。

（1）

　日本郵政公社は21日、今年10月に郵政民営化で発足する「ゆうちょ銀行」の現金自動預け払い機（ATM）の手数料の一部無料化を発表した。無料になる対象は、ゆうちょ銀行のATMを利用した、ゆうちょ銀行間の送金だ。現行の手数料は120円だが、今年10月1日から1年間に限って無料になる。これは、民営化に伴うサービス向上を印象づけるのが狙いとみられる。

　また30円だった現行の公共料金の払い込み手数料は、「3万円未満は30円、3万円以上は240円」に変更される。印紙税はこれまで免除されてきたが、民営化によって費用が発生し、実質値上げとなる。また預金商品では、収益力の悪い積立貯金や介護定期貯金などの商品は9月末で取り扱いを終了するという。

46 この文章の内容に合うものはどれか。

1　ゆうちょ銀行の預金商品の手数料は、10月1日から無料化になる。
2　ゆうちょ銀行間の送金の手数料は、来年9月30日まで無料だ。
3　ゆうちょ銀行間の送金の手数料の無料化は、収益力が悪くなったためだ。
4　ゆうちょ銀行間の送金の手数料は、今年10月1日から値上げになる。

（2）

　　もしあなたが地下鉄に乗っていて地震が起きたらどうするべきか。地下の揺れは地上の半分ぐらいであるが、とりあえず揺れが収まるのを待ちつつ、冷静に駅員の指示に従って動こう。最近では地下鉄でもネットがつながるようになっているし、そういった面でも電車やモノレールより安全であろう。出入口がふさがれたり、暗い地中に閉じ込められてパニックに陥る人が出口に殺到する波にのまれない限り、地上を歩くよりも安心である。ただ、停電で非常口への誘導灯がつかない場合もあるので、かさばらないペンシル型の懐中電灯を持ち歩くことにしよう。もしも自分が地下鉄に乗っていて地震にあったりしても、地下鉄は意外と安全なんだと言い聞かせて焦らず冷静に行動しよう。

[47] これは何についての文章か。

1　地震が起きたとき、地下から地上への避難する仕方
2　地震のとき、地下鉄でのパニックを防ぐために必要なこと
3　地下鉄で地震にあったときの心構え
4　地震が起きても地下は地上より安全だから心配はいらない

(3)

　「読書ゼロ」が広がっている。文化庁の調査結果によると、「1か月に1冊も本を読まない」という日本人が2人に1人まで拡大しているという。勉強に勤しんでいるはずの大学生でも、書籍購入費用も減少し続けており、1日の平均読書時間がわずか26.9分で、1日の読書時間が「ゼロ」という大学生が40％近くに上るということも分かった。バイトや勉強に追われ、読書に時間が割けないという人もいるが、もっとも大きな原因としてはスマートフォンの登場が挙げられる。スマホの登場で読書の時間が奪われ、人々は本の代わりにスマホを手放せなくなった。読書は大脳の働きを活性化させる作用を持つといわれるが、手元のスマホで手軽にネットにつなぐことができ、かつ瞬時に膨大な量の情報を得られる今時、本をじっくりと時間をかけて読む意義はもうないと嘆く声も聞こえる。また、スマホの利用時間と読書時間との関係をみると、スマホの利用時間が1日平均30分未満の人の中で、読書時間が減少したと答えた人は7％だったのに対し、利用時間が1時間以上では32％にも上り、スマホ利用が長いほど読書時間が減る傾向がうかがえる。仕事や勉強の情報はネットで手軽かつ素早く検索して収集し、余暇時間は読書で過ごすというのはどうであろうか。

48 この文章の内容に合わないものはどれか。
1　ネットやスマホで閲覧できる情報量は急増しているのに対し、読書にかける費用は減りつつある。
2　近年、余暇に読書よりもネットサーフィンやゲームなどに時間を費やす人が増えているようだ。
3　通信機器の急速な発達で、パソコンやスマートフォンなどが読書の代替になりつつある。
4　インターネットに頼って情報を求めるより、書籍を媒介にするのが意義のある方法だと言える。

（4）

　　民間企業に籍を置く社員の発明の特許権はどちらに属するべきか。この権利をめぐる議論が白熱している。政府側は企業側や産業界の要望に応じて特許の権利を「会社のもの」と法律を改正したいが、労働団体や国民の世論は「社員のもの」と猛反発し、壁にぶつかっている。

　　日本の特許法は1899年に制定されたが、1909年の法律改正で社員の発明の特許権は「会社に属するもの」と定めた。ところが、社員の発明の奨励が産業発展の基盤や国際競争力の向上にもつながるという考えから、1921年の再改正で「社員に属するもの」と改正した。

　　企業側や産業界では、社員が会社側からの給料をもらい、かつ会社の設備を使って発明した場合の特許は「会社のもの」にするべきだとしている。だが、この産業界の主張には、社員の意欲をそぎかねない危うさも潜んでおり、働く意欲をそがれた社員から競争力は生まれないだろう。

49　この文章の筆者の主張に最も当てはまるものはどれか。
1　筆者は、社員がやる気を失うことを懸念している。
2　筆者は、日本の法律は改正するべきだと主張している。
3　筆者は、会社の設備を使った発明は会社のものだと主張している。
4　筆者は、発明の対価は会社に返すべきだと主張している。

問題9 次の（1）から（3）の文章を読んで、後の問いに対する答えとして最もよいものを、1・2・3・4から一つ選びなさい。

（1）

　福岡県の宗像市は、玄界灘に浮かぶ筑前大島にある市営大島牧場（計120ヘクタール）の土地・建物の無償貸与を決めたときのう発表した。7月10日からは、借り主の公募も始める。観光客の誘致を視野に入れた事業アイデアを民間に求める試みだ。

　旧大島村（2005年宗像市と合併）で1970年、現地住民の雇用と畜産振興などの目的で、牛の繁殖・肥育の一貫経営の村営牧場として開設された。1992年度から展望台や風車を設置して観光牧場化も進めた。2005年度は牛204頭を放牧、55頭を出荷したが、飼料費や人件費などのコスト高から2004年度以降は<u>年間2000万円前後の赤字</u>が続いている。同市では、赤字続きの牧場経営に見切りをつけ、島興しにもつながる「一石二鳥」を狙うという。

　対象は個人、団体、法人を問わずだが、1. 島民の雇用を増やすことを最優先に取り組むこと、2. 自然景観を損なわないこと、3. 観光客を積極的に受け入れること、が条件。
応募申込書に必要事項を記入し、提案書と添付書類を添えて11月30日までに同市地域振興課へ提出すれば良い。

50 「市営大島牧場の貸与」について正しいものは何か。

1 担保がなければ貸与できない。

2 個人は貸与してもらえない。

3 必ず地元の住民でなければならない。

4 牛などの動物を飼育するためではない。

51 年間2000万円前後の赤字が続いているとあるが、この結果宗像市はどうすると決めたか。

1 宗像市は、牧場経営を活性化することにした。

2 宗像市は、牧場経営を放棄することにした。

3 宗像市は、牧場経営を見守ることにした。

4 宗像市は、牧場経営を見計らうことにした。

52 この文章の内容に合わないものはどれか。

1 赤字続きで、市営大島牧場の貸与はやむをえなくなった。

2 市営大島牧場は、一時観光牧場化を図ったことがある。

3 市営大島牧場は、もともと牛の飼育が目的だった。

4 自然景観を生かすことが宗像市の最優先の目的だ。

(2)

　日本で海外旅行が一般化しはじめたのは1970年代からで、1972年には海外旅行者数が100万人を突破した。今でこそ、日本人観光客のマナーの国際的評判はいいが、当時は海外旅行が一般化してからまだ歴史が浅く、旅行者としてのマナーがまだ身についていなかった。それゆえ日本人が大挙して海外を訪れるようになった時に①ひんしゅくを買うこともしばしばあった。

　しかしそれは、日本人観光客のマナーの問題というよりは、当時の日本人の多くは外国の生活習慣を理解しておらず、日本の生活習慣をそのまま外国で当てはめようとしたのが原因だった。日本では当然のこととされていた一部の行為は、外国人の目には下品に見え、失礼に当ることもあった。最初の数年間は、ガイドが設備の使用方法や現地で守るべきマナーを説明するため、ホテルの部屋をいちいち回っていたという。

　ところで最近は、外国人観光客の急増により、今度は邦人の方から外国人観光客の迷惑行為を非難する声が徐々に上がってくるようになり、さくら市は外国人観光客の迷惑行為を規制するための②マナー条例案を制定することにした。この条例案の狙いは、近年、市内で頻発している外国人客の迷惑行為を防止することにあるという。ただ、この条例はマナー向上への意識を高めることが目的であるため、違反者を処罰する罰則は設けないという。

　さくら市で挙げている主な観光客の迷惑行為としては、泥酔して暴れることや、夜中の花火遊び、歩きながらの飲酒、無断撮影および盗撮などがある。しかしこの条例の対象は、外国人客のみではない。深夜（午前0時から日の出まで）にアルコールを提供する場合なども対象になるという。

　生まれ育った環境の違いは大きい。ましてや国と国とのレベルになったら、そのギャップはますます大きくなっていくと思う。日本人の習慣が外国人のそれとはどう違うのかはっきりとらえ、現地の生活習慣を尊重することの重要性を正しく認識するべきだと思う。

53 ①ひんしゅくを買うこともしばしばあったとあるが、その理由として考えられるのは何か。

1 当時の日本人観光客はお金をたくさん使うので、どこの国に行っても現地の人に歓迎されていたから

2 当時の日本人のほとんどは基本的なマナーが身についていなく、現地の人との摩擦が絶えなかったから

3 当時の日本人の多くは、自分たちのマナーが外国でも通用すると思っていたから

4 当時の日本人観光客は品がなく、現地の人たちはそんな日本人のことを侮っていたから

54 ②マナー条例案に関してもっとも正しいのは何か。

1 海外旅行に出かける日本人のマナー違反を防止するために作られた。

2 来日する観光客のマナー意識を高揚させるために作られた。

3 日本の有名観光地の人の不満を晴らすために作られた。

4 有名観光地を訪れる邦人の迷惑行為を防止するために作られた。

55 この文章の内容に合うものはどれか。

1 日本で海外旅行が一般化されたころから、日本人のマナーに対する評判がよかった。

2 マナー条例案の目的は、外人客の迷惑行為の防止であり、日本各地に広がりつつある。

3 マナー条例案によると、ことわりなしに人の顔などをとることは控えるべきである。

4 マナー条例案には条例違反者に対する罰則が定めており、違反時には罰金を払わされる。

(3)

　小学生の息子の教科書を見てびっくりしたことがある。たかが小学生の教科書と思いきや……、今時の子供って大変だなとつくづく思った。

　今思い返せば、私は勉強のできない子だった。特に算数がだめで、小2のとき勉強した九九が覚えられなく、放課後、みんなが帰った教室に残って先生と二人っきりで九九の練習をしていた。

　ににんがし、にさんがろく、……繰り返し唱えていた。ところがこの九九の暗唱、誰にでも覚えやすい方法ではないようで、ただ私の「認知特性」に合っていなかっただけかもしれない。

　「認知特性」とは、物事を理解したり、記憶したりする方法で、人によって個人差があるという。同じものを見ても、理解した内容や反応が違う。また個人内でも、視覚、聴覚、触覚、味覚、嗅覚等の五感に違いがあることが明らかになっている。具体的には、視覚的な処理は苦手で、図や絵を見ただけでは意味が分からないが、聴覚的な処理は得意であるため、音や声を聴けば課題が解決できる人もいる。これは人それぞれ得意なインプット、アウトプット方法があることと関係している。このように、一人一人にある独特の認知を「認知特性」と呼ぶ。

　小児神経専門医によると、人には生まれつき持っている感覚の強弱があるという。たとえば視る力や聴く力などの強弱により、得意な学び方に違いが生じ、これで習熟度の違いも生じるわけである。また「認知特性」は、生まれながらにある程度決まっており、大きく変えることは難しいという。たとえ変えることは難しくても自分の特性を知っているということは、大変有意義なことだと思う。

　ところが残念ながら、実際の学校現場ではこの「認知特性」がほとんど考慮されてこなかったようだ。「認知特性」に応じ、楽しく覚えられる方法を工夫する必要もあると思う。

　もし先生や親が私の特性をとらえていたなら、あの補習もしないですんだかもしれない。

56 筆者はなぜ、放課後先生と二人っきりで九九の練習をするようになったと思っているか。

1 生まれつき持っている学習の能力が人に比べて欠けていたため
2 当時はまだ自分の適性に合う学習の仕方がわからなかったため
3 繰り返し暗唱することに強い抵抗感を感じ、いらだっていたため
4 当時の算数の教科書は今の教科書よりずっと難しかったため

57 「自分の特性を知っているということは、大変有意義なことだと思う」のはなぜか。

1 先天的に持っている自分の感覚がとらえられ、自己流の学習ができると思うから
2 各々の子供に合う、区々な九九の学習方法を見つけるのに大変役立つと思うから
3 自分の特性を把握することにより、身体の各器官、特に五感の発達に役立てると思うから
4 自分の特性を知っているということは、個性を活かすのに役立つと思うから

58 この文章で筆者のもっとも言いたいのはどれか。

1 繰り返し九九の一覧表を暗唱させるだけでは、子供に九九は覚えさせることはできない。
2 五感の中である特定の感覚に長けている人は、ほかの感覚にも長けている場合が多い。
3 今時の小学生は習熟度が違うのに、みんなに同じぐらいの学習量が与えられるのは不当である。
4 これからの教育現場では、子供各自に当てはまる勉強の仕方を探るのが大事である。

問題10 次の文章を読んで、後の問いに対する答えとして最もよいものを、1・2・3・4から一つ選びなさい。

　　人は「異なる価値観を持った人々と出会い、理解し合い、認め合うこと」によってよりよく学ぶことができると言えます。

　　日本語学校で学ぶ外国人にとっても、日本人との出会い・語らいは大きな学びにつながっていきます。「言葉は文化」であり、文化とはその社会をつくっている人々の考え方、物の見方だと言えます。教室というコミュニティを超え、①外のコミュニティとつながっていってこそ「日本語学習」に意味が生まれるということを考えると、日本語学校は日本人・外国人が自由に交差する場であることが大切です。

　　留学生たちは教室での授業のほかに公民館に出かけての交流活動、放課後に行う地元の人々とのボランティア活動などを通して、日本人との触れ合いを愉しんでいます。また時には教室の中での授業に地元の人を招き、ビジター・セッションをおこないます。②こうした接触場面を重視した日本語教育は「地元に根付いた日本語学校」であるがゆえに可能になると言えましょう。

　　一方、地元住民も日本語学校を通して、世界各国・地域から来た人々との出会い・語り合いを楽しみ、さまざまな気づきを与えてもらっています。あるお年寄りサークルメンバー（70歳から85歳）のMさんは「私は今年85歳ですが、台湾・韓国・ロシアの若い人とのビジター・セッションって、楽しいんですよね。若い人とこんなに楽しくおしゃべりができて、お互いに自分の国のことを相手に伝え合うってことができるなんて、幸せです。世界が広がりました。まだまだ人生長いんですから、これからもいろんな国の人と出会いたいんですよ」と目を輝かせながら話してくれました。

　　国を超え、世代を超え、職業を超え、思いを伝え合い、語り合い、そして学び合うということから「外国人と日本人が同じ＜住民・市民＞として相互に尊重し合い、よりよい人間関係を築くこと」が可能になってきます。これは日本人と外国人との交流である「国際交流」というより、むしろ人と人との交流・触れ合いである「人間交流」だと言えます。

以上のことを踏まえ、〈共に学び合う場〉としての日本語学校であるために、2つのことを提案します。

(1) 日本語学校と自治体で連携を取り、地域住民の知見を授業に生かす方法を考える。また、公民館のイベントを共に企画・運営する機会をつくる。

(2) 日本語学校と公民館が連携し、定住外国人の知見を活かす活動を考える。それは、定住外国人の自己実現、〈居場所〉づくりにもなる。

59 ①外のコミュニティとつながっていってこそとはどういう意味か。
1 日本語学校がある場所以外の都府県の日本人と交流すること
2 日本語学校の教室以外の場所で外国人留学生と接触すること
3 日本語学校がある場所以外の都府県の外国人移民と交流すること
4 日本語学校の教室以外の場所でいろいろな日本人と接触すること

60 ②こうした接触場面とは何を指すか。
1 日本語教室に世界各国の人を招く機会
2 留学生が地元の日本人家庭を訪問する
3 公民館活動などでの地元の日本人との接触
4 地元のお年寄りを講師として招く機会

61 日本人と外国人の交流はどのようなメリットがあると考えているか。
1 特にお年寄りには若い人との接触で健康で若返りに通じる機会となる。
2 外国人だけでなく、日本人にもいろいろな学びに通じるものがある。
3 日本人も外国人留学生と接触することによって、就労の場が増える。
4 留学生と日本人が交流することは地域の経済効果に貢献する結果になる。

62 筆者は日本語学校が自治体と連携してどうあってほしいと考えているか。
1 日本在住の外国人の日本での今後の就労に役立つように実践的な授業を望む。
2 日本在住の外国人の自己実現のためにも自治体活動など共同運営を望む。
3 地域住民との接触場面を増やすために、共同授業の企画を望む。
4 日本在住の外国人の生活を補助するために地域の自治体運営にしてほしい。

問題11 次のＡとＢはそれぞれ、別の新聞のコラムである。後の問いに対する答えとして最もよいものを、１・２・３・４から一つ選びなさい。

Ａ

　赤ちゃんは母乳で育てたいというママは多いと思います。赤ちゃんにとっても、お母さんと肌と肌が密着できて、安心できるでしょうし、母乳からは生きた細胞である免疫細胞がもらえます。アレルギーも予防できますし、顎の発達も促すことができます。

　お母さんにとっても、子宮収縮を促し、産後の回復が早くなりますし、赤ちゃんとの愛着形成が進みます。また、ミルクを作る手間が省けますし、経済的にも、ミルク代が要らないので助かります。マタニティーブルーも軽減できますし、乳がんや卵巣がんなどにかかるリスクが軽減されます。

　しかし、生まれてからミルクを１滴も与えず育てたという方は、母乳が早期から出て分泌過多となりますので、その辺も考慮しながら、自分たちに合った授乳方法を見つけましょう。

Ｂ

　自分の赤ちゃんは母乳で育てたいと思っているママがほとんどでしょう。しかし母乳だと、飲んでいる量がわからず不安になったり、授乳間隔が短く、他人に長時間預けられないなどの問題も出てきます。また、母乳分泌が悪いと赤ちゃんの体重が増えなかったりもします。ママの方も、母乳だと、乳房、乳頭トラブルがおきることがあるので心配です。それに、自分の食べ物に気を使わないといけませんし、ビタミンＤが不足しがちになります。

　ミルクだと、パパにも授乳の機会が与えられて、子育てにかかわっているという喜びがわくでしょう。母乳の出が悪い方もおられるので、やはりその夫婦に合った授乳方法を見つけることが大切ですね。上手に母乳とミルクと組み合わせてみたらどうでしょうか。

63 AとBは「授乳は母乳かミルクか」のテーマにどのような視点で述べているか。

1 Aは母乳育児の母子への長所のみを挙げ、Bはミルク育児のメリットだけを強調している。

2 Aはミルク育児の母子への短所を挙げつつ、Bは母乳育児の長所に焦点をあてている。

3 Aは主に母乳育児の利点を挙げ、Bはその短所にも言及しミルク育児の利点も挙げている。

4 Aは主にミルク育児の長所を挙げつつ、Bは主に母乳育児の短所のみに焦点をあてている。

64 AとBは「授乳は母乳かミルクか」に関してどのように述べているか。

1 Aは母乳育児の母子へのデメリットを挙げ、Bはそれのメリットを挙げているが両者とも混合授乳を勧めている。

2 Aは母乳を勧めるために母子へのメリットを挙げ、Bはそれを全面否定してミルク授乳を勧めている。

3 Aは母乳育児の母子の心身へのメリットを挙げ、Bはそれのデメリットを挙げているが両者とも混合授乳を勧めている。

4 Aは母乳を勧めるためにその注意点を挙げ、Bはそれを補いながらミルク授乳を組み合わせることを勧めている。

問題12 次の文章を読んで、後の問いに対する答えとして最もよいものを、1・2・3・4から一つ選びなさい。

　車の運転を自動で制御する技術の開発が進んでいる。高齢ドライバーの事故増加が懸念される中、「事故の軽減」と「高齢者の移動手段の確保」を両立させるため、ブレーキやアクセル、ハンドルの操作にソフトウェアが関与する「自動走行」技術への期待は高い。

　しかし、多くの人がその技術を正確にイメージできているかと言えば、かなり不安である。用語や呼称の定義が不明確で、統一されていないからだ。

　まず、私は「自動走行」と記したが、これは「自動運転」「自立走行」と表記されることも多い。ほぼ同じ意味で使われているものの、言葉から受けるイメージは微妙に異なる。

　そもそも、自動走行（あるいは自動運転など）とはどの程度のレベルで、何がどう「自動」なのかも、正しく理解するのは難しい。

　自動走行技術は、制御できる内容で段階分けされているのだが、人間が全く関与せずに走る「完全自動走行」は、「レベル5」と呼んだり、「レベル4」と呼ばれたりした。基準が複数あったためだ。

　いずれにせよ、現状ではまだ「完全自動」のレベルに達してはおらず、今のところ「自動走行」とは、あくまで運転する人を補助・支援する機能に過ぎない。完全自動走行の実現にむけた途中の段階である。

　「自動ブレーキ」についても誤解が多い。日本自動車連盟の調査によると、ほとんどの人が自動ブレーキを「知っている」としながら、内容を問うと「人がブレーキ操作を行わなくても障害物の前で停止する機能」などと、過大評価している人が少なくない。

　だが、「自動ブレーキ」と通称されているものは、正確に言えば「衝突被害軽減制動制御装置」である。必ずしも衝突を回避できるものではなく、被害の軽減にとどまることが消費者に十分認識されていない。

自動走行技術が生活を便利にし、安全性を向上させていくことは間違いない。しかし現時点で装置を過信すると、運転者がブレーキを踏まずに事故に至るケースが続発しかねない。

　消費者の理解を促進するにあたって、「わかりやすさ」は不可欠である。自動走行技術の現状を正確・簡潔に認識できる呼称を検討し、統一するべきだ。

　「できること」と「できないこと」も消費者にはっきりと示す必要がある。特に高齢消費者に対しては、自動走行技術を搭載した車と従来の車の共通点と異なる点を丁寧に示し、過大な期待を抱かないような入念な説明が必要だろう。

（中略）

　自動走行技術を発展させ、実用化するには、事故発生時の責任を明確にするための法整備など難題も多い。

　そうした議論に消費者自身が参加するためにも、用語を統一して定義を明確にすることは重要だ。

[65] 文章中で筆者が述べている現状の車の「自動走行」の意味はどれか。

1　人間による操作の補助・支援をする機能で、走行のみ自動である。
2　人間による操作がなくても動くものだが、既に完全なものになった。
3　人間による操作の補助・支援をする機能で、完全なものではない。
4　人間による操作がなくても動くものだが、ほぼ完全なものである。

[66] 筆者は通称「自動ブレーキ」とはどのようなものだと述べているか。

1　障害物の前で必ず止まってくれる安全装置である。
2　自動で止まる装置だが、人の操作も適宜必要である。
3　障害物の回避や衝突被害を軽減してくれるものである。
4　人の視野では確認困難な障害物だけを回避するものである。

[67] この文章中で、筆者が要望していることは主に何か。
1 完全な自動走行を目指すためにさらなる技術開発を期待するとともに、用語の分かりやすさを望む。
2 自動車メーカーは特に高齢者にも理解できるように、その用語の簡略化に力を入れることを望む。
3 完全な自動走行の基準の徹底とさらなる技術開発を期待するとともに、操作方法の簡略化を望む。
4 自動車メーカーは消費者に誤解がないように、その用語や定義の統一などを明確にすることを望む。

[68] この文章で筆者が主張していることはどれか。
1 車の用語や定義の違いは事故のもとになるので早急に統一するべきだ。
2 消費者は「自動走行技術」に関して早急な判断で購入するべきでない。
3 事故の軽減や高齢者の移動手段として自動走行を完璧にするべきだ。
4 消費者は「自動走行技術」に関して過度な期待をするのは危険である。

問題13 右のページは、ある会社のビジネス文書である。下の問いに対する答えとして、最もよいものを1・2・3・4から一つ選びなさい。

69 この文書を受け取った会社はこの後どうするか。

1 不具合があった器具は処分して代替品を試用する。

2 代替品を確認後、前の器具を工場に返送する。

3 送料負担で前の器具をお客様センターに返送する。

4 不具合があった器具を代替商品と比較する。

70 この文書の内容に合っているものはどれか。

1 新製品を宣伝するのが主目的である。

2 新製品の案内とご愛顧のお礼である。

3 不具合のあった器具は製造中止である。

4 クレームに対するお詫び状である。

（株）ＭＩＹＡＢＩスポーツクラブ

購買部　佐藤　ひろし様

　　　　　　　　　　　　　　　　　　　　　　（株）日本健康器具クリエイツ
　　　　　　　　　　　　　　　　　　　　　　お客様相談センター　川島　勉

拝復

　日ごろより弊社のヘルス機器をご愛用いただき厚く御礼申し上げます。

　さて、このたびは「ルームウォーク50」のご使用に際しまして、たいへん不快な想いをおかけしましたことを心よりお詫びいたします。

　申し訳ありませんが、「ルームウォーク50」モデルは在庫切れとなっておりますので、代替の商品として、新モデルの「ルームウォーク55」をお届けいたしますので、ご査収くださいますようお願いいたします。

　この商品は、従来の商品よりも0.5ｋｇ軽量になっており、組み立ても簡単になっております。さらに、床保護マットが付いております。ぜひ、貴スポーツクラブでご試用いただき、後日ご感想をいただければ幸いでございます。

　なお、お手数をおかけいたしますが、代替品送付の包材をご利用いただき、お手もとの商品を受取人払いにて弊センター・三浦工場　飯田健次宛（名刺同封）にご返送くださいますようお願いいたします。

　お送りいただいた商品を詳しく調査し、原因の究明にあたり、これからの商品の開発・製造・販売に生かす所存でおります。

　また、私どもといたしましては、このたびのご指摘をお客様からの貴重なお声として真摯に受けとめ、今後とも製造上での品質管理はもちろんのこと、流通段階におきましてもさらに留意し、お客様により良い商品がお届けできるよう努力してまいります。

　今後とも何卒、弊社商品をご愛顧賜りますようよろしくお願い申し上げます。

　　　　　　　　　　　　　　　　　　　　　　　　　　　　　　　　　　敬具

N1

聴解

(55分)

注意 Notes

1. 試験が始まるまで、この問題用紙を開けないでください。
   Do not open this question booklet until the test begins.

2. この問題用紙を持って帰ることはできません。
   Do not take this question booklet with you after the test.

3. 受験番号と名前を下の欄に、受験票と同じように書いてください。
   Write your examinee registration number and name clearly in each box below as written on your test voucher.

4. この問題用紙は、全部で13ページあります。
   This question booklet has 13 pages.

5. この問題用紙にメモをとってもかまいません。
   You may make notes in this question booklet.

受験番号 Examinee Registration Number	

名前 Name	

問題1

問題1では、まず質問を聞いてください。それから話を聞いて、問題用紙の1から4の中から、最もよいものを一つ選んでください。

例

1　駅前で4時50分に
2　駅前で5時半に
3　映画館の前で4時50分に
4　映画館の前で5時半に

1番

1 欠席の際、事前に市民会館の担当者に伝える
2 自分が希望する曜日や時間、回数を決める
3 受講料は全部で6480円払う
4 受講料は全部で8640円払う

2番

1 子供のモチベーションをあげるために工夫する
2 成績不振の根本的な理由を取り除くために、子供を見張る
3 子供が書くという行動だけを繰り返さないように、注意を注ぐ
4 勉強が作業化しないように、子供を見守る

3番

1 アクティベーションキーを生成しなければなりません。
2 アクティベーションキーを習得しなければなりません。
3 家電量販店に行って、アクティベーションキーを確認しなければなりません。
4 家電量販店に行って、アクティベーションキーを設定しなければなりません。

4番

1 枝豆、漬物
2 枝豆、漬物、空揚げ
3 枝豆、漬物、デザート
4 枝豆、漬物、軟骨揚げ、デザート

5番

1 全部で115,000円払って、高級ワインをもらえる
2 全部で110,000円払って、カラオケを使える
3 全部で109,250円払って、カラオケでワインが飲める
4 全部で104,500円払って、一日2食ついている

6番

1 さまざまな出会いで本当の自分を見つける機会を持つ
2 知り合いの男性の誘いを受け入れ、交際を始める
3 自分を客観視するため、合コンを増やす
4 その知り合いの考え方が否定的か肯定的かを問わず、付き合いを続ける

問題2

問題2では、まず質問を聞いてください。そのあと、問題用紙のせんたくしを読んでください。読む時間があります。それから話を聞いて、問題用紙の1から4の中から、最もよいものを一つ選んでください。

例

1　子連れ出勤に賛成で、大いに勧めるべきだ
2　市議会に、子供を連れてきてはいけない
3　条件付きで、子連れ出勤に賛成している
4　子供の世話は、全部母親に任せるべきだ

1番

1 若い時は、一人の時間を大切にした方がよい
2 若い時はいろいろな人に会った方がよい
3 学生時代は、多くの友達を作った方がよい
4 学生時代に、一生の友だちを見つけた方がよい

2番

1 同じことを何回もゆっくり言い続ける
2 相手に伝える努力を止めてトイレに行く
3 心を安定させるために大きく息をする
4 相手が理解しないので怒ってしまう

3番

1 男性のほうがカット技術が勝っているから
2 女性よりも男性の方が優しい人が多いから
3 同性よりも異性の人の方が好きだから
4 女性を美しくしたいという熱意があるから

4番

1 予約済みの航空券の再確認
2 新しい搭乗者の航空券の予約
3 予約済みの航空券のキャンセル
4 航空券の払い戻し手数料の確認

5番

1 健康的な和風イメージ
2 季節感があるところ
3 メニューの斬新さ
4 ターゲット設定

6番

1 野菜の一部が痛んでいたから
2 商品に不足の物があったから
3 野菜の全部が腐っていたから
4 野菜の料金を払いたくないから

7番

1 時期によって人数制限するのがよい
2 利用時間の制限を設けた方がよい
3 利用するのに、年齢制限するのがよい
4 利用回数の制限をした方がよい

問題3

問題3では、問題用紙に何も印刷されていません。この問題は、全体としてどんな内容かを聞く問題です。話の前に質問はありません。まず話を聞いてください。それから、質問とせんたくしを聞いて、1から4の中から、最もよいものを一つ選んでください。

― メモ ―

問題4

問題4では、問題用紙に何も印刷されていません。まず文を聞いてください。それから、それに対する返事を聞いて、1から3の中から、最もよいものを一つ選んでください。

― メモ ―

問題5

問題5では、長めの話を聞きます。この問題には練習はありません。
問題用紙にメモをとってもかまいません。

1番、2番

問題用紙に何も印刷されていません。まず話を聞いてください。それから、質問とせんたくしを聞いて、1から4の中から、最もよいものを一つ選んでください。

― メモ ―

3番

まず話を聞いてください。それから、二つの質問を聞いて、それぞれ問題用紙の1から4の中から、最もよいものを一つ選んでください。

質問1

1　保冷材を使う
2　足を冷水につける
3　夏野菜をとる
4　除湿機能を使う

質問2

1　保冷材を使う
2　足を冷水につける
3　夏野菜をとる
4　除湿機能を使う

N1

實戰模擬試題
第3回

N1

言語知識（文字・語彙・文法）・読解

（110分）

注意 Notes

1. 試験が始まるまで、この問題用紙を開けないでください。
   Do not open this question booklet until the test begins.

2. この問題用紙を持って帰ることはできません。
   Do not take this question booklet with you after the test.

3. 受験番号と名前を下の欄に、受験票と同じように書いてください。
   Write your examinee registration number and name clearly in each box below as written on your test voucher.

4. この問題用紙は、全部で31ページあります。
   This question booklet has 31 pages.

5. 問題には解答番号の 1 、 2 、 3 … が付いています。
   解答は、解答用紙にある同じ番号のところにマークしてください。
   One of the row numbers 1, 2, 3 … is given for each question. Mark your answer in the same row of the answer sheet.

受験番号 Examinee Registration Number	

名前 Name	

問題1 _____の言葉の読み方として最もよいものを、1・2・3・4から一つ選びなさい。

[1] 海からの湿った風が、山にぶつかり雲をつくる。
　　1　しめった　　　2　あらたまった　　3　こすった　　　4　さとった

[2] その人質事件で15人もの犠牲者が出た。
　　1　にんしつ　　　2　じんしつ　　　　3　ひとしち　　　4　ひとじち

[3] 選手全員、初優勝の喜びに浸っている。
　　1　ひたって　　　2　まさって　　　　3　こって　　　　4　おとって

[4] 大会の中止判断は的確だったと思います。
　　1　てっかく　　　2　てきかく　　　　3　てつかく　　　4　てぎかく

[5] 退職金制度は、終身雇用の根底を支えていた。
　　1　ねそこ　　　　2　ねぞこ　　　　　3　こんぞこ　　　4　こんてい

[6] 彼は建築業界の腐敗した実態を暴露した。
　　1　ぼうろ　　　　2　ぼうろう　　　　3　ばくろ　　　　4　ばくろう

問題2 (　　　) に入れるのに最もよいものを、1・2・3・4から一つ選びなさい。

7 世界的なエネルギー需給の緩和で、石油、天然ガスがかなり（　　　）いる。
　　1　くいちがって　　2　だぶついて　　3　いどんで　　4　しいて

8 主要政党の（　　　）がそろったドイツは今後、全国民が一致結束して脱原発を図ることになるだろう。
　　1　あしなみ　　2　ねらい　　3　はずみ　　4　もと

9 どの大学にも口やかましい先輩が一人ぐらいはいると思うが、監督や選手にとっては、ときには（　　　）存在だろう。
　　1　ゆるい　　2　このましい　　3　のぞましい　　4　けむたい

10 日本では、人の家に招待されたとき、話題がなくなったのが一つの目安だろうが、帰宅の頃合いを（　　　）のは難しい。
　　1　みならう　　2　みはからう　　3　みわたす　　4　みのがす

11 電力業界の経営のあり方を（　　　）に見直さない限り、安定した電力供給は無理だろう。
　　1　功利的　　2　抜本的　　3　威力的　　4　衝撃的

12 私は、いつもと変わらない（　　　）平凡な毎日に飽き飽きしているが、それを変えるような度胸も行動力も持っていない。
　　1　ずばり　　2　ぐっと　　3　つとめて　　4　いたって

13 祖父は、花壇や庭木の周りの雑草を、こまめに手で（　　　）のを日課にしている。
　　1　さらう　　2　こだわる　　3　むしる　　4　そそぐ

問題3 ＿＿＿＿の言葉に意味が最も近いものを、1・2・3・4から一つ選びなさい。

[14] 振り込め詐欺などの記事を見るたびに「なぜ確認もしないで信じたのか」と<u>不審に</u>思っていた。
　　1　本当に　　　　2　安易に　　　　3　疑問に　　　　4　切実に

[15] 今年の春闘でも、賃上げをめぐる労使交渉が<u>山場</u>を迎えている。
　　1　重大な危機　　2　重大な局面　　3　重大な役割　　4　重大な結果

[16] 父は電車の乗客が<u>こぞって</u>スマートフォンを手にしている光景にまだなじめずにいるようだ。
　　1　忙しそうに　　2　速やかに　　　3　競って　　　　4　一人残らず

[17] 長引く不況の影響で、日本の中小企業は<u>軒並み</u>経営不振に陥っている。
　　1　深刻な　　　　2　一様に　　　　3　すでに　　　　4　はやくも

[18] 半年も準備した計画が、ことごとく<u>裏目に出た</u>。
　　1　失敗した　　　2　成功した　　　3　もうかった　　4　できあがった

[19] 政府は、どこにいつごろ、どんな規模の町を造るのか、<u>おおまかな</u>構想だけでも被災地の住民に早く示すべきだ。
　　1　むちゃな　　　2　だいたんな　　3　こまやかな　　4　大体の

問題4 次の言葉の使い方として最もよいものを、1・2・3・4から一つ選びなさい。

20 やむなき

1 あの事件が発生して以来、計画変更のやむなきに得なかった。

2 基本財産ばかりか、運営力を失い、やむなき事業を停止することにする。

3 悪天候により、試合は中止のやむなきに至る。

4 モスコーまで攻め込まれ、ついに独軍は後退のやむなきだった。

21 お門違い

1 人にそんな無礼なことを要求するなんて、お門違いも甚だしい。

2 時と場合によっては、お門違いの服装をした人は常識知らずと思われやすい。

3 クラスメートの中に自分は何をしてもかわいいと言っている自信過剰なお門違いの女の子がいて困る。

4 次の画像を見ると、脳というのはいい加減なものでお門違いを起こしやすいものだというのが分かる。

22 深謝

1 皆様にはますます深謝のこととお喜び申し上げます。

2 東京の在住中はひとかたならぬ深謝になり、お蔭様で楽しく過ごすことができました。

3 今まで多大なるご協力を賜りました。皆様のご厚意に深謝申し上げます。

4 なにとぞ今後もよろしく深謝を賜わりますよう、お願い申し上げます。

23 うかうか

1 男のくせにうかうかしないで、さっさと決めろ。

2 留学から戻ってきても仕事もしないでうかうかと暮らしている。

3 かさぶたのところがうかうかしてきた。

4 仕事の出来ない人ほど人のミスをうかうか言いますね。

24 込み入る

1 相手にあなたの込み入った事情をいちいち説明する必要はないと思う。

2 年末は仕事で込み入って、目が回るほど忙しい。

3 大事な試合に負けてしまい、涙が込み入ってきた。

4 この時期になると、帰省ラッシュで空港はとても込み入る。

25 有頂天

1 弟は念願の司法試験に合格して有頂天になっている。

2 自分の能力を過信していつも偉そうに発言している人のことを有頂天と言う。

3 自分の腕を自慢しながら有頂天になるのもいい加減にしてほしい。

4 老後の人生は小さなことにくよくよしないで有頂天に送りたい。

問題5 次の文の（　　　）に入れるのに最もよいものを、1・2・3・4から一つ選びなさい。

26 私としては「ふぐは他に比べ物がないほどうまいものだ」と断言して（　　　）。
1 極まり無い　　2 かなわない　　3 あるまい　　4 はばからない

27 今日は休日（　　　）大変人で混雑している。
1 とあって　　2 だからといって　　3 とあれば　　4 だというもの

28 新しいバイトは楽勝（　　　）、案外の苦戦だった。
1 といえども　　2 というもので　　3 といったら　　4 と思いきや

29 国民が真に信頼（　　　）政府になれることを願っている。
1 に足る　　2 に至る　　3 に及ぶ　　4 に留まる

30 隣りの部屋から毎日のように大きい音が聞こえて、うるさい（　　　）って苦情を言ってみたが、むだだった。
1 のなりの　　2 のなんの　　3 のばかりに　　4 のはおろか

31 高額を寄付をしても、節税のためならば、その行為は称賛（　　　）。
1 にとどまらない　　2 にあたらない
3 にたえない　　4 にいうまでもない

32 本日（　　　）営業を終了いたします。
1 をおして　　2 に限って　　3 をもって　　4 に踏まえて

33 事件の真実を明らかに（　　　　）、あらゆる手を尽さなければならない。
1　するんのために　　　　　　2　しようために
3　せんがために　　　　　　　4　してんために

34 社長に逆らおう（　　　　）、首になるかもしれない。
1　ものなら　　2　ことなら　　3　ものでは　　4　ことでは

35 ラリーでライバルと（　　　　）の競争をする。
1　抜くつ抜かれるつ　　　　　2　抜くや抜かれるや
3　抜きつ抜かれつ　　　　　　4　抜きや抜かれるや

問題6 次の文の＿＿★＿＿に入る最もよいものを、1・2・3・4から一つ選びなさい。

(問題例)

あそこで ＿＿＿ ＿＿＿ ★ ＿＿＿ は山田さんです。
1　テレビ　　　2　見ている　　　3　を　　　　　4　人

(解答のしかた)

1．正しい文はこうです。

あそこで ＿＿＿ ＿＿＿ ★ ＿＿＿ は山田さんです。
　　　　　1 テレビ　　3 を　　2 見ている　　4 人

2．＿★＿に入る番号を解答用紙にマークします。

(解答用紙)　(例)　① ● ③ ④

36　冬は人通りが少なく ＿＿＿ ＿＿＿ ＿＿＿ ★ 恋人同士や買い物客で賑わう。

　　1　クリスマス　　2　寂しい　　3　季節だが　　4　ともなると

37　各国は青年の失業問題も ★ ＿＿＿ ＿＿＿ ＿＿＿ ということを自覚している。

　　1　環境問題も　　2　ことながら　　3　大切だ　　4　さる

124

38 今の高齢者は大量消費文化を率先してきた世代 _____ _____★_____ _____ もったいない精神を持っている世代でもある。

1 ながら　　　2 であり　　　3 昔の　　　4 一方で

39 台風の影響で強風や大雨だったのに、_____ _____ _____★ _____ 快晴になった。

1 打って　　　2 昨日とは　　　3 変わって　　　4 今日は

40 合格者の発表は10日だが、_____ _____ _____★ _____ 遅れる可能性もある。

1 によっては　　　2 いかん　　　3 会社の　　　4 事情の

問題7 次の文章を読んで、文章全体の趣旨を踏まえて、 41 から 45 の中に入る最もよいものを1・2・3・4から一つ選びなさい。

　皆さんは勉強カフェに行ったことがありますか。

　社会人になっても各種の資格取得や語学勉強など、時間や人の目を気にせずに勉強できる環境は必要になります。尚、同じ資格を目指している人同士で情報を交換したり、モチベーションの高い仲間と付き合っていくことで、それぞれが互いに、刺激を受けながら勉強もしたいでしょう。そういうあなたに勉強カフェをお薦めしたいです。

　もちろん勉強する空間を提供するだけで、安くもない金額を取られると考えている人もいるかもしれません。しかし週末や仕事が終わってから、ちょっと 41 カフェに行きたくても、飲食だけが目的ではないので、長時間の利用は他人に迷惑になるだけではなく、 42 やすいです。安くもない金額を取られるのに、なぜ図書館や公共施設を利用しないのかという意見もありますが、そのような学習空間は早朝深夜まで開いてないし、集まっている人間が多種多様なので、勉強に集中するのが難しいこともあります。

　勉強カフェでは一般のカフェのように穏やかな気分になれる音楽が流れ、ラウンジで自由に飲み物を飲んだりしながら会員たちと気軽に会話も楽しめます。単純に考えたら、このような環境は勉強を妨げるのではないかと思いがちですが、かえって静まり返った空間よりも集中できるし、 43 ほど良い気分転換になるそうです。また、勉強カフェとは語学や多様な分野での資格取得、または新しいビジネスチャンスを模索している人間同士の集まりなので、その話し合いというのは、お互い有効な情報交換としての意味が大きいです。 44 自習だけでは得られない、 45 と言えるでしょう。

　利用する人はほとんど20代から30代で、勉強会や社員同士のミーティングまたはセミナーを行います。やる気を継続させ、目標をより容易に達成させるために、皆さん是非とも勉強カフェを利用してみるのはどうですか。

41
1 快い気持ちで
2 ゆったりした気持ちで
3 暇をつぶしたい気持ちで
4 時間を浪費してはいけない気持ちで

42
1 長居禁止だと思われ
2 勉強禁止だと思われ
3 白い目で見られ
4 見張りの目で見られ

43
1 勉強がはかどらなくて困った時
2 勉強がはかどっている時
3 自由におしゃべりがしたい時
4 カフェのような雰囲気を味わいたい時

44
1 したがって   2 まして   3 もしくは   4 なおさら

45
1 人間関係を広げる場としての役割も担っている
2 人生の経験を積むことができる
3 悪化している人間関係の改善にも役立つ
4 自分の視野が広がり、思考が深まる

問題8 次の（1）から（4）の文章を読んで、後の問いに対する答えとして最もよいものを、1・2・3・4から一つ選びなさい。

(1)

　社への帰属意識や仕事への意欲を高める手段として、「永年勤続表彰」というのがある。長期勤続者の社に対する貢献を他の社員にも披露し、会社から感謝の意を示すものである。一般的には勤続10年、20年といった区切りのよい節目に表彰するケースが多い。表彰状とともに相応の記念品、または金一封、あるいは両方が授与される。最近は海外旅行券、商品券など、より実利的な記念品が多くみられるようになってきた。

　ところが首都圏にある玩具製作会社スカイは、来年度からこの「永年勤続表彰制度」を取りやめると発表した。同社では毎年12月に永年勤続者を表彰し、賞金や旅行券などの記念品を贈ってきたが、それを来年度から廃止する。会社側の狙いは社員の意識改革とのこと。社長の金田さんは、「'会社に長く勤めることが会社に貢献することだ'という考え方を改めて、'仕事の成果を第一に考える社員になってほしい'」と言っている。もちろん、社長の考えにも一理あるとは思うが、旅行券などは家族旅行にも使えることで、永年勤続を支えてくれた家族を労うことになる。これで企業に対する家族の理解を深めるし、ひいては社員の意欲にもつながるという面で考えたら、この廃止の決定は見直してほしい。

46 「永年勤続表彰制度」に関する説明として正しいものはどれか。

1　現在日本の多くの企業は、「永年勤続表彰制度」で金品だけを贈っている。
2　「永年勤続表彰制度」で旅行券などが贈られると従業員のやる気とも結びつくようだ。
3　「永年勤続表彰制度」の廃止を検討している会社が続出している。
4　最近「永年勤続表彰制度」の存続が危ぶまれており、筆者も廃止を惜しんでいる。

（2）

　　さくら市でタクシーを運行するスズメ運輸が「救援事業」を新たに開始することを決定した。「救援事業」は、タクシー事業の合間などにタクシーを利用して、高齢者や障害者、妊婦などにサービスを提供するビジネスで、新しい概念の介護事業である。主なサービスの内容としては、不用品処分や薬の受け取りの代行、引越し、電灯の交換、買い物代行（物品代実費）、家具の再配置など、タクシーの本業である乗車以外のサービスがある。スズメ運輸側は、この「救援事業」は古き良き時代にあった「ご近所の絆」を軸にしていると言っている。

　　さらに、この事業の実施のために「ユニバーサルデザイン」の車両3台を導入した。「ユニバーサルデザイン」とは、国籍や言語、文化、老若男女などの違い、障害・能力の有無を問わず、誰もが利用できる施設・製品のことであるが、今回の車両は通常のタクシーとしても利用できる。

47　この文章の内容として正しいものはどれか。

1　「救援事業」は障害の有無のいかんにかかわらず、誰でも受けられるサービスではない。
2　障害者の場合は、無料で「救援事業」が利用できる。
3　ユニバーサルデザインの車両は、「救援事業」のためにしか利用できない。
4　「救援事業」は、地元の住民なら誰でも無料で利用できるサービスである。

(3)

　「年賀状」は、古来から受け継がれてきた大切な日本の伝統行事の一つで、新年の挨拶のために送られる。その対象は、身内や友人から、普段なかなか会えない遠方の人にまで及ぶ。しかし、ピークに達した2003年度を境に、年賀状の配達量は減少の一途を辿っている。その反面、ネットやスマートフォンアプリを活用して、デジタルならではの特性を活かした年賀状を作成、送付する人が増え、年賀状など、グリーティングカードのネットサービスも急増してきた。そこで日本郵政省では、ネットで年賀状を送るサイト「nengajou.jp」を2年前から開設、昨年は、2億件を超えるアクセスを記録した。また、十二支の動物の中で自分の干支を選んで作成できる似顔絵ツールも登場し、年賀状を差し出す人の創造性を掻き立てている。それに、受け取った「はがき」をスマホで撮影するだけでも宛名を読み取る機能もついていて、住所をいちいち手書きしなくても住所をデータ化できる。

　その上、今年からは「LINE」との連携も開始。「GOはがき」というアプリは、「LINE」を活用して住所を知らない相手にも年賀状を送れる機能を備えている。"学生時代の友人に年賀状を出したいが、「LINE」でのみつながっている"という人も「LINE」を通じて気軽に年賀状が送れるようになった。

48 この文章の内容として正しいものはどれか。

1　日本では年賀状を送る文化が2003年を境に徐々に消えつつある。
2　ネットやスマホのアプリを利用する人はさほど増えていない。
3　送ってきたはがきを、スマホで撮るだけでも差出人の住所などが管理できる。
4　相手の情報を持っていなくても、「LINE」さえ使えば相手の住所がわかるようになった。

(4)

　アルツハイマー病の予備軍とされる軽度認知障害の発症を血液成分から判定できる検査法を開発したと、筑波大などの研究チームが発表した。約80％の精度があるという。

　アルツハイマー病は、原因たんぱく質「アミロイドβ（ベータ）」が脳内にたまり、神経細胞を傷つけて起こるとされており、認知症の7割を占める。内田和彦同大准教授や朝田隆東京医科歯科大特任教授らは2001〜12年、茨城県利根町の住民約900人を対象に発症と、血液成分の関係を調べた。

　その結果、軽度認知障害、アルツハイマー病と進むほど、アミロイドβの脳外への排除などに関わるたんぱく質3種類が減ることが判明した。

　さらに、この3種類のたんぱく質を測ることで、軽度認知障害を高精度に判別できる検査法を開発。7cc程度の血液を採って調べる。全国約400か所の医療機関で検査を受けられるようにした。保険はきかず、検査費は数万円。

49 この文章の内容としてもっとも正しいものはどれか。

1　この文章によると、軽度認知障害を判別できる検査を受けるには、保険をかけておいた方がいい。

2　この研究によると、アミロイドβおよび3種類のたんぱく質の活性化がアルツハイマー病を防げるようだ。

3　この研究によると、アルツハイマー病の防止するためには、十分なたんぱく質の摂取が必要である。

4　この研究によると、アルツハイマー病は、アミロイドβを締め出せなくて起こるとされている。

問題9 次の（1）から（3）の文章を読んで、後の問いに対する答えとして最もよいものを、1・2・3・4から一つ選びなさい。

（1）

　「ニート」を大雑把に言うと働いていない人のことである。もっと詳しく言えば、就学、就労、職業訓練のいずれも行っていない状態の、15～34歳までの若年無業者を指した用語である。つまり、求職活動を行っていれば求職者でありニートではない。また働いてなくても学校教育を受けていれば学生とみなされニートではない。さらに働いておらず、学校にもいっていなくても、資格の勉強や職業訓練をしている人はこの定義上はニートではない。

　先日厚生労働省では、このニートと呼ばれる若者の実態調査を行ったが、それによると、彼らの約8割が「やりがいのある仕事」に就きたがっていることがわかった。しかも「人と話すのが苦手」と返答した人が6割もいるなど、人間関係でのストレスや苦手意識が、就職活動などに二の足を踏む主な原因になっていることも浮き彫りになった。

　日本のマスコミやネット上、また中高年層では、このニートという言葉の意味を批判的かつ否定的、老若男女を問わず働いていない人全体を指して彼らを貶す意味で使う場合が多い。

　だが、一口にニートと言っても、いじめによる対人恐怖症などの精神的な障害を抱える者、怪我や病気、障害など健康状態による身体的な問題を抱える者、貧困であるが故にまともな教育が受けられないなど経済的な問題を抱える者、希望する職場の年齢制限のため雇ってもらえない者など、さまざまな問題により働いていない者も多い。それに、「専業主婦」や「一時的な拘束状態により就労活動できない者」なども無差別にニートに含める場合がある。この場合のニートには「働く気のある人」だけではなく、「たとえ働きたくても働けない人」も含まれるので、不用意に使えば不当に他人を深く傷つけるおそれもあるので気をつけて使ってほしいものである。

50 この文章からみて、「ニート」に当てはまる人は誰か。

1 リストラで会社を辞めさせられて、公共職業安定所へ行っている29歳の女性

2 大学の入試に不合格となり、次回の入試を目指して勉強している18歳の浪人生

3 勤めていた会社が倒産して、ハローワーク等に通って就職先を探している31歳の男性

4 先日会社を辞めたが、再就職や教育を受ける気のない34歳の男性

51 「ニート」と呼ばれる若者たちが、就職活動をためらう主な理由と考えられるのは何か。

1 金銭的に余裕がある。

2 人間関係が不得意だ。

3 やりがいのある仕事が見つからない。

4 身柄拘束状態である。

52 この文章の内容に合うものはどれか。

1 身体的、精神的、経済的、機会的な問題などの諸問題は無視してもいい。

2 ハローワークで就職先を探しているが、仕事についていない人はニートだ。

3 日本のマスコミなどは、ニートという単語をもっと慎重に使用すべきである。

4 専業主婦でも職がない者なら、ニートに含めるべきである。

(2)

　ある電機メーカーサイトで「食品の冷蔵庫保管」に対して問いかけたところ、掲示板には賛否両論が飛び交った。「①冷蔵庫で保管した方がよい」という意見が圧倒的に多かったが、その主な理由は「防虫対策のため」だった。戸棚にしまった食品に虫がついて大変だったというある主婦は、それ以来、調味料や粉類、茶葉、乾物はもちろんのこと、砂糖、小麦粉も必ず冷蔵庫へ入れることにしていると言う。

　はたして冷蔵庫は、完璧な防虫対策になるのか。ある食品総合研究所の研究員によると、「食品を開封した時やその後に虫が入り込み、常温保存中に繁殖するケースが一番多い。低温の冷蔵庫の中なら、虫の繁殖を抑えられる」と言う。ただ、食品によって虫のつきやすさに差があり、最も注意すべきなのは、小麦粉などの粉類という。また菓子類にも虫がつきやすいが、人間が好むものは、虫にとってもおいしい食品と言えよう。特に、ココアやチョコレートのように香りの良いものは多くの虫の大好物のようだ。そして食品にダニが繁殖し、ダニアレルギーを持つ人が食べてアレルギー症状を起こしたという報告もある。

　また食品の腐敗防止や鮮度保持のためには、冷蔵庫に頼るよりほかないという意見も目立った。

　一方、「冷蔵庫にしまっても食品が腐ったりかびたりする」「一度開封したら劣化が始まる」「一度冷蔵庫に入れて外に出すとしけてしまう」という、②冷蔵庫は決して万能ではないという意見もあった。

　専門家は、食品を冷蔵庫に保管する場合は「いつまでに食べ切る」と期限を設けておくことや、同居家族の人数などを綿密に考慮し、速やかに消費できるだけの量を購買するなど、賢明な消費をアドバイス。

　食品の保管において冷蔵庫は万能だと思い込まず、また貴重な食べ物をむだにしないようにやりくりしてほしいものだ。

53 「①冷蔵庫で保管した方がよい」とあるが、その理由と考えられないものは何か。

1　食品に虫がわくのを防ぐため

2　食品がくさるのを防ぐため

3　食品の賞味期限が早まるのを防ぐため

4　食品の鮮度が落ちるのを防ぐため

54 ②冷蔵庫は決して万能ではないという意見とあるが、その理由と考えられるものは何か。

1　食品に水分が含まれるようになるから

2　食品に虫が繁殖するのは常温とかわらないから

3　食品の鮮度保持が不可能になるから

4　食品によるアレルギー症状を起こさないようになるから

55 この文章の内容に合うものはどれか。

1　乾燥ワカメや、砂糖、塩などは、冷蔵庫の中なら安心できそうだ

2　冷蔵庫内の低温下でも、カビの活動には十分な温度のようだ。

3　食品浪費を抑制するためには、冷蔵庫に保管しさえすればいい。

4　食品を冷蔵庫で保管すれば、賞味期限に関係なく食べられる。

(3)

　振り込みや手渡しで金銭を騙し取ろうとするのを特殊詐欺というが、2003年以降から急増している。主に電話を使った手口が主流だったが、最近は、現金自動預払機（ATM）利用限度額の制限などの対策強化で、その手口も多様化してきている。以前は架空名義の口座を開設して、その口座に金を振り込ませていたが、今は被害者の自宅を訪問し、①直接現金を受け取る手口も現われた。

　こういう特殊詐欺の話を耳にするたびに、「俺ならあんな手口にかからないぞ」とか「だまされた方にも責任がある」と思う人もいるだろう。
は虫類以上の動物には、天敵などを察知する原始的機能が備わっているが、このように外界からの危険を察知する機能を担うのが脳の扁桃体である。

　海外の研究によると、穏やかな声の場合にひきかえ、切迫した声で言われた場合、扁桃体が異常に働き出し、血流量が増加、副腎皮質刺激ホルモンが分泌される。このように扁桃体が強く刺激されると、人間は②我を忘れる状態になってしまうという。

　息子が車で人をひいたと聞いて平気でいられる親はいないはずである。不安を畳み掛けられ、じっくり考える間も与えられず、思考停止状態に追い込まれる。お金を振り込まないと、この不安は解消されないし、思考停止状態から復帰できない。特殊詐欺に遭うのは、実は、扁桃体が活発な途中で冷静になるのが難しい理由もあるのである。

　人間誰しも共通に持っている脳の働きが作用していることがわかっている。状況次第では、誰でもこのような特殊詐欺に遭う可能性があるということである。扁桃体が敏感な人ほど、そのリスクは高くなるといえるが、言い換えれば、それだけ感情が豊富で、家族を思いやる愛情深い人だからでもある。

56 ①直接現金を受け取る手口も現われた理由として考えられるのはどれか。

1　日本人が特殊詐欺に引っかからなくなり、もっと多様な手口が必要になったから

2　手渡しで金銭を騙し取るのが難しくなり、それに代わる新たな手口が必要になったから

3　さまざまな措置がとられ、いっぺんに下ろせる金額の量ががた減りになったから

4　ある研究によると、手口が多岐にわたっているほど、成功率が高いというから

57 ②我を忘れる状態とあるが、具体的にどんな状態を指しているか。

1　副腎皮質刺激ホルモンの過剰分泌で、扁桃体が本来の機能が果たせなくなる状態

2　子供の交通事故を起こしたとの通報などを受け、不安にかられて何もできなくなる状態

3　扁桃体の異常で、危険が察知できなくなり、天敵などが近寄っても気づかなくなる状態

4　自分は絶対に騙されない自信があったのに、特殊詐欺の被害に遭って呆然としている状態

58 この文章で筆者がもっとも言いたいものはどれか。

1　人間は誰でも特殊詐欺に遭う可能性があるので、思考停止状態にならないように気をつけるべきである。

2　外界からの危険を察知する機能を果たす脳の扁桃体は、日頃から鍛えておくべきである。

3　特殊詐欺の被害に引っかからないためには、銀行の残高を一定額以下に維持しておく必要がある。

4　振り込め詐欺などの特殊詐欺の被害に遭わないためには、興奮して理性を失わないことが大事である。

問題 10 次の文章を読んで、後の問いに対する答えとして最もよいものを、1・2・3・4から一つ選びなさい。

　生後間もない子猫を一時的に預かり、自活できるまで育てる「ミルクボランティア」を募集する自治体が増えている。

　みやび市の木田加奈子さん（40）は、同市やみやび県のミルクボランティアに登録している。6月下旬から約3週間、保護された2匹の子猫を育てた。「命を預かるという責任はありますが、可愛い子猫の成長を見守れる。①貴重な経験です」と話す。

　預かった当初はどちらも生まれたばかりで、一日6～8回授乳をしたり、体温調整ができないので電気あんかを用意したりした。保護されたときは100グラム未満だった子猫の体重は、約300グラムに成長した。

みやび県衛生指導課によると、2015年度に県内で殺処分された猫は約1300匹で、うち9割は離乳前の子猫だった。

　殺処分を減らそうと、県は今春、②ミルクボランティア制度を始めた。県動物愛護センターに保護された離乳前の子猫をボランティアが自宅で預かり、生後3か月ごろまで育てる。ボランティアは授乳、排泄の補助、成長記録の作成などを行う。離乳したころにセンターに返し、新しい飼い主に譲渡する仕組みだ。

　ミルクボランティアは県内在住で、センターが実施する講習会を受講することなどが条件。職員による家庭訪問も実施し、きちんと飼うことができる家庭環境かを確かめる。飼育に必要な物品、ミルク代、治療費などは自己負担。これまでに約20人が登録しているという。

　副塚市も16年度からミルクボランティア制度を設けた。市獣医師会と協力し、急病時などに動物病院が無料で診療する体制も作った。「愛情を受けて育った子猫は人になつき、飼主も見つけやすくなる」と市動物愛護管理センターの担当者。こうした動きは各地に広がっている。12年度から始めた神田市の場合、16年度だけ

で138匹がボランティアの手で育てられ、累計275匹となった。民間でもミルクボランティアを行う団体などがある。

　ヤワザ動物専門学校の副校長で、猫の保護活動にかかわる伊田るみ子さんは「殺処分を減らせるほか、自治体が募集することで様々な人に知れ渡る」と、行政がミルクボランティアに取り組む点を評価する。

　ボランティアになる人については、「数時間置きの授乳などが必要なので、終日世話ができる環境にあることが好ましい」と指摘。また、自治体によって預かる期間が異なったり、子猫が体調を崩した場合の診療費が全額自己負担だったりするので、「登録要件を事前によく確認しましょう」と助言する。

59　①貴重な経験とはどういうことを意味するか。

1　生まれたばかりの子猫を預かり成長が見られたこと
2　親のいない子猫の世話を一定期間できたこと
3　生まれたばかりの子猫を育て、愛玩動物にできたこと
4　親が殺処分された子猫の授乳と排泄の世話をしたこと

60　②ミルクボランティア制度とはどのようなものか。

1　子猫が離乳するまでボランティアが預かる制度で、成長に必要な経費は自己負担である。
2　子猫が成長するまでの一定期間ボランティアが預かり、愛着が湧けば飼い主になれる。
3　子猫が離乳するまでボランティアが預かる制度で、成長に必要な経費は自治体が負担する。
4　子猫が成長するまでの一定期間ボランティアが預かり、ミルク代のみ自治体から出る。

61 ミルクボランティアを募集する自治体が増えている理由はどんなことか。
1 殺処分される子猫の数が減るし、飼い主が見つけやすく、自治体の財政状況も改善する。
2 少子高齢化のために、子猫を育てたいと言ってくる住民が多いため募集を増やしている。
3 殺処分される子猫の数が減るし、人の手で生育した子猫は飼い主になる人にも育てやすい。
4 殺されるべき子猫を育てた人は自動的に飼い主になれるので、自治体は一石二鳥である。

62 文章中で紹介されているミルクボランティアに関しての有識者の意見はどれか。
1 行政が取り組むことは多くの人に知れるのだが、ボランティアへの研修を強化するべきだ。
2 このボランティアを行政が募集するのはよいことだが、ボランティアの横のつながりも必要だ。
3 行政が取り組むことはＰＲ効果もあり良いが、ボランティアの負担額など課題がある。
4 限られた家庭しかこのボランティアはできないので、自治体がさらに普及する努力が必要だ。

問題11　次のＡとＢはそれぞれ、「ＡＩ：人工知能」について書かれた文章である。後の問いに対する答えとして最もよいものを、1・2・3・4から一つ選びなさい。

A

　人工知能（Artificial Intelligence：AI）という言葉が、世の中を騒がせて久しい。その定義については、多くの専門家がさまざまな意見を述べている。中でも、シンプルかつ今回のテーマに沿った捉え方は、以下が適切だと考えている。
　「人工知能は、道具としてとらえていただくのがよいと思います。」（東京大学H教授の言葉）
　（中略）
　人間が「実世界」でAIを道具として使う一方で、AIは人間を「魔法の世界」へと引きずり込む。「魔法の世界」が悪い世界と言っているわけではない。その世界は、煩わしいことを考えずに済み、自分の好きなことに多くの時間を割くことができる世界かもしれない。ただ、人間は「考える葦」として思考を止めないためにも、繰り返し問い続けることを忘れずに、AIを使いこなさねばならない。

B

　AIが得意なのは「判断」である。大量のデータがあれば、そのデータをもとに条件節を徹底的に洗い出し、その判断の精度は人間を超える可能性がある。言い換えると、「判断」に十分なデータが無ければ、どんなAIも有効には機能しない。ビジネスの現場の例を見てみよう。
　融資判断において、融資の可否判断に、融資先の決算書は大切な材料となる。しかし、より精度の高い融資判断を実現するために、銀行員は融資先企業を訪れ、企業の風土を理解し、洗面所の綺麗さなどの現場情報を自らの足で収集し、活用することもあるという。

（中略）

ビジネスでAIを使うか否かの選択を迫られる経営者は、現場の判断を支えるデータがどこにあるかを改めて熟考し、そこでAIが何をし、人は何をするのか、手触り感を持ってその業務の将来像を描く必要がある。

63 「AI：人工知能」に関してAとBの観点はどのようなものか。
1 Aは現実の世界でその活用に慎重姿勢を取る必要性を訴え、Bはまず実践することが重要と述べている。
2 Aは魔法のような道具となる場合は十分な注意が必要とし、Bはビジネス現場には大いに有効としている。
3 Aはどのように役立てていけるかの問題提起をし、Bは具体例をあげてその有益な使い方を示している。
4 Aは魔法のような道具にしないために人間の熟考力が必要とし、Bは今後の人間の役割が課題だとしている。

64 AとBは「AI：人工知能」に関してどのように述べているか。
1 Aは道具として捉えて常にその有用性を確認する姿勢が大切だと述べ、Bはそれを使いこなすためにデータ収集の重要性を述べている。
2 Aは魔法の道具になってしまう危険性を特に強調し、Bは特にビジネス場面では利益拡大に役立つとして具体例を述べている。
3 Aは道具として捉え常にその功罪を問い続ける姿勢が大切だと述べ、Bはそれを使いこなすまでは人間が行動する必要があると述べている。
4 Aは魔法の道具にならないための人間の役割を述べ、Bも役割分担を強調しながらデータ収集はAIに頼る方が賢明としている。

問題12 次の文章を読んで、後の問いに対する答えとして最もよいものを、1・2・3・4から一つ選びなさい。

　あいかわらずの富士登山ブームである。夏山シーズンたけなわとなり、山頂付近には夜明け前から、ご来光目当ての登山客の長い列が続く。マナーを守り、安全に留意しながら快適な登山を楽しみたい。日本人の心を魅了してきた富士山は、古くから信仰の対象とされた霊峰だ。修験者たちの修行の場であり、宗教的に重要な山なのである。2013年に世界文化遺産に登録された。それによって、日本人のみならず、大勢の外国人も訪れるようになってきた。

　多くの登山者を受け入れつつ、いかに神聖さを保っていくか。それが目下の課題である。

　7月～9月の期間中、富士山には20万人～30万人の登山客が訪れる。週末には、平日の2倍の混雑となる。ご来光を見るのに便利な山頂付近の山小屋から順に予約が埋まり、多くが満室の状態だ。

　山梨県側で混雑時に行った調査では、43％の人が登山客の多さに不満を感じている。他の登山客に無理に追い越されて、危険な目にあった人は23％にも上る。

　このままでは、登山客が将棋倒しになるなど、大きな事故が起きかねない。人が増えすぎると、富士山の神秘性が損なわれて、世界遺産としての価値が揺らぐ。登山客数の適正化に向けた対策は、避けて通れない。

　世界文化遺産に登録された際、国連教育・科学・文化機関（ユネスコ）も、来訪者管理戦略をまとめるよう求めた。

　政府は、一日当たりの登山客数の目安を示す方針だ。それを盛り込んだ保全状況報告書を2018年12月までに提出する。

　山梨、静岡両県は、全地球測位システム（GPS）などを用いて登山客の動向を調査している。混雑状況を丁寧に分析して、適正な人数を設定することが必要だ。

　具体策も求められる。登山客の分散化は、混雑を緩和させる手法の一つだろう。両県が今夏からネット上に公開している混雑予想カレンダーなどを活用し、平日の方がゆとりのある登山を楽しめることをPRしていきたい。

両県は、一人1000円の富士山保全協力金を任意で徴収し、登山道の維持管理に充てている。昨年は、山梨県側で65％、静岡県側で51％の登山客が支払った。一部には支払いの義務化を求める声もある。登山客数の適正化にどの程度の効果があるのか、きちんと見極めることが大切だ。

　安全確保も来訪者管理戦略も忘れてはならない課題である。スニーカーにTシャツといった軽装の外国人が目立つ。急変する天候や落石の危険など、基本的な知識を発信することが欠かせない。

[65] 神聖さを保っていくとはどういう意味か。
1　宗教・信仰上、汚したりすることが許されない山としての存在を維持していくこと
2　大昔から多くの神が宿る山とされてきたので、神の存在を脅かさないようにすること
3　宗教・信仰上、限られた者しか入山できない山としての現状を維持していくこと
4　代表的な霊峰として、宗教者のみならず多くの人に愛され続けられるようにすること

[66] 登山者が増え過ぎたことによって、どのような影響があったと述べているか。
1　登山者のマナーの悪さで小さな事故が多発し、廃棄物も増え、自然が損なわれている。
2　登山施設の予約が殺到したり、登山者のマナーの低下などにより神秘性が損なわれている。
3　登山者のマナーの悪さで、生息していた動植物が激減しており、自然環境破壊が始まっている。
4　宿泊施設のサービスの低下や登山者のマナーの悪さなどにより、登山時の事故が多発している。

[67] 登山客の数を管理するためにどのような対策が考えられていると報告しているか。

1　登山客数を制限するため、事前申し込み制の導入、富士山の維持管理費としての保全協力金の義務化など

2　登山客が混雑状況をチェックできる機能の設置、富士山の維持管理費としての保全協力金の義務化など

3　登山客を制限するため、事前登録制の導入、富士山の維持管理費としての保全協力金の額の見直しなど

4　登山客分散化のために混雑状況チェック機能の設置や富士山の維持管理費として保全協力金の徴収など

[68] この文章中で筆者が述べていることはどれか。

1　登山者は登山マナーを守り、登山の基本を学んでから登頂する義務がある。

2　世界文化遺産としての価値が揺らぐこと、神秘性が失われることを憂えている。

3　登山客数の増加に伴い神聖な自然環境を守っていく対策を講じなければならない。

4　登山客の安全確保と満足度を上げるために、政府も自治体も対策を練るべきである。

問題13 右のページは、「日本語教室のスタッフ募集」の案内である。大学生の山本さんは、外国人に日本語を教えたいと思っている。下の問いに対する答えとして、最もよいものを1・2・3・4から一つ選びなさい。

[69] 山本さんが、スタッフになるのに必要な条件は何か。
1 参加費とボランティア保険代金の支払い
2 一カ月に一回の会議と4回以上の教室への参加
3 応募動機の提出と月に2, 3回の教室への参加
4 一カ月に一回のイベントと会議への参加

[70] この募集案内の内容に合っていないものはどれか。
1 この教室の先生はボランティアである。
2 教室までの交通費は自分で払う。
3 外国人との共生に前向きな人がよい。
4 日本語教授法を学んだ人を募集する。

日本語教室みやびスタッフ募集！

多くの大学生にご参加いただいている「日本語教室みやび」ですが、教室拡充のため更にスタッフ募集を行うことになりました！

活動目的：	日本に住む外国人が、日本人と定期的に関われる場を得ることで、社会進出のための日本語能力向上の機会と、地域で安心安全に過ごし、充実した生活を送るためのサポートを行う。
活動場所：	みやび市（みやび町と平和町の2拠点）
必要経費：	無料、ボランティア保険500円（教室までの交通費は自己負担でお願いします）
活動頻度：	週2～3回（毎週1回以上の教室参加と、月1回の全体ミーティングへの参加が必要です）
募集対象：	日本語教育に興味のある方、外国人の生活のサポートをしたい方、異文化理解に興味のある方
	活動に意欲的に取り組んでくれる方（応募の際、詳しく動機を書いていただきたいです！）
注目ポイント：	外国人も日本人もお互いが学びあえる環境！！スタッフみんなでつくる授業！
	一カ月に一回の楽しいイベント！　運営、企画に携わりたい方必見です！
対象身分／年齢：	社会人、大学生・専門学生、高校生
募集人数：	6名
応募方法：	miyabiboshu@email.com まで、メールにてご応募ください。

ご応募いただく際は、『氏名』『所属（大学生の方は大学名と回生、社会人の方はその旨をご記入ください）』

『お住いの最寄り駅』『活動に参加したい曜日（希望があれば）』『応募動機』を添えて下さい。

活動詳細：	別途資料参照のこと
レッスンについて：	生徒のレベルに合わせて3つのクラス（初級、中級、上級）を設けています。

＊グループの時間と個別の時間があります。

N1

聴解

(55分)

注意 Notes

1. 試験が始まるまで、この問題用紙を開けないでください。
   Do not open this question booklet until the test begins.

2. この問題用紙を持って帰ることはできません。
   Do not take this question booklet with you after the test.

3. 受験番号と名前を下の欄に、受験票と同じように書いてください。
   Write your examinee registration number and name clearly in each box below as written on your test voucher.

4. この問題用紙は、全部で13ページあります。
   This question booklet has 13 pages.

5. この問題用紙にメモをとってもかまいません。
   You may make notes in this question booklet.

| 受験番号 Examinee Registration Number | |

| 名前 Name | |

問題1

問題1では、まず質問を聞いてください。それから話を聞いて、問題用紙の1から4の中から、最もよいものを一つ選んでください。

例

1 駅前で4時50分に
2 駅前で5時半に
3 映画館の前で4時50分に
4 映画館の前で5時半に

1番

1　他の部屋でゲームをします

2　スーパーに行って一週間分の食料品を買います

3　家具が壊れないように頑丈にする用品を買います

4　寝室の電化製品が倒れないように固定します

2番

1　河上さん、三浦さん

2　河上さん、榎本さん

3　三浦さん、榎本さん、森山さん

4　河上さん、榎本さん、森山さん

3番

1 病院に電話し、どんな病気が早期で発見されるのかを相談する
2 検診の前日は夕食は取らない
3 会社の補助対象としての費用を考える
4 検査を受ける当日は食事も飲料も取らない

4番

1 たくさんの予算を費やして買ったプレゼントをもらう過ごし方をする
2 親友だけで集まり、こじんまりした飲み会の過ごし方をする
3 気が合う知人同士集まり、無駄なお金を使わない合理的な過ごし方をする
4 誰もが望む満足した過ごし方をする

5番

1 アリが食料の貯めすぎを後悔する結末

2 アリがキリギリスを招待し、お礼を言う結末

3 アリが一年の過労をキリギリスに慰めてもらう結末

4 アリがキリギリスを招き、食料が貯蓄できたのを祝う結末

6番

1 ペンなど簡単に用意し、8日に開催される説明会に出る

2 午前中は母親に家事を手伝ってもらい、午後は貸し会場に出る

3 短大卒の専攻を生かし、教室を開く

4 子育ての経験を活かして、家で教室を催す

問題2

問題2では、まず質問を聞いてください。そのあと、問題用紙のせんたくしを読んでください。読む時間があります。それから話を聞いて、問題用紙の1から4の中から、最もよいものを一つ選んでください。

例

1 子連れ出勤に賛成で、大いに勧めるべきだ
2 市議会に、子供を連れてきてはいけない
3 条件付きで、子連れ出勤に賛成している
4 子供の世話は、全部母親に任せるべきだ

1番

1 請求書の繰越残高の表記について
2 請求書の支払額の記載について
3 若干の支払額不足の対応について
4 未入金があった場合の対処について

2番

1 メーカーに修理を依頼すること
2 新しいパソコンを購入すること
3 再度、修理させてほしいこと
4 前金の修理代を他の製品に使うこと

3番

1 家族がうるさいと言うから
2 卒業論文用の資料を聞くから
3 卒業論文に集中したいから
4 すぐにメール返信できないから

4番

1 自分では水垢やカビが取り切れないから
2 業者が使っている洗剤が強力だから
3 自分で掃除すると腰が痛くなるから
4 オフシーズンで掃除代金が割安だから

5番

1 原因が違うが、くしゃみや微熱が出る
2 くしゃみと鼻水が多く、微熱が出る
3 原因が違うし、寒気や微熱はない
4 寒気がして、くしゃみと目の充血がある

6番

1 お兄さんと性格が合わないこと
2 お兄さんと生活リズムが違うこと
3 お兄さんに生活費を請求すること
4 お兄さんに寮の暮らしを勧めること

7番

1 観光案内場所の歴史などを勉強できること
2 高級料亭に行けて、和食をいただけること
3 普段は経験しない日本文化体験ができること
4 新しいプロジェクトで内容が充実していること

問題3

問題3では、問題用紙に何も印刷されていません。この問題は、全体としてどんな内容かを聞く問題です。話の前に質問はありません。まず話を聞いてください。それから、質問とせんたくしを聞いて、1から4の中から、最もよいものを一つ選んでください。

― メモ ―

問題4

問題4では、問題用紙に何も印刷されていません。まず文を聞いてください。それから、それに対する返事を聞いて、1から3の中から、最もよいものを一つ選んでください。

― メモ ―

問題5

問題5では、長めの話を聞きます。この問題には練習はありません。
問題用紙にメモをとってもかまいません。

1番、2番

問題用紙に何も印刷されていません。まず話を聞いてください。それから、質問とせんたくしを聞いて、1から4の中から、最もよいものを一つ選んでください。

― メモ ―

3番

まず話を聞いてください。それから、二つの質問を聞いて、それぞれ問題用紙の1から4の中から、最もよいものを一つ選んでください。

質問1

1 台風接近中は外出しない
2 水や食料などをストックする
3 避難場所を確認しておく
4 ハザードマップを確認しておく

質問2

1 台風接近中は外出しない
2 水や食料などをストックする
3 避難場所を確認しておく
4 ハザードマップを確認しておく

N1

實戰模擬試題 第4回

N1

言語知識（文字・語彙・文法）・読解

（110分）

注意 Notes

1. 試験が始まるまで、この問題用紙を開けないでください。
   Do not open this question booklet until the test begins.

2. この問題用紙を持って帰ることはできません。
   Do not take this question booklet with you after the test.

3. 受験番号と名前を下の欄に、受験票と同じように書いてください。
   Write your examinee registration number and name clearly in each box below as written on your test voucher.

4. この問題用紙は、全部で31ページあります。
   This question booklet has 31 pages.

5. 問題には解答番号の 1 、 2 、 3 … が付いています。
   解答は、解答用紙にある同じ番号のところにマークしてください。
   One of the row numbers 1, 2, 3 … is given for each question. Mark your answer in the same row of the answer sheet.

受験番号　Examinee Registration Number

名前　Name

問題1 ＿＿＿＿の言葉の読み方として最もよいものを、1・2・3・4から一つ選びなさい。

1 再開発計画の阻止が目的だからといって、どんな手段でも許されるわけではない。
 1　そし   2　そうし   3　しょし   4　しょうし

2 この旅館では、農家と連携して家庭料理をアレンジした素朴なおかずなどを用意してくれる。
 1　すばく   2　すぼく   3　そばく   4　そぼく

3 安くてお腹が膨れるレシピを工夫しよう。
 1　ふくれる 2　むれる   3　すたれる 4　かぶれる

4 A国では、高所得世帯の上位1％が総収入の40％を占めるという甚だしい富の集中が起きている。
 1　おびただしい 2　わずただしい 3　はなはだしい 4　あわただしい

5 この地域には、美しい丘陵地帯が広がっている。
 1　きゅうりゅう 2　きゅうりょう 3　きょうりゅう 4　きょうりょう

6 盛大に優勝祝賀会を催したいと思う。
 1　もたらしたい 2　もらしたい 3　もよおしたい 4　うながしたい

問題2　（　　　）に入れるのに最もよいものを、1・2・3・4から一つ選びなさい。

7 私は、仕事の失敗をひどく大きな声でみんなの前で指摘されて、（　　　）思いをした。
　　1　しつこい　　　2　やむをえない　　3　きまりわるい　　4　にぶい

8 全国スーパーの売り上げは、15年連続で前年実績を割っている。営業時間延長の（　　　）はもちろん売り上げ増だろう。
　　1　ねらい　　　　2　ためし　　　　　3　のぞみ　　　　　4　はたらき

9 シェールガスなど新しい資源の台頭で、A国の天然ガスの輸出は、（　　　）傾向にあると言われている。
　　1　ぎりぎり　　　2　ブレーキ　　　　3　はずみ　　　　　4　あたまうち

10 イギリス出身の人気ポップ歌手、Aさんは、自分のツイッターで引退を（　　　）コメントをした。
　　1　めくる　　　　2　ほのめかす　　　3　とらえる　　　　4　うつむく

11 今年の大学生の就職内定率は、前年より少し良くなったものの、（　　　）として低水準の状態だ。
　　1　依然　　　　　2　格別　　　　　　3　傾向　　　　　　4　実在

12 彼女は仕事に打ち込むことで、失恋の悲しみを（　　　）いる。
　　1　わずらって　　2　あやつって　　　3　まぎらわして　　4　おって

13 うちの子は、以前は（　　　）塾に通っていたが、A塾に移ってからは塾に行くのが楽しみのようだ。
　　1　ぶつぶつ　　　2　いやいや　　　　3　くよくよ　　　　4　ひやひや

問題3 ＿＿＿＿＿の言葉に意味が最も近いものを、1・2・3・4から一つ選びなさい。

[14] 新しくできたJR駅前に、商店街を作る構想が、地域開発委員会の手で煮詰まってきた。
    1 水に流すことになった　　　　2 結論が出そうだ
    3 練られるようになった　　　　4 はばまれるようになった

[15] 女性から見たまめな男とはどういう人ですか。
    1 誠実な　　　　　　　　　　　2 変な
    3 すてきな　　　　　　　　　　4 もてる

[16] 月並みな表現だが、30年を振り返ってみると、月日の経つのは本当に早いものだ。
    1 立派な　　2 むずかしい　　3 平凡な　　4 すばらしい

[17] うちの社長は若手の社員を連れて、頻繁に工事現場を訪れている。
    1 よろこんで　2 きちょうめんに　3 ふるって　4 しきりに

[18] その土地及び家屋を、現に所有している者が納税義務者となる。
    1 実際　　2 現在　　3 ずべて　　4 最初から

[19] 作業を開始する前に一通りマニュアルに目を通しておいてください。
    1 一度　　2 ざっと　　3 必ず　　4 詳しく

問題4 次の言葉の使い方として最もよいものを、1・2・3・4から一つ選びなさい。

20 内輪

1 不動産売買契約の際、内輪金というのは何ですか。
2 彼はライバル会社の内輪を探ろうとしている。
3 このサービスをご利用のお客様へお届けするご請求内輪の見方をご説明いたします。
4 おじいさんが喜寿になり、今度の週末内輪で祝うことにしました。

21 心得

1 この本には成功者の心得に関して書かれている。
2 仕事上にミスや失敗をしてしまった時には、「いい経験になった」のように、しっかりとした心得を持つことが重要だ。
3 母親とは遠く離れているから、いつも病状が心得だ。
4 非常食や持出品リストなど、家庭での防災の心得について紹介します。

22 些末

1 会社のみんなが気にしないようなちょっとしたことを、一々気にしている些末な人がいる。
2 幼いときの記憶には実に些末なような事柄がとても強く印象に残っていることがある。
3 周りからは「些末な感受性の持ち主」と呼ばれている。
4 新婚の時は夫婦喧嘩すると、些末な意地を張ってしまう。

23 ぐっと

1 うちの母親は末っ子をよりぐっとかわいがっている。
2 あの映画の感動的な映像はぐっと胸にきた。
3 君にはこれからぐっと発展することを期待している。
4 彼の自慢話を聞くのがぐっといやになった。

24 浅ましい

1 同僚の言葉遣いの浅ましさに大変不快な思いをしている。

2 買ったばかりなのに「浅ましい服装」と言われて恥ずかしかった。

3 彼氏に高価なブランド品をせびったり買わせたりする、浅ましい30代女性がいる。

4 子供の時、箸の持ち方や食べ方が浅ましいと叱られたことがある。

25 呆気ない

1 特色もなければ代わり映えもしない平凡な毎日に、呆気なさを感じる。

2 波の高さは呆気ないほど驚いてしまった。

3 あんなに猛烈に愛し合った二人は些細なことで呆気なく別れてしまった。

4 人の前で自信がない、いつもおどおどしている、そんな呆気ない自分を変えたい。

問題5 次の文の(　　)に入れるのに最もよいものを、1・2・3・4から一つ選びなさい。

26 企業の未来のためには（　　　）革新が必要ではないか。
　1 絶えざる　　　　　　　　　2 絶えざるを得ない
　3 絶えずにはすまない　　　　4 絶えてはばからない

27 このような矛盾した彼の意見に、私たちは疑念を（　　　）。
　1 引き起こすまでもなかった　　　2 引き起こさずにはおかなかった
　3 引き起こすだけでましだった　　4 引き起こさなくてはすまなかった

28 彼女は明細書をもらった（　　　）、自分の給料を確認した。
　1 そばから　　2 とそばに　　3 とそばから　　4 そばからに

29 親と離れて独り暮らしを始めたとはいえ、こんなに寂しくては（　　　）。
　1 きわまりない　　2 きりがない　　3 かなわない　　4 やまない

30 若者は失敗しても（　　）という覇気があってうらやましい。
　1 その通りだ　　2 もともとだ　　3 ごもっともだ　　4 始末だ

31 あの俳優はすばらしい演技力とすてきな笑顔が（　　　）たくさんのファンを持っている。
　1 かかわって　　2 からあって　　3 こととて　　4 相まって

32 入社して3ヶ月（　　　　）残業や徹夜をさせられてばかりだ。
　1　だということ　　　　　　　　2　だといったら
　3　というものの　　　　　　　　4　というもの

33 人の秘密を他人にもらすなんて、腹立たしいといったら（　　　　）。
　1　ありはしない　　　　　　　　2　わけがない
　3　あり得ない　　　　　　　　　4　ざるがない

34 海辺で遊んだ子供は手（　　　　）足（　　　　）、砂だらけだった。
　1　とはいえ / とはいえ　　　　　2　にして / にして
　3　といわず / といわず　　　　　4　なり / なり

35 この大会における諸君の活躍を期待（　　　　）。
　1　してしかるべきだ　　　　　　2　してはかなわない
　3　してもさしつかえない　　　　4　してやまない

問題6 次の文の＿＿★＿＿に入る最もよいものを、1・2・3・4から一つ選びなさい。

(問題例)

　　あそこで ＿＿＿ ＿＿＿ ★ ＿＿＿ は山田さんです。

1　テレビ　　　2　見ている　　　3　を　　　　4　人

(解答のしかた)

1．正しい文はこうです。

　　あそこで ＿＿＿＿ ＿＿＿＿ ★ ＿＿＿＿ は山田さんです。
　　　　　　　1 テレビ　　3 を　　2 見ている　　4 人

2．＿★＿に入る番号を解答用紙にマークします。

　　　　　(解答用紙)　(例)　① ● ③ ④

36　信頼 ＿＿＿ ＿★＿ ＿＿＿ ＿＿＿ 何か騙されたような気分だ。

　　1　友人だと　　　　　　2　足る
　　3　思っていたのに　　　4　するに

37　会社の組織は ＿＿＿ ＿★＿ ＿＿＿ ＿＿＿ かにつき提言させていただきます。

　　1　変わる　　2　生まれ　　3　すれば　　4　いかに

38 ___★___ _____ _____ _____ 商売、いつまで続けても意味ない と思う。

1 もない　　2 利益　　3 こんな　　4 なんらの

39 静岡県で山崩れが起きたが、___★___ _____ _____ _____ 救助された。

1 という　　2 消防隊員に　　3 あわや　　4 ところを

40 できないのなら _____ ___★___ _____ _____ しようとしないのはどうかと思う。

1 のに　　2 しらず　　3 いざ　　4 できる

問題7 次の文章を読んで、文章全体の趣旨を踏まえて、41 から 45 の中に入る最もよいものを1・2・3・4から一つ選びなさい。

　　人類の未来を描いたSFアクションの映画を見ると、裕福層は貧困層とは別の世界で居住、機械の簡単な操作だけですべての病気は100％完治される時代が到来する。映画の中で人間を治療するのは医師ではなく、ユビキタスネット医療技術である。

　　今時の医師は専門分野が特定化され、相違の分野との連動性は薄いとも言える。41 最新の研究結果やデータを総合分析したIT医療技術が自動的に診断を下すのがより正確だという意見も無視できない。さらにこのIT医療技術は医療過誤を防止、医療従事者の不足を解決することにも役立つとは 42 事実である。この理由で各先進国のIT企業は競ってヘルスケア領域への挑戦を加速しているのだ。

　　既に医師や医療従事者向けのアプリは続々と出ていた。血圧変化をスマホで記録したり、アプリで解剖名を勉強したりすることができる。一般人も家族の健康のために研究したり、病院へ行く前の予備知識を学んだりすることができる。自分の血糖値を追跡して糖尿病を管理することもできるし、病院と個人のスマホが繋がり、24時間いつでも処方された薬の効果や副作用、保管方法などが検索できる。

　　今や、体温、心拍数、血圧だけではなく、よく眠れたのかや、一日の運動量やカロリーの消費量も自動的に記録する機能が搭載されるウエアラブルコンピューターの常用化も目の前にしている。43 、誰もがウエアラブルコンピューターやスマートフォンで自分の身体データを24時間体制で計測し、ネットで管理する時代が来ることになるのだ。患者の身体データは即時に病院に送られ、疾患の敏速な対応ができるだけではなく、新薬や治療法の開発にも拍車をかけることになる。例えば普段心臓の弱い人は、常に身体データを観察し、異常が起る緊急事態の際はすぐに病院に駆けつけ、44 。

　　スマートフォンの演算処理機能を活用すれば、MRIやCT、エコーなどの機器も低価格化や小型化し、過疎地の医療状況が著しく改善される。検査結果もお互いウェブ上でシェアすることができるのだ。スマートフォンの普及で、人間は自分の健康状態をより迅速に把握し、医療従事者としてもより正確で安全な医療法を行うことで効率が向上する。新しい未来、我らは 45 ことを期待している。

41

1　一概に　　　　2　未だに　　　　3　もろに　　　　4　ゆえに

42

1　たどたどしい　　　　　　　2　しかつめらしい
3　窮屈な　　　　　　　　　　4　揺るぎない

43

1　すなわち　　　　2　かつ　　　　3　おおかた　　　　4　さも

44

1　いざというときに助けられる
2　死亡に至らずに済むことになる
3　自分の病状を医師に報告することができる
4　医療処方を早めに受けることができる

45

1　医療関係者が緊張を緩めない
2　驚愕に耐えないぐらいの医療が発展する
3　医療系の業界再編は避けられない
4　これまでできなかったシステムが構築できる

問題8　次の（1）から（4）の文章を読んで、後の問いに対する答えとして最もよいものを、1・2・3・4から一つ選びなさい。

（1）

　日本生産性本部は毎年春に、その年の新入社員のタイプを分析して発表している。たとえば、2012年度は「奇跡の一本松型」、2013年度は「ロボット掃除機型」などと、その時代を象徴するようなキーワードを用いている。2014年度のタイプは自動車の「自動ブレーキ装置」になぞらえて、「自動ブレーキ型」と名づけた。

　「自動ブレーキ型」は、まず、頭の回転は速く、知識も豊富で情報収集能力にも長けている。就活も手堅く進め、自分で乗り越えかねる壁ならぶつかる前に未然に回避する傾向も見られる。

　何事も安全運転の傾向が強く、周りに物足りないととらえられる可能性がある。リスクを未然に防止する安全主義もいいが、失敗を恐れず、「当たって砕けろ」の精神で行動してほしいという注文も上司から付きそうだ。

46　「自動ブレーキ型」の新入社員に関する説明としてもっとも正しいものはどれか。

1　「自動ブレーキ型」の新入社員は、チャレンジ精神も兼ね備えている。
2　「自動ブレーキ型」の新入社員には、情報を集めてまとめるのが苦手な人が多い。
3　「自動ブレーキ型」の新入社員は、入社前から仕事に関する知識を身につけている。
4　「自動ブレーキ型」の新入社員は、就活に際し、堅実であぶなげのない道を選ぶ。

(2)

お正月の定番といえば、やはり「おせち」。「おせち」とは、正月に食べるお祝いの料理だ。おせち料理は、めでたいことを重ねるという願いを込めて重箱に詰めて出される。地方や家庭ごとにお重の中身は様々で、「おせち料理」にはそれぞれ込められた願いがあるという。

ところが、このほど公表された「おせち料理」に関するアンケートを見るとちょっと驚きの結果。それは低年齢では正月におせち料理を食べない人が増加傾向にあるということだ。10代から30代では、おせち料理を食べる人が約3人に2人だった。そこで「おせち料理の代わりに何を食べるか」と聞いたところ、「ハンバーガー、ホットドッグ、ピザ、フライドポテト、牛丼のようなファストフードや、お寿司、唐揚げ、酢豚など、家族や親戚みんなが喜ぶものを作って食べている」と。お正月料理にこだわることなしに口に合う料理を食べるというコメントが目立った。一方で、「いつも通りに食べている」、「正月だからといって変わったものを食べるわけではない」というように、「いつも通りの食事」といった主旨の回答も多かったが、「おせち料理ばかり食べると飽きてしまうから」や「作るのが面倒」といったのがその主な理由だった。

[47] この文章の内容としてもっとも正しいものはどれか。

1 「おせち料理」は日本全国どこでも似たり寄ったりのやり方で作られている。
2 「おせち料理」をもる食器は、土地や家柄によって多様で異彩を放っている。
3 若年層には「おせち料理」を作ることをわずらわしくないと思う人が多いようだ。
4 近頃は「おせち料理」に対して頑なに思い込まず、柔軟な考え方を持つ人も増えている。

(3)

拝啓

　木枯らし吹きすさぶころ、ますますご清祥のことと拝察いたします。

　さてこのたび、私こと海外現地法人への出向を無事終え、本社企画部へ帰任いたしました。海外勤務の間、公私ともにご支援とご厚情を賜り、厚く御礼申し上げます。

　今後は、海外での経験を十二分に生かして、新たな業務に精進いたす所存でございますので、何卒今後とも一層のご指導ご鞭撻を賜りますようお願い申し上げます。いずれご挨拶に伺いますが、まずは略儀ながら書中をもちまして帰国のご報告を申し上げます。

　時節柄、御身ご自愛ください。

敬具

48　この手紙の内容について正しいものはどれか。

1　この手紙を書いたのは、10月頃である。

2　この手紙は海外出向後、新しい職務に臨む人の挨拶状である。

3　これは海外出向中にお世話になった人へ出すお礼状である。

4　この手紙を書いた人は海外勤務を拒んでいる。

(4)

　最近「ブラックバイト」問題が深刻化している。「ブラックバイト」とは、若者を大量に採用し、酷使して使い捨てる企業を指す「ブラック企業」からの派生語。市民団体「ブラック企業対策プロジェクト」の調査によれば、アルバイト経験のある大学生の70％に、「希望しない日時の勤務を強いられた」「実際の労働条件が募集時と違った」「セクハラ・パワハラがひどい」「残業代不払い」「納得いかない理由で辞めさせられた」などの不当な扱いを受けた経験があることが明らかになった。

　人手不足のはずなのになぜブラックバイトはなくならないのか。それはバイトする学生の人数自体は減少しているのに、詮方なくバイトせざるをえない大学生の切実さは強まっているためと見られる。確かに求人件数は多いが、大学生の希望条件、たとえば「自宅からの距離」や「授業のない日だけ」などにピッタリ合うバイトは見つけにくく、このような学生の弱みに付け込む悪徳業者がいないわけでもない。

　それに時間の融通が利くフリーターの増加や、経済的に苦しい女性も増え、悪条件でも職を望む人が急増しているのも学生の価値を下げている。せっかくついたバイトを辞めさせられたくない一心で、劣悪な環境でも我慢していると見られる。

49 この文章の内容に合わないものはどれか。

1　バイト先の中には、最初にバイトを募ったときの労働条件と異なるところもあるようだ。
2　最近の学生の多くはえり好みするため、すぐバイト先を見つけるようだ。
3　大学生の多くは、生活環境のせいでバイト先の条件をしかたなくのんでいるようだ。
4　今のバイトを辞めて他に移っても、同じブラックな労働環境という場合も少なくない。

問題9 次の（1）から（3）の文章を読んで、後の問いに対する答えとして最もよいものを、1・2・3・4から一つ選びなさい。

（1）

　20代の女性の喫煙率や飲酒率は女性の中でもっとも高い。間接喫煙にも多く露出され、飲酒は週2回、5杯以上で高危険群にも含まれている。こんな健康習慣が一部女性に癌の発病の原因になっている。毎日アルコール15g以上を飲んでいる女性は子宮頸がんの原因であるHPV（ヒトパピローマウイルス）が消えない可能性が高いと言われている。

　尚、生活習慣は欧米化により、インスタント食品の摂取は増えているのに比べ、果物や野菜の摂取率が低いことも子宮頸がんの原因だという説明もある。女性の社会進出が増加するにつれ、それに伴う過労やストレスの解消法として、女性は飲酒や喫煙を楽しみ、それが20代の癌の増加率に繋がっているのだ。喫煙の女性が癌になる危険性は非喫煙者に比べ1.5〜2.3倍高いという。

ところで20代の女性のがん検診受診率は非常に悪く、欧米では70％〜80％を超えているのに、日本ではわずか37％ぐらいだというので、検診受診の重要さをまだまだ理解していないようだ。

　HPV感染からがん発症まで平均10年ぐらいかかると言われているが、定期的に検診を受けていれば子宮頸がんが発見されることはほとんどない。それにもかかわらず、毎年約10,000人が発病し、そのうち約3000人が子宮頸がんで死亡している。子宮頸がんは、決して特別な病気ではなく、女性なら76人のうち一人は生涯にかかる可能性があることを認識し、早期に発見できるようにする努力が求められる。

　平均寿命が延び、少子化、晩婚化、社会進出などとともに、女性のライフサイクルやライフスタイルが変化してきている。20代の女性が健康でいるためには、大学や社会が動き、健康を実践する対策が必要だと言う声が高い。しかし女性自身も、自分の健康管理方法に気をつけ、子宮がんの検診においても正しい知識を持って自己管理するべきだと思う。

[50] 20代の女性が癌の発病につながらないためにはどうしたらいいか。
 1 禁煙はもちろん、他の人のたばこの煙にさらされないように注意する。
 2 大学や社会は若い女性が自分で健康の異常を自覚できるような教育を強化する。
 3 大学や社会に健康管理のための費用の補助を求める。
 4 癌に対する正しい知識を身に付けるために、常に情報を集める。

[51] 本文の要旨に合っていないものはどれか。
 1 女性の社会進出が増加しているとともに、女性の生き方も変わりつつある。
 2 20代の女性は癌の検診率が低く、無防備の人が多い。
 3 少子化が進み、結婚しない女性も増え、妊娠の回数が減少しているのも癌の発病の原因だ。
 4 20代の女性は癌を早期発見しようとする意識がまだまだ薄い。

[52] 20代の女性が癌を防ぐためにもっとも必要なことはどれか。
 1 栄養のバランスを取りながら、規則的な食事を取る。
 2 ふだんの生活習慣が発病に関わっているだけに、悪い習慣は直す。
 3 子宮頚がんの知識を深め、定期的に産婦人科に訪れる。
 4 大学や社会は子宮頚がんの危険性を告知し、刺激を与える。

(2)

　現代人は社会で様々な人間関係に関わっている。より有利なビジネスチャンスを掴み、円滑な人間関係を育むために誰もが注意しているのは「好印象」であろう。動物的な感覚で話すと、悪印象の人は「敵」で、好印象な人は「味方」と見なすことだという。したがって悪印象の人はなるべく回避し、遠ざけたいのに、好印象の人とはこれからの付き合いを続けたいという親しみを感じるのだ。

　それでは第一印象が決まるのに、もっとも重要なポイントはなんだろう。「メラビアンの法則」というのがある。言語、視覚、聴覚で矛盾した情報が提供された時、人はどの要素を優先しているかを調べた結果、「視覚が55％、聴覚が38％、言語が7％」の順番で相手のメッセージを判断しているのだ。すなわち、印象の「好」か「悪」を決めるのは「言語」というより、「非言語」というのが分かった。印象の判断は、一瞬で決まることで、実は礼儀作法や表情、清潔なみなりなどが大切なわけだ。そこから会う時間が長くなるほど、言葉使いなど、「言語コミュニケーション」が重要になってくるのだ。非言語的に決まった最初の印象が、言語によって修正されていくわけだ。

　好印象の人になるための第一のポイントは笑顔だ。穏やかで明るい表情で好意を寄せるのだ。人は寄せられた「好意」を返そうとする心理がある。まずは相手に好意を伝えて好印象を獲得すれば、後は相手から返ってくる好意を待てばよいのだ。ところが笑うのが苦手だという人もいるようだが、前向きな姿勢やプラス思考は明るい表情を作るのに役立つ。そして低音でゆっくり話すと相手の人に安定感を与えるそうなので、声の出し方にも気をつけてみよう。

　第二のポイントは聞き上手になることだ。そもそも「聞く」という動作は他者を理解したいという気持ちから始まる。相手の考えや感情、心理状態を自分の体験として受け止めるので、協調性を求めやすくなるのは当たり前の結果である。ここで聞く技術も必要になってくる。相手が気持ちよく話せるような環境を作るため、相づちやアイコンタクト、声のトーンの調節などで相手に共感するのは言うまでもなく、何より大切なことは本気で相手を理解しているのを伝えることだ。真心が伝え

られたら、また相手も偽りや飾りのない誠意を見せ、うまくコミュニケーションが取れるようになるのだ。

　さあ、これから自分でできる限りの努力をし、望ましい人間関係を構築してみよう。

53　非言語的に決まった最初の印象が、言語によって修正されていくわけだが指しているものはどれか。

1　本当は言語による印象が大事な決め手だ。
2　非言語的な印象は言語による印象により、変更されるのが当たり前だ。
3　非言語的な悪印象は言語により、いくらでも好印象になれる。
4　非言語的な印象は定着化されるのではなく、言語の印象により変わる可能性があるのだ。

54　聞き上手に含まれていないものはどれか。

1　会話の話題はできるだけ相手に喜ばれるようなことを選択する。
2　会話の内容によって、高めのトーンや低めのトーンを調節する。
3　相づちのバリエーションを通し、会話の楽しさを増やす。
4　相手の思考や体験を本気で受け止めようと努力する。

55　本文の内容と合っていないものはどれか。

1　与えられた好意は返そうとするのは、人間共通の心理作用である。
2　「メラビアンの法則」で分かるように、人を判断するとき優先されるのは相手の声よりボディーランゲージである。
3　微笑むだけでも、好印象を伝えることはできる。
4　日本人は笑うのが苦手な人が多く、笑う練習をするのは必要不可欠である。

(3)

　日々の単調な仕事に身が入らなくて苦労している人も多いと思うが、では集中力をアップさせるためにはどうしたらいいのか。人によって目を覚ますためにコーヒーを飲んだり、休憩を取ったり、各自それぞれの方法があると思われるが、「過去の経験」や「自己暗示」による方法もあるそうだ。

　たとえば過去にコーヒーを飲むことで、集中力を高めることができたら、その人にとってコーヒーは「過去の経験」になる。けれどもここでもワンポイント、コーヒーカップを変えたり、砂糖の代わりに蜂蜜を入れたりして「これで集中できるぞ」を思い込むようにするのだ。つまり「自己暗示」に当たる。それを繰り返し、習慣化するとすぐ集中できるようになるそうだ。

　この他にもガムを噛むのも効果があると言われている。「噛む」という単純な動作を繰り返すことで、ストレスや不安を解消し、意識を分散させないで仕事に没頭することができるそうだ。野球やサッカーの選手がよくガムを噛むのはその理由だそうだ。リズムのある咀嚼（そしゃく）は、脳に刺激を与え、「幸せホルモン」と呼ばれている「セロトニン」を分泌させるからである。

　アルファ波（α波）ミュージックと呼ばれる音楽を流してみるのもよいのだろう。アルファ波とは、人が集中したり、リラックスしたりしている時に出現する脳波のことで、クラシックや演奏曲など歌詞のないものが集中力の向上に効果があると言う。

　色を使う方法もある。太陽に似ている「黄色」は元気や輝きを思い出させ、運動神経を活性化する。ひいてはプラス的な思考に繋がり、やる気を維持するそうだ。ターゲットの真ん中の色が黄色であるのも、視線の集中に効果があるからだ。心理の安定のためなら「青色」や「緑色」を取り入れてみてもいい。「青色」は清涼感があって、精神的に落ち着くのに役立ち、「緑色」は目の疲労を軽減させる。

　但し、色を使う際はワンポイント的に配色した方が効果的である。例えば、一日中パソコンの前に座っている人が事務室に花瓶を置くなり、壁に「黄色」や「青

色」が調和している絵を掛けるなりして、身の回りのものから部分的に導入するのだ。

ともかく集中力というのは使うと無くなるものだから、持続させるために自分に相応しい方法を見つけてみよう。

56 「過去の経験」や「自己暗示」による方法として当てはまるのはどれか。
1 過去に嫌な経験とか仕事のミスとかあっても、いまならもっと頑張れると思い込む。
2 過去からアイスクリームを食べたら仕事ができた。味とか変えて食べながら、もっとがんばれるだろうと自分に言い聞かせる。
3 昔から宝くじに当たったらいいなと思っていた。宝くじをよく買って気分よく仕事しようと思う。
4 過去に使った集中力を鍛える方法を見直し、自分にもっとも適切は方法を引き出す。

57 次の中で集中力を高める方法として、適切なのはどれか。
1 雨が落ちる「しとしと」という音をBGMとして流す。
2 事務室でもっともたくさん使うパソコンと机だけは黄色に変更する。
3 カフェインが効く性質の人はなるべく、コーヒーの種類を変えながら飲むことを勧める。
4 集中力を高めるために、できるだけ過去の有効だった方法を利用する。

58 本文の内容と合っていないものはどれか。
1 事務室の環境が音楽を流してもいいのなら、アルファ波系の音楽が望ましい。
2 黄色はやる気を起こさせる色だが、使うのに注意が必要だ。
3 噛むという動作を繰り返すと、気を散らせるようなことを防ぐ。
4 常に集中力を維持できる方法を自分で見つけ出すべきだ。

問題10 次の文章を読んで、後の問いに対する答えとして最もよいものを、1・2・3・4から一つ選びなさい。

　欧米の人々と日本人の社会学的認識を対比して、個人主義と集団主義ということがよくいわれる。そして、日本に本当の意味での個人主義が確立されていないのは日本の近代化がまだ本格的な段階に至っていない証拠である、などといわれている。①この個人主義対集団主義という設定は、両者が対置されるというよりは、あくまで、前者がまず設定されていて、後者はそれと異なる様相の説明として使われているにすぎず、集団主義の内容分析、ならびに概念は明確ではない。個人主義を高く評価する見方は、西欧で強く主張されている。個人主義は人類にとって普遍的な認識でありうるはずで、あるいは十分成熟していないからだと、条件的な差異として理解しようとする立場から出るものと思われる。

　しかし、実際、彼らと生活を共にしたり、よく交わってみると、この根強い個人意識というものは、たんに社会の成熟度というか、近代化の度合いといった条件的な差ではなく、少なくとも私には、②あたかも民間信仰のような性質を持つものという印象を受ける。このような強い個人の意識 ― それと密接に関係していると思われる個人の権利・義務の観念 ― は、日本ばかりでなく、西欧と対照的な文明を築いたインドや中国の伝統にもない。これはきわめて西欧的な文化で、もちろんその歴史・哲学・心理などから詳しく説明しうるところであろうが、ここでは、それがどのような社会学的思考と関係しているかを、比較文化の立場から考察し、日本との違いを構造的に解明してみたいと思う。

　個人主義を標榜する彼らの思考の基盤は、何よりも不分割・不合流の個人という単位の設定にあると思われる。個人、すなわち individual は indivisible で、不可分の単位で、社会のアトムを構成し、社会構築の原点として、他に比較できないユニークな単位である。社会は個人があってはじめて構築されうるのであり、個人はそのもとになっている。これは一見あたりまえのことのようであるが、論理的には、

これは一つの個体認識のあり方であって、必ずしも普遍性をもちうるとはいえない。つまり、それは西欧の人々の哲学・心理のあり方を反映した一つの常識的な考え方といえよう。

　個人主義の母体となっている個体認識というものを本格的に考えるために、個体（individual）というものの性質について研究の進んでいる生物学の解釈を参考にしてみたいと思う（興味深いことに、日本人は、個人と個体というように別の呼び方をしているが、英語では、いずれも同じ individual という用語が使われる）。

　（以下略）

---

59 ①この個人主義対集団主義とはどのようなことか。

1　欧米諸国が個人主義で、日本が集団主義であるということ

2　西欧で強調されている個人主義と、日本が意識する集団主義のこと

3　欧米人が個人主義で、日本人が集団主義であるということ

4　確立済みの西欧の個人主義と、集団主義からそれに移行中の日本のこと

60 筆者が述べている②あたかも民間信仰のような性質を持つものとは何を指すか。

1　インドや中国の伝統意識のこと

2　西欧人の根強い個人意識のこと

3　日本人の持つ権利・義務の意識

4　西欧人が意識する個人の権利のこと

61 筆者がこれから解明しようとすることは何か。

1　日本と中国、インドの個人意識と西欧の個人意識とを比較文化的に考えてみること

2　社会の成熟度の観点から、西欧の個人主義と日本の集団主義を比較分析すること

3　西欧の個人意識と日本との違いを比較文化の観点から、構造的に考えてみること

4　西欧の個人主義を社会学的思考から分析して、日本との違いを考察すること

[62] 筆者は西欧の個人主義をどのように考えているか。

1 日本よりもずっと確立されていて普遍的なもの

2 普遍的なものではなく民間信仰的なもの

3 個体認識のあり方が日本と根本的に異なるもの

4 民間信仰的なものと言われているが普遍的なもの

問題11 次のＡとＢはそれぞれ、「災害時におけるSNSの活用」について書かれた文章である。後の問いに対する答えとして最もよいものを、1・2・3・4から一つ選びなさい。

A

　災害時においてSNSを活用すれば、多くの情報を瞬時に得られます。

　安否、被害状況、避難状況、避難所の状況、二次災害の危険、支援物資を得られる場所などをリアルタイムで発信・収集できるため、より安全に避難したり避難生活を送ったりするために役立ちます。

　また、電話回線がつながりにくい状況でも、インターネット回線を利用することで電話をかけることもできます。

　さらに、#(ハッシュタグ)機能を利用すれば、特定のテーマに関する投稿を検索して一覧表示できるため、手軽に必要な情報だけを発信・収集することも可能です。例えば、救助が必要な場合に、SNSの機能で「#救助」を使って救助要請を行うことで、救助隊に発見してもらいやすくなります。

B

　SNSの特徴である、情報発信・収集が迅速かつ大量に行えることは、時として危険性も伴います。

　悪質なデマや誤った情報が発信されたり、または収集してしまったりして、それが拡散されてしまうこともあります。

　例えば、あるSNSの場合、フォローしていない人の投稿でも、自由に読むことができますし、情報が有益だと感じればリツイートによって拡散することもできます。

　つまり、情報の信頼性や重要度に関わらず、個人が「有益でみんなに伝わるべき情報」だと思えば、その情報に基づいて行動したり、共有することによって拡散されたりすることがあるのです。

また、救助要請の必要性が高くないのに、ツイッターで救助要請する場合の#(ハッシュタグ)である「#救助」を使用して大量のツイートを行い、救助隊を混乱させるという悪質な行為も少なくありません。

63 AとBは「災害時におけるSNSの活用」についてどのような観点で述べているか。
1　Aはその利用価値を多くの人が知るべきだと述べ、Bは年配者などにも活用を勧めるべきだと提案をしている。
2　SNSに慣れた人を対象にAはその長所を列挙し、Bは短所を挙げて正しい情報発信収集を提案している。
3　Aは子供や年配者にその活用を拡散したいと述べ、Bは情報の信頼性を確かめる重要性を提案している。
4　SNSに不慣れな人を対象にAはその長所を列挙し、Bは短所を挙げて賢い情報収集を提案している。

64 AとBは「災害時におけるSNSの活用」に関してどのように述べているか。
1　Aはきめ細かい情報をリアルタイムで収集・拡散できるメリットを挙げ、Bは飛び交う情報選別に留意して活用することが課題だと述べている。
2　Aはその活用範囲の広さを強調しテレビやラジオ以上に地域に役立つとし、Bも悪用せずに賢く使うべきだと述べている。
3　Aは限られたメディア情報よりもリアルタイムで収集・拡散できるメリットを挙げ、Bは悪質な情報が多すぎることを憂慮している。
4　Aは現代においていかにその役割が大きいかを述べ、Bはその正しい使い道を全国民が実行するべきだと述べている。

問題12 次の文章を読んで、後の問いに対する答えとして最もよいものを、1・2・3・4から一つ選びなさい。

　日本の文化では日常生活において、ごく親しい間柄は別として互いに氏（家族の名前）で呼び合う習慣がある。

　国家公務員が仕事をする際、結婚前の旧姓を使うことを原則として認める。各府省庁がそんな申し合わせをした。

　職場での呼び名や出勤簿などの内部文書などについては、2001年から使用を認めてきたが、これを対外的な行為にも広げる。すでに裁判所では、今月から判決などを旧姓で言い渡せるようになっている。

　結構な話ではある。だが、旧姓の使用がいわば恩恵として与えられることと、法律上も正式な姓と位置づけられ、当たり前に名乗ることとの間には本質的な違いがある。長年議論されてきた夫婦別姓の問題が、これで決着するわけではない。

　何よりこの措置は国家公務員に限った話で、民間や自治体には及ばない。内閣府の昨秋の調査では、「条件つきで」を含めても旧姓使用を認めている企業は半分にとどまる。規模が大きくなるほど容認の割合は高くなるが、現時点で認めていない1千人以上の企業の35％は「今後も予定はない」と答えた。

　人事や給与支払いの手続きが煩雑になってコストの上昇につながることが、導入を渋らせる一因としても、要は経営者や上司の判断と、その裏にある価値観によるところが大きい。

　結婚のときに姓を変えるのは女性が圧倒的に多い。政府が「女性活躍」を唱え、担当大臣を置いても、取り残される大勢の人がいる。

　やはり法律を改めて、同じ姓にしたいカップルは結婚のときに同姓を選び、互いに旧姓を名乗り続けたい者はその旨を届け出る「選択的夫婦別姓」にしなければ、解決にならない。

　氏名は、人が個人として尊重される基礎であり、人格の象徴だ。不本意な改姓によって、結婚前に努力して築いた信用や評価が途切れてしまったり、「自分らしさ」や誇りを見失ってしまったりする人をなくす。この原点に立って、施策を展開

しなければならない。

　だがAB政権の発想は違う。旧姓使用の拡大は「国の持続的成長を実現し、社会の活力を維持していくため」の方策のひとつとされる。人口減少社会で経済成長を果たすという目標がまずあり、そのために女性を活用する。仕事をするうえで不都合があるなら、旧姓を使うことも認める。そんな考えだ。

　倒錯した姿勢というほかない。姓は道具ではないし、人は国を成長・発展させるために生きているのではない。

　「すべて国民は、個人として尊重される」。日本国憲法第13条は、そう定めている。

[65] <u>本質的な違いがある</u>とは、どういうことを意味しているか。

1　旧姓の使用が個人として尊重されることと、社会生活のみで使用されることの違い

2　社会での存在価値を認められることと、家庭内で個人として認められることの違い

3　旧姓の使用が個人として尊重されることと、表面上の便宜のみで使用されることの違い

4　社会での存在価値を認められることと、夫婦になっても一個人として認められることの違い

[66] 筆者は旧姓使用を認めていない企業の真の理由は何によるものだと考えているか。

1　事務手続きなどが煩雑になることによるものだ。

2　経営に携わる者の価値観や考え方によるものだ。

3　事務手続きにかかる費用が大きいことによるものだ。

4　従業員たちにもその強い希望がないことによるものだ。

[67] 文章中で筆者は「夫婦別姓」の問題についてどのように述べているか。

1 人として、一個人として尊重されることが基本であり、それに基づいた法改正を求める。

2 個人の尊厳を守るためにも、屋号や家系に捉われることなく名前を選択するのがよい。

3 氏名は個人として尊重される基礎であるから、旧姓を全ての国民が名乗るべきである。

4 女性の社会進出のためにも夫婦別姓に賛成で、結婚後に夫の籍に入る法律は時代に合わない。

[68] この文章で筆者が述べていることはどれか。

1 氏名を道具として使うか、個人として尊重されるという意味で使うのかは個人の判断次第である。

2 女性の社会進出に伴い旧姓を使用する範囲が広がっているが、氏名の本来の意義を忘れてはならない。

3 旧姓使用の拡大は、主に女性の活躍の狙いが大きいので女性もそれを自覚するべきである。

4 個人の尊厳よりも、社会への貢献を第一にする施策づくりが将来は必要になるであろう。

問題13 右のページは、「蘭の花の栽培ガイド」である。下の問いに対する答えとして、最もよいものを1・2・3・4から一つ選びなさい。

[69] 木村さんは、友人から蘭の鉢植えをいただきました。今は11月ですが12月に入ったらどう管理すれば良いか。

1　冬に入り、温度が下がり乾燥するので、保温に努める必要がある。
2　12月に入っても、温かい日は日光にあててやるのがよい。
3　冬に入り、温度が下がり乾燥するので、冷たい水を少量与える。
4　12月に入ったら、暖房器具を使い水はほとんど与えない方がよい。

[70] この花の管理のポイントは何か。

1　低温と乾燥を好むので、適時冷房装置を利用すること
2　春に株が生育するので、水を十分あたえること
3　夏以外は温度が下がらない工夫と水やりに注意すること
4　高温を好み、湿度を嫌う性質なので水やりに注意すること

～胡蝶蘭（こちょうらん）の育て方～

春(3月～5月)
- 温度：昼20～25度、夜15～18度に保つ
- 日光：レースのカーテン越しに置き、直射日光が当たらない程度の遮光をする
- 水やり：高温多湿を好む植物なので、湿度の低いこの時期は霧を吹き加湿する
- 注意：まだ夜温度が下がる日もあるので、置き場所に注意。株が生育を始める時期なので水の与え過ぎに注意。

夏(6月～8月)
- 温度：戸外自然温度でよい
- 日光：一日中、日陰になる場所か、70％ぐらい遮光ができるネットの下に置く
- 水やり：気温が上がる前の午前中に与える。4～5日に1回が目安。
- 注意：夏の日差しは非常に強いので、葉焼けを起こさないように注意。戸外では害虫の防除を忘れない。

秋(9月～11月)
- 温度：昼20～25度、夜15～18度に保つ
- 日光：レースのカーテン越しに置き、直射日光が当たらない程度の遮光をする
- 水やり：高温多湿を好む植物なので、湿度の低いこの時期は霧を吹き加湿する。水は植え込み材料がしっかり乾いてから。やり過ぎは注意。
- 注意：春から夏にかけてしっかり生育した株はこの時期に花芽が出てくる。非常にデリケートなので注意。

冬(12月～2月)
- 温度：昼15～20度、夜15度以上に保つ
- 日光：ガラス越しの直射日光。2月からは日差しが強くなるのでレースのカーテン越しに置く
- 水やり：最低気温が15度以上で管理できる場合は植え込み材料がしっかり乾いてから、温かい水（30度～40度）を少量与える。15度以下で管理する場合は、一度に与える水の量を半分以下に減らし霧吹きなどで十分に加湿する。
- 注意：暖房した部屋は乾燥するので、加湿器などで湿度を高める。真夜中は気温が下がるので、段ボールや発泡スチロールなどで覆い保温する。

オーキッドハイランド日本（株）
Tel. 0099－3852－6666

N1

聴解

（55分）

注意 Notes

1. 試験が始まるまで、この問題用紙を開けないでください。
   Do not open this question booklet until the test begins.

2. この問題用紙を持って帰ることはできません。
   Do not take this question booklet with you after the test.

3. 受験番号と名前を下の欄に、受験票と同じように書いてください。
   Write your examinee registration number and name clearly in each box below as written on your test voucher.

4. この問題用紙は、全部で13ページあります。
   This question booklet has 13 pages.

5. この問題用紙にメモをとってもかまいません。
   You may make notes in this question booklet.

受験番号　Examinee Registration Number	

名前　Name	

問題1

問題1では、まず質問を聞いてください。それから話を聞いて、問題用紙の1から4の中から、最もよいものを一つ選んでください。

例

1　駅前で4時50分に
2　駅前で5時半に
3　映画館の前で4時50分に
4　映画館の前で5時半に

1番

1 これからは挫折しないように、自信を取り戻す
2 再び歌の練習をはじめ、歌手として大成功を夢見る
3 短所は見つけるのは時間の浪費だから諦める
4 自分の長所を受け入れ、増やそうと頑張る

2番

1 友達のアカウントに残高追加し、それを印刷する
2 男の人にプリントアウトしてもらい、PDF形式で送る
3 注文したデータが届くまで5分待ち、その場で友達に渡す
4 サインインをしてから、ギフト券の価格や模様を決定する

3番

1　サプリの効果について正しく検討する
2　サプリの摂取の前に、自分の食生活を見直す
3　サプリの摂取時、最小限になるように注意する
4　サプリの量が適切になるように気をつける

4番

1　会費の請求書が届いたら、一週間以内に15,000円を送金する
2　入会申込書の作成を終えてから、後で12,000円を送金する
3　入会申込書の勤務先欄に年齢や専攻を書く
4　正式な入会員になるまでさらに1週間を待つ

5番

1 地震や津波の時に、海外でも安心して家族の情報が分かるように使う
2 前もって受信設定すれば、ケータイの種類に関係なく使う
3 自分がどのサービスの商品に加入しているか、確認してから使う
4 電波がよく届く場所で、いつも電源を入れたまま使う

6番

1 蚊除けのためになるべくたくさんの殺虫剤を用意する
2 日差しに肌を露出するのは避けて、許可されている場所だけで撮影する
3 多少暑くても通気性のいい長袖や短パンを用意する
4 マサイ族の現金収入していない場所に入らないように気を付ける

問題2

問題2では、まず質問を聞いてください。そのあと、問題用紙のせんたくしを読んでください。読む時間があります。それから話を聞いて、問題用紙の1から4の中から、最もよいものを一つ選んでください。

例

1　子連れ出勤に賛成で、大いに勧めるべきだ
2　市議会に、子供を連れてきてはいけない
3　条件付きで、子連れ出勤に賛成している
4　子供の世話は、全部母親に任せるべきだ

1番

1 涼しいより暑い方が好きだから
2 エアコンの不調が改善しないから
3 新しいエアコンの出番がないから
4 新しいエアコンも使い難いから

2番

1 いままでのペースを続けること
2 脳が嫌がることをするべきだ
3 自分の脳の指令に逆らわないこと
4 もう一度ダイエットをやり直すこと

3番

1 何回も同じ道を繰り返し通ること
2 不動な目印と同じ出入り口にすること
3 自分の前後左右を何回も確認すること
4 最初は動く目印と違う出入り口にすること

4番

1 辛い時は、思い切り泣くのがいい
2 目の前の仕事より、先の事を考える
3 新入社員は仕事はほどほどでよい
4 仕事も人間関係もそのうち慣れる

5番

1 大自然を満喫したいから
2 野生の動物を観たいから
3 人生観を変えたいから
4 お金も時間も十分あるから

6番

1 学位取得後に大学で働くため
2 大学で学んだ環境学を深めるため
3 希望する仕事の学位を取るため
4 将来、自国の環境整備に貢献するため

7番

1 日傘をさすと、荷物が持ち難いから
2 日傘をさすと女っぽいと思われるから
3 日傘は女性用しか売られていないから
4 日傘をさすと、禿になりやすいから

問題3

問題3では、問題用紙に何も印刷されていません。この問題は、全体としてどんな内容かを聞く問題です。話の前に質問はありません。まず話を聞いてください。それから、質問とせんたくしを聞いて、1から4の中から、最もよいものを一つ選んでください。

― メモ ―

問題4

問題4では、問題用紙に何も印刷されていません。まず文を聞いてください。それから、それに対する返事を聞いて、1から3の中から、最もよいものを一つ選んでください。

― メモ ―

問題5

問題5では、長めの話を聞きます。この問題には練習はありません。
問題用紙にメモをとってもかまいません。

1番、2番

問題用紙に何も印刷されていません。まず話を聞いてください。それから、質問とせんたくしを聞いて、1から4の中から、最もよいものを一つ選んでください。

― メモ ―

3番

まず話を聞いてください。それから、二つの質問を聞いて、それぞれ問題用紙の1から4の中から、最もよいものを一つ選んでください。

質問1

1　使い捨てカイロと日本の薬
2　固形のカレールーと日本のお菓子
3　使い捨てカイロと日本のお菓子
4　固形のカレールーと日本の薬

質問2

1　使い捨てカイロと日本の薬
2　固形のカレールーと日本のお菓子
3　使い捨てカイロと日本のお菓子
4　固形のカレールーと日本の薬

N1

實戰模擬試題
第5回

N1

言語知識（文字・語彙・文法）・読解

（110分）

注意 Notes

1. 試験が始まるまで、この問題用紙を開けないでください。
   Do not open this question booklet until the test begins.

2. この問題用紙を持って帰ることはできません。
   Do not take this question booklet with you after the test.

3. 受験番号と名前を下の欄に、受験票と同じように書いてください。
   Write your examinee registration number and name clearly in each box below as written on your test voucher.

4. この問題用紙は、全部で31ページあります。
   This question booklet has 31 pages.

5. 問題には解答番号の 1 、 2 、 3 … が付いています。
   解答は、解答用紙にある同じ番号のところにマークしてください。
   One of the row numbers 1 , 2 , 3 … is given for each question. Mark your answer in the same row of the answer sheet.

受験番号　Examinee Registration Number	

名前　Name	

問題1 ＿＿＿＿の言葉の読み方として最もよいものを、1・2・3・4から一つ選びなさい。

1 人々を悩ませている害虫を全部退治した。
　　1　たいじ　　　2　たいち　　　3　だいじ　　　4　だいち

2 もし彼の主張が事実なら、政府が国民を欺いていることになる。
　　1　うつむいて　2　きずいて　　3　かたむいて　4　あざむいて

3 次は、寄付金控除のご案内です。
　　1　くうしょ　　2　くうじょ　　3　こうしょ　　4　こうじょ

4 いつまでも心身を清らかに保ちたい。
　　1　なめらかに　2　きよらかに　3　なだらかに　4　おおらかに

5 今年の元日は、確か日曜だった。
　　1　げんじつ　　2　げんにつ　　3　がんじつ　　4　がんにち

6 私の母は、80歳を過ぎて体力が著しく衰えてきたようだ。
　　1　はげしく　　2　おびただしく　3　いちじるしく　4　めざましく

問題2 （　　　）に入れるのに最もよいものを、1・2・3・4から一つ選びなさい。

7 失恋して何ヶ月も経っているのに立ち直れない私。こんな（　　　）性格を直したい。

　　1　まちどおしい　　2　すばしこい　　3　いさましい　　4　みれんがましい

8 仙台市は観光客減に（　　　）をかけるために、一刻も早く対策を立てるべきである。

　　1　鍵　　　　　　2　歯止め　　　　3　手間　　　　　4　拍車

9 A社とB社の社長同士の合併の話し合いは、緊張した表情も見えたものの、まずは順調な（　　　）をうかがわせた。

　　1　すべりだし　　2　ふりこみ　　　3　かけだし　　　4　もちこみ

10 銀行から住宅ローンに関する書類を（　　　）必要が生じたが、「書類は本人が直接来なければ出せない」と言われた。

　　1　取りかかる　　2　取り寄せる　　3　取り組む　　　4　取り合う

11 今何よりも急がなければならないことは、（　　　）難を逃れた人々が命をつなげるよう、救援物資を手元に届けることだと思う。

　　1　いまにも　　　2　なおさら　　　3　きっぱり　　　4　かろうじて

12 タバコやお酒などを直接子どもに売りつけるサイトがあるが、こんな有害サイトが子どもに及ぼす悪影響が（　　　）されている。

　　1　憂い　　　　　2　懸念　　　　　3　煩わしい　　　4　恐れ

13 他の産業との（　　　）もあり、林業だけを国有化するのはそう簡単な問題でない。

　　1　つれあい　　　2　とりあい　　　3　こみあい　　　4　かねあい

問題3 _____の言葉に意味が最も近いものを、1・2・3・4から一つ選びなさい。

14 ロシアは平和的解決を望む立場をとりつつ、領土問題で中立をとなえている。
1　もとめて　　2　のぞんで　　3　うながして　　4　しゅちょうして

15 冬山は本当に危険。もし道に迷ったら、引き返すのが原則だ。
1　たちどまる　　2　やめる　　3　もどる　　4　たえる

16 日本相撲協会は八百長の存在をおおやけに認め、引退勧告など、異例の大量処分に踏み切った。
1　はじめて　　2　公式に　　3　すべて　　4　ようやく

17 今は鍋ごと入れられる業務用大型冷蔵庫もあるが、以前は家庭用の冷蔵庫1台でボランティアの食事をまかなっていた。
1　保存していた　　2　整えてだした　　3　とどめていた　　4　控えてだした

18 様々な規制緩和や海外との経済連携で、日本の企業は新たな市場を開拓することができた。
1　きりひらく　　2　ふみきる　　3　きりかえる　　4　たちきる

19 政府の発表によると、原発の寿命は40年が一つの目安になっているそうだ。
1　予想　　2　兆し　　3　基準　　4　たより

問題4 次の言葉の使い方として最もよいものを、1・2・3・4から一つ選びなさい。

20 潔い
1 女性はシンプル且つ潔い服装の男性を好む。
2 この病院は安全で安心できる医療と潔い病室で評判になっている。
3 大晦日を迎え、家中の大掃除をしたら心まで潔くなった気分だ。
4 このアプリで「もう優柔不断ではない、すぱっと決断できる潔い性格の人」になれます。

21 じれったい
1 子供の時から集団になじむことが苦手で、今でもじれったい人間関係はなるべく避けたい。
2 みんなの前で誉められるのは何だかじれったい。
3 じれったい彼に自分から先に告白しようと思う。
4 自分の彼は重い荷物をさりげなく持ってくれるし、じれったい。

22 介抱
1 道で転倒して怪我した人がいたので、介抱してあげました。
2 介抱とは、対象者が日常生活において不都合がないように支援や教育することである。
3 うちは夫婦共働きなので、子供の介抱も分担することにしています。
4 高齢者の増加に伴い、将来にわたって安定した介抱保険制度の確立などに取り組んでいる。

23 相容れない

1 彼の主張の中には、同意できる意見もあれば、全く相容れないものもあった。

2 世の中には自分で自分を相容れなくて苦しんでいる人も、大勢いると思う。

3 偏見の目にさらされるのが怖くて、自分の子供の発達障害を相容れない親も多い。

4 日本は曖昧さや失敗を相容れないというイメージが強い。

24 括る

1 当局の監視の目を括って、外国に大量の軍用品を輸出した。

2 読み終った新聞を紐で括ると、重ねやすくなる。

3 海女が島の沿岸で括ってわかめで作った天然スナックです。

4 体重を減らしたいなら、「食べ残しはダメ」という固定観念から括った方がいい。

25 振る舞う

1 人間自分の目的を熟知し、自分のつとめに専念したら人に振る舞われることはないと思う。

2 彼女は彼氏のことを思いのままに振る舞っている。

3 会社でとても馴れ馴れしく振る舞っている同僚がいて、困る。

4 男性が権力を振る舞う時は確実に対処しなければなりません。

問題5 次の文の(　　　)に入れるのに最もよいものを、1・2・3・4から一つ選びなさい。

[26] テレビを見る(　　　)見ていたら、工場の火事のニュースが目に入ってきた。
1　ことなく　　　2　はずなく　　　3　ことなしに　　　4　ともなしに

[27] 彼の立場を思うと(　　　)が、いまさらながら、悔やみきれない。
1　分からなくてもない　　　　　2　分からないでもない
3　分からなしにでもない　　　　4　分からなくてもいい

[28] 仕事を進めていく(　　　)は、彼の援助がどうしても必要だ。
1　になって　　　2　にかかわって　　　3　上で　　　4　にそくして

[29] 美術に関しては、天才とまでは(　　　)、かなり強い素質はあると思う。
1　言わなくまでも　　　　　2　言えないまでに
3　言われないまでに　　　　4　言わないまでも

[30] 他国にはまだまだ(　　　)辛い肉体労働を強いられている貧しい子供がいる。
1　聞くにたえない　　　　　2　聞くにかたい
3　聞くにたる　　　　　　　4　聞くにかたくない

[31] 周囲の反対を(　　　)固い意志を通し続けた。
1　ものともせず　　　　　2　ことともせず
3　こともなしに　　　　　4　おそれもなしに

32 東京に行ったのは久々だが、親友には（　　　）でそのまま実家に向かった。

1　会えないあげく
2　会えずじまい
3　会うもがな
4　会えるのもしない

33 こちらの商品は見た目（　　　）、多様な収納スペースに感動します。

1　もさることながら
2　もことながら
3　もさるとともに
4　もことであり

34 大事なことで討論中なのに、議題と関係のない話をするなんて（　　　）。

1　もってのほかもある
2　もってのほかない
3　もってのほかもしない
4　もってのほかだ

35 あの選手は体調不良（　　　）競技に参加する強い意志を見せた。

1　をまして　　2　におして　　3　をおして　　4　にまして

問題6 次の文の＿＿★＿＿に入る最もよいものを、1・2・3・4から一つ選びなさい。

(問題例)

　　　あそこで ＿＿＿ ＿＿＿ ＿★＿ ＿＿＿ は山田さんです。
　1　テレビ　　　2　見ている　　　3　を　　　　4　人

(解答のしかた)

1. 正しい文はこうです。

　　　あそこで ＿＿＿ ＿＿＿ ＿★＿ ＿＿＿ は山田さんです。
　　　　　　1　テレビ　　3　を　　2　見ている　　4　人

2. ＿★＿ に入る番号を解答用紙にマークします。

　　　　　(解答用紙)　　(例)　① ● ③ ④

36　急性胃腸炎は ＿＿＿ ＿★＿ ＿＿＿ ＿＿＿ くらいだった。
　　1　なんのって　　2　身動きも　　3　痛いの　　4　取れない

37　政府のダム建設のために移転を ＿★＿ ＿＿＿ ＿＿＿ ＿＿＿ 中では故郷の痕跡が残っている。
　　1　余儀なくされた　2　人たちは　　3　心の　　4　まだ

38 今回の試合の結果は _____ ★_____ _____ _____ おかげで最後まで頑張れたと思います。

　　1　みなさんの　　2　応援の　　3　どうで　　4　あれ

39 景気の _____ ★_____ _____ _____ 世界中の問題である。

　　1　低迷は　　2　だけに　　3　限らず　　4　韓国

40 あんなちっぽけな口喧嘩で離婚 _____ _____ ★_____ _____ ことだ。

　　1　なんて　　2　にまで　　3　ありえない　　4　発展してしまう

問題7 次の文章を読んで、文章全体の趣旨を踏まえて、、 41 から 45 の中に入る最もよいものを1・2・3・4から一つ選びなさい。

　　国際連合世界食糧計画（WFP）によると、毎日およそ25,000名、特に子供たちは6秒に一人の割合で餓死しているという。WFPのホームページを見ると、世界の人口のうち7人に1人は栄養不足だそうだ。

　　専門家の予測によると、2025年になると、世界の人口の3分の1は飢餓で苦しむことになると言っているので、未来の食糧危機は深刻な問題であると 41 。

　　このように飢餓に苦しむことになった理由の一つは地球温暖化が原因で、これ以上地球の平均気温の上昇を放置するのは、地球環境に激変を 42 という。実際、オーストラリアではエルニーニョ現象で過去10年間の農産物の収穫率が半分以上減少し、ブラジルやアルゼンチンでは酷暑で豆やトウモロコシの生産量が20％ほど減少したそうだ。

ここで「将来の食材」として注目されているのが昆虫食である。

　　昆虫食と聞いたら、まずは嫌悪感を抱く人が多いだろう。しかし、世間は昆虫に対しての知識が乏しいだけで、もはや各国では未来の食料として活発な研究が行われている。まず、「昆虫食」は見た目によらず栄養的に優れている。たんぱく質の含有量は牛肉にも劣らず、炭水化物や脂肪もバランスよく含まれているばかりか、必須アミノ酸やビタミン、鉄分などのミネラルも豊富に含まれている。

　　尚、生産性も効率的である。例えば10キロのえさがあるとしたら、コオロギは9キロ、牛は1キロが生産できる。すなわち、同じぐらいのたんぱく質の含有物を生産するとしたら、昆虫は牛肉に比べ、生産率が9倍高いということだ。現在、世界の土地の30％は家畜を飼育するのに使われていて、農地の70％は家畜のえさを栽培するのに使われている。それだけではなく、温室効果ガスの18％は畜産業によって発生すると言われているので、今の食品生産構造は経済的かつ環境的にも非効率的だということが分かる。

　　 43 食糧不足を解決するために、なじめない昆虫食を 44 、「虫」という呼称を変えたり、料理の作り方を工夫しなければならない。昆虫は人間の重要な食資源として活用できる可能性が高いだけに、今こそ、 45 未来の食卓について見直すべきだと思う。

41
1　想定するべきだ　　　　　　2　断言し得る
3　言わざるを得ない　　　　　4　言わずにはすまない

42
1　招き寄せかねる　　　　　　2　引き金になりかねない
3　もたらしかねない　　　　　4　迎え入れかねる

43
1　又しても　　　　　　　　　2　それにもかかわらず
3　それにしても　　　　　　　4　かくして

44
1　何の偏見も持たずに受け入れるのは難しくて
2　食卓に取り入れるのはまだまだ無理があるようで
3　どんどん受け止めるのは困難で
4　栄養のことばかり考えて取り上げるのはできなくて

45
1　サステナブルな　　　　　　2　アイデンティティーな
3　グロバールな　　　　　　　4　アーカイブな

問題8　次の（1）から（4）の文章を読んで、後の問いに対する答えとして最もよいものを、1・2・3・4から一つ選びなさい。

（1）

　少子化問題が深刻となっている今時、さくら市では必要な時間に子供を預かってくれる新たな保育サービスを導入し、今年4月から試験運営をはじめた。これまでのさくら市の認可保育園の申請するための最低勤務条件は「週4日かつ1日6時間以上」で、これ以下では申請すら受け付けてもらえなかった。認可保育園に落ちた人は料金の高い無認可保育園に預けて保育園の空きを待つことになるのが現状である。

　このサービスは、子育て中の女性が、冠婚葬祭や、急病、リフレッシュ、または非常勤の仕事をやっていける環境を整備、多産化を目指すという。非常勤の仕事が故に急遽仕事が入ることも多いが、この保育サービスは当日申し込んでも預けられる。

　このサービスの常連客は、急用ができた主婦やフリーで働く母親ら。さくら市は今年4月から、少子化対策として、試験的に施設を運営するという。

46　この文章の内容としてもっとも正しいものはどれか。
1　実の父親の通夜へ行くためにこの保育サービスを利用できる。
2　この保育サービスの狙いは低所得層の経済的負担を軽減することだ。
3　この保育サービスを受けるためには事前予約が必要だ。
4　この保育サービスはフルタイムで仕事をしている人に有利だ。

(2)

取締役社長　川人努様

平成30年9月15日

国内営業企画部　上田正雄

人事異動について〈上申〉

　私、上田は、去る9月10日付けの辞令によって、本年10月1日を以って沖縄支店への転勤を命じられました。しかしながら、下記の理由により沖縄支店勤務は困難であります。

　何卒ご再考の上、辞令を撤回していただけますようお願い申し上げます。

記

1. 要介護の親（83歳・81歳）と同居しており、夫婦で自宅介護に当たっております。
2. 都内私立高校2年の娘と都立中学3年の息子がおります。
3. 従って、家族連れの転勤は不可能であり、単身赴任も含めて極めて困難でございます。

以上

---

47 この文章の内容として正しいのは何か。

1. 上田さんは、理由のいかんに関わらず来月中に沖縄支店へ転勤せねばならない。
2. 上田さんは、来月から沖縄へ家族お揃いで沖縄へ転勤することになっている。
3. 上田さんは両親のことが気がかりで転勤をちゅうちょしているようだ。
4. この人事異動の発令を担当する部署では、上田さん夫婦のみの転勤を願っているようだ。

(3)

　あるネットリサーチ会社が、新人の頃の自分と比べて、今時の新人に足りない点は何かと聞いたところ、「空気が読めない」が最も多く、次いで「上司や先輩への報告・連絡・相談などが苦手」で、回答の40％を超えている。が、社会に出たばかりの新人なら空気が読めなくて当然のような気がしなくもない。さらに「わざと事務室の空気に合わせようとしない」新人もいるかもしれない。

　また、社会人の基本とも言える「報告・連絡・相談の仕方」。もちろんまだ新人なので「何を報告するのか」と戸惑ってしまう場合も多いと思う。このような場合、新入社員は上司や先輩に「懇切丁寧な指導をいただきたい」と思っているが、上司や先輩社員の大多数は「自分で考えて行動で見せてほしい」と求めている。会社員の意識調査などで、上司と新入社員の間に、こうした隔たりが見られる。近年の新入社員は、子供の頃からソーシャル・ネットワーキング・サービス（SNS）と育った世代である。ネットの文字によって情報を得、その文字によるコミュニケーションに慣れている新人に、もはや「あうんの呼吸」は通用しないと心得た方がいいかもしれない。「これくらいならいちいち教えなくても分かるだろう」などと言わず、難しい用語や専門的なことはしっかりと説明することも大切であろう。

48　この文章の内容として正しいものはどれか。

1　今時の新入社員は、職場の雰囲気をよく汲み取るらしい。
2　最近の上司と新人は、お互いに対して大してギャップを感じていないらしい。
3　今時の新人はSNSのおかげで、実際のコミュニケーションにも慣れている。
4　筆者は、今時の若者に対して寛容的な態度をとっているらしい。

(4)

　政府は、遺伝情報（ゲノム）を活用して患者ごとに最適な治療を行う「ゲノム医療」の実用化に向けた推進方針をまとめた。

　国内三つのバイオバンクで集積している遺伝情報のデータ形式などをそろえ、研究に有効活用する。また、がんや一部の認知症、希少難病などについて、発症に影響する遺伝子の研究を重点的に進める。関係府省による「ゲノム医療実現推進協議会」で決定し、来年度からの予算に反映する。

　ゲノム医療は、病気の原因となる遺伝子を突き止めて治療法を開発するほか、薬の効き目や副作用の出やすさといった体質の違いも遺伝情報から把握し、それぞれの患者に適した薬を選ぶなどして治療の効果を高めるもの。実現するには、多くの人数を対象とした調査によって、遺伝子と体質などの関連を突き止める必要がある。

49 「ゲノム医療」に関して正しいものはどれか。

1　「ゲノム医療」の実用化で、難病治療などにかかる医療費の負担をだいぶ省けそうだ。

2　「ゲノム医療」の実用化は、希少難病の治療のみならず、製薬分野への貢献も期待されている

3　「ゲノム医療」の実用化で、がんや認知症など、ほとんどの希少難病の完治が予想されている。

4　「ゲノム医療」の実用化は、政府の投資を受け、国内民間研究機関の主導で推進されている。

問題9 次の（1）から（3）の文章を読んで、後の問いに対する答えとして最もよいものを、1・2・3・4から一つ選びなさい。

（1）

　紫外線が気になる美肌派の人は出かけるたびに、こまめに日焼け止めクリームを塗って紫外線を遮ろうとする。そればかりか、サングラスや日傘も欠かさない。日焼けした肌はシミやソバカスの原因になり、皮膚ガンになりやすいと言われているが、皮膚ガンは一部の白人に関係することが多く、ほとんどの道路がアスファルトに舗装されている都市ではその危険性は少ない。なぜかというと白色は紫外線を反射し、黒色は紫外線を吸収するからである。

　ここでは健康にメリットになる日光浴の大切さにつき論じてみよう。

　それでは日光浴は健康とどのような関係があるのか。まず、体内のビタミンDの生成である。ビタミンDは太陽の光を浴びることで作られ、免疫力を高め、ガンの細胞を正常な細胞に戻し、骨粗しょう症予防にも効果的だと言われている。ビタミンDレベルの高い人は、大腸ガンやすい臓ガンなど多様な癌になる可能性を20％〜80％まで低下させ、高血圧や糖尿病の発病率も減少させ、心臓病や脳梗塞も予防すると言われている。他にもビタミンDは骨を強くするので成長する子供やお年寄りに日光浴は必須である。

　尚、太陽光は「うつ病」にも効果がある。人に穏やかな感情を与える作用をするセロトニンという頭内物質がある。この物質は太陽の光を浴びることによって、分泌量が増加する。普段、小さなことでもすぐ切れたり、いらいらしたりする性格なら、太陽光の不足が原因であるかもしれない。

　他にも日光浴は脳血管の血流を向上するので頭痛にも効果がある。血流がよくなると筋肉は緩め、ストレスも解消する。熟眠や冷房病にも利くので、毎日の10分ぐらいの日光浴の習慣は現代人をもっと元気にする一番簡単な方法かもしれない。

　紫外線は紙やガラスにも吸収されるので、主に室内で働く人なら日差しが当たるところでも日光浴はできる。またビタミンDは貯蓄もできるので、もし、この夏、南の島に出かける予定があるのなら、日焼けを満喫して、太陽光が弱い冬の時期に備えるのはどうだろう。

50 日光浴が健康にメリットになる点ではないものはどれか。

1 意欲が湧き、いい気分で仕事が進められる。

2 心不全、脳卒中などの発病を抑制させる。

3 ぐっすり眠れ、「うつ病」の治療に役立つ。

4 骨を健康にするので、高齢者の長寿の原因になる。

51 ビタミンDの効果ではないのはどれか。

1 怒りをぶちまけることが無くなる。

2 老人の腰痛や関節炎を予防する。

3 冷房が効きすぎて起こる頭痛緩和に役立つ。

4 骨折を予防する効果がある。

52 本文の内容と合っているものはどれか。

1 ビタミンDの生成のために必ずしも外で散歩しなくてもいい。

2 皮膚がんの発病は人種のよって決まる。

3 何年も地下で働いている人は、焦ってしまい、仕事に過ちを犯しやすい。

4 夏の日光浴の回数によって、セロトニンの貯蓄量が決まる。

(2)

　2014年あるリクルート会社が新入社員2,243名を対象にアンケート調査を行ったところ、約90％以上の人が「出世したい」と答え、30歳での理想の年収は「500万円台」と答えたそうだ。出世というのは様々な形で、自分が目標とした役職に就くこと、転職してより年収の高い会社に入社すること、独立して会社を経営することなどいろいろな意味を持つ。

　しかし、その反面出世したくないと思う人もいるらしい。恐らく出世とセットになっている「無用な苦労やストレスを抱えたくない」というのが原因かもしれない。また「役職に就くと、責任だけ高くなり、実際の給料は大して変わりもないのに、部下の管理で頭を悩ませるばかりか、ややもすればリストラの対象になる」という認識がある。

　ところが大体、こういう意見を出したら批判が集まる。「こんな考え方の人間は契約社員や派遣社員として職位を落とすべきだ」「結局出世出来ない人の負け惜しみだ」「人として一人前になれない、根無し草のような根性だ」などなど。

　しかし①出世できる可能性のある人が出世したがらないのには別の理由がある。ただ出世のために働き蜂になって上司に休日ゴルフを強制させられ、社交辞令を言ったり、機嫌を取りたくない。そのゴルフの意味がただの親睦ではなく、会社の馴れ合いだったらなおさらだ。そういう集団に安易に同調したり、群れを組みたくないと思うのだ。無論、こういう考え方は出世が難しいかもしれないが、孤独を楽しみながら自分の生活観、人生観を大切にしたいのだ。このタイプの人はチームワークを重視して組織力を高めるように努力し、もっと現場主義の仕事をする傾向がある。組織を離れたときも自分の価値観に共鳴できる人と付き合い、②愚痴も言わず溌剌として元気がよく、自分なりの哲学や信念に充実したがっている人が多い。

　もちろん今の若い世代には「雇用が安定されていなかったり、年収が上がるという保証はない」といったもっと現実的な理由が大きいかもしれないが、どちらの生き方を選択するのは自分の自由であり、価値観によるものだ。社会的なポジションと自分のやりたいことがやれる環境、あなたならどの人生が幸せだと思いますか。

53 ①出世できる可能性のある人が出世したがらなければ、どんな生き方をするのか。

1 自分なりの価値観で、会社の同僚の交わりより、孤独を楽しむ。

2 会社への不満を隠し、自分の意見をむやみに表わさない。

3 自分の信念に沿って生き、引退後も新しい人間関係を築こうとする。

4 社会的な成功や地位より、組織や家庭のために犠牲する。

54 ②愚痴も言わず溌剌として元気がよい理由はなぜか。

1 無用なことにエネルギーを使わなくて、仕事にストレスがないため

2 社会的なポジションに拘らないで、自分が一番満足できる環境を作っているため

3 社会への不満もなく、同僚との人間関係も円満なため

4 自分なりの人生観があり、愚痴などは無用だと思うため

55 本文の内容と合っていないものはどれか。

1 世間で言えば、出世したくないという考え方は受け入れがたい。

2 出世したがらない理由は無理やり組織の体系に合わせたり、実利的な連中同士だけで固まったりしたくないからだ。

3 出世したがらない人は上司や同僚との付き合いが少なく、一人での時間を大切にする。

4 世の中はすべての人が出世を望んでいるわけではなく、自分の人生観に合わせて別の選択も可能である。

(3)

　今年に入り、欧州連合（EU）の主要20カ国のうち、半分ぐらいの国が金融緩和政策を行った。金融緩和というのは景気が悪化した時、銀行が現金を発行することで世の中の通貨の量を増やしたり、国債を買い上げたりして、資金調達を容易にする政策を意味する。

　現在の日本は経済成長率、物価、企業の投資、金利が歴史的最低水準に止まっていて25年目の不況だと言われているが、アメリカを始め、ヨーロッパやアジアも程度や時間の差はあるけれど、さほど状況は変わらない。すなわち、「不況」というのはもはや世界中が抱えている国際的の問題である。

　①不況の原因を明確に説明するのは難しいかもしれない。最近は若い世代の就職率の低下と共に、晩婚化による出産率も減少している。その上、高齢化による平均寿命の増加はますます未来への不安を招いている。そのゆえ、人は消費を減らし、貯金に走ってしまう。消費が頭打ちになり、お金の循環が悪くなる。その結果、景気が停滞してしまうのがデフレである。

　②悪くなったお金の循環をよくするため、前文にも述べたように各国を代表する銀行は金利を下げるのだ。安い金利でお金を借りやすくなった民間は個人では株式や家を買ったり、企業では設備投資などをしたりするようになる。また政府は国債を発行し、調達した資金で公共事業などを行う。そうすることで雇用は創出され、収入が生まれた民間はさらに消費に回すという仕組みである。

　しかし不況時は誰もが消費を絞りがちなので、この対策は効果を発揮できなくなるかもしれない。根本的な対策の不在のまま、不動産の活性化や政府の社会的間接資本への投資は借金だけを増加させる結果をもたらしかねない。いつまでも過去の論理だけを追い続けるわけにはいかない。

　それでは、国家や国民は未来に備え、どう動くべきだろう。科学の発展で専門職でも職場を無くす可能性があり、企業が所有している技術力はいつでも他社や他国に追い越される時代になりつつあるのを認識してほしい。政府は過去の失敗を繰り

返さないで、冷静な考え方で未来の産業に投資すべきであり、個人は減少した収入に合わせた生き方を模索しなければならない。

56 ①不況の原因として当てはまらないのはどれか。

1　結婚する年齢がだんだん高くなり、結婚しても出産計画がない夫婦がいる。

2　出生率の水準が人口置換水準以下にまで落ちる。

3　医療技術の進歩が進み、完治が難しい難病でも延命が可能になる。

4　民間企業のリストラにより、中流階級以上の収入が減少する。

57 ②悪くなったお金の循環をよくするためにはどうすればいいのか。

1　個人は銀行からの借金を早いうちに返済する

2　政府や地方政府などがITのための光ファイバーケーブル網を整備する。

3　民間企業は技術革新を促進し、他者に追い越されないようにする。

4　各国を代表する銀行は今のようにゼロ金利を維持する。

58 本文の内容と合っているものはどれか。

1　デフレとは物の値段が下がり、お金の価値も下がり続ける状態のことを言う。

2　デフレから脱却するためには、物価水準を上昇させ、企業の設備投資を援助すべきだ

3　不況から抜け出すためには、個人は貯金を止め、消費に走るべきだ。

4　不況の解決のためには国家や個人は未来への新しい一歩を踏み出す必要がある。

問題10 次の文章を読んで、後の問いに対する答えとして最もよいものを、1・2・3・4から一つ選びなさい。

　人間の身体の中には、一日周期でリズムを刻む①「体内時計」というものがあり、普通、昼は活動状態に、夜は休息モードになります。この体内時計を動かしているのが脳内で時間を刻む時計遺伝子です

　もしあなたの体内時計のタイプが「超夜型」や「夜型」だったら、「1日24時間という実生活」の時間とのズレをリセットする必要があります。

　体内時計のズレをリセットするのに最も効果的で誰でもできる簡単な方法が、朝起きたら「朝日を浴びる」という方法です。

　朝5時から昼12時の午前中の太陽光を浴びると、体内時計が遅れ気味の人は前倒しに調整することができます。というのも、目から入った太陽光は体内時計を司る時計遺伝子に直接働きかけ、体内時計をリセットしてくれるからです。朝起きてまずすることは、カーテンを開けて窓から入ってくる朝日を浴びることです。晴れの日でも曇りの日でも雨でも、その日の天気は関係ありません。曇った日でも照度（光の明るさを表す単位）は1万ルクスもあります。これはコンビニの5倍の明るさです。時報を聞いて時計のズレを直すように、毎朝朝日を目でキャッチして、体内時計のズレをリセットします。

　どうしても目覚ましに反応できない人は、寝る前に遮光性のカーテンを開けておいて、朝の光が室内に届くようにしてから寝るのもオススメです。そうすれば、朝日の中で光りを感じながら目を覚ますことができます。

　女性の場合は遮光カーテンを開けたまま眠るのは抵抗があるかもしれませんが、人間の脳は目をつぶっていても目の奥にある網膜で光を感知しますので。毎日欠かさず同じ時間に起きて、朝の光を浴びていれば、徐々に体が慣れてきて朝型の生活パターンへ移行させることができます。

　ここで大切なことが2つあります。1つ目は、「毎日続ける」こと。仕事や学校がある平日だけでなく、土日もなるべく平日と同じ時間に起きて、起きたらまず朝日を浴びます。2つ目は、「土日の寝だめしない」こと。

週末に寝だめをしてしまうと、月曜日から金曜日の5日間かけて調整した体内時計のズレが2日で元に戻ってしまうからです。その結果、月曜日に起きられなくなってしまうのです。つまり、朝早いパターンに慣れ始めていた体内時計が、週末の寝だめによって一気に狂ってしまうのです。

　平日の睡眠不足を一気に解消しようとした週末の寝だめは②「百害あって一利なし」と思って下さい。

59 ①「体内時計」とは何のことか。

1 人間の心身の働きを調整するもので、ズレは心臓が行う。

2 人間の生活リズムを調整するもので、心臓が司る。

3 人間の一日のホルモン量を調節するもので、ズレは脳が行う。

4 人間の生態リズムを調節するもので、脳が司る。

60 体内時計のズレをリセットする簡単な方法な何か。

1 晴れた日の早朝の太陽の光を同じ時間に浴びること

2 雨の日でも午前中の太陽の光を毎日浴びること

3 晴れた日の午前中の太陽の光を毎日浴びること

4 雨以外の曇った日でも午前中に太陽光を浴びること

61 この文章で②「百害あって一利なし」とは何を意味するか。

1 夜型の習慣は悪いことが百回あっても、良いことは一つもないという意味

2 毎日の習慣を二日間しなかったことで、また調整前の状態になるという意味

3 夜型の体内時計を朝型にリセットすれば、心身に良いことばかりあるという意味

4 毎日の習慣を一日破ったことで、身体の臓器の働きが狂うという意味

[62] 筆者はこの文章で伝えたいことは何か。

1 体内時計のズレをリセットするには、毎日眠くても決まった時間に起きよう。

2 まとめて寝たりせずに朝日を毎日浴びる習慣をつけて体内時計のズレをなくそう。

3 体内時計のズレはリセットしても、すぐに狂うので十分注意しよう。

4 睡眠の貯金は体内時計を狂わす原因になるので、晴れた日にたっぷり朝日を浴びよう。

問題11 次のＡとＢはそれぞれ、日本の早期英語教育について書かれた文章である。後の問いに対する答えとして最もよいものを、1・2・3・4から一つ選びなさい。

Ａ

　英語支配は今や社会人や大学生だけでなく小学生にまで及んでいます。文部科学省は2020年度から小学5、6年生の英語教科化を決定しました。早くから国際人としての基礎を培う狙いなのでしょうが、私は逆にその弊害を憂慮せずにはいられません。

　日本語と英語を同時に学ぶことによって、子供たちの言語の発達が中途半端に止まってしまうのは避け難いでしょう。それ以上に恐れるのは、小さい頃から英語に親しんできた子供たちが、本当に日本語を大切にできるのかという問題です。
グローバル化の流れの中で「英語をやった方が得だ」と思えば、いとも簡単に母国語を捨て去ってしまうこともあるのではないかと心配になるのです。

Ｂ

　小学校での英語必修化について、一番多い意見が、「英語よりまず国語」というものだった。まず、小学校で週に1回程度の英語の授業をしたら、国語力が低下すると、本気で考えているのだろうか？　教科として年間35時間程度の早期英語教育が、どうやって国語力を脅かすというのだろうか？

　私の周りの英語がある程度できる人は、間違いなく、日本語も普通よりずっとレベルの高い人ばかりだ。

　教えていても気がつくのだが、子供の英語力は国語力とほぼ比例しているのも間違いがない。言語的なセンスや、言語力というものは、言葉が違ってもその潜在力の左右する大きさは同じなのだ。

（中略）

　国語教育のレベルアップはもちろん必要だ。しかし、早期英語教育は、それを妨げるものではなくて、むしろ助けるものだとも思うのだ。

---

63 早期英語教育についてAとBの観点はどのようなものか。

1　Aは問題点を漠然と憂慮し、Bは経験上からその必要性を報告している。

2　Aは早期英語教育の必要性を具体的に指摘し、Bはその解決策を検討している。

3　Aは問題点の解決を意識しながら危惧を表し、Bは全面的にそれを否定している。

4　Aは早期英語教育がもたらす問題点を指摘し、Bは肯定的な見方をしている。

64 子供が日本語と英語を同時に学ぶことに関して、AとBはどのように述べているか。

1　Aは国際人としての基礎をつくる前に、国語力の向上が必要だとし、Bは国語力アップも必要だが、英語力こそ向上させるべきだと述べている。

2　Aは母国語の発達が英語によって妨げられ、愛着も薄れることを危惧し、Bはむしろ相乗効果が生まれると述べている。

3　Aは国語力の基礎ができてから学ぶことを強調し、Bは早いうちから言語の潜在能力を発揮させるべきだと述べている。

4　Aは母国語の発達が中途半端になることを心配し、Bはその心配はないが母国語への愛着心の喪失は心配だと述べている。

問題12 次の文章を読んで、後の問いに対する答えとして最もよいものを、1・2・3・4から一つ選びなさい。

　環境保護に配慮しながら電力の安定供給をどう実現するか。政府と電力会社の双方が真剣に取り組まねばならない。

　経済産業省の有識者会議が、国のエネルギー政策の指針となる「エネルギー基本計画」の見直しの議論を始めた。焦点の一つは、基幹電源である石炭火力発電の活用策である。

　石炭火力は燃料を安定調達でき、発電コストが安い。その反面、液化天然ガス火力の2倍の二酸化炭素（CO_2）を排出するなど環境面で課題を抱える。

温暖化対策の枠組みである「パリ協定」の締約国である日本は、2030年度に排出量を13年度比で①26％減らす目標を掲げる。

　国内には約150基の石炭火力発電設備がある。発電量全体に占める比率は約32％で、2030年度の政府目標を6ポイントも超えている。しかも新設計画が40基以上ある。

　「脱石炭」の世界的な流れに沿い、日本も石炭火力への過度な依存を避けるため、知恵を絞ることが求められる。

　環境省は今月、C電力の大型石炭火力発電所計画に対し、CO_2排出量の追加削減策を求める意見書を経済産業省に提出した。

　計画の認可権限を持つ経済産業省もC電力が既に決めている老朽火力発電所の廃止計画を上積みするように勧告した。環境影響評価の審査対象外である発電所の存廃に言及したのは初めてだ。

　C電力は、T電力と火力発電事業の統合を進めており、合計の発電量は、国内全体の半分を占める。両社が協力すれば、古い火力発電所を廃止し、CO_2の排出量が比較的少ない最新鋭のものに入れ替える余地は大きい。

　環境省の主張に慎重姿勢だった経済産業省が、石炭火力活用の現実策を提示したのは当然と言える。

　新設計画を進める他の電力大手にも、環境対策で協業を促すことを期待したい。石炭火力から排出されるCO_2を高圧で地下に閉じ込める技術の実用化を含め、有識者会議で議論を深めてほしい。

エネルギー基本計画では、原子力発電の中長期的位置付けも主要なテーマである。

　エネルギー安全保障上、原発の利用は欠かせない。温室効果ガスをほとんど出さない原発は、パリ協定の目標達成にも資する。

　資源が乏しい日本のエネルギー自給率は8％と主要先進国で最も低い。原発は、燃料価格が安定しているウランを使う。エネルギー安全保障上、有効活用するのは妥当である。

　政府は2030年度の発電量の20〜22％を原発で賄う計画だ。目標達成には、福島の事故後に停止した原発を30基程度再稼働させる必要がある。現状は5基にとどまる。

　原発を基幹電源として活用するなら、再稼働への具体的な取り組みを強化すべきだ。

65 「エネルギー基本計画」の見直しの議論で政府と電力会社が真剣に取り組むことは主に何か。

1　地球温暖化防止のために、環境に配慮した再生エネルギーを開発すること
2　電力の安定供給のために、環境と発電コストを下げる努力をすること
3　地球温暖化防止のために、環境に配慮した発電方法を見直し具体策を練ること
4　環境保護に配慮しながら、「脱石油」「脱石炭」の流れに取り組むこと

66 ①26％減らす目標を掲げる。とあるが、どういうことを意味するのか。

1　2030年までの17年間で火力発電の電力を26％減らすという意味
2　2030年までにCO_2の排出量を26％減らす努力をするという意味
3　2030年までにCO_2の排出量を26％までに減らす締結をしたという意味
4　2013年のCO_2の排出量を30年後は26％までに減らしたいという意味

[67] この文章中で筆者は「基幹電源である石炭火力発電の活用策」として、例に出していることは何か。

1 　CO_2を減らすための再生可能エネルギーの活用強化、電力会社事業の協業、原子力発電所の再稼働など

2 　CO_2を減らすための再生可能エネルギーの普及、電力会社事業の統合、原子力発電所の再稼働など

3 　CO_2を減らすための新技術の実用化、電力会社事業の整理合併、原子力発電所の再稼働など

4 　CO_2を減らすための新技術の実用化、電力会社事業の統合及び協業、原子力発電所の再稼働など

[68] この文章で筆者が一番言いたいことは何か。

1 　環境に配慮した電力の安定供給と低価格化の実現
2 　世界の流れに沿った新エネルギーの開発と安定供給
3 　環境に配慮した電力の安定供給策への取り組み強化
4 　地球温暖化防止に貢献する原発の開発技術の研究

問題13 右のページは、みやび区に初めて来た外国人の転入手続き案内である。下の問いに対する答えとして、最もよいものを1・2・3・4から一つ選びなさい。

69 転入手続きで、合っているものはどれか。

1　家族の場合、家族関係が証明できる書類が必要である。
2　家族の場合は世帯主のパスポートのみの提出でよい。
3　本人以外の人が届け出をする場合は手数料が発生する。
4　平日の午後5時までに手続きしなければならない。

70 届け出が遅れてしまった人はどうすればいいか。

1　必要書類に加え、日本人の保証人がいれば問題ない。
2　届け出が遅れた理由が正当であれば問題はない。
3　日本に住み始めた日が証明できる書類を提出する。
4　事前に届け出窓口に電話して、遅延金を払う。

（みやび区に）初めて日本に来た外国人住民の人の手続き（転入届）について

空港において在留カードが交付された人（パスポートに「在留カード後日交付」と記載された人を含みます。）は、住居地を定めてから14日以内に、住居地の市町村の窓口に、その住居地を届け出る必要があります。

※ホテルやウィークリーマンション、会社の事務所等には、住所を置くことはできません。

必要なもの

- 転入者全員のパスポート
- 転入者全員の在留カード（空港で在留カードが交付された人）

＊パスポートと在留カードの提示がない場合は、転入届を受付できません。

＊家族や夫婦等、2人以上の世帯で転入する場合は、本国で発行された家族や夫婦関係を確認できる書類とその翻訳文が必要です。

届出期間

＊みやび区に住み始めた日から14日以内

＊住み始める前の届出はできません。

★届出期間を経過してしまっている場合は、賃貸契約書等の住み始めた日が分かる書類が必要になりますので、届出前にお問い合わせください。

届け出る人

- 世帯主または同じ世帯の人

＊代理人が届け出る場合は、「必要なもの」の欄に記載されているものに加えて、本人からの委任状と代理人自身の本人確認書類・委任者の本人確認書類のコピーが必要です。

届出窓口

- 各総合支所区民課窓口サービス係

受付時間

- 平日午前8時30分から午後5時まで（水曜日は窓口延長で午後7時まで。）

＊他区市町村や他関係機関に確認が必要な業務など、窓口延長時にはお取り扱いできない業務があります。

詳しくは、届出窓口にお問い合わせください。

手数料：かかりません

N1

聴解

(55分)

注意 Notes

1. 試験が始まるまで、この問題用紙を開けないでください。
   Do not open this question booklet until the test begins.

2. この問題用紙を持って帰ることはできません。
   Do not take this question booklet with you after the test.

3. 受験番号と名前を下の欄に、受験票と同じように書いてください。
   Write your examinee registration number and name clearly in each box below as written on your test voucher.

4. この問題用紙は、全部で13ページあります。
   This question booklet has 13 pages.

5. この問題用紙にメモをとってもかまいません。
   You may make notes in this question booklet.

受験番号 Examinee Registration Number	

名前 Name	

問題1

問題1では、まず質問を聞いてください。それから話を聞いて、問題用紙の1から4の中から、最もよいものを一つ選んでください。

例

1　駅前で4時50分に

2　駅前で5時半に

3　映画館の前で4時50分に

4　映画館の前で5時半に

1番

1 女性や男性の差別のない平等な会社
2 社員のスタイルのために半日の休暇を認める会社
3 新しいテクノロジーに触れるように、購入金額を補助する会社
4 付き合っている人との関係が円満になるように応援する会社

2番

1 習慣的な口癖を改善し、子供の目線になって考える
2 しつけを教えることが子供にはストレスになるので注意する
3 何かを命令するときは具体的に指示する
4 子供の味方になれる、はっきりとした基準を決める

3番

1 ひとまず、「マイドドモ」で「IDとネットワーク暗証番号」を変更する

2 「ドドモオンライン手続き」のご利用の際、「ドドモIDとネットワーク暗証番号」を用意する

3 スマートフォンのサービスを変更するために、メニューから「手続きの案内」をクリックする

4 スマートフォンのサービスを変更するために、ネットから「マイドドモ」を検索する

4番

1 65歳の該当者なので、10月初旬に送られる通知を待つ

2 腎臓の障碍者なので、10月中旬に送られる通知を待つ

3 10月の下旬に送られる予診票を接種時に持ってくる

4 10月31日以前の生まれの方なので、12月31日までに接種に行く

5番

1 仕事だけの平凡な人生を捨て、変化に富んだ人生を送る
2 家族や仕事ばかり考えてきた自分を反省する
3 周りの人と今までの関係を保ちながら、何か新しいことに挑戦してみる
4 もっと人生に活気を与えるために、多様なことに挑戦してみる

6番

1 自分が希望している受験地を決めるために、およそ1ヶ月ぐらい待つ
2 3ヶ月間待ってから、教育会議所のホームページで検索する
3 申込の代行が可能かどうか分かるように、最寄りの教育会議所を訪ねる
4 申込用紙を直筆で作成し、郵便で送付する

問題2

問題2では、まず質問を聞いてください。そのあと、問題用紙のせんたくしを読んでください。読む時間があります。それから話を聞いて、問題用紙の1から4の中から、最もよいものを一つ選んでください。

例

1 子連れ出勤に賛成で、大いに勧めるべきだ
2 市議会に、子供を連れてきてはいけない
3 条件付きで、子連れ出勤に賛成している
4 子供の世話は、全部母親に任せるべきだ

1番

1 メールをうつ元気もないから
2 すぐに回復する気がしないから
3 医者に外出を禁止されているから
4 仕事の予定がわからないから

2番

1 拘束時間が長すぎる
2 気分転換の良い機会だ
3 学生の時給が高すぎる
4 待遇の改善が必要だ

3番

1 応募開始の10分前に申し込んだから
2 「規約に同意」をクリックするのが遅かったから
3 「申し込む」のあと、「確定」を押さなかったから
4 「規約に同意」をよく読まないでクリックしたから

4番

1 黄色のバスのデザインが人気だから
2 最近、外国人観光客が増え続けているから
3 手軽で便利な観光コースが色々あるから
4 お客のニーズと予定に合わせてバスを出すから

5番

1 体力的に働けず、寝たきりなどの人
2 体力があっても働かない65歳以上の人
3 病院通いが仕事のような65歳以上の人
4 年金で生活している65歳から90歳の人

6番

1 利用代金明細書の到着が遅れたから
2 銀行口座にお金が足りなかったから
3 督促状のハガキ代金と手数料として
4 銀行とカード会社の手違いのため

7番

1 老朽化した建物を再建するため
2 他の地域に大きな工場を建てるため
3 建物の老朽化と売上げ減少のため
4 生産拠点を移し経営を改善するため

問題3

問題3では、問題用紙に何も印刷されていません。この問題は、全体としてどんな内容かを聞く問題です。話の前に質問はありません。まず話を聞いてください。それから、質問とせんたくしを聞いて、1から4の中から、最もよいものを一つ選んでください。

― メモ ―

問題4

問題4では、問題用紙に何も印刷されていません。まず文を聞いてください。それから、それに対する返事を聞いて、1から3の中から、最もよいものを一つ選んでください。

― メモ ―

問題5

問題5では、長めの話を聞きます。この問題には練習はありません。
問題用紙にメモをとってもかまいません。

1番、2番

問題用紙に何も印刷されていません。まず話を聞いてください。それから、質問とせんたくしを聞いて、1から4の中から、最もよいものを一つ選んでください。

― メモ ―

3番

まず話を聞いてください。それから、二つの質問を聞いて、それぞれ問題用紙の1から4の中から、最もよいものを一つ選んでください。

質問1

1 スマホ用のメガネをかける
2 スマホを見る時の姿勢
3 瞬きをして、遠くを見る
4 スマホの明るさの調整

質問2

1 スマホ用のメガネをかける
2 スマホを見る時の姿勢
3 瞬きをして、遠くを見る
4 スマホの明るさの調整

N1 第1回 日本語能力試 模擬テスト 解答用紙

言語知識（文字・語彙・文法）・読解

受験番号 Examinee Registration Number

名前 Name

〈ちゅうい Notes〉
1. くろいえんぴつ (HB、No.2) でかいてください。
   (ペンやボールペンではかかないでください。)
   Use a black medium soft (HB or No.2) pencil.
   (Do not use any kind of pen.)
2. かきなおすときは、けしゴムできれいにけしてください。
   Erase any unintended marks completely.
3. きたなくしたり、おったりしないでください。
   Do not soil or bend this sheet.
4. マークれい Marking examples

よいれい Correct Example	わるいれい Incorrect Examples
●	⊘ ○ ◐ ○ ◑ ○

問題 1

1	① ② ③ ④
2	① ② ③ ④
3	① ② ③ ④
4	① ② ③ ④
5	① ② ③ ④
6	① ② ③ ④

問題 2

7	① ② ③ ④
8	① ② ③ ④
9	① ② ③ ④
10	① ② ③ ④
11	① ② ③ ④
12	① ② ③ ④
13	① ② ③ ④

問題 3

14	① ② ③ ④
15	① ② ③ ④
16	① ② ③ ④
17	① ② ③ ④
18	① ② ③ ④
19	① ② ③ ④

問題 4

20	① ② ③ ④
21	① ② ③ ④
22	① ② ③ ④
23	① ② ③ ④
24	① ② ③ ④
25	① ② ③ ④

問題 5

26	① ② ③ ④
27	① ② ③ ④
28	① ② ③ ④
29	① ② ③ ④
30	① ② ③ ④
31	① ② ③ ④
32	① ② ③ ④
33	① ② ③ ④
34	① ② ③ ④
35	① ② ③ ④

問題 6

36	① ② ③ ④
37	① ② ③ ④
38	① ② ③ ④
39	① ② ③ ④
40	① ② ③ ④

問題 7

41	① ② ③ ④
42	① ② ③ ④
43	① ② ③ ④
44	① ② ③ ④
45	① ② ③ ④

問題 8

46	① ② ③ ④
47	① ② ③ ④
48	① ② ③ ④
49	① ② ③ ④

問題 9

50	① ② ③ ④
51	① ② ③ ④
52	① ② ③ ④
53	① ② ③ ④
54	① ② ③ ④
55	① ② ③ ④
56	① ② ③ ④
57	① ② ③ ④
58	① ② ③ ④

問題 10

59	① ② ③ ④
60	① ② ③ ④
61	① ② ③ ④
62	① ② ③ ④

問題 11

| 63 | ① ② ③ ④ |
| 64 | ① ② ③ ④ |

問題 12

65	① ② ③ ④
66	① ② ③ ④
67	① ② ③ ④
68	① ② ③ ④

問題 13

| 69 | ① ② ③ ④ |
| 70 | ① ② ③ ④ |

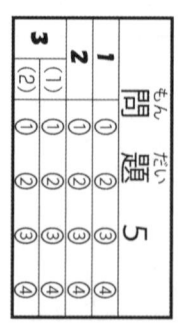

N1 第2回 日本語能力試 模擬テスト 解答用紙

言語知識（文字・語彙・文法）・読解

受験番号
Examinee Registration Number

名前
Name

ちゅうい Notes

1. くろいえんぴつ (HB、No.2) でかいてください。
   (ペンやボールペンではかかないでください。)
   Use a black medium soft (HB or No.2) pencil.
   (Do not use any kind of pen.)
2. かきなおすときは、けしゴムできれいにけしてください。
   Erase any unintended marks completely.
3. きたなくしたり、おったりしないでください。
   Do not soil or bend this sheet.
4. マークれい Marking examples

よいれい Correct Example	わるいれい Incorrect Examples
●	⊘ ○ ◐ ◑ ⊙ ○

問題 1

1	①	②	③	④
2	①	②	③	④
3	①	②	③	④
4	①	②	③	④
5	①	②	③	④
6	①	②	③	④

問題 2

7	①	②	③	④
8	①	②	③	④
9	①	②	③	④
10	①	②	③	④
11	①	②	③	④
12	①	②	③	④
13	①	②	③	④

問題 3

14	①	②	③	④
15	①	②	③	④
16	①	②	③	④
17	①	②	③	④
18	①	②	③	④
19	①	②	③	④

問題 4

20	①	②	③	④
21	①	②	③	④
22	①	②	③	④
23	①	②	③	④
24	①	②	③	④
25	①	②	③	④

問題 5

26	①	②	③	④
27	①	②	③	④
28	①	②	③	④
29	①	②	③	④
30	①	②	③	④
31	①	②	③	④
32	①	②	③	④
33	①	②	③	④
34	①	②	③	④
35	①	②	③	④

問題 6

36	①	②	③	④
37	①	②	③	④
38	①	②	③	④
39	①	②	③	④
40	①	②	③	④

問題 7

41	①	②	③	④
42	①	②	③	④
43	①	②	③	④
44	①	②	③	④
45	①	②	③	④

問題 8

46	①	②	③	④
47	①	②	③	④
48	①	②	③	④
49	①	②	③	④

問題 9

50	①	②	③	④
51	①	②	③	④
52	①	②	③	④
53	①	②	③	④
54	①	②	③	④
55	①	②	③	④
56	①	②	③	④
57	①	②	③	④
58	①	②	③	④

問題 10

59	①	②	③	④
60	①	②	③	④
61	①	②	③	④
62	①	②	③	④

問題 11

| 63 | ① | ② | ③ | ④ |
| 64 | ① | ② | ③ | ④ |

問題 12

65	①	②	③	④
66	①	②	③	④
67	①	②	③	④
68	①	②	③	④

問題 13

| 69 | ① | ② | ③ | ④ |
| 70 | ① | ② | ③ | ④ |

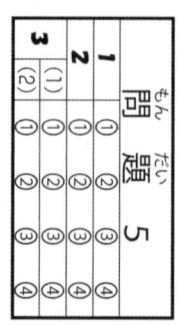

N1 第2回 日本語能力試 模擬テスト 解答用紙

聴 解

N1 第3回 日本語能力試 模擬テスト 解答用紙

言語知識(文字・語彙・文法)・読解

受験番号 Examinee Registration Number

名前 Name

〈ちゅうい Notes〉
1. くろいえんぴつ (HB、No.2) でかいてください。
   (ペンやボールペンではかかないでください。)
   Use a black medium soft (HB or No.2) pencil.
   (Do not use any kind of pen.)
2. かきなおすときは、けしゴムできれいにけしてください。
   Erase any unintended marks completely.
3. きたなくしたり、おったりしないでください。
   Do not soil or bend this sheet.
4. マークれい Marking examples

よいれい Correct Example	わるいれい Incorrect Examples
●	⊘ ○ ◐ ○ ◑ ⊗

問題 1

	1	2	3	4
1	①	②	③	④
2	①	②	③	④
3	①	②	③	④
4	①	②	③	④
5	①	②	③	④
6	①	②	③	④

問題 2

	1	2	3	4
7	①	②	③	④
8	①	②	③	④
9	①	②	③	④
10	①	②	③	④
11	①	②	③	④
12	①	②	③	④
13	①	②	③	④

問題 3

	1	2	3	4
14	①	②	③	④
15	①	②	③	④
16	①	②	③	④
17	①	②	③	④
18	①	②	③	④
19	①	②	③	④

問題 4

	1	2	3	4
20	①	②	③	④
21	①	②	③	④
22	①	②	③	④
23	①	②	③	④
24	①	②	③	④
25	①	②	③	④

問題 5

	1	2	3	4
26	①	②	③	④
27	①	②	③	④
28	①	②	③	④
29	①	②	③	④
30	①	②	③	④
31	①	②	③	④
32	①	②	③	④
33	①	②	③	④
34	①	②	③	④
35	①	②	③	④

問題 6

	1	2	3	4
36	①	②	③	④
37	①	②	③	④
38	①	②	③	④
39	①	②	③	④
40	①	②	③	④

問題 7

	1	2	3	4
41	①	②	③	④
42	①	②	③	④
43	①	②	③	④
44	①	②	③	④
45	①	②	③	④

問題 8

	1	2	3	4
46	①	②	③	④
47	①	②	③	④
48	①	②	③	④
49	①	②	③	④

問題 9

	1	2	3	4
50	①	②	③	④
51	①	②	③	④
52	①	②	③	④
53	①	②	③	④
54	①	②	③	④
55	①	②	③	④
56	①	②	③	④
57	①	②	③	④
58	①	②	③	④

問題 10

	1	2	3	4
59	①	②	③	④
60	①	②	③	④
61	①	②	③	④
62	①	②	③	④

問題 11

	1	2	3	4
63	①	②	③	④
64	①	②	③	④

問題 12

	1	2	3	4
65	①	②	③	④
66	①	②	③	④
67	①	②	③	④
68	①	②	③	④

問題 13

	1	2	3	4
69	①	②	③	④
70	①	②	③	④

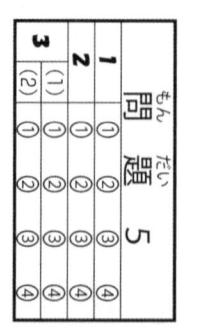

N1 第3回 日本語能力試 模擬テスト 解答用紙

聴解

N1 第4回 日本語能力試 模擬テスト 解答用紙

言語知識（文字・語彙・文法）・読解

受験番号 Examinee Registration Number

名前 Name

〈ちゅうい Notes〉
1. くろいえんぴつ (HB、No.2) でかいてください。
  (ペンやボールペンではかかないでください。)
  Use a black medium soft (HB or No.2) pencil.
  (Do not use any kind of pen.)
2. かきなおすときは、けしゴムできれいにけしてください。
  Erase any unintended marks completely.
3. きたなくしたり、おったりしないでください。
  Do not soil or bend this sheet.
4. マークれい Marking examples

よいれい Correct Example	わるいれい Incorrect Examples
●	⊘ ○ ◐ ◑ ○

問題 1
1	①	②	③	④
2	①	②	③	④
3	①	②	③	④
4	①	②	③	④
5	①	②	③	④
6	①	②	③	④

問題 2
7	①	②	③	④
8	①	②	③	④
9	①	②	③	④
10	①	②	③	④
11	①	②	③	④
12	①	②	③	④
13	①	②	③	④

問題 3
14	①	②	③	④
15	①	②	③	④
16	①	②	③	④
17	①	②	③	④
18	①	②	③	④
19	①	②	③	④

問題 4
20	①	②	③	④
21	①	②	③	④
22	①	②	③	④
23	①	②	③	④
24	①	②	③	④
25	①	②	③	④

問題 5
26	①	②	③	④
27	①	②	③	④
28	①	②	③	④
29	①	②	③	④
30	①	②	③	④
31	①	②	③	④
32	①	②	③	④
33	①	②	③	④
34	①	②	③	④
35	①	②	③	④

問題 6
36	①	②	③	④
37	①	②	③	④
38	①	②	③	④
39	①	②	③	④
40	①	②	③	④

問題 7
41	①	②	③	④
42	①	②	③	④
43	①	②	③	④
44	①	②	③	④
45	①	②	③	④

問題 8
46	①	②	③	④
47	①	②	③	④
48	①	②	③	④
49	①	②	③	④

問題 9
50	①	②	③	④
51	①	②	③	④
52	①	②	③	④
53	①	②	③	④
54	①	②	③	④
55	①	②	③	④
56	①	②	③	④
57	①	②	③	④
58	①	②	③	④

問題 10
59	①	②	③	④
60	①	②	③	④
61	①	②	③	④
62	①	②	③	④

問題 11
63	①	②	③	④
64	①	②	③	④

問題 12
65	①	②	③	④
66	①	②	③	④
67	①	②	③	④
68	①	②	③	④

問題 13
69	①	②	③	④
70	①	②	③	④

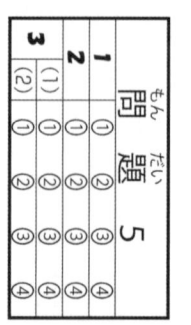

N1 第4回 日本語能力試 模擬テスト 解答用紙

聴解

受験番号 Examinee Registration Number

名前 Name

〈ちゅうい Notes〉
1. 〈ろいえんぴつ (HB、No.2) でかいてください。
   (ペンやボールペンではかかないでください。)
   Use a black medium soft (HB or No.2) pencil.
   (Do not use any kind of pen.)
2. かきなおすときは、けしゴムできれいにけしてください。
   Erase any unintended marks completely.
3. きたなくしたり、おったりしないでください。
   Do not soil or bend this sheet.
4. マークれい Marking examples

よいれい Correct Example	わるいれい Incorrect Examples
●	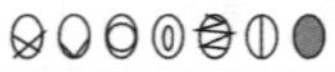 ⊘ ○ ◐ ◑ ⊗ ❶

もんだい問題 1

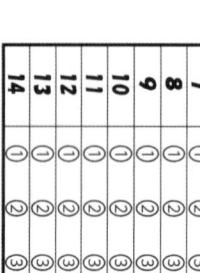

例	①	②	●	④
1	①	②	③	④
2	①	②	③	④
3	①	②	③	④
4	①	②	③	④
5	①	②	③	④
6	①	②	③	④

もんだい問題 2

例	①	②	③	●
1	①	②	③	④
2	①	②	③	④
3	①	②	③	④
4	①	②	③	④
5	①	②	③	④
6	①	②	③	④
7	①	②	③	④

もんだい問題 3

例	①	②	③	●
1	①	②	③	④
2	①	②	③	④
3	①	②	③	④
4	①	②	③	④
5	①	②	③	④
6	①	②	③	④

もんだい問題 4

	①	②	③
例	①	●	③
1	①	②	③
2	①	②	③
3	①	②	③
4	①	②	③
5	①	②	③
6	①	②	③
7	①	②	③
8	①	②	③
9	①	②	③
10	①	②	③
11	①	②	③
12	①	②	③
13	①	②	③
14	①	②	③

もんだい問題 5

1	①	②	③	④
2	①	②	③	④
3 (1)	①	②	③	④
3 (2)	①	②	③	④

N1 第5回 日本語能力試 模擬テスト 解答用紙

言語知識（文字・語彙・文法）・読解

受験番号 Examinee Registration Number

名前 Name

〈ちゅうい Notes〉
1. くろいえんぴつ (HB、No.2) でかいてください。
   (ペンやボールペンではかかないでください。)
   Use a black medium soft (HB or No.2) pencil.
   (Do not use any kind of pen.)
2. かきなおすときは、けしゴムできれいにけしてください。
   Erase any unintended marks completely.
3. きたなくしたり、おったりしないでください。
   Do not soil or bend this sheet.
4. マークれい Marking examples

よいれい Correct Example	わるいれい Incorrect Examples
●	⊘ ⊙ ◯ ⦵ ◐ ●

問題 1
	①	②	③	④
1	①	②	③	④
2	①	②	③	④
3	①	②	③	④
4	①	②	③	④
5	①	②	③	④
6	①	②	③	④

問題 2
	①	②	③	④
7	①	②	③	④
8	①	②	③	④
9	①	②	③	④
10	①	②	③	④
11	①	②	③	④
12	①	②	③	④
13	①	②	③	④

問題 3
	①	②	③	④
14	①	②	③	④
15	①	②	③	④
16	①	②	③	④
17	①	②	③	④
18	①	②	③	④
19	①	②	③	④

問題 4
	①	②	③	④
20	①	②	③	④
21	①	②	③	④
22	①	②	③	④
23	①	②	③	④
24	①	②	③	④
25	①	②	③	④

問題 5
	①	②	③	④
26	①	②	③	④
27	①	②	③	④
28	①	②	③	④
29	①	②	③	④
30	①	②	③	④
31	①	②	③	④
32	①	②	③	④
33	①	②	③	④
34	①	②	③	④
35	①	②	③	④

問題 6
	①	②	③	④
36	①	②	③	④
37	①	②	③	④
38	①	②	③	④
39	①	②	③	④
40	①	②	③	④

問題 7
	①	②	③	④
41	①	②	③	④
42	①	②	③	④
43	①	②	③	④
44	①	②	③	④
45	①	②	③	④

問題 8
	①	②	③	④
46	①	②	③	④
47	①	②	③	④
48	①	②	③	④
49	①	②	③	④

問題 9
	①	②	③	④
50	①	②	③	④
51	①	②	③	④
52	①	②	③	④
53	①	②	③	④
54	①	②	③	④
55	①	②	③	④
56	①	②	③	④
57	①	②	③	④
58	①	②	③	④

問題 10
	①	②	③	④
59	①	②	③	④
60	①	②	③	④
61	①	②	③	④
62	①	②	③	④

問題 11
	①	②	③	④
63	①	②	③	④
64	①	②	③	④

問題 12
	①	②	③	④
65	①	②	③	④
66	①	②	③	④
67	①	②	③	④
68	①	②	③	④

問題 13
	①	②	③	④
69	①	②	③	④
70	①	②	③	④

N1 第5回 日本語能力試 模擬テスト 解答用紙

聴解

受験番号 Examinee Registration Number

名前 Name

〈ちゅうい Notes〉
1. 〈ろいえんぴつ〉(HB、No.2) でかいてください。
 (ペンやボールペンではかかないでください。)
 Use a black medium soft (HB or No.2) pencil.
 (Do not use any kind of pen.)
2. かきなおすときは、けしゴムできれいにけしてください。
 Erase any unintended marks completely.
3. きたなくしたり、おったりしないでください。
 Do not soil or bend this sheet.
4. マークれい Marking examples

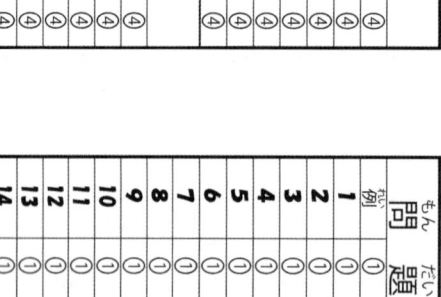

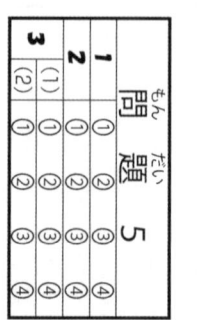

よいれい Correct Example	わるいれい Incorrect Examples
●	⊗ ○ ◐ ◑ ⊙ ●

もんだい問題 1

	1	2	3	4
れい例	①	②	●	④
1	①	②	③	④
2	①	②	③	④
3	①	②	③	④
4	①	②	③	④
5	①	②	③	④
6	①	②	③	④

もんだい問題 2

	1	2	3	4
れい例	①	●	③	④
1	①	②	③	④
2	①	②	③	④
3	①	②	③	④
4	①	②	③	④
5	①	②	③	④
6	①	②	③	④
7	①	②	③	④

もんだい問題 3

	1	2	3	4
れい例	①	②	③	●
1	①	②	③	④
2	①	②	③	④
3	①	②	③	④
4	①	②	③	④
5	①	②	③	④
6	①	②	③	④

もんだい問題 4

	1	2	3
れい例	①	●	③
1	①	②	③
2	①	②	③
3	①	②	③
4	①	②	③
5	①	②	③
6	①	②	③
7	①	②	③
8	①	②	③
9	①	②	③
10	①	②	③
11	①	②	③
12	①	②	③
13	①	②	③
14	①	②	③

もんだい問題 5

		1	2	3	4
1		①	②	③	④
2		①	②	③	④
3	(1)	①	②	③	④
	(2)	①	②	③	④

JLPT 新日檢

N1

合格實戰模擬題

解析

目錄

- **實戰模擬試題 第 1 回**
  - 解　答 5
  - 第 1 節　言語知識〈文字・語彙〉..6
  - 第 1 節　言語知識〈文法〉..12
  - 第 1 節　讀解 17
  - 第 2 節　聽解 32

- **實戰模擬試題 第 2 回**
  - 解　答 65
  - 第 1 節　言語知識〈文字・語彙〉..66
  - 第 1 節　言語知識〈文法〉..72
  - 第 1 節　讀解 77
  - 第 2 節　聽解 92

- **實戰模擬試題 第 3 回**
  - 解　答 125
  - 第 1 節　言語知識〈文字・語彙〉..126
  - 第 1 節　言語知識〈文法〉..132
  - 第 1 節　讀解 138
  - 第 2 節　聽解 154

- **實戰模擬試題 第 4 回**
  - 解　答 187
  - 第 1 節　言語知識〈文字・語彙〉..188
  - 第 1 節　言語知識〈文法〉..194
  - 第 1 節　讀解 200
  - 第 2 節　聽解 216

- **實戰模擬試題 第 5 回**
  - 解　答 250
  - 第 1 節　言語知識〈文字・語彙〉..252
  - 第 1 節　言語知識〈文法〉..258
  - 第 1 節　讀解 264
  - 第 2 節　聽解 280

我的分數？

共 _____ 題正確

若是分數差強人意也別太失望，看看解說再次確認後重新解題，如此一來便能慢慢累積實力。

JLPT N1 第1回 實戰模擬試題解答

第1節　言語知識〈文字・語彙〉

問題 1　[1] 3　[2] 4　[3] 1　[4] 2　[5] 1　[6] 4
問題 2　[7] 2　[8] 3　[9] 1　[10] 1　[11] 4　[12] 2　[13] 3
問題 3　[14] 2　[15] 1　[16] 4　[17] 2　[18] 3　[19] 2
問題 4　[20] 1　[21] 2　[22] 3　[23] 3　[24] 1　[25] 4

第1節　言語知識〈文法〉

問題 5　[26] 1　[27] 2　[28] 1　[29] 4　[30] 4　[31] 3　[32] 2　[33] 3　[34] 1
　　　　　 [35] 1
問題 6　[36] 2　[37] 3　[38] 4　[39] 3　[40] 2
問題 7　[41] 1　[42] 2　[43] 3　[44] 4　[45] 1

第1節　言語知識〈讀解〉

問題 8　[46] 3　[47] 3　[48] 2　[49] 4
問題 9　[50] 1　[51] 3　[52] 2　[53] 3　[54] 1　[55] 4　[56] 1　[57] 2　[58] 3
問題 10　[59] 2　[60] 3　[61] 4　[62] 4
問題 11　[63] 1　[64] 2
問題 12　[65] 1　[66] 3　[67] 2　[68] 4
問題 13　[69] 2　[70] 1

第2節　聽解

問題 1　[1] 3　[2] 3　[3] 2　[4] 3　[5] 1　[6] 1
問題 2　[1] 2　[2] 4　[3] 4　[4] 1　[5] 3　[6] 2　[7] 3
問題 3　[1] 4　[2] 1　[3] 4　[4] 2　[5] 1　[6] 3
問題 4　[1] 3　[2] 2　[3] 1　[4] 2　[5] 3　[6] 2　[7] 1　[8] 3　[9] 2
　　　　　 [10] 1　[11] 3　[12] 2　[13] 2　[14] 1
問題 5　[1] 1　[2] 3　[3] 1　2　[2] 4

第1回 實戰模擬試題 解析

第1節 言語知識〈文字・語彙〉

問題1 請從1、2、3、4中選出_____這個詞彙最正確的讀法。

① 彼は問題が<u>誇張</u>されていると強く反論した。
　1　かちょう　　　2　かじょう　　　**3　こちょう**　　　4　こじょう
　他強烈反駁說問題被<u>誇大</u>了。

詞彙 誇張:誇大、誇張 ｜ 反論:反駁
　　＋注意「誇」的發音,「誇」絕對不是發「か」的音。▶ 誇示:誇示、炫耀,誇大:誇大、誇張

② 女性の社会活動を<u>阻む</u>壁はまだ根強くある。
　1　こばむ　　　2　おがむ　　　3　ちぢむ　　　**4　はばむ**
　<u>阻擋</u>女性參與社會活動的障礙依然根深蒂固。

詞彙 阻む:阻止、阻擋 ▶ 阻止する:阻止,阻害:阻礙、妨礙 ｜ 根強い:根深蒂固 ｜
　　拒む:拒絕、阻止 ｜ 拝む:跪拜、懇求、瞻仰 ｜ 縮む:縮、縮小、退縮

③ 私は、<u>遮る</u>もののない真っ暗な空を見上げていた。
　1　さえぎる　　　2　よこぎる　　　3　あやつる　　　4　こころみる
　我抬頭望向毫無<u>遮蔽</u>的漆黑夜空。

詞彙 遮る:遮蔽、遮掩 ▶ 遮断:遮斷,遮光:遮光 ｜ 横切る:穿過、橫越 ｜
　　操る:操縱、控制、掌握 ｜ 試みる:試試

④ 選挙に行かないことは、政治に参加する権利を自ら<u>放棄</u>することである。
　1　ほうち　　　**2　ほうき**　　　3　ふうち　　　4　ふうき
　不去選舉,是自我<u>放棄</u>參與政治的權利。

詞彙 権利:權利 ｜ 放棄:放棄

⑤ 私は鮮やかな色より、<u>淡い</u>色のほうが好きだ。
　1　あわい　　　2　うすい　　　3　とうとい　　　4　もろい
　比起鮮豔的顏色,我比較喜歡<u>淡</u>的顏色。

6

> **詞彙** 鮮やかだ：鮮豔的 ｜ 淡い：淡的 ▶ 淡水：淡水 ｜ 薄い：薄的 ｜ 尊い：珍貴的、尊貴的 ｜
> もろい：脆弱的

6 アメリカは、為替レートの過度の変動を警戒している。
　1　そうば　　　　　2　にせがえ　　　　3　ためたい　　　　**4　かわせ**
美國對於匯率過度變動保持戒備。

> **詞彙** 為替：匯兌 ✚ 除了「為替レート（匯率）」之外，還有其他表達方式，如「為替相場（匯兌牌價）」
> ｜ 警戒：戒備

問題 2　請從 1、2、3、4 中選出最適合填入（　　）的選項。

7 お手軽に（　　）だけで、定番のたらこパスタをおうちで作ることができます。
　1　うめる　　　　　**2　あえる**　　　　3　くだす　　　　　4　かせぐ
只要簡單攪拌一下，在家也能夠做出經典的鱈魚子義大利麵。

> **詞彙** 和える：攪拌 ｜ 定番：必備、經典

8 いじめられているクラスメートを（　　）と、自分もやられるかもしれないから、知らんぷりするようだ。
　1　めくる　　　　　2　ためる　　　　　**3　かばう**　　　　4　もめる
如果上前保護被欺負的同學，自己也可能會被欺負，所以才裝作不知道。

> **詞彙** 庇う：保護、袒護 ▶ 庇護：庇護 ｜ 知らんぷり：裝作不知道

9 近頃の不景気の原因については、専門家ですら意見は（　　）である。
　1　まちまち　　　2　ぼつぼつ　　　　3　いやいや　　　　4　ひらひら
關於近期不景氣的原因，甚至連專家的意見都眾說紛紜。

> **詞彙** 区々：眾說紛紜、各式各樣 ｜ ぼつぼつ：布滿小點狀、稀稀落落 ｜ いやいや：勉強、不得已 ｜
> ひらひら：（花葉）飄落貌、（蝴蝶）翩翩起舞

10 今回の選挙で野党はわずかながら支持率が上がったが、○○党だけは（　　　）だった。
　1　よこばい　　　　2　ゆきちがい　　　　3　おおまか　　　　4　だいなし
這次的選舉中，在野黨支持率有些微上升，只有○○黨呈現持平。

詞彙　横這い：持平、無變化 ｜ 行き違い：錯過、不一致 ｜ おおまか：大略、粗略 ｜
　　　　台無し：白費、糟蹋

11 ここは歴史が感じられる（　　　）雰囲気の本物の教会で、結婚式用のチャペルとは違った印象を受けた。
　1　しとやかな　　　　2　こっけいな　　　　3　すみやかな　　　　4　おごそかな
這裡是能感受到歷史、充滿莊嚴氣息的真正教堂，給人的印象與婚禮用的教堂完全不同。

詞彙　しとやかだ：優雅的 ｜ こっけいだ：滑稽的 ｜ すみやかだ：迅速的 ｜ 厳かだ：莊嚴的

12 山本さんは昔から（　　　）なので、何か始めるとのめり込んでしまうタイプだ。
　1　まけずぎらい　　　　2　こりしょう　　　　3　たんき　　　　4　マイペース
山本先生從以前就是熱衷起來就沒完沒了的個性，只要開始做某件事情就會非常投入。

詞彙　のめり込む：完全投入 ｜ 負けず嫌い：不服輸 ｜ 凝り性：熱衷起來就沒完沒了的個性 ｜
　　　　短気：性情急躁 ｜ マイペース：我行我素

13 保護者たちは、子育て世代の声を（　　　）聞いてほしいと訴えた。
　1　くっきり　　　　2　はっと　　　　3　じっくり　　　　4　むやみに
家長們的訴求是希望能夠好好地傾聽育兒世代的心聲。

詞彙　訴える：訴說、訴求 ｜ くっきり：顯眼 ｜ はっと：(因意外事件而)吃驚 ｜
　　　　じっくり：仔細地、踏實地 ｜ むやみに：胡亂地

問題 3　請從 1、2、3、4 中選出與 _____ 意思最接近的選項。

14 日本だけではなく、世界各地を異常気象が襲っている。じわじわとこの地球が傷んでいる。
　1　きゅうげきに　　　　2　だんだん　　　　3　すみやかに　　　　4　とつぜん
不只有日本，全世界都被異常氣候襲擊。這個地球正一點一點地遭受損傷。

詞彙　襲う：襲擊 ｜ じわじわ(と)：緩緩地、一點一點地 ▶ 徐々に：逐漸地 ｜ 急激に：急遽地 ｜
　　　　速やかに：迅速地 ｜ 突然：突然

8

[15] 運動場の真ん中に、ぶかぶかのコートを着ている少年が立っていた。
　　1　おおきすぎる　　　2　ちいさすぎる　　　3　ながすぎる　　　4　みじかすぎ
　　在運動場中央，站著一個穿著寬鬆外套的少年。

詞彙　ぶかぶか：過於寬鬆、肥大 ▶ だぶだぶ：過於寬鬆

[16] 原発被災者にこれ以上の被害がないよう、最終的に国が賠償の責任を負うのはやむをえないと思う。
　　1　さしつかえない　　2　そっけない　　　3　あっけない　　　4　しかたがない
　　為了不讓核災受害者損失過多，最終由國家負起賠償責任也是不得已的。

詞彙　賠償：賠償 ｜ やむをえない：不得已 ▶ よんどころない：無可奈何 ｜
　　　さしつかえない：沒關係、不要緊 ｜ そっけない：冷淡無情、不客氣的 ｜
　　　あっけない：沒意思、沒勁

[17] B市では、市民参加の講座や各種セミナーを開き、この地域の人材育成に貢献するための教育の場、情報発信地を目指している。
　　1　めどがつく　　　　2　やくだつ　　　　3　めだつ　　　　　4　むすびつく
　　B市舉辦市民參與的講座和各種研討會，旨在為該地區的人才培養做出貢獻，並成為教育場所和資訊傳播地。

詞彙　貢献する：貢獻 ▶ 寄与する：貢獻 ｜ めどがつく：有頭緒、有線索 ｜ 結び付く：有關聯

[18] 最近ブームになっているファストファッションは、最新の流行の服をリーズナブルな値段で売るのが特色と言える。
　　1　手軽な　　　　　2　手際な　　　　　3　手頃な　　　　　4　手回しな
　　最近成為風潮的快時尚，特色在於以合理價格販售最新的流行服飾。

詞彙　リーズナブルな：合理的 ▶ 値ごろ：合理價格 ｜ 手軽な：簡便的 ｜ 手際：手腕、技巧 ｜
　　　手回し：安排、佈置

[19] 被災地の復興を阻害するがれきを、どう処理していくべきか。
　　1　うながす　　　　2　さまたげる　　　3　きしむ　　　　　4　もめる
　　會阻撓受災地復興的瓦礫，到底該如何處理呢？

詞彙　阻害する：阻礙 ｜ がれき：瓦礫 ｜ 促す：促使、促進 ｜ 軋む：（物品摩擦）嘎吱嘎吱作響 ｜
　　　もめる：起糾紛

問題 4 請從 1、2、3、4 中選出下列詞彙最適當的使用方法。

[20] 凄（すさ）まじい　駭人的、猛烈的
1　凄まじい速さで襲う津波が、恐ろしくて仕方がない。
2　この作品が凄まじく落札されたという記事を目にした覚えがある。
3　演奏が終り、聴衆は凄まじい拍手をした。
4　私は彼の大きな声で凄まじく笑うことに魅力を感じた。

1　以駭人速度席捲而來的海嘯，真是可怕到了極點。
2　我記得看過這個作品猛烈得標的報導。
3　演奏結束後，聽眾猛烈地鼓掌。
4　我覺得他大聲且猛烈的笑聲有著一股魅力。

解說　「凄まじい」有強烈的負面意思，因此不適合用在選項 3 這類表達喜悅或感動的鼓掌情況。

詞彙　凄（すさ）まじい：駭人的、猛烈的 ｜ 襲（おそ）う：席捲、襲擊 ｜ 落札（らくさつ）：得標 ｜ 聴衆（ちょうしゅう）：聽眾

[21] 欠如（けつじょ）　欠缺、缺乏、缺少
1　現代人は忙しい生活に追われ、必須栄養素が欠如しやすい。
2　あんな軽々しい判断をしたというのは、船長としての責任感が欠如しているのではないか。
3　数日が経ってから、彼の名前が名簿から欠如されたことが分かった。
4　歴史の欠如を補うために、この映画が製作された。

1　現代人忙於生活，容易欠缺必要的營養元素。
2　會做那樣輕率的判斷，難道不是欠缺身為船長的責任感嗎？
3　經過幾天後，才知道名冊裡欠缺了他的名字。
4　為了彌補歷史的不足，製作了這部電影。

解說　描述選項 1 的營養等情況時應使用「欠乏（けつぼう）（缺乏）」。

詞彙　欠如（けつじょ）：欠缺、缺乏、缺少 ｜ 名簿（めいぼ）：名冊 ｜ 補（おぎな）う：補足

[22] ほんのり　微微地、淡淡地
1　停電になった部屋は真夜中のようにほんのり暗くて、何も見えなかった。
2　新しい眼鏡を作ったら、字がほんのりと見えてきた。
3　部屋が暖まって、頬はほんのりと赤くなった。
4　学生時代の授業の内容を未だにほんのり覚えているなんて、まさにすばらしい。

1　停電的房間就像深夜一樣微微暗著，什麼也看不見。
2　配了新眼鏡後，字變得微微可見了。
3　房間暖起來後，臉頰就微微紅潤起來。
4　居然到現在還微微記得學生時代的上課內容，真的非常優秀。

解說　由於選項 1 沒有看見任何東西，因此無法使用「ほんのり」。選項 2 是配新眼鏡後的情況，應該使用「はっきり（清楚）」。

詞彙　ほんのり：微微地、淡淡地 ｜ 未（いま）だに：仍然

[23] 担う　擔起、肩負
1　世の中には危険に陥っている人を担うために、24時間待機している人がいる。
2　地球の環境問題を担うエリート科学者の育成のためのプロジェクトを明らかにした。
3　これからの教育は人間が地球の未来を担うことができるように構想するべきだ。
4　登山のために重い荷物を担う訓練を受けている。
1　為了擔負在這世上身陷危險的人，有些人是24小時處於待命狀態。
2　揭示了一項旨在培育肩負地球環境問題的菁英科學家的計畫。
3　今後的教育應該朝著人類能夠肩負地球未來的方向進行構想。
4　為了登山，正在接受擔負重物的訓練。

解說　選項4用「担ぐ(背負)」較為恰當。
詞彙　担う：擔起、肩負 ｜ 陥いる：陷入 ｜ 育成：培育 ｜ 構想：構想

[24] 仕入れる　（物品）購入、採購、（知識）取得、獲得
1　就職のためには、常に最新の情報を仕入れておく必要がある。
2　その時代は西洋の新しい文化や思想を仕入れるのが難しかった。
3　子供が英語活動に興味を持って仕入れているのか、チェックしている。
4　他校のガラの悪い連中がけんかを仕入れてきたので、どうしようもなかった。
1　為了就業，必須要時常取得最新資訊。
2　在那個時代，要取得西方的新文化或思想是很困難的。
3　我正在檢查小孩是不是對英語活動感興趣，並從中取得知識。
4　來自別校的不良團體一直不斷來取得打架，實在不知道該怎麼辦。

解說　選項2的「文化(文化)」或「思想(思想)」應使用「受け入れる(接受、採納)」。
詞彙　仕入れる：（物品）購入、採購、（知識）取得、獲得 ｜ ガラの悪い：人品差 ｜
連中：一群人、成群結黨

[25] しくじる　失敗、搞砸
1　このアプリをしくじると、驚くほどスマホのスピードがアップされる。
2　子供がいい人間関係を作るため、教師がしくじるべきことは何だろう。
3　この本でペットをしくじる際、絶対必要な7つのポイントが分かる。
4　仕事をしくじったくらいでそんなに自己嫌悪することはないと思う。
1　只要搞砸這個應用程式，智慧型手機的速度就會驚人地提升。
2　為了讓小朋友建立良好的人際關係，老師應該搞砸什麼呢？
3　要用這本書搞砸寵物，有七個一定要知道的重點。
4　只不過是工作搞砸了而已，沒必要那樣嫌棄自己。

詞彙　しくじる：失敗、搞砸　**例** 試験をしくじる：搞砸考試 ｜ 自己嫌悪：討厭自己

第1節　言語知識〈文法〉

問題 5　請從 1、2、3、4 中選出最適合填入下列句子（　　）的答案。

26　イギリスに居住している親戚に挨拶（　　）博物館にも寄ってみた。
　　1　がてら　　　　2　ごとき　　　　3　ばかり　　　　4　ながら
拜訪住在英國的親戚，順便去了博物館。

文法重點!　◎ がてら：做〜的同時順便〜　[連接] 名詞/動詞ます型(去ます)＋がてら

詞彙　親戚(しんせき)：親戚 ｜ 寄(よ)る：順道

27　彼は「いただきます」という（　　）、目の前の料理をがつがつ食べ始めた。
　　1　たとたん　　　2　が早いか　　　3　がはやるか　　　4　のなんの
他一説完「開動了」，就開始大口大口吃眼前的料理。

文法重點!　◎ が早(はや)いか：一〜就〜、剛〜就〜　[連接] 動詞原型＋が早いか
　　　　　　◎ とたん：一〜就〜　[連接] 動詞た型＋とたん（＊只能接在動詞た型之後）

詞彙　がつがつ：狼吞虎嚥貌

28　それは社会人としてある（　　）行為であることを自覚してほしい。
　　1　まじき　　　　2　まじきの　　　3　ごとき　　　　4　ごときの
希望你能自覺這是身為社會人士不應該有的行為。

文法重點!　◎ 名詞＋に（として）あるまじき（こと・行為(こうい)・発言(はつげん)）：身為〜不應該有的（事情・行為・發言）
　　　　　　這裡的「名詞」主要是職業或社會地位。

詞彙　行為(こうい)：行為 ｜ 自覚(じかく)：自覺、自知

29　彼は時々言わず（　　）のことを言って、回りの人を傷付ける。
　　1　まじき　　　　2　ばこそ　　　　3　べくもない　　　4　もがな
他有時候會說出一些不該說出口的話，傷害周遭的人。

文法重點!　◎ 言(い)わずもがなのことを言(い)う：說出不該說的話（＊由於是慣用語，最好能熟記。）

詞彙　傷付(きずつ)ける：傷害

[30] 今回の作品は念には念を（　　　）大変仕上がりがいい。
1　いかんで　　　2　いれこんで　　　3　おしこんだから　　4　いれたので
這次的作品是細心縝密之下製作而成，成品品質極佳。

文法重點！ ✓ 念には念を入れる：用心周到、一絲不苟、準備周密
詞彙　仕上がり：成品、成果

[31] あなたの頼みと（　　　）何でも受け入れるから、気軽に話してください。
1　あると　　　2　あったら　　　3　あれば　　　4　あるなら
如果是你的請求，無論什麼我都會接受，因此請不要客氣儘管告訴我。

文法重點！ ✓ ～とあれば：如果～的話　連接　名詞・い形容詞・な形容詞＋とあれば
詞彙　気軽に：輕鬆地、不客氣地

[32] 彼女は見（　　　）少年の様に見える顔立ちをしている。
1　るによっては　　2　ようによっては　　3　られるによっては　　4　せるによっては
她的長相看起來有點像少年，這取決於以什麼角度來看。

文法重點！ ✓ 動詞ます型（去ます）＋ようによっては：取決於～、根據～
例　話しようによっては：根據怎麼說，考えようによっては：根據怎麼想，
やりようによっては：根據怎麼做

[33] 弟は帰宅する（　　　）、スーツのまま布団の中に入ってしまった。
1　たとたん　　　2　であれ　　　3　なり　　　4　ながらに
弟弟一回到家，穿著西裝就直接鑽到被窩去了。

文法重點！ ✓ 動詞原型＋なり：一～就～
詞彙　帰宅：回家

[34] 彼女は貴族としての教育が行き届いた（　　　）いつも礼儀正しく振る舞った。
1　だけあって　　　2　だけあれば　　　3　だけで　　　4　だけであると
她真不愧是徹底接受了貴族式的教育，行為舉止總是禮貌端莊。

文法重點！ ✓ ～だけあって：不愧是～、正因為～（類似說法是「だけに」）
詞彙　行き届く：徹底、周到、細心顧慮　｜　振る舞う：動作、行動

[35] 彼女は喉の不調で涙（　　）歌を熱唱し、みんなの盛大な拍手を受けた。
　　1　ながらに　　　　2　するとして　　　3　ながらと　　　　4　したとたん

她因喉嚨不適，在眼含淚水的情況下演唱，並獲得了大家熱烈的掌聲。

文法重點！ ✓ 熟記「ながら」的慣用表現。
　　涙ながらに：留著眼淚／いつもながら：如往常一樣／昔ながら：一如以往的／
　　生まれながら：與生俱來的

詞彙 熱唱：熱情歌唱 ｜ 盛大：盛大

問題 6 請從 1、2、3、4 中選出最適合填入下列句子＿＿★＿＿中的答案。

[36] 両国の交渉は難航する　★　＿＿　＿＿　＿＿　進んでいない。
　　1　解決を模索する　　2　ばかりで　　　3　一向に　　　　4　対策は

兩國交涉一直卡關不順利，摸索解決方案的對策一點也沒有進展。

正確答案 両国の交渉は難航するばかりで解決を模索する対策は一向に進んでいない。

文法重點！ ✓ 一向に～ない：完全沒有～

詞彙 交渉：交渉 ｜ 難航：不順利 ｜ 模索：摸索

---

[37] その救急救命士は　＿＿　＿＿　＿＿　★　出発した。
　　1　風雨を　　　　2　助けるため　　3　ものともせずに　4　遭難した人を

那位緊急救護人員為了要拯救遇難者，不畏風雨出發了。

正確答案 その救急救命士は遭難した人を助けるため風雨をものともせずに出発した。

文法重點！ ✓ 名詞＋をものともせずに／しないで：不在乎～、不顧～

詞彙 遭難：遇難

---

[38] うちの子供　★　＿＿　＿＿　＿＿　世話が焼ける。
　　1　やたら　　　　2　わがままで　　3　意地悪だから　　4　ときたら

說到我家的孩子，既任性又愛搗亂，真的很難照顧。

正確答案 うちの子供ときたらわがままで意地悪だからやたら世話が焼ける。

文法重點！ ✓ 名詞＋ときたら：說到～（＊後面的句子會表達對於該名詞的責備與不滿等）

詞彙 意地悪：愛搗亂、愛捉弄人 ｜ やたら：胡亂、隨便任意 ｜ 世話が焼ける：難以照顧、難以處裡

39 日本の　　★　　　　　　　　　　　　　感銘させないではおかない。
1　おもてなし文化は　　　　　2　外国人を
3　至れり尽くせりの　　　　　4　多くの

日本無微不至的待客文化一定讓許多外國人銘記在心。

正確答案 日本の至れり尽くせりのおもてなし文化は多くの外国人を感銘させないではおかない。

文法重點! ✓ 至れり尽くせり：盡善盡美、無微不至

詞彙 感銘：銘記在心

---

40 家族の旅行を迎えて費用は　　★　　　　　　　　　　　　　心配だ。
1　微妙に　　　　2　さておき　　　　3　悪くて　　　　4　体調が

家族旅行所需要的費用先放一邊，我比較擔心目前身體微恙。

正確答案 家族の旅行を迎えて費用はさておき体調が微妙に悪くて心配だ。

文法重點! ✓ 名詞+はさておき：～先不管、～先擱置一旁

詞彙 微妙だ：微妙、含糊不清

問題 7 請閱讀下列文章，並根據內容從 1、2、3、4 中選出最適合填入 41～45 的答案。

題目 P.22

各位是否對年輕人在簡訊中使用的省略語、俚語、流行語感到困惑呢？

例如「一個人卡拉OK（ヒトカラ）」「桃色幸運草Z(日本女子團體)的粉絲（モノノフ）」「是說（ベッケンバウアー）」「吃不消（しょんどい）」「推特上的喝酒會（ツイ飲み）」「現在（なう）」「突然變某人的粉絲（にわか）」「按下網購確認鍵（ポチる）」「網友（ネトモ）」「不懂意思（イミフ）」「環繞地球一圈企劃（アースマラソン）」「體育禁藥（ドーピング）」等等，你知道多少年輕人的對話或聊天中常出現的用語呢？

有一些網站會根據使用者知道多少這類詞彙，作為判斷是否「年輕」的標準；如果只知道0個或1個，就會被比喻為「化石」，真是令人相當困擾。

當然，在使用流行語的過程中，的確可以享受年輕人的心境，也或許可以對團隊團結有所幫助。但我擔心大家會認為使用這些俚語、省略語，才有「活在當下」的感覺。 41

另一方面，也有些人認為這些省略語的用法很奇怪，也對這種狀況感到擔心。儘管使用省略語或流行語的人群是有限的 42 ，但目前的社會氛圍是用這類新詞的人本身沒有自覺， 43 反而認為「知道這些新詞才是理所當然的」「不懂這些新詞就是跟不上時代」。在同伴之間即使不懂新詞的意思，很多時候也會因為怕丟臉而不敢問。 44

45

對話的基本，是以讓對方能夠理解脈絡為前提進行。使用省略語可以讓對話更加生動有趣，但沒有事先說明就使用省略語，可能會讓對方覺得奇怪，這點要特別注意。

詞彙 略語：省略語、縮寫 ｜ 俗語：俚語 ｜ 把握：掌握 ｜ 結束力：團結力 ｜
思い込む：深信、堅信 ｜ 違和感：不協調感、奇怪 ｜ 時代遅れ：跟不上時代 ｜ 前提：前提

★本文中出現的縮寫與流行語的意思
ヒトカラ「一人カラオケ（獨自去 KTV）」的縮寫 ｜ モノノフ 偶像團體「ももいろクローバーＺ」之熱情粉絲的意思 ｜ ベッケンバウアー「有其他事情要處理」的意思，表示轉換話題 ｜ しょんどい「正直しんどい（事實上很辛苦）」的縮寫 ｜ ツイ飲み 使用推特約聚餐 ｜ なう「now」的意思 ｜ （「東京なう」是「今東京（目前在東京）」的意思 ｜ にわか 指原本漠不關心或不感興趣，但後來突然感興趣成為粉絲 ｜ ポチる 網路購物時點擊購買鍵購買的意思 ｜ ネトモ 網友 ｜ イミフ 意思不明確 ｜ アースマラソン 利用跑步與遊艇挑戰環遊世界 ｜ ドーピング 服用禁藥

41 　1 まさに　　　2 とびっきり　　　3 めっきり　　　4 著しく
　　　 1 確實、的確　2 卓越、出色　　 3 變化顯著　　 4 顯著地

解說 這是掌握詞彙意思的問題。

42 　1 それにもかかわらず　　　　2 それはともかく
　　　 3 一方　　　　　　　　　　　4 ともあれ
　　　 1 儘管如此　　　　　　　　　2 暫且不論
　　　 3 另一方面　　　　　　　　　4 總之

解說 前面句子出現關於年輕人對省略語的想法，後面則有擔憂的意見，因此，代表對比的「另一方面」為正確答案。

43 　1 のを知りつつ　2 のはもちろん　3 にも関わらず　4 ものの
　　　 1 雖然知道　　 2 當然是…　　　3 儘管　　　　 4 雖然

解說 省略語或流行語的使用者範圍是有限的，但使用者本身沒有這一類的自覺，因此必須使用逆接語氣。

44 　1 とはいうものの　2 とはいえ　3 しかしながら　4 かえって
　　　 1 雖說那樣　　　 2 雖說　　　3 雖然　　　　 4 反而

解說 出現關於省略語的憂慮，但使用者卻完全不自覺，呈現「知道是理所當然」或「不知道的你太落後」的氛圍，因此必須使用「反而」。

45	1 恥をかくのが怖くて	2 恥はかきすてで
	3 違和感が残るのはいやだから	4 違和感を感じられるので
	1 怕丟臉	2 丟掉羞恥心
	3 因為討厭不和諧感	4 因為能感受到不和諧感

解說 前面提到「『知っておくのが当たり前』だとか『知らないあなたは時代遅れ』という空気がある」，也就是說，就算不清楚詞彙的意思，也不敢詢問，對於提問這個行為感到猶豫不決。

第1節 讀解

問題 8 閱讀下列 (1) ～ (4) 的內容後回答問題，從 1、2、3、4 中選出最適當的答案。

(1)　　　　　　　　　　　　　　　　　　　　　　　　　　　　　　　　　題目 P.24

> 椿市是日本唯一一個以「道路垃圾桶」的方式收集垃圾的地區，也就是能夠隨時把家庭垃圾放在街角。但就在昨天市政府正式宣布將廢止這個「道路垃圾桶」方式。該市在 2003 年導入的「道路垃圾桶」是將可燃垃圾與不可燃垃圾分開丟棄的金屬垃圾桶。既衛生又能保持市容美觀，而且 24 小時都能丟棄家庭垃圾。當然市民對此給予相當好評，但是無法貫徹垃圾分類、或是別的市區把垃圾拿來椿市丟棄的情況層出不窮。事實上，椿市的家庭垃圾當中約有三成是來自其他市區。不過，據了解，椿市今年度仍會繼續以目前的方式收集垃圾。

46	以下何者符合本文內容？
	1 椿市表示將立刻廢除以「道路垃圾桶」的方式收集垃圾。
	2 「道路垃圾桶」的收集垃圾方式因為任何人都可以丟垃圾而受到好評。
	3 椿市表示將從下個年度開始停止以「道路垃圾桶」的方式收集垃圾。
	4 以「道路垃圾桶」收集垃圾恐會損害市容。

詞彙 街角：街角 ｜ ごみ收集：收垃圾 ｜ 唯一：唯一 ｜ 実施：實施 ｜ 廃止：廢止 ｜
可燃ゴミ用：可燃垃圾用 ｜ 不燃ゴミ用：不可燃垃圾用 ｜ 金属製：金屬製 ｜ 衛生的：衛生的 ｜
美観：美觀 ｜ 保つ：維持 ｜ 仕組み：架構 ｜ ゴミの分別：垃圾分類 ｜ 徹底：徹底 ｜
越境投棄：跨境丟棄 ｜ 絶える：停止、終止 ｜ 持ち込み：攜入 ｜ 現行方式：現行方法

解說 最後一行提到「ただつばき市では、今年度中は現行方式での収集を続けるという」，也就是說今年是最後一次了。

(2)

　　最近「沒有異性朋友或戀人」的男女增加，年輕人不談戀愛的現象愈來愈嚴重。結婚資訊服務平台「Happy Net」針對今年即將成年的男女各1000人進行問卷調查，結果顯示當中有半數沒有跟異性交往的經驗，而想要有交往對象的人僅占六成左右。另外，關於結婚意願，約有三成的人表示「不想結婚」，這個數據創下歷年新高。在結婚方面，選擇「我曾經認為自己無法結婚」和「即使不結婚也能夠生活下去」的比例各超過六成。可以說近期年輕人不結婚的現象，也與不談戀愛脫離不了關係。以前認為「戀愛＝結婚」，現在因為大家不談戀愛，婚姻介紹活動也可能無法繼續進行。

47 以下何者不符合本問卷調查結果？
1　似乎有相當多的年輕人，對結婚這件事已經半放棄了。
2　和以前不同，現在的年輕人似乎對異性不再那麼感興趣。
3　和異性的交往減少，似乎直接影響了結婚率的下降。
4　二十歲前，和異性有交往經驗的比例是兩人中有一人。

詞彙　異性：異性　｜　恋愛離れ：遠離戀愛　｜　結婚願望：結婚意願　｜　過去最多：過去最高、最多　｜　超える：超出　｜　結婚離れ：遠離結婚　｜　まさに：正是、的確　｜　ひもづける：關聯　｜　婚活（結婚活動）：為結婚而辦的聯誼活動

解說　選項3是筆者的想法，是問卷調查項目中沒有的內容，雖然可以根據問卷調查結果推測選項3，但要注意這並不是問卷調查的結果。

(3)

　　對經營者而言，「下決策」是非常重要的能力之一。下決策需要優質的資訊，但就算收集很多資訊，也不見得能夠給出正確的決策。這可能是因為拚命地只想收集對自己有利的資訊，或是因為過分擔憂風險而遲遲無法下決定。
　　以個人的經驗而言，在面臨是否推進某件事情的關鍵抉擇時，只要有五成以上的把握，我就會毫不猶豫立刻推動進行。當然也會失敗或是必須中途改變做法。但沒有開始，就不會留下任何足跡；狠下心嘗試，至少會留下一些結果。即使最後以失敗收場，我認為那也會轉變成往後人生的「肥料」。正因為勇於做出決定，才有現在的成功。

48 關於資訊，筆者的看法是什麼？
1　資訊越多越容易做出決策，不過資訊少也沒關係。
2　資訊固然越多越好，但有時也可能成為延遲決策的要因。
3　雖然是經營者必修能力，但也要先考量好風險。
4　為了不要阻礙正確的決策，應該只收集對自己比較有利的資訊。

詞彙
決断(けつだん)：決斷、下決策 ｜ 良質(りょうしつ)：優質 ｜ ～とは限(かぎ)らない：未必 ｜ 躍起(やっき)になる：拚命地、急於 ｜ 踏(ふ)ん切(き)りがつかない：無法下決定 ｜ ～に迫(せま)られたとき：被～逼迫時 ｜ ちゅうちょする：猶豫 ｜ 推(お)し進(すす)める：推動進行 ｜ 変更(へんこう)：變更 ｜ 思(おも)い切(き)って：狠下心來做 ｜ 何(なん)らかの結果(けっか)：某個結果 ｜ 肥(こ)やし：肥料 ｜ 勇気(ゆうき)：勇氣 ｜ ～に越(こ)したことはない：沒有比～還要再好的狀況

解說 做決策需要優質的資訊，話雖如此，並非資訊多就一定能做出準確的判斷，有時候反而會因此難以做出決策。

(4)

題目 P.27

規律運動的人，40歲之後所花費的醫療費用比日本人的平均少173萬日圓。這個試算的結果是由京都某大學的研究團隊所發表。規律運動的效果，第一個是改善免疫力，因為可促進能量代謝，降低胰島素和類胰島素成長因子的循環濃度，對預防癌症也有所幫助。此外也能夠協助身體調節賀爾蒙分泌，不只可預防賀爾蒙分泌異常所產生的疾病，也有提升免疫力的效果。另外，規律運動也能夠調節血壓和血糖，有效預防心臟病、腦中風、肥胖等慢性疾病。該醫療費用的試算是按此研究結果，再另外加上20～79歲會花費的醫療預估總額，以此和日本人的平均相比。日本人40歲以後的平均醫療費用總額約為2000萬日圓，而規律運動的人由於改善了生活習慣，減少了173萬日圓左右。

49 以下何者符合本文內容？
1　根據此試算，無論年齡大小，擁有運動習慣的人，其醫療費普遍較低。
2　根據此試算，運動習慣似乎難以提升免疫力。
3　根據此試算，比起沒有運動習慣的人，有運動習慣的人似乎更長壽。
4　根據此試算，規律運動的人在年齡增長後似乎能夠抑制醫療費用。

詞彙
医療費(いりょうひ)：醫療費 ｜ 軽減(けいげん)：降低、減緩 ｜ 試算(しさん)：試算 ｜ 免疫力(めんえきりょく)：免疫力 ｜ 挙(あ)げる：列出 ｜ エネルギー代謝(たいしゃ)：能量代謝 ｜ 促進(そくしん)：促進 ｜ 類似成長因子(るいじせいちょういんし)：類成長因子 ｜ 循環濃度(じゅんかんのうど)：循環濃度 ｜ 分泌(ぶんぴつ)：分泌 ｜ 血圧(けつあつ)：血壓 ｜ 血糖値(けっとうち)：血糖值 ｜ 調節効果(ちょうせつこうか)：調節效果 ｜ 心臓病(しんぞうびょう)：心臟病 ｜ 脳卒中(のうそっちゅう)：腦中風 ｜ 肥満(ひまん)：肥胖 ｜ 慢性疾患(まんせいしっかん)：慢性疾病 ｜ 総額(そうがく)：總額 ｜ 推計(すいけい)：推估 ｜ 改善(かいぜん)：改善

解說 文章內容列出規律運動對健康的益處，試算後的結果指出，規律運動可降低醫療費用。

問題 9 閱讀下列 (1)～(3) 的內容後回答問題，從 1、2、3、4 中選出最適當的答案。

(1)

題目 P.28

　　在網路拍賣平台上出售用不到的家電、家具或是衣服，一方面可以補貼家用，另一方面，在網站上買東西<u>也可以節省開銷</u>。這樣聽起來好像有點居家務實，但只要巧妙運用就可達到不錯的效果。

　　一般丟棄電視、空調等大型家電，還有沙發或餐具櫃等家具時，需要支付回收費與運費。但在網路上拍賣，除了能省下這些費用，還可以賺點零用錢，甚至像螢幕破損到沒辦法看的大型電視這類故障品也能夠販賣。因為相關業者會以低價購買，修理後再轉賣出去。

　　此外，買家也有可能撿到便宜貨，例如「只付 3 萬日圓買到在量販店要價 7 萬日圓的新款高性能數位相機」。

　　而且若賣家是個人的話，購買時就不須負擔消費稅，因此近來網拍特別受到年輕族群的青睞。不過，由於拍賣通常以不可退貨為原則，購物時仍須謹慎。購買的商品可能會有傷痕或髒汙，嚴重一點可能會有破損的情形。因此，實際看到商品再交易是最能避免爭議的方法。

　　若因為距離或時間無法當場看商品，就要事先確認賣方的評價。

[50] 文中提到「也可以節省開銷」，這是為什麼呢？
1 因為可以免稅
2 因為可以免費拿到
3 因為買了壞掉的物品
4 因為可以找到物超所值的商品

解說 後面談到「売り手が個人なら、購入に消費税がかからないため」，意即可以節省購買時的稅金。

[51] 為什麼業者會特意收購壞掉的物品呢？
1 為了收集古董
2 因為拿去量販店賣可以賣更貴
3 為了再次出售以賺取價差
4 因為可以省回收費

解說 文章提到「…業者が故障品を低価格で買い取った後、修理し転売するのだと言う」，這句話中的「転売」是「便宜購入後再賣出去」的意思，就能知道這是因為轉賣可獲得利益的關係。

52 以下哪一個不是使用網拍的優點？
1 在網拍，大型垃圾可以免費處理
2 在網拍，買家可以節省回收費
3 在網拍，也能夠賺錢
4 在網拍，故障品也能夠販售

解說 這是掌握內容的問題，節省回收費的人並非購買者，而是販售者。

詞彙 無用だ：沒有用處 ｜ 売却：出售 ｜ 家計：家計、家庭經濟狀況 ｜
所帯じみる：生活變得過於平凡、務實 ｜ 食器棚：餐具櫃 ｜ 廃棄時：丟棄時 ｜ 運搬料：運費 ｜
転売：轉賣 ｜ 掘り出し物：挖寶挖到的寶物 ｜ 遭遇：遭遇 ｜ 売り手：賣方 ｜
若年層：年輕族群 ｜ 脚光を浴びる：受到關注、引起注意 ｜ 返品不可：不可退貨 ｜
現物：實物 ｜ 直に：直接地 ｜ 必須：必須

(2)

題目 P.30

　　為了讓重度障礙人士順利將想法化作言語，廣島某工業大學的教授開發了一台名為「Eye Assist」的溝通輔助裝置，這是一種用來感測眨眼的儀器。

　　溝通輔助裝置是重度障礙人士在溝通上不可或缺的儀器。雖然也是政府補助的對象，但至今銷售的裝置大多不便宜。然而這次開發的「Eye Assist」只要用手機下載就能夠使用，而且免費提供給大眾。

　　游標會自動在手機畫面的五十音表上移動，使用者用眨眼選字，並由五十音表左下方的內建相機感測眼睛移動的方向。透過將眨眼轉換成每秒數十張影像，來判定這些眨眼是有意識還是無意識的動作。在此之前，為了提高準確性，通常必須使用高性能的專用相機，所以這種裝置的價格都落在數十萬至數百萬日圓以上。

　　此外，「Eye Assist」還可以在微暗環境下使用，甚至可以在設定畫面中細緻地調整眨眼判定的敏感度和游標的移動速度設置，完全符合個人的動作。

　　要習慣操作方式雖然需要花一點時間跟心思，但「Eye Assist」將開啟更多新的可能性。

53 何者是開發「Eye Assist」的目的？
1 為了能夠有更良好的溝通而開發。
2 因為對年長者的溝通是不可或缺的，因而開發。
3 為了幫助語言交流或書寫溝通困難的人而開發。
4 因為以往的溝通輔助裝置大多價格昂貴，所以才開發。

解說 從本文中第一段的「重度の障害によって思いを言葉で伝えられない人のため」可以得知這是為了因重度障礙無法用言語表達想法的人而開發的。

| 54 | 下列對「Eye Assist」的說明,哪一個不是正確的?
1 「Eye Assist」不能在昏暗的室內使用。
2 「Eye Assist」是利用內建相機感應眨眼動作的結構。
3 「Eye Assist」是只要你有手機,無論是誰都可以免費使用。
4 「Eye Assist」的使用方式,要習慣需要花一點時間。

| 解 說 | 內容談到「この『アイアシスト』は、薄暗くても使用が可能で」,因此如果不是完全黑暗就能使用。

| 55 | 以下何者符合本文內容?
1 「Eye Assist」價格昂貴,一般人買不下去。
2 溝通輔助裝置是日本首次開發出來的裝置。
3 溝通輔助裝置也被利用在視障者的復健。
4 「Eye Assist」可以根據障礙程度的輕重而做細微調整。

| 解 說 | 本文後半部談到「設定画面で瞬きの判定の感度やカーソルの速度等も細かに設定が可能なので、個人の動きに合わせることもできる」,也就是說此一裝置可依照個人的障礙程度調整設定。

| 詞 彙 | 重度の障害:重度障礙 | 意思疎通支援装置:溝通輔助裝置 | 目の瞬き:眨眼 |
欠かす:欠缺 | 行政の補助対象商品:政府補助商品 | 内蔵:內建 | 仕組み:結構 |
画像:影像 | 不可欠:不可或缺 | 薄暗い:微暗 | 感度:感應程度 | 細かに:細微 |
リハビリ:復健 | 微細:細微

(3) 　　　　　　　　　　　　　　　　　　　　　　　　　　　　　　題目 P.32

　有一間位於首都的專業問卷調查公司,以「在消費稅增稅前買的東西,以及想買的東西為何?」為題進行問卷調查,並統計結果。受測對象為20～65歲的成年人共3,000名,調查期間為2014年1月5日至3月31日,為期約三個月。

　睽違17年後,消費稅率於2014年4月起從原本的5%調漲至8%。雖然自2004年起,規定商品必須表示價格總額,也就是含稅價,但在2013年10月1日至2017年3月底的這段期間內允許標示未稅價,導致①每個店鋪標記價格的方式都不同。

　本次問卷是在調漲稅金前實施,以了解人們「在消費稅增稅前買的東西,以及想買的東西為何?」並收集了相關結果。

　調查結果顯示,第一名是「電腦、平板裝置」,占了56.0%。推測這是因為Windows OS產品的官方支援即將結束,許多人為此感到不安的緣故。根據家電量販店的實際銷售數據排名,1、2月銷售額均高於去年同期。筆電、桌上型電腦在3月的銷售量也超過前一年的銷售台數,可見消費稅調漲與停止支援Windows OS產品所帶來的影響真的非常驚人。

第二名是「沒有特別想買的東西」占了 41.3%。第三名是「生活家電、調理用家電」，接著是「數位產品」、「生活消耗品」、「食品飲料」等。出乎意料的是，回答「沒有特別想買的東西」的人相當多。不少人認為調升 3% 稅率對家計的影響並不大。可見不因增稅、缺貨、限定商品等煽動性因素而跟風，只在必要時購買必需品的「②聰明消費者」不在少數。

[56] 文中提到「①每個店鋪標記價格的方式都不同」，原因為何？
1. 因為只有在一定期間內才允許顯示不含稅價格
2. 因為每個店鋪的情況都不同，故價格標示也不同
3. 因為增稅前後的價格不同
4. 因為每個店鋪的消費稅稅率不同

解說　前面的句子有提示，內容談到「2004 年から、価格の総額表示、つまり税込み価格の表示が義務づけられているが、2013 年 10 月 1 日から 2017 年 3 月末までの期間に限って商品の価格表示に『税抜き価格』でもよい」，所以每個店鋪的標價方式都有差異。

[57] 文中提到「②聰明消費者」不在少數，筆者為什麼會這麼想呢？
1. 因為有很多消費者會在增稅前購物
2. 因為有很多人不會衝動消費，而是好好盤算後再購買
3. 因為消費稅稅率提升的幅度沒有那麼大
4. 因為增稅後，生活必需品的購買意願降低

解說　雖然預計在增稅之前會大量購買，但意外的是回答「沒有特別想買的東西」的人居多，「増税や品枯れ、限定商品などといった煽りに踊らされず、必要なときに必要なものを買う」的反應是聰明消費者的判斷根據。

[58] 在這份調查中，哪一個不是「電腦、平板裝置」成為第一名的理由？
1. 消費稅稅率調整，可以預想電腦的價格會跟著上漲。
2. 對於停止支援 Windows OS 產品的不安感增加。
3. 搭載多樣功能的新電腦開始販售。
4. 原先使用 Windows OS 電腦的人，換購了新的電腦。

解說　由於 Windows OS 產品支援終止與加稅預計會造成電腦價格上漲等情況，因此「電腦、平板裝置」成為了第 1 名，但並未提及搭載各種功能的電腦的相關內容。

詞　彙

首都圏（しゅとけん）：以首都為中心的都會區　｜　消費税増税前（しょうひぜいぞうぜいまえ）：消費稅增稅前　｜　実施（じっし）：實施
総額表示（そうがくひょうじ）：顯示總額　｜　税込み価格（ぜいこみかかく）：含稅價　｜　義務づける（ぎむづける）：規定必須　｜　税抜き価格（ぜいぬきかかく）：未稅價
店舗（てんぽ）：店鋪、店家　｜　アンケートを採る（とる）：進行問卷調查　｜　タブレット端末（たんまつ）：平板裝置
占める（しめる）：占　｜　家電量販店（かでんりょうはんてん）：家電量販店　｜　実売データ（じつばい）：實際銷售數據　｜　集計（しゅうけい）：合計
調理家電（ちょうりかでん）：調理家電　｜　次いで（ついで）：緊接著　｜　生活消耗品（せいかつしょうもうひん）：日常消耗品　｜　返答（へんとう）：回答
品枯れ（しながれ）：缺貨　｜　煽りに踊らされる（あおりにおどらされる）：被煽動　｜　搭載（とうさい）：附載、搭載

問題 10　閱讀下面文章後回答問題，從 1、2、3、4 中選出最適當的答案。

題目 P.34

　　傍晚六點，這個時間點對於大多數的日本上班族來說，差不多是開始擔心回家電車擁擠，或是因為「今天又要加班……」而哀聲嘆氣的時候吧。

　　在這樣的時間，我曾看過有人猛地把電腦關機，①結結巴巴說著「辛苦了」便下班，這些人是占公司七成的芬蘭人或歐美人，而一邊回應他們一邊繼續緊盯著電腦，或是確定要加班，正在商量晚餐吃什麼的都是日本員工。②這個是大約 15 年前我在前公司 AK・Japan 看到的光景。

　　芬蘭籍上司常對加班到很晚的日本員工說「回家吧」、「太太在等吧」，而且特別愛對新婚的日本男性員工說這樣的話。不把員工當作「公司的齒輪」，而是好好地當作「人」來看待，這是歐美企業裡才有的風氣，也令人佩服。

　　那麼，能在這家 AK・Japan 忍受長工時、嚴守交期的日本人有因此獲得高度評價嗎？我的答案是「No」。即使是我，有時候也會希望公司對於犧牲個人時間苦幹實幹的日本人給予「勤勉」、「認真」的評價。即使只是場面話也好，即使是為了把工作推給日本人而替這些日本人戴高帽子也無所謂。但沒有一個芬蘭人會當面說「日本人好勤勞，花這麼長時間工作，真是一個好的模範。」

　　當時在隔壁部門工作的芬蘭人 A 甚至還說「日本人工作到很晚，拖拖拉拉，效率真差」、「工作那麼久，頭腦還清醒嗎？」我回他「但是也因為他們工作到很晚，日本的專案才比較少延遲不是嗎？」他反駁「會加班是因為不好好檢視交辦的工作內容，做了一堆不必要的事情吧。」我再用「那如果是因為主管要求呢？」回話，他就斷然說出「在芬蘭，即使對方是上司，最清楚工作現場的人都有權利對不必要的工作或流程說『No』，並提出更有效率的方式。」

　　（中間省略）

　　即使自我意識型態轉變、社會制度或機制也有所改善，但要怎麼樣運用自由時間還是看個人。我建議各位，如果少了加班、多了休息時間，要先思考如何充實那段時間，並擬定出具體方案。這樣一來，應該就能更充實地運用「個人時間」或「與家人的時間」了。

| 59 | ①結結巴巴說著「辛苦了」便下班的人是什麼樣的人？
   1　擔心回家電車很擁擠的日本人
   2　筆者職場中的芬蘭人等外國人
   3　為了加班而去拿晚餐的日本人
   4　在筆者職場剛結婚的歐美人

解說　通常有編號的問題提示都在上面或下面，下方的「それは社内の7割を占めるフィンランド人、もしくは欧米人であった」即是提示。

| 60 | ②這個是指什麼呢？
   1　同時有擔心電車擁擠的人和不擔心的歐美人的景象
   2　同時有關機回家的人和沒有關機的人的景象
   3　同時有準時回家和看不到回家跡象的人的職場景象
   4　回家時，有用日文和當地語言的問候語交替出現的景象

解說　上一句是在描述筆者15年前在日本工作時，看到的「準時下班的外國人」與「加班的日本人」的職場景象。

| 61 | 在筆者的職場，日本人是如何被評價呢？
   1　日本人是既認真又長時間工作的國民。
   2　日本人善於利用私人時間和工作時間。
   3　日本人雖然會順從上司命令，但是不必要的工作做太多。
   4　日本人的時間使用方式和工作表現效率低下。

解說　文章提到芬蘭籍上司或同事對於日本人的評價，評價主要並非反映日本人努力工作，反而是說日本人的這種勤務方式讓人難以理解且效率欠佳。

| 62 | 筆者對於自由時間的使用方式有什麼看法？
   1　每個人的價值觀都不同，無法說哪個方式是好的。
   2　最好先把時間運用在家人上，再用在自己身上。
   3　只要社會制度跟系統改善了，就能夠取得充實的自由時間。
   4　只要試著具體思考時間的使用方式，就能夠變充實吧。

解說　本文最底下的「何をしてどう充実させたいのか、具体的なシミュレーションをすることをお勧めする」是提示，建議不要盲目地虛度時間，應該妥善計畫該如何利用個人增加的自由時間。

> **詞彙**
> たどたどしい：支支吾吾、結結巴巴 ｜ 走り去る：跑走 ｜ へばりつく：緊貼、黏上 ｜
> 夕飯（ゆうはん）：晚餐 ｜ 歯車（はぐるま）：齒輪 ｜ 振る舞い（ふるまい）：行為舉止 ｜ 感心する（かんしんする）：佩服 ｜ 耐える（たえる）：忍耐 ｜
> 犠牲（ぎせい）：犧牲 ｜ ～てでも：即使～仍～ ｜ おだてて乗せる：吹捧 ｜ 押し付ける（おしつける）：強加於人 ｜
> 正面切って（しょうめんきって）：當面 ｜ 働き手（はたらきて）：勞動者 ｜ 皆無（かいむ）：完全沒有 ｜ 部署（ぶしょ）：部門 ｜
> だらだら：拖拖拉拉 ｜ 頭が冴える（あたまがさえる）：頭腦清楚 ｜ タスク：任務 ｜ 吟味する（ぎんみする）：好好審視 ｜
> 延々と（えんえんと）：連綿不斷 ｜ ～であろうと：即使～也 ｜ 言い放つ（いいはなつ）：斷言 ｜ ～次第だ（しだいだ）：全憑～ ｜
> 思い描く（おもいえがく）：腦中描繪 ｜ 名詞・動詞的ます型（去ます）+ぶり：模樣、態度、方式

問題 11　下列 A 和 B 各自是關於日本溫泉符號的文章。閱讀文章後回答問題，從 1、2、3、4 中選出最適當的答案。

A.

> 各位所熟知的溫泉符號可能會被修改。
>
> ♨
>
> 　一直以來我們所認知的溫泉符號，是上方有三條象徵熱氣的圖案。這個符號不僅出現在地圖上，也能讓人一眼看出這裡有溫泉。但大家知道這三條象徵熱氣的圖案其實是有意義的嗎？最左邊的線代表第一次進溫泉池大概泡五分鐘就好，第二條線代表第二次進溫泉池，這次就要放鬆心情慢慢泡，最右邊則是代表第三次，只需要快速浸泡三分鐘。聽說這是最能放鬆身心的泡澡方式，但是外國人似乎常以為是提供熱食的旅館。看準 2020 年東京奧運時到訪日本的外國人，政府有打算改成一目了然的符號，但若要全面更換地圖和招牌，應該會花上一筆龐大的費用吧。

B.

> 看準 2020 年東京奧運、帕運，可能會變更溫泉符號。
>
> ♨
>
> 　目前似乎正在考慮對現有的溫泉符號進行 70 種修正方案。外國人看到目前的溫泉符號，似乎會誤認成是餐廳，尤其是誤認為提供熱食的店家。這也不是無法理解，不過看到這個新符號會讓人笑顏逐開，有種一家人能夠悠哉享受的感覺。
>
> 　據說來自溫泉業者的困惑與批判聲音不斷湧現。他們認為現有的溫泉符號具有悠久歷史和明確的由來，沒有全國普及的新符號會導致民眾混亂。不過，只要是日本人一看到這個新符號也能夠馬上知道是溫泉，所以也不難習慣吧？而且新符號對外國人來說的確比較容易理解。

[63] 關於溫泉符號修正，A 跟 B 的觀點為何？
1 A 著重於溫泉符號的由來和熟悉感，B 重視對外國人而言好不好懂。
2 A 重視能夠介紹日本文化給外國人，B 害怕會導致溫泉業界的混亂。
3 A 著重於溫泉的由來和熟悉感，B 把焦點放在多數人能感到安穩的設計。
4 A 關注改變符號所需的經費問題，B 則是擔心對溫泉業界的混亂跟影響。

解說 A 是描述溫泉符號的意義等內容，強調熟悉感、B 是描述外國人搞錯溫泉符號時的反應、以及外國人更容易理解新的符號。雖然 B 介紹了溫泉業界的負面意見，但要注意那並非 B 的意見。

[64] A 跟 B 針對溫泉符號的修正，文章中是如何描述的呢？
1 A 跟 B 都認為不管是以往還是新的符號都很好懂，因此兩種都可以
2 A 希望維持以往的符號，B 贊成變更成新的符號
3 A 跟 B 都認為只要可以讓外國人享受到溫泉的這種日本文化，就贊成修改
4 A 贊成變更舊符號，B 反對改為新符號

解說 A 是在說明溫泉符號的意義以及因為修改所帶來的巨額費用問題，並表示反對、B 則主張能解決外國人搞錯的問題，而且新的符號看起來很不錯，因此表示贊成。

詞彙 慣れ親しむ：熟悉、習慣 ｜ 湯気が立つ：熱氣上升 ｜ 一目で：一眼就能看出 ｜
さっと：快速地 ｜ 浸かる：浸泡、浸透 ｜ 見据える：看準 ｜ 莫大な：龐大的 ｜
勘違い：誤會 ｜ ふるまう：行為舉止 ｜ 微笑ましい：讓人看了不覺微笑 ｜ 戸惑い：困惑 ｜
れっきとした：明確的 ｜ 馴染む：熟悉、習慣 ｜ 危惧：恐懼 ｜ 懸念：擔心

問題 12　閱讀下面文章後回答問題，從 1、2、3、4 中選出最適當的答案。

題目 P.38

　　有位瑞士心理學家根據小孩的謊話進行各種觀察與實驗，報告結果指出，說謊的小孩，他的虛榮心會比其他人高出一倍。例如，他曾進行一項讓小孩寫下自己願望的測試，結果如下。

　　「我想要和帥哥結婚。」在不說謊的小孩中，有這種想法的占 0%，但在會說謊的小孩中竟然達到了 100%。

　　另外，針對「你覺得自己怎麼樣？」的問題，回答「我超漂亮」的人數比例，不說謊的小孩中還是 0%，而在說謊的小孩中占了 66.7%，比例相當地高。

　　這很明顯就是希望透過努力成為明星、英雄或首領渴求掌聲。這種傾向只要是小孩多多少少都會有，因此渴望掌聲本身不應該被批評，反而能有效刺激小孩的上進心。不管是想

要變偉大還是有名，這樣的願望只要能朝正面發展，就能夠成為人類前進的原動力，是非常有意義的。不過若只停留在空想的階段就毫無意義。這也是為什麼我們必須要告訴小孩，什麼都不做的話(注)，既不會變偉大，也不會變有名。

過份高估一般人認為的偉大或有名是不正確的，但換個思考方式，我們可以將其視為是透過某種程度上的努力所換取到的。（T教授把作弊解釋為一種說謊行為）

這就是所謂「努力獎」的概念，但對於那些渴望掌聲而說謊的小孩來說，這種目標僅停留在空想的願望上，並未付出實際努力。那麼當他們從高中升上大學，就有可能出現作弊或其他不正當行為。作弊的本質就是逃避必須付出的努力，是一種想不勞而獲的歇斯底里反應。我們要防止作弊成為習慣，因為作弊與說謊在本質上是一致的，一旦習慣不勞而獲就會慣性說謊。

（中間省略）

有人主張爸媽偏袒哥哥，故意冷落自己。有人強烈主張阿姨給自己的財產被爸爸侵占。這些都是歇斯底里反應產生的幻想，雖然是為了要滿足個人願望的幻想，在旁人看來，這些人似乎相信自己的幻想是真的。

（中間省略）

他們的被害妄想症也可以視為是一種歇斯底里反應。

（注）ふところ手：自己什麼也不做

---

65 報告是指什麼呢？
1 針對說謊的小孩的心理分析
2 小孩的謊言和幻想的關係
3 說謊的小孩的家庭環境
4 針對說謊小孩的動機研究

解說 前面內容談到「あるスイスの心理学者は、子供の嘘つきについて、いろいろの観察や実験」，因此報告是指這些心理分析。

66 關於說謊的小孩「渴望掌聲」，筆者有什麼想法？
1 渴望掌聲本身是上進心的展現，值得鼓勵。
2 要教導小孩渴望掌聲的想法是應該被譴責的。
3 渴望掌聲不是壞事，而是需要努力去實現。
4 渴望掌聲的願望若很實際，會對孩子的將來有正向助益。

| 解 說 | 筆者認為渴望掌聲本身絕對不是需要被責備的事，並且認為是「前向きに働けば人間の進歩の原動力ともなる意義深い」和「つまり"努力賞"」，雖然也在談論這一類正向的意見，但並未談到鼓勵或有加分的效果。

[67] 文中筆者針對「歇斯底里反應」舉的例子是哪一個？
1 考試當中的作弊行為，和為了實現願望的暴力行為
2 考試當中偷看別人答案的不正當行為跟胡亂發言
3 炫耀自己的答案，以博得掌聲的需求與幻想的願望
4 把自己和他人的答案互相比較的行為和充滿幻想的發言

| 解 說 | 內容談到「このカンニングも、……ふところ手で甘い汁を吸おうとするヒステリー性反応のひとつ」，以及「彼らの持っているような被害妄想もやはりヒステリー反応の一つ」。因此作弊和被害妄想是歇斯底里的例子。

[68] 文章中，筆者敘述的內容是哪一個？
1 從渴望掌聲衍生出來的謊言，大人不可以譴責，即使只會停留在空想階段就結束，也要在旁守護。
2 在作弊行為變成習慣之前，大人應採取強硬措施，糾正這種行為。
3 向小孩說明說謊是不對的，並諄諄教導小孩應該要正直努力的重要性。
4 在說謊成為習慣之前，大人必須要教導小孩，這些願望可以透過努力實現。

| 解 說 | 本文中提到若是放任不管，作弊和說謊就會變成常態，所以一定要阻止。另一方面也提到「私たちはふところ手では、偉くもなれないし、有名にもなれないことをよく教えなければならないわけです」，意即我們必須教導孩子不付出努力便無法實現願望。

| 詞 彙 | 虚栄心：虛榮心 ｜ 人一倍：比別人更～ ｜ 願望：願望 ｜ 美男子：帥哥 ｜ 群：群體 ｜
何と：竟然 ｜ 趣旨：宗旨 ｜ 高率：高比例 ｜ 親分：老大、首領 ｜ 喝采願望：渴望掌聲 ｜
多少なりとも：多多少少 ｜ 前向き：積極的 ｜ 意義深い：意義深遠 ｜ 単なる：單純 ｜
ふところ手：袖手旁觀 ｜ 過大評価：過度評價 ｜ 伴う：伴隨 ｜ 汁：汁液 ｜
常習化：成為常態 ｜ 偏愛：偏心 ｜ 叔母：阿姨 ｜ 横領：侵占 ｜ 言い張る：強烈主張 ｜
充足：充分、充足 ｜ 見せびらかす：炫耀、賣弄 ｜ 強硬な措置：強硬措施 ｜
辛抱強い：有耐心、能忍耐

問題 13　右頁是 Miyabi 市和平馬拉松的說明。請閱讀文章後回答以下問題，並從 1、2、3、4 中選出最適當的答案。

[69]　關於這次馬拉松比賽的報名條件，哪一項正確？
1　即使不是 Miyabi 市的居民，也可以在一般名額 1,000 人內，依照報名順序申請。
2　只要是 Miyabi 市的 18 歲以上居民，即可依照報名順序申請，名額為 2,000 名。
3　居住於 Miyabi 市且為國中生以上者，皆可報名參加 10km 馬拉松。
4　即使不是 Miyabi 市的居民，也可報名 10km 馬拉松，而且不受年齡限制。

解說　文章提到，只要是居住在 Miyabi 市且年滿 18 歲以上者，可依照報名順序申請，名額為 2,000 名。

[70]　關於這次馬拉松比賽的說明，哪一項正確？
1　除了報名費以外，可能還需要支付手續費。
2　每個參加者皆能獲得 T 恤和毛巾。
3　必須自己投保傷害保險。
4　任何一個項目只要支付報名費即可。

解說　參加者可獲得 T 恤和紀念胸章，保險包含在報名費當中，除了報名費之外，還需要「別途（べっと）エントリー手数料（てすうりょう）（先着順（せんちゃくじゅん）のみ）、抽選事務手数料（ちゅうせんじむてすうりょう）（抽選（ちゅうせん）のみ）」，意即可能還需要支付手續費。

Miyabi 市和平馬拉松 2018 舉辦通知

舉辦日期：平成 30 年 2 月 15 日（週日）9:00 開始

項目	規定人數	參加資格		參加費用	參加獎品
馬拉松 42,195km	★ 12,000 人 • 按照報名順序（Miyabi 市民名額）2,000 人 ※ 只限 Miyabi 市居民 • 按照報名順序（一般名額）9,000 人 • 抽籤 1,000 人 ※ Miyabi 市居民也可報名一般名額	註冊組	田徑聯盟註冊者，18 歲以上男女	8,200 日圓	T 恤 & 紀念胸章
		一般組	田徑聯盟未註冊者，18 歲以上男女		
10km（短程馬拉松）	• 按照報名順序 3,500 人	18 歲以上男女		2,600 日圓	
	• 抽籤 500 人	18 歲以上男女		4,100 日圓	

• 另外需支付報名手續費（僅限依報名先後順序時）和抽籤事務手續費（僅限抽籤時）。
• 參加費用包含傷害保險費。比賽期間的事故或傷病，將依據比賽所投保的保險範圍進行賠償。

★ 報名方式及招募期間請參閱另行提供的資料。

（主辦）：Miyabi 市和平馬拉松實行委員會

洽詢：Miyabi 和平馬拉松實行委員會事務局
　　　Miyabi 市法蓮町 757　Miyabi 市綜合廳舍
TEL：0742–81–0001（9:00 ～ 16:30　※ 週六、週日及假日除外）
FAX：0742–81–0002
e-mail：info@miyabi-marathon.jp

詞彙　**一般枠**（いっぱんわく）：一般名額（「枠」是指確保權利等時，滿足特定條件之人物或團體獲得的特殊待遇）｜
抽選（ちゅうせん）：抽籤｜**傷病**（しょうびょう）：傷病

第 2 節　聽解　🎧 Track 1

問題 1　先聆聽問題，在聽完對話內容後，請從選項 1～4 中選出最適當的答案。

例　🎧 Track 1-1

男の人と女の人が話しています。二人はどこで何時に待ち合わせますか。

男：あした、映画でも行こうか。

女：うん、いいわね。何見る？

男：先週から始まった「星のかなた」はどう？面白そうだよ。

女：あ、それね。私も見たいと思ったわ。で、何時のにする？

男：ちょっと待って、今スマホで調べてみるから…えとね… 5 時 50 分と 8 時 10 分。

女：8 時 10 分は遅すぎるからやめようね。

男：うん、そうだね。で、待ち合わせはどこにする？駅前でいい？

女：駅前はいつも人がいっぱいでわかりにくいよ。映画館の前にしない？

男：でも映画館の前は、道も狭いし車の往来が多くて危ないよ。

女：わかったわ。駅前ね。

男：よし、じゃ、5 時半ぐらいでいい？

女：いや、あの映画すごい人気だから、早く行かなくちゃいい席とれないよ。始まる 1 時間前にしようよ。

男：うん、わかった。じゃ、そういうことで。

二人はどこで何時に待ち合せますか。

1　駅前で 4 時 50 分に
2　駅前で 5 時半に
3　映画館の前で 4 時 50 分に
4　映画館の前で 5 時半に

例

男子與女子正在講話，兩人幾點要在哪裡碰面呢？

男：明天要不要去看部電影？

女：嗯，好啊，要看什麼？

男：上禮拜上映的「星之彼方」如何？感覺還蠻有趣的。

女：啊，那部啊。我正好也想看。那我們要看幾點的？

男：等等哦，我現在用手機查……嗯……有 5 點 50 分和 8 點 10 分。

女：8 點 10 分太晚了，不要這個時間。

男：嗯，也是。那我們要在哪碰面？車站前可以嗎？

女：車站前人太多，不好認人，要不要改在電影院前碰面？

男：但是電影院前的馬路又小，來來往往的車也很多，很危險的。

女：好吧，那就車站前吧。

男：好，那 5 點半左右如何？

女：不，那部電影很受歡迎，不早點去會買不到好位子，我們約電影開演 1 小時前啦。

男：好，我知道了。那就這樣吧！

兩人幾點要在哪裡碰面呢？

1　車站前 4 點 50 分
2　車站前 5 點半
3　電影院前 4 點 50 分
4　電影院前 5 點半

1番 🎧 Track 1-1-01

結婚予定のカップルが話しています。男の人はイベントに参加するために何をすればいいですか。

女：来週セントアドル教会で「ブライダルフェスタ」が開かれるんだって。ねえ、これに参加してみない？

男：そうだね。こういうところに行っていろいろ情報を集めなきゃだめだね。じゃ、このハガキに書いて申し込めばいいんでしょう。締切りは今週の金曜日までだから、ちょっと余裕があるね。じゃ、明後日、お昼休みに郵便局にいくよ。

女：でも参加する希望者が多かったら、抽選して案内状を送るって書いてあるよ。急いだ方がいいんじゃないかな。

男：そうだね。今のうちにいっしょに書いて出してしまおう。え～と、住所と名前、年齢、職業、電話番号、挙式の予定日……。

女：挙式の予定日はまだ決まったわけじゃないから、書けないね。あ、住所と名前にはふりがなもつけないと。

男：あと、ハネムーンの希望の場所やコースとイベントの時間を決めないとね。そういえばハネムーンの場所なんかもまだ話してないね。僕はゆっくり休めるグアムとかハワイがいいな。

女：え？私はトルコなんかに行ってたくさんの遺跡を見てみたいよ、あ、2週間ぐらいヨーロッパを回ってもいいかな。

男：ああ、僕たちはハネムーンの場所を決める話でも1週間はかかりそうだね。当日訪問も可能って書いてあるから、このイベントは直接行って申し込むことにしよう。

男の人はイベントに参加するために何をすればいいですか。

1 ハガキに結婚式の予定日を書いて発送する
2 ハガキに同伴者の名前を書いて郵送する
3 当日セントアドル教会に訪ねる
4 当日ハガキを書いてセントアドル教会で申し込む

第1題

打算結婚的情侶正在談話，男子為了要參加活動，應該如何做才好呢？

女：下週聽說在聖安德魯教會會舉辦「婚禮博覽會」，要不要參加看看？

男：說的也是。必須去這樣的地方看看，蒐集各種資訊才行。那只要寫這張明信片報名就可以了吧？截止日是本週五，所以還有點時間，那我後天午休的時候再拿去郵局寄吧。

女：但是明信片上面有寫說，如果想參加的人太多，會用抽籤的方式選人再寄通知函耶。我們是不是要快一點報名比較好？

男：也是。那就趁現在一起寫一寫寄出去吧。嗯，住址和姓名、年齡、職業、電話、婚禮預定日期……

女：預定辦婚禮的日子還沒決定所以沒辦法寫。啊！住址和姓名要加上假名。

男：還有也要決定希望去哪裡度蜜月，行程安排和活動時間。說到度蜜月的地點，我們也還沒談到呢。我希望去能夠好好休息的關島或夏威夷。

女：咦？我想要去土耳其然後走訪好多遺跡，要不然花兩週左右的時間繞繞歐洲也不錯。

男：哎呀，我們決定好要去哪裡度蜜月就差不多得花上一個星期的時間吧。上面寫說也可以當日再報名參加，我們就直接到現場報名吧。

男子為了要參加活動，應該如何做才好呢？

1 將婚禮預訂日期寫在明信片上再寄出
2 將伴侶的名字寫在明信片上再郵寄
3 當天再去聖安德魯教會
4 當天寫好明信片並於聖安德魯教會報名

> **解說** 最後一行的「このイベントは直接行って申し込むことにしょう」是提示，這一類的問題會在前面談到多個情況讓人搞混，必須聽過決定性的提示後再判斷。

> **詞彙** 締切り：期限、截止日期 ｜ 希望者：希望參與者 ｜ 抽選：抽籤 ｜ 挙式：舉行婚禮 ｜
> 同伴者：同伴、伴侶 ｜ 郵送：郵寄

2番　Track 1-1-02

二人で疲労回復の話をしています。男の人はこれからどうしますか。

男：最近疲れがたまって食欲もないし、仕事もうまく進んでないんだ。なんかストレス解消にいい方法があったら教えてよ。

女：それは大変ね。私なら、まずはお風呂に入ってからビールかな。

男：それは誰でもやっていることじゃない。それより、何か体にいい栄養のある料理を食べた方がいいのかな。

女：ああ、みんなこういうときは健康食品の摂取を考えるから。それより根本的な解決策が必要なんじゃないの？

男：根本的な解決策って？

女：そりゃ、もちろん体力をつけることでしょう。運動をした方がもっと効果があるんじゃないかな。

男：あ、でも僕毎日のように残業で、週末も出張に行ったりするから、いつも時間が不規則だよ。

女：あ、だったら私が最近通い始めた、瞑想会に来てみる？

男：瞑想会、何それ？

女：ほら、現代人ってみんな仕事きついし、煩わしい人間関係で余計な疲れがたまっていくばかりでしょう。そういう時、静かな場所に楽に座って、意識を呼吸に向けながら、何も考えないようにするの。うちの教室初心者のために、いちいち詳細なアドバイスもしてくれるんだ。どう？私は瞑想を通して、頭もすっきりしたし、心身とも穏やかになって、ストレス発散の効果も感じるけど。

第2題

兩人在談論消除疲勞的話題。男子接下來要怎麼做呢？

男：最近疲勞累積，不僅沒有食慾，工作也不太順利。如果有什麼抒發壓力的好方法就跟我說吧。

女：那真是辛苦。如果是我的話，首先會泡澡，然後喝上一杯啤酒吧。

男：這不是大家都會做的嘛。比起那個，是不是吃點對身體好的營養的料理比較好。

女：啊～在這種時候大家都會想到攝取健康食品。比起那個，最根本的解決辦法才是最必要的吧？

男：最根本的解決辦法是指？

女：那當然是讓自己有體力啊！運動會更有效果吧。

男：嗯……但是我幾乎每天加班，週末也還要出差，時間都很不規律。

女：啊！那你要不要來參加我最近開始去的冥想會看看？

男：冥想會？那是什麼？

女：你看，現代人的工作都很多，也因為令人煩躁的人際關係增添很多不必要的疲勞對吧。這種時候，在安靜的地方輕鬆坐著，專注於呼吸，不要去想任何事情。我們的教室還會為初學者提供詳細的建議。如何？我透過冥想，頭腦也變清楚了，身心也都變穩定，是有感覺到壓力有抒發的效果。

男：なかなかそんな教室に通う時間はないけど……。行ってみようかな。

男の人はこれからどうしますか。

1　栄養のバランスを取りながら、食べ方に注意する
2　時間を割いて体を動かすように工夫する
3　潜在意識を制御する訓練をやってみる
4　瞑想教室は通わないまま、女性に指示に従って行動する

男：雖然我很難抽出時間參加這種教室……，但可能會去看看吧？

男子接下來要怎麼做呢？

1　均衡攝取營養，同時注意飲食方式
2　擠出時間讓自己活動身體
3　試著做控制潛意識的訓練
4　不去冥想課，按照女人指示行動

解說　對話最後是以「行ってみようかな」結尾，也就是要去參加冥想會，選項中的「潜在意識を制御する訓練」與冥想會有關聯，因此答案是選項3。

詞彙　摂取：攝取 ｜ 根本的：根本的 ｜ 不規則：不規律 ｜ 瞑想会：冥想會 ｜ 煩わしい：令人煩躁的 ｜ 穏やか：穩定 ｜ 発散：抒發 ｜ 工夫：努力、下功夫 ｜ 潜在意識：潛意識 ｜ 制御：控制

3番　Track 1-1-03

キャンプに必要なものについて話しています。女の人は何を用意しなければなりませんか。

女：私、キャンプは初めてだし、持ち物といったら何が必要なんだろう。

男：あんまり心配しなくてもいいよ。中村さんがある程度の必需品は揃えているから。後は食材や燃料などの消耗品を買うだけだよ。でも食材は山本さん、燃料は吉田さんに任せればいいんだよ。

女：みんなに任せてばかりでいいのかな。

男：あ、夜はかなり冷えるかもしれないから、服装に気をつけた方がいいよ。だからといってあまりにも着込むと動きにくいから、薄くても保温効果が高いものがいいね。あと、自分の寝袋があったらいいね。これはレンタルで借りられるから、わざわざ買わなくてもいいよ。

女：分かった。じゃ、寝袋はレンタルショップで借りるね。あと、私、紫外線が気になるから、日焼け止めクリームや虫刺されの薬は持って行くね。

第3題

正在針對露營所需物品談論。女子必須要準備什麼呢？

女：我是第一次露營，有什麼是一定要帶的東西呢？

男：不用太擔心啦。因為中村已經把必需品帶的差不多了，剩下的就是買一些食材或燃料這些消耗品而已。不過只要把食材交給山本，燃料交給吉田就好了。

女：都叫大家做，這樣好嗎？

男：啊！晚上可能會很冷，所以最好注意穿著哦！不過穿太多也會不好活動，還是穿又薄且保暖效果高的服裝比較好。還有最好準備自己的睡袋，這個可以用租的，不用特地去買哦！

女：我知道了。那睡袋我就在出租店租。然後我蠻擔心紫外線的，我會帶防曬乳跟蚊蟲叮咬藥過去。

男：まあ、そういう小物は中村さんが全部持っていくと思うけど、持っててもかまわないよ。あ、そうだ。それより、昼間はキャンプ場の付近の川で水遊びするかもしれないから、サンダル持ってきて。

女：サンダルも必要なの。

男：スポーツサンダルのことだよ。水の中は滑りやすいから。あ！吉田さん、風邪で倒れたってメールが来たよ。どうしよう。

女：そう？大変だね。あ、だったら吉田さんの分は私が用意するよ。みんなの役に立ててよかった。

女の人は何を用意しなければなりませんか。

1　食料品や寝袋
2　アウトドア用のガスや虫刺されの薬
3　化粧品やスポーツサンダル
4　暖かい服や雨具

男：嗯……那些小東西我覺得中村會帶齊，不過妳帶去也無妨。啊！對了！比起那個，白天可能會在露營區附近的河玩水，記得帶涼鞋。

女：也需要涼鞋啊？

男：我是指運動涼鞋啦。因為在水裡容易滑倒。啊！吉田發訊息說他感冒倒下了，怎麼辦？

女：是喔？真糟糕。那吉田準備的部分就由我來準備吧。能幫上大家的忙真是太好了。

女子必須要準備什麼呢？

1　食品跟睡袋
2　野外用的瓦斯和蚊蟲叮咬藥
3　化妝品跟運動涼鞋
4　保暖衣物跟雨具

解說　由於對話提到「中村さんがある程度の必需品は揃えている」，所以中村會準備可能需要的必需品，而「食材は山本さん」，所以山本負責食材。但對話提到「燃料は吉田さんに任せればいいんだよ」，吉田因為感冒而無法前來，所以女子說會準備吉田的部分，也就是女子必須準備瓦斯或油之類的燃料，以及她個人準備的物品有睡袋、防曬乳、蚊蟲叮咬藥、涼鞋。

詞彙　揃える：準備齊全｜消耗品：消耗品、耗材｜着込む：穿一堆衣服｜紫外線：紫外線｜日焼け止めクリーム：防曬乳｜滑る：滑倒｜雨具：雨具

4番　Track 1-1-04

大学の入学の手続きについて話しています。学生はこの後、何をしなければなりませんか。

男：あの、入学の手続きについて聞きたいんですが、入学金はいつまでに払わないといけないんですか。

女：入学金は3月5日までに、授業料などの納入はそれから一ヶ月後までです。期限までに入学手続が完了しない場合は入学資格を失いますので、ご注意ください。

第4題

正在討論大學入學手續。學生之後必須要做什麼呢？

男：那個，我想問一下入學手續的問題，入學金要在什麼時候之前繳交呢？

女：入學金是在3月5日前，而學費等其他費用的繳費期限是在那之後的一個月內完成。如果不在期限內完成入學手續就會喪失入學資格，這點請注意。

男：3月5日……。あと一週間か。あのう、お金がちょっと足りないんですが……。
女：入学手続は、「一括手続」と「分割手続」のいずれかを選択できます。分割手続なら、こちらの書類を作成してください。
男：あ、手続の書類なら、合格発表時に送付されたもので、書いてきました。
女：それは一括手続の書類であって、分割手続は別紙になっております。それから、第一次手続の最終日までに必ず「入学金」は納入してください。それまでに「入学金」を支払ってない方は最終手続を行うことができませんので、ご注意ください。
男：あ、これに書くんですね。分かりました。あと、健康診断の用紙がまだ自宅に届いてないんですが。
女：健康診断の用紙はこちらでは用意いたしません。病院で作ってもらってください。健康診断の結果が出るまでに一週間ぐらいかかるのでお急ぎください。
男：あ、それはおとといしたので、結果が出たら作って提出します。それじゃ、この紙に書けばいいんですね。

学生はこの後、何をしなければなりませんか。

1 健康診断の結果を待つ
2 健康診断の結果が出たら、別の用紙に作ってもらう
3 分割の手続のため、別の用紙に書類を作成する
4 入学金を急いで支払う

男：3月5日……只剩一週嗎？那個，我錢有點不夠……。
女：入學手續可以選擇「一次付清」或「分期付款」。如果要分期的話請填寫這邊的文件。
男：啊，如果是手續的文件，因為在合格發表時已經寄來了，所以我已經填寫過了。
女：那是一次付清的文件，分期付款的話是另外的文件。而且，請務必要在第一次手續的最後一天前繳交「入學金」，如果未在那時繳交「入學金」，就無法進行最終手續，請特別注意。
男：啊，您是說要寫這個吧。我知道了。然後，健康診斷表還沒有寄到我家的樣子……
女：健康診斷表這邊不會準備。請到醫院辦理。健康檢查結果大約需要花費一週，請盡快進行。
男：啊！那個前天就有做了，等結果出來我再提交。那，只要寫這張就好了對吧。

學生之後必須要做什麼呢？

1 等待健檢結果
2 健檢結果出來後，請醫院製作成另一份表格
3 因為要進行分期手續，所以要用另一份表格製作文件
4 要趕快繳納入學金

解說 手續文件有「一次付清」和「分期付款」兩種，學生準備了「一次付清」，因此現在得先準備「分期付款」的文件，其他步驟之後進行即可。

詞彙 手続き：手續 ｜ 納入：繳納

5番 Track 1-1-05

食品からの異物検出について話しています。男の人はこれからどうしますか。

女：今日、A社の輸入食品から、異物が検出されたっていうニュース見た？

男：うん、見たよ。僕も食べかけの商品がまだあって、すごい嫌な気分。僕、A社は信頼できる会社だと思っていたから、ショックだよ。

女：そうね、最近みんな食中毒や放射性物質の汚染とか敏感だからね。

男：万が一でも誤って異物が入った場合、出荷されないような方法はないのかな。もう、あまりにもがっかりして、二度とA社の商品は買いたくないくらいだよ。今日家に戻って全部処分しよう。

女：確かに企業のイメージにダメージはあるよね。でも、今回異物が出てきたのは輸入品だし。今日で販売は中止して、その商品を持っている人には全部返金してくれるそうよ。

男：ほんと？じゃ、消費生活センターに持っていけばいいのかな。

女：ニュースでは最寄りの店舗って言ってたよ。

男：分かった。明日早速持っていこう。

男の人はこれからどうしますか。

1 手元の商品を近くの店に持参する
2 手元の商品を近くの消費生活センターに持参する
3 当該商品は購買しない
4 当該商品は愛顧しない

第 5 題

正在談論關於食品檢驗出異物的事情。男子接下來要如何做呢？

女：你有看到今天新聞播出 A 公司進口的食品被檢驗出異物嗎？

男：嗯，我有看到。我還有吃到一半的商品，所以覺得很噁心。我原本認為 A 公司是能夠信賴的公司，覺得非常震驚。

女：是啊，最近大家對於食物中毒跟放射性物質汙染的事情都很敏感。

男：萬一不小心有異物入侵，不知道有沒有防止出貨的方式。但我已經太失望了，不想要再買 A 公司的商品了。今天回到家我要全部丟掉。

女：確實會對企業造成負面影響呢。但是這次檢出異物的是進口產品，今天起會停止銷售，聽說會全額退款給有買該商品的人。

男：真的嗎？那我拿去消費生活中心就好了吧！

女：新聞說是要到最近的店鋪哦！

男：我知道了，明天我會趕快拿去。

男子接下來要如何做呢？

1 把手邊的商品拿到附近的店家
2 把手邊的商品拿到附近的消費生活中心
3 不再買該商品
4 不再繼續使用該商品

解說 聽說可以到最近的店家退錢的資訊後，男子便說「明日早速持っていこう」，也就是明天會趕快將商品拿去附近的店家。

詞彙 食中毒：食物中毒 | 敏感：敏感、在意 | 返金：退錢 | 最寄り：最近 | 手元：手邊 | 当該商品：該商品 | 愛顧：光顧、支持

6番 🎧 Track 1-1-06

学んでみたい教科について話しています。女の人はこれから何を勉強したいと思っていますか。

男：社会人になってから、もう一度学生時代に戻って勉強してみたいなと思ったことない？

女：もちろんあるわよ。今なら興味をもって勉強できるのにって後悔したりするんだよね。

男：そうか。じゃ、何を学んでみたいの。やっぱり一番身につけたいのは英語かな。

女：そうね。もう一度基礎から学びなおして、仕事にも活用したいけど、それより理数系教科の方がおもしろそう。

男：え？彩奈ちゃん歴史専攻じゃなかったっけ？なんでまた。

女：歴史は受験や単位を取るために勉強しただけだったから、そんなに意欲的じゃなかったの。

男：でも日本史や世界史に詳しければ、旅行したり、本やニュースとか見たりするときも、その歴史的な背景が分かって、よく理解ができるからいいと思うけど。そしたら、理数系教科の中で何？数学、物理、化学、生物？

女：高校の時は先生に詰め込み式で勉強させられていやだったけど、今ならもう少し分かるんじゃないかと思うんだよね。その世界は壮大で美しく、奥深いと思う。

男：だからその世界を持っている教科って何だよ。

女：私実験とかするの苦手だし、元素の性質は難しそうだよね。そして別にエンジニアになるわけでもないし。だからといって遺伝の問題を解いたり、植物とか動物にも興味ないから。

男：ふ～ん。そうか。分かったよ。

女の人はこれから何を勉強したいと思いますか。

1 <u>数学</u>　　2 物理
3 化学　　　4 生物

第 6 題

正在討論想學看看的學科。女子接下來想要學什麼呢？

男：進入社會之後，妳有沒有想過再回到學生時代念書呢？

女：當然有啊！如果是現在，我應該能夠帶著興趣學習，會有些後悔當時沒有這樣做。

男：是哦。那想要學什麼呢？最想學的還是英文嗎？

女：嗯，雖然也會想要從基礎重新學，然後活用於工作，不過我覺得數理科好像比較有趣。

男：咦？彩奈不是專攻歷史嗎？為什麼會有這樣的想法？

女：歷史是為了考試跟拿學分才讀的，不是我真的想學。

男：不過只要對日本史或世界史熟悉，不管是旅行或是看書還是看新聞時，知道那些歷史背景後，就能更深入地理解，我覺得這樣很好。那妳想要學數理哪一科？數學、物理、化學、生物？

女：高中的時候被老師強迫用填鴨式教育念書，非常討厭。但現在應該能稍微理解一些，我認為那個世界既壯大又美妙，並且充滿深度。

男：所以妳說的那個有那種世界的學科是什麼啊？

女：我不太擅長做實驗啦，元素的性質好像有點難。而且我也不是打算成為工程師，對於解開遺傳之謎，或是對植物動物我也沒什麼興趣。

男：嗯～是哦，我知道了。

女子接下來想要學什麼呢？

1 <u>數學</u>　　2 物理
3 化學　　　4 生物

解說 男子提出數學、物理、化學、生物 4 個科目，但女子說「実験とかするの苦手だ（→表示不想學化學）／元素の性質は難しそうだ（→表示不想學化學）／エンジニアになるわけでもない（→表示不想學物理）／遺伝の問題を解いたり、植物とか動物にも興味ない（→表示不想學生物）」，因此剩下的科目只有數學。

詞彙 背景：背景 ｜ 詰め込み式：填鴨式 ｜ 壮大：壯大 ｜ 奥深い：深奧

問題 2 先聆聽問題，再看選項，在聽完內容後，請從選項 1～4 中選出最適當的答案。

例　Track 1-2

男の人と女の人が話しています。男の人の意見として正しいのはどれですか。

女：昨日のニュース見た？

男：ううん、何かあったの？

女：先日、地方のある市議会の女性議員が、生後7か月の長男を連れて議場に来たらしいよ。

男：へえ、市議会に？

女：うん、それでね、他の議員らとちょっともめてて、一時騒ぎになったんだって。

男：あ、それでどうなったの？

女：うん、その結果、議会の開会を遅らせたとして、厳重注意処分を受けたんだって。ひどいと思わない？

男：厳重注意処分を？

女：うん、そうよ。最近、政府もマスコミも、女性が活躍するために、仕事と育児を両立できる環境を作るとか言ってるのにね。

男：まあね、でも僕はちょっと違うと思うな。子連れ出勤が許容されるのは、他の従業員がみな同意している場合のみだと思うよ。最初からそういう方針で設立した会社で、また隔離された部署で、他の従業員もその方針に同意して入社していることが前提だと思う。

女：ふ～ん、…そう？

例

男子和女子正在講話。根據男子的意見，哪一個是正確的？

女：你有看昨天的新聞嗎？

男：沒有，發生什麼事情了嗎？

女：前幾天聽說某地方的市議會女議員，帶著剛出生七個月的長子來到議會。

男：咦，市議會嗎？

女：對啊，然後她和其他議員發生了一些爭執，造成了一場混亂。

男：那之後怎麼樣了？

女：嗯，結果因為議會開會延遲了，她受到了嚴重的警告處分。不覺得很過分嗎？

男：嚴重的警告處分？

女：對啊。明明最近政府跟媒體才說，為了要讓女性更加活躍，要創造可以兼顧工作跟育兒的環境。

男：嗯，我倒覺得有些不同。帶孩子出勤，是要其他員工都同意的情況才可以。比如說一開始就以這樣的方針設立的公司，或是與其他部門分開的部門裡，其他員工也同意這個方針後才加入公司的，我覺得這些是前提條件。

女：嗯～是喔？

男：それに最も重要なのは、会社や同僚の負担を求めるより、父親に協力してもらうことが先だろう。
女：うん、そうかもしれないね。子供のことは全部母親に任せっきりっていうのも確かにおかしいわね。

男の人の意見として正しいのはどれですか。
1　子連れ出勤に賛成で、大いに勧めるべきだ
2　市議会に、子供を連れてきてはいけない
3　条件付きで、子連れ出勤に賛成している
4　子供の世話は、全部母親に任せるべきだ

男：而且最重要的是，與其先讓公司跟同事承擔，倒不如要先找孩子的爸爸幫忙。
女：嗯，或許是這樣。確實，只把子女問題交給媽媽一個人來處理也有點不對。

根據男子的意見，哪一個是正確的？
1　贊成帶孩子上班，應該要大大推崇
2　不可以把孩子帶去市議會
3　贊成有條件式的帶孩子上班
4　照顧孩子的責任應全部交給母親

1番　Track 1-2-01

会社で男の人と女の人がイラストの注文について話しています。このイラストレーターの問題点は何だと言っていますか。

女：鈴木さん、日本出版さんの月刊誌に挿入するイラストは、5回も描き直しているようですが、何か問題があるんですか？
男：うん、困ってるんだよ。ベテランのイラストレーターさんにやってもらっているんだけどね。
女：ああ、はい。難しいイラストなんですか？
男：う～ん、難しいって言えば難しいな。どんなイラストを描くかは、文章で説明指示が来るんだけどね。そのイラスト指示の説明の受け取り方に「ずれ」が生じてしまっているんだと思う。
女：「ずれ」ですか？先方の意図しているイラストをうちのイラストレーターさんがイメージできないってことですかね。指示の説明が分かりにくいんですか？
男：いや、そうとは思わないけどね。言葉の指示って難しいよね。具体的なことだったらいいけど、ちょっと抽象的なことだと、受け取り方が人によって違うだろう。

第 1 題

男子跟女子正在公司討論插畫的委託情況。這位插畫家的問題是什麼呢？

女：鈴木先生，要加到日本出版公司月刊裡面的插畫，似乎重新畫了五次，是有什麼狀況嗎？
男：嗯，我正苦惱這個。雖然說是委託給一位資深插畫家。
女：啊～所以是很難的插畫嗎？
男：嗯～，說難也算難啦。雖然會以文字來說明指示該畫什麼插畫，但我覺得在對這些插畫指示的理解上，產生了「誤解」吧。
女：「誤解」嗎？是不是出版方想要的插畫，我們插畫家沒有辦法意會出來啊？還是因為指示的說明內容很難懂嗎？
男：不，我想並不是那樣。不過，用語言來指示其實蠻困難的對吧。如果是具體的事情還好，如果是抽象的事物，理解的方式會因人而異吧。

女：ああ、そうですね。難しく考えすぎているんでしょうか？

男：うん、そうかもしれないね。あと、ベテランだからプライドが邪魔しているような気もする。

このイラストレーターの問題点は何だと言っていますか。

1 説明指示の文章が難解で理解できないこと
2 指示の文章の解釈に問題があったこと
3 抽象的なイラスト描きが苦手なこと
4 経験が邪魔して上手く描けないこと

女：是啊。是不是想得太困難了呢？

男：嗯，有可能。還有因為他是資深的插畫家，所以感覺也會因為自尊心而受影響。

這位插畫家的問題是什麼呢？

1 說明指示的文章很難懂，無法理解
2 對指示文字的解讀出了問題
3 不太擅長描繪抽象插畫
4 經驗成為阻礙，無法順利繪製

解說 首先須理解「受け取る」這個動詞的意思，一般可以解釋為「收下、領取」，在這裡則是「領會、理解」的意思。

詞彙 ずれ：誤會、曲解、偏差 ｜ 意図：意圖、企圖 ｜ 具体的：具體的 ｜ 抽象的：抽象的 ｜ 邪魔：影響、干擾 ｜ 解釈：解釋說明

2番 Track 1-2-02

歯医者の先生と女の人が話しています。女の人は、どうして前の歯から治療することにしましたか。

男：大野さん、虫歯が2本ありますね。前歯と奥歯ですが、奥歯の方はかなり大きくなっていますよ。

女：そうですか？ちょっと急いでいるので、両方一緒に直してもらえませんか？

男：このケースは片方ずつしかできないんですよ。症状の重い方から治療することをお勧めします。

女：ということは、奥歯からですか。

男：はい、そうですね。

女：ちょっと、待ってください。あの、前の歯からやっていただけないでしょうか？

男：え、どうしてですか。奥の歯の方がひどいので、早く治療しないと痛みがひどくなりますよ。

女：ええ、でも実は、来週セミナーがあって私がスピーカーをやるんです。

第2題

牙醫和女子正在說話。女子為什麼選擇從門牙開始治療呢？

男：大野小姐，妳有兩顆蛀牙哦。一顆是門牙，一顆是臼齒，臼齒蛀得比較嚴重喔。

女：是嗎？因為我有點趕時間，可以麻煩兩顆一起幫我治療嗎？

男：妳這個情況只能一次治療一邊喔。我建議從比較嚴重的牙齒開始治療。

女：所以是從臼齒開始嗎？

男：是的，沒錯。

女：請等等。那個……可以從門牙開始處理嗎？

男：咦？為什麼呢？臼齒比較嚴重，如果不早點治療的話會很痛喔。

女：我知道，不過其實下禮拜有研討會，我是講者。

男：はあ。だったらなおさらでしょう。 女：いま、前歯が黒いですよね。このままでは大勢の方達に不快感を与えてしまうと思うんです。 男：そんなところまで、聞いている人が見るとは思いませんがね。 女：それが、意外と見ているんですよ。私も嫌だし。 男：そうですかね。じゃ、特別にそうしましょう。 女の人は、どうして前の歯から治療することにしましたか。 1 同時に治療できない時は、前歯からと決まっているから 2 歯医者が治療が簡単に済む方を勧めたから 3 奥歯治療で腫れたり痛んだりしたら話せないから 4 人の前で話す時に、歯が黒いと恥ずかしいから	男：唉，所以更要這樣處理啊。 女：現在門牙黑黑的對吧。這樣的話會讓很多人感到不舒服。 男：我不認為聽眾會注意到那麼細微的地方。 女：其實出乎意料地真的會去注意呢。我也不喜歡這樣。 男：是嘛，那這次就特別這樣處理吧。 女子為什麼選擇從門牙開始治療呢？ 1 因為無法同時治療時，一定要從門牙開始處理 2 因為這是牙醫推薦可以簡單完成治療的方法 3 因為治療臼齒會腫脹或疼痛導致無法説話 4 因為在人前説話時，如果牙齒是黑的很尷尬

解說 臼齒的情況很嚴重，但女子説很在意在眾人面前演説時門牙是黑的，所以希望先治療難看的門牙。

詞彙 症状：症狀 ｜ なおさら：更加 ｜ 不快感を与える：給人不好的感受 ｜ 腫れる：腫起來

3番　Track 1-2-03

スーパーで男の人と女の人が話しています。女の人は価格をどう表示したらいいと言っていますか。

女：田中さん、価格表示の件なんですが、ちょっと考え直す時期に来ていると思うんです。
男：それはどういう意味？
女：うちは、良心的に税込み価格の表示をずっと続けてきましたよね。横に小さく本体価格も書いていましたが。
男：うん、その方が、消費者は助かるって好評だったと思うけど。
女：はい、でも、ここ一年、売り上げが低迷しているんですよ。消費税率も定着してきましたし、他のほとんどのスーパーでは、横に小さく税込み価格も表示していますが、本体価格表示ですよ。

第3題

男子跟女子正在超市講話。女子說價格要如何標示才好呢？

女：田中先生，關於價格標示這件事，我覺得是時候重新審視了。
男：那是什麼意思呢？
女：我們店一直都很有良心地標示出含稅價，然後在旁邊寫上小小的未稅價格。
男：對，這樣對消費者來説很方便，大家也給出了好評。
女：是啊，但是這一年來營業額一直不理想。現在消費稅率也穩定下來了，其他大部分的超市都是標示出未稅價，旁邊寫上小小的含稅價。

男：ああ、うちは、真っ正直すぎるのかな。やっぱり、消費者の方々は大きな数字しか見ないで商品を買っちゃうんだろうな。

女：はい、そうですね。だから、どうしても印象としてうちの消費税込みの価格は高いイメージが残るんじゃないでしょうか。Aスーパーなんかは、最近今まで小さく表示していた税込み価格も消してしまいましたよ。

男：ええ、そう。まあ、そこまでしなくてもいいけど、商売だから、ちょっとずる賢く消費者の心理工作もしなくてはいけないね。

女：はい、そう思いますよ。商品に関しては、引けを取らないのですから、他のスーパーのように表示を逆にしましょう。

男：うん、早速会議にかけて検討しよう。

女の人は価格をどう表示したらいいと言っていますか。

1 消費税込みの価格のみ
2 消費税抜きの本体価格のみ
3 消費税込みの価格と横に小さく本体価格
4 本体価格と横に小さく消費税込みの価格

男：啊，我們是不是太過於老實了呢？消費者果然還是只會注意到寫得比較大的數字就決定購買了吧。

女：是啊。所以以消費者的印象來說會覺得我們的含稅價格看起來比較貴吧。像A超市最近還把至今標示得小小的含稅價格弄掉了。

男：啊，是嗎？雖然不需要做到那種地步，不過畢竟是買賣，還是得稍微狡猾一點，做些消費者心理的操作。

女：對啊，我也是這麼認為。我們商品是不會遜色的，我們和其他超市一樣把標示反過來弄吧！

男：嗯！趕快開會討論吧。

女子說價格要如何標示才好呢？

1 只標示含稅價
2 只標示未稅價
3 標示含稅價，旁邊標上小的未稅價
4 標示未稅價，旁邊標上小的含稅價

解說 目前包含消費稅的價格標示較大，物品本身的價格標示較小，女子提議和其他超市一樣反過來標示。

詞彙 低迷：低迷 ｜ 真っ正直：非常正直 ｜ ずる賢い：狡猾 ｜ 引けを取らない：不遜色

4番　Track 1-2-04

車の修理サービスで、男の人と女の人が話しています。女の人は処置をどうすることにしましたか。

女：すみません。あの、車の前輪のタイヤをみていただけますか？

男：はい、わかりました。あれ、ずいぶんへこんでいますね。

女：はい、駐車場に車を入れてから、タイヤがへこんでいるのに気が付いたのです。

第4題

男子和女子正在汽車修理廠談話。女子決定如何處理呢？

女：不好意思，那個……可以麻煩幫我看一下車子前輪的輪胎嗎？

男：好，我知道了。咦？消風的情況蠻嚴重的。

女：是啊，我把車停到停車場，才發現輪胎有漏氣的情況。

男：よく、調べてみますから、そちらでお待ちください。
  　　　　　　　　⋮
男：お待たせしました。釘がささっていたのが、原因でした。処置はどうしましょうか？
女：とりあえず、明日車を使う用事があるので、今日できる処置をしていただけますか？
男：そうですか。では、タイヤをはずして、釘を取り除いて、穴を埋める作業をしますね。20分ぐらいですみますよ。
女：そうですか。タイヤは交換しなくても大丈夫ですか？
男：タイヤ交換だと今こちらではできないのです。工場に送りますので、1週間ぐらいかかります。
女：そうですか。今日できる処置では、またタイヤの空気がすぐに抜けてしまいますか？
男：いいえ、釘がささっていただけですから、大丈夫ですよ。
女：そうですか。じゃ、お願いします。ここで待っていればいいですね。

女の人は処置をどうすることにしましたか。

1　とりあえず穴をふさいでもらう
2　とりあえず釘だけぬいてもらう
3　とりあえずタイヤを変えてもらう
4　とりあえずタイヤに空気を入れてもらう

男：我仔細檢查一下，您請先在旁邊稍候。
  　　　　　　　　⋮
男：久等了。原因是有釘子刺在輪胎裡。您打算如何處理呢？
女：總之因為我明天要用車，今天能幫忙做一些可以處理的修理嗎？
男：是喔。那我先把輪胎卸除，取出釘子後補起來。大概需要20分鐘哦！
女：這樣啊。不需要換輪胎嗎？
男：我們這邊現在沒有辦法幫忙換輪胎，需要送到工廠才行，而且還需要一週的時間。
女：這樣喔。如果只做今天能處理的部分，輪胎的氣會很快又漏掉嗎？
男：不會，只是被釘子刺穿而已，沒問題的。
女：原來如此，那就麻煩了。我在這邊等就可以了吧？

女子決定如何處理呢？

1　總之先把洞塞住
2　總之先只把釘子拔除
3　總之先換輪胎
4　總之先幫輪胎灌氣

解說　輪胎被鐵釘刺中就得更換，但女子明天就得用車，輪胎也沒有立即漏氣，因此她決定進行緊急處理，先拔出鐵釘並補洞。

詞彙　へこむ：凹陷 ｜ 埋める：埋起來、填補 ｜ すむ：完成

5番 🎧 Track 1-2-05

ラジオで女のDJが話しています。DJが甘酒を飲み始めた主な理由は何ですか。

女：皆さんは、甘酒を飲みますか。甘酒っていうと冬のイメージがありませんか？しょうがなどを入れてフーフーしながら、飲むと体が温まる。ところが、甘酒は大昔から夏バテ防止に冷やして飲まれていたんです。栄養ドリンクだったんですね。そんな甘酒が、近年、飲む点滴とも言われていて、健康と美容にも効果が期待され、注目が集まっているのです。子供の時、よく甘酒を飲んだのでなんだか懐かしくなって、私は今毎日飲んでいます。でも、きっかけは何やら飲み続けるとしみが消えたり、肌がツルツルになるらしいと聞いたからなんです。さらに、ダイエット効果、アンチエイジング効果、便秘解消、免疫力アップ効果などが期待できるとか。飲み続けていたら、きっとうれしい効果がでると信じて私は毎日甘酒を楽しんでいます。

DJが甘酒を飲み始めた主な理由は何ですか。

1 夏バテしたくないため
2 子供時代を懐かしく想うため
3 肌がきれいになりたいため
4 免疫力を高めたいため

第5題

廣播中的女DJ正在講話。DJ開始喝甜酒的主要理由是什麼呢？

女：各位會喝甜酒嗎？說到甜酒是不是會想到冬天呢？加入薑等材料後一邊吹氣一邊喝，身體就會整個暖起來。但是，甜酒其實在很久以前是為了防止夏天倦怠感而冰鎮起來喝的，等於是當作營養飲料。這樣的甜酒，近幾年被稱為「喝的點滴」，在健康跟美容的效果被寄予厚望，備受矚目。我小時候常常喝甜酒，所以感到很懷念，現在每天都會喝。不過會開始喝的契機是因為聽說持續喝可以消除斑點，讓皮膚變得光滑，而且還具有減肥和抗衰老的效果、預防便秘、提升免疫力等。如果持續喝，相信一定可以有令人滿意的成效，所以我每天都很享受喝甜酒。

DJ開始喝甜酒的主要理由是什麼呢？

1 不想要有夏天倦怠感
2 懷念小時候
3 想要讓肌膚變美
4 想要提升免疫力

解說 雖然列出多項喝甜酒的理由，但最具決定性理由是因為可以改善斑點和皮膚。

詞彙 夏バテ：到了夏天就懶洋洋、感到倦怠的樣子 | 点滴（点滴注射）：點滴、打點滴 | 何やら：某些、什麼 | しみ：斑點、污點 | 免疫力：免疫力

6番　Track 1-2-06

大学で、男の学生と女の学生が話しています。女の学生は、業務日報を出すようになって一番よかったことは何だと言っていますか。

男：ミカさん、会社のインターンの方はどう？

女：そうね。新しく勉強しなくちゃならないことが山積みだけど。ああ、そうそう。業務日報の提出がいいわね。

男：業務日報を出すの？今日、やる予定のことや、昨日の反省なんか書くんじゃないの？

女：そう。最初は慣れないし、面倒くさいなあと思ったんだけどね。それの中に「今日のありがとう」って項目があって、今日うれしかったことや、感謝したことを書くんだけどね。

男：なるほど。でも、毎日そんないいことばっかりないだろ？嫌なことも多いよ。

女：そうね。でも、毎日書いていると、嫌なことよりも「ありがとう」と感じたことを捜すようになるのよ。ささいなことでもなんでもいいの。

男：ふ〜ん、例えば？

女：例えば、朝起きて空を見たら、白い雲がきれいだった。それも、ありがとうにするのよ。

男：へえ、そう。なんだかその習慣はよさそうだな。

女の学生は、業務日報を出すようになって一番よかったことは何だと言っていますか。

1　毎日の反省事項や予定が明確になったこと
2　毎日の感謝を見つけるようになったこと
3　毎日の嫌なことが良いことに変わったこと
4　毎日、空を見るようになったこと

第 6 題

大學裡，男學生和女學生正在談話。女學生說開始提交業務日報後，覺得最好的事情是什麼？

男：美加，妳覺得企業實習怎麼樣啊？

女：嗯……需要學的新東西實在太多了。啊，對了！提交業務日報還蠻不錯的。

男：要交業務日報喔？不是寫今天預定要做的事情或是昨天的反省嗎？

女：嗯，我原本不習慣而且還覺得很麻煩。但裡面還有一個「今日感謝」項目，要寫下今天高興的事情或是感謝的事情。

男：原來如此。不過，天天都有那麼多好事嗎？討厭的事情也很多啊。

女：是啊，不過每天持續寫，比起討厭的事情，反而會開始去尋找值得「感謝」的事情。即使是微不足道的小事也沒關係。

男：嗯〜比如說？

女：比如說早上起床看到天空，白雲很漂亮。這也是值得感謝的事。

男：是喔〜。總覺得這個習慣好像蠻不錯的喔。

女學生說開始提交業務日報後，覺得最好的事情是什麼？

1　每天的反省事項和計畫變得更加明確
2　開始學會每天尋找值得感謝的事情
3　每天的討厭事情都可以變成好事
4　每天開始抬頭看天空

解說　「日報」是指「每天寫的一種報告、日誌」。女子剛開始無法適應，但她表示，後來努力尋找值得感謝的事情，這點讓她覺得很不錯。

詞彙　日報：日誌、日報 ｜ 山積み：堆積如山

7番 🎧 Track 1-2-07

男の人と女の人が話しています。二人は、長生きするとはどういうことだと言っていますか。

男：一昨日、世界最高齢の人が113歳で亡くなったんだって。

女：へえ、113歳か。すごいわね、どこの国の人？

男：イスラエル在住の男の人。辛い人生を経験した人だよ。

女：そう。どんな人生？

男：生まれたのはポーランドでナチス占領期間に収容所生活をして、その間に奥さんや子供達を亡くしてしまったんだって。

女：その収容所って、すごい強制労働をさせた所じゃないの。世界史の授業で勉強したわよ。

男：そうだよ。家族も目の前で殺されて、自分だけ生き残ったんだ。その収容所を出たときは37Kgしか体重がなかったんだってさ。

女：へえ、それでも生き延びたのね。意志の強い人だわね。そんな人生を送った人が世界最高齢なんて信じられないわね。

男：本当だよね。普通は元気で長生きするために、食事や、睡眠に気をつけて運動してストレスがないような生活をめざすだろう。

女：そうね、なんかそういう感じじゃないわよね。

男：うん、もちろん、自然環境や食生活とかは大事だけど、その前にまずは、生き抜くっていう意志が大事なのかなって、思い知らされたよ。

二人は、長生きするとはどういうことだと言っていますか。

1　恵まれた環境で生きたいという気持ち
2　様々な辛い体験や経験を克服すること
3　生き続けるという意志があること
4　自然に逆らわず毎日を楽しむこと

第7題

男子和女子正在談話。兩人認為長壽是怎麼一回事？

男：聽說前天世界最高齡的113歲老人去世了。

女：是哦，113歲啊。好厲害喔。哪個國家的人？

男：是住在以色列的男人，經歷了很苦的人生。

女：是喔。什麼樣的人生？

男：聽說他出生在波蘭，在納粹佔領期間曾在集中營生活，期間失去了妻子和孩子們。

女：那個集中營，不是會強迫他們勞動的地方嗎？我在上世界史的課時有讀到。

男：沒錯。家人在眼前被殺掉，只有自己殘存下來。聽說他離開那個集中營時，體重只有37公斤。

女：咦，這樣也可以活下來啊，真是意志力很強的人。經歷過這樣的人生還能夠成為世界最高齡的人，真是令人難以置信。

男：對啊。一般來說要健康長壽，人們會注意飲食、睡眠，並進行運動，朝著沒有壓力的生活努力。

女：是啊。感覺他不是這樣在做的。

男：是啊，當然，自然環境跟飲食生活固然重要，但我現在深刻體會到，在這之前，首先要有活下去的意志。

兩人認為長壽是怎麼一回事？

1　要有想要生活在富饒環境的心境
2　克服各種辛苦體驗跟經驗
3　要有持續活下去的意志
4　不要違背自然享受每一天

解說　一般認為想要長壽就該注意飲食、環境、運動等，但對話中談到想要活下去的意志更重要。

詞彙 生き延びる：活下去 ｜ 生き抜く：堅決地活下去 ｜ 思い知らす・思い知らせる：徹底體悟到 ｜
恵まれる：富饒、富足 ｜ 克服：克服 ｜ 逆らう：違背

問題 3 在問題3的題目卷上沒有任何東西，本大題是根據整體內容進行理解的題型。開始時不會提供問題，請先聆聽內容，在聽完問題和選項後，請從選項1～4中選出最適當的答案。

例 🎧 Track 1-3

男の人が話しています。

男：みなさん、勉強は順調に進んでいますか？成績がなかなか上がらなくて悩んでいる学生は多いと思います。ただでさえ好きでもない勉強をしなければならないのに、成績が上がらないなんて最悪ですよね。成績が上がらないのはいろいろな原因があります。まず一つ目に「勉強し始めるまでが長い」ことが挙げられます。勉強をなかなか始めないで机の片づけをしたり、プリント類を整理し始めたりします。また「自分の部屋で落ち着いて勉強する時間が取れないと勉強できない」というのが成績が良くない子の共通点です。成績が良い子は、朝ごはんを待っている間や風呂が沸くのを待っている時間、寝る直前のちょっとした時間、いわゆる「すき間」の時間で勉強する習慣がついています。それから最後に言いたいのは「実は勉強をしていない」ということです。家では今までどおり勉強しているし、試験前も机に向かって一生懸命勉強しているが、実は集中せず、上の空で勉強しているということです。

この人はどのようなテーマで話していますか。

1　勉強がきらいな学生の共通点
2　子供を勉強に集中させられるノーハウ
3　すき間の時間で勉強する学生の共通点
4　**勉強しても成績が伸びない学生の共通点**

例

男子正在說話。

男：各位，學習進展順利嗎？我想有許多學生因成績遲遲無法提升而煩惱吧。本來就已經不喜歡學習了，還不得不學，結果成績又沒提升，真是糟透了吧。成績無法提升的原因有很多。首先，第一個原因可以說是「開始學習之前需要花很多時間」。有些人遲遲無法開始學習，反而去整理書桌或整理講義。還有一種情況是，「如果沒有能在自己房間裡安心學習的時間，就無法學習」，這是成績不好的孩子的共通點。成績好的孩子則有一種習慣，就是善用等待早餐的時間、等浴室熱水的時間，或是睡前短暫的時間，也就是所謂的「零碎時間」來學習。最後，我想說的是，有些孩子「其實根本沒有在學習」。雖然表面上在家裡還是像往常一樣在學習，考試前也看似努力地坐在書桌前用功，但實際上卻沒有集中精神，而是心不在焉地學習。

這個人正在討論哪個主題？

1　討厭學習的學生的共通點
2　能讓孩子專心學習的祕訣
3　利用零碎時間學習的學生的共通點
4　**即便學習成績也無法提升的學生的共通點**

1番 🎧 Track 1-3-01

新入社員研修会で講師が話しています。

男：えー、これから、社会人としての一番大切なことをお話しします。皆さん、今までは、自分のために学び、行動していたと思いますが、これからは、社会のために何かをするという視点を持つことが必要となります。人との付き合いも好きな仲間とだけ過せばいいというわけにはいかなくなります。色々な人と関わりを持ち、仕事をすすめていかなければなりません。そして、いままでの、答えがあるものを追求する姿勢から、答えがないものについてさがしていく姿勢に変えていく必要があります。「学生と社会人の違い」は、「与えられる人生」から「与える人生」になるということなんです。すなわち、いつまでも受け身ではいけないということなんです。

何について話していますか。
1　学生と社会人の勉強方法の違いについて
2　社会で人間関係を構築する方法について
3　学生と社会人の行動範囲の違いについて
4　**学生から社会人への意識改革について**

第 1 題

講師在新進員工研習會說話。

男：嗯，接下來我要談談作為社會人士最重要的事情。我想各位到目前為止都是為了自己而學習跟行動吧。但今後，必須要有為了社會我們需要做點什麼的思維。與人之間的交往也不可以只跟自己喜歡相處的朋友一起就好，必須要和各式各樣的人建立關係並一同工作。然後，也必須要從以前那種追求「有答案的事物」的態度，轉換成尋找「沒有答案的事物」的態度。「學生和社會人士的差別」在於從「被賦予的人生」轉變為「給予的人生」。也就是說，不能永遠保持被動的狀態。

講師是在談論什麼呢？
1　學生和社會人士讀書方法的不同
2　在社會上如何構築人際關係
3　學生和社會人士行動範圍的不同
4　**從學生轉換成社會人士的思維改革**

解說　講師對尚未擺脫學生時期心態的新進員工強調他們已不再是學生，應該具備身為社會人士的決心與態度。

詞彙　付き合い：交往 ｜ 追求：追求 ｜ 受け身：被動 ｜ 構築：構築 ｜ 改革：改革

2番 🎧 Track 1-3-02

ラジオで男の人が話しています。

男：皆さんは毎日、効率よく仕事をこなしていますか。少しでも早く仕事を片付けるために、するべきことを書き出し、優先順位を決めていくでしょう。ですが、やるべきことが、かえって増えてくる…。家に仕事を持ち帰り、休日も返上して仕事をしても間に合いません。

第 2 題

廣播中，男子正在講話。

男：各位每天都很有效率地完成工作嗎？應該都會為了要早點結束工作而把待辦清單寫下來，並決定優先順序對吧。但是，該做的事情反而越來越多……即使把工作帶回家，還放棄了假期來工作，也無法趕上進度。

その結果、完結しない仕事が増えるばかり…、なんてことはありませんか。どうしてこんなことになってしまうのでしょうか？実は仕事の作業管理やスケジュール管理で多くの人がやっている間違いがあるそうなんです。それは「作業に費やした時間、すなわち出て行った時間を気にしていない」ということだそうです。つまり、ほとんどの人は予定した作業には気を配るけれど、自分の時間がどのように消費されていったのかはあまり気にしないということです。これが、致命的な間違いだというのです。ホントにそうですね。無駄に使われている時間に気が付かなければ、どんどん新しい作業や仕事が消化されないままになっていきますね。	結果，未完成的工作越來越多……是否曾經發生這樣的事情呢？為什麼會發生這種事情呢？事實上在工作的作業管理和行程管理上，很多人都犯了一個錯誤。這是指「不在意花費在作業上的時間，也就是已經消耗掉的時間」。也就是說，大多數人都會專注在預定好的工作上，但不太在乎自己的時間是怎樣被消耗的。這是致命的錯誤。的確如此。如果沒有察覺到浪費掉的時間，就會導致新的作業或工作一直無法被消化。
男の人は、何について話していますか。	男子正在説什麼事情呢？
1 時間管理の間違いについて	1 關於時間管理的錯誤
2 効率的な時間管理について	2 關於有效的時間管理
3 時間管理の勘違いについて	3 關於對時間管理的誤解
4 タスクの優先順位について	4 關於任務的優先順序

解說 內容是在説大部分的人都擅長管理既定的時間，但卻容易疏忽被浪費的時間。因此答案是選項1。

詞彙 優先順位：優先順序 ｜ かえって：反而 ｜ 返上：歸還、奉還 ｜ 費やす：花費、消耗 ｜ すなわち：也就是説 ｜ 致命的：致命的 ｜ 勘違い：誤解

3番 Track 1-3-03	第3題
テレビでアナウンサーが女の人にインタビューしています。	電視上，播音員正在採訪一位女子。
男：今ヒマワリ畑の前に来ています。一面黄色の花で覆いつくされていてとてもきれいです。今日は、ヒマワリが大好きという女優の河田まりこさんがゲストです。さっそくですが、河田さんはいつからヒマワリの花が好きになったのですか？	男：現在我們來到了向日葵田前。整片都被黃色的花所覆蓋，真的非常美麗。今天的嘉賓是非常喜愛向日葵的女演員河田真理子小姐。立刻來請教河田小姐是什麼時候開始喜歡上向日葵的呢？

女：そうですね。20歳のころからですね。友人と地方の小さい映画館でイタリアの「ひまわり」という古い映画を観たんです。とても悲しい映画なのですが、観終わった後も全く暗い気持ちにならなかったのです。もの悲しい映画の主題曲とともに、ヒマワリ畑の映像が見事でした。なぜか、そのヒマワリの映像から活力が湧き出てくるのを感じました。それから、ヒマワリが大好きになりました。ヒマワリ畑にくると、ヒマワリから元気をもらえて、冒険心や挑戦の気持ちがわいてくる気がするんです。

女の人は、主にヒマワリの何について話していますか。

1 好きになったきっかけと体への働き
2 映画の印象とヒマワリの映像の美しさ
3 好きになったきっかけと心への働き
4 悲しい映画と明るいヒマワリの調和

女：嗯，大概是從20歲左右吧，我跟朋友在地方上的小電影院看了義大利的老電影《向日葵》。雖然是非常悲傷的電影，但是看完之後完全沒有沉重的感覺。伴隨著悲傷的電影主題曲，向日葵田的畫面真是美得令人驚豔。總覺得從那些向日葵的畫面中，似乎有一股力量湧現出來。在那之後我就非常喜歡向日葵了，只要來到向日葵田，我就感覺能夠從向日葵中汲取能量，並且產生冒險跟挑戰的心情。

女子主要在談論向日葵的什麼方面？

1 喜歡的契機跟對身體的作用
2 電影的印象跟向日葵畫面的美麗
3 喜歡的契機與跟對心靈的作用
4 悲情電影和明亮向日葵之間的和諧

解說 播音員提問喜歡上向日葵的契機，女子的回答也提到契機，並且談論向日葵對自己的心理影響。

詞彙 覆いつくす：覆蓋 ｜ もの悲しい：悲傷 ｜ 湧き出る：湧現 ｜ 冒険心：冒險的心情

4番 Track 1-3-04

ラジオで女の人が話しています。

女：6月に北海道の富良野に行った友人から、ラベンダーティーをいただきました。ラベンダーは、古代ローマ時代から薬草として珍重されてきた「ハーブの女王」です。日本には、1930年代に入ってきたそうです。今では、日本でもすっかり馴染みになり、とても人気があります。私は、長年アロマセラピーを暮らしの中に取り入れていますが、ラベンダーオイルは、大変使用範囲が広く重宝しているので、いつも携帯しています。疲労回復にラベンダーオイルを嗅いだり、頭が痛い時にツボに直接すり込んだりします。ちょっとした怪我や、切り傷など

第4題

廣播中，女子正在講話。

女：我從六月去北海道富良野的朋友那裡收到了薰衣草茶。薰衣草自古羅馬時代以來一直被視為珍貴的草藥，有「香草女王」之稱。據說它是在1930年代傳入日本。如今，薰衣草在日本也已經成為人們非常熟悉的植物，而且非常受歡迎。我長期在日常生活中使用芳香療法，薰衣草精油的用途廣泛，十分方便實用，所以我都隨身攜帶。想要改善疲勞就聞一聞薰衣草精油，頭痛時就直接把薰衣草精油擦在穴道上。小傷或割傷時也很好用。因為有消毒的功能，所以可以幫助皮膚清潔，血也能更快止住。

があるときも、活躍してくれます。消毒作用があるので、肌を清潔にしてくれて、血も早く止まります。
最近は、認知症予防ということで、ラベンダーなどの香り入りのネックレスが売れているようですが、日常生活に香りを取り入れていけば、認知症になる確率は低くなるのではないでしょうか。

女の人は主に、ラベンダーの何について話していますか。

1 ラベンダーの花のお茶について
2 ラベンダーオイルの利用方法について
3 ラベンダーオイルの芳香成分について
4 ラベンダーの認知症治癒力について

最近，為了預防失智症，市面上似乎開始販售帶有薰衣草等香氣的項鍊。但如果將香氣融入日常生活中，應該能夠降低罹患失智症的機率吧。

女子主要在談論薰衣草的什麼方面？

1 有關薰衣草花茶
2 有關薰衣草精油的使用方法
3 有關薰衣草精油的芳香成分
4 有關薰衣草對失智症的治療能力

解說 起初都是在介紹薰衣草，但大部分內容是在討論薰衣草精油的好處。

詞彙 珍重：寶貴 ｜ 馴染みになる：變得熟悉、變得親近 ｜ 重宝：方便、實用 ｜ つぼ：穴道 ｜ すり込む：擦入、揉入 ｜ 認知症「痴呆（症）」：失智症 ｜ 治癒力：治癒能力

5番 Track 1-3-05

ラジオで男の人が話しています。

男：最近、外国人観光客が多くて、びっくりしています。日本の何に魅力があるのでしょうか？最近ネットでみつけた「外国人に聞いた日本のスゴイところベスト5」という資料によると第1位は「治安がよい」、第2位は「富士山」、第3位「温泉」、第4位「新幹線」、第5位「礼儀正しい」と続きました。日本人からみたら、「ふ～ん、なるほどな。」って感じかな。もしぼくだったら「100円ショップ」を上位に入れたいですね。とにかく、品揃えが半端じゃないし、地域によって違うものを売っていますし、ちょっとしたお土産を買うなら、ぜひ行ってみてほしいです。あと、スマホばかりにたよらないで、片言の日本語でもいいから、現地の日本人とコ

第5題

廣播中，男子正在說話。

男：我很驚訝最近外國觀光客這麼多。日本的魅力到底在哪裡呢？根據最近在網上找到的「外國人心中日本最棒的五個地方」，顯示出第一名是「治安好」，第二名是「富士山」、第三名是「溫泉」、第四名是「新幹線」、第五名是「禮貌」。以日本人的角度來看應該覺得「嗯……這樣啊」。如果是我的話，我應該會把「百元商店」放在前幾名吧。因為品項齊全的程度真的非常厲害，而且不同地區商品也會不同。如果想要買點紀念品，推薦一定要去看看。還有，希望大家不要只依賴智慧型手機，哪怕是簡單的日語也好，請試著跟當地的日本人交流吧。即使無法溝通，比手畫腳也可以。這可能會成為你最棒的回憶。

ミュニケーションをとってみてほしいです。通じなくても、ジェスチャーでもいいですから。それが一番の思い出になるかもしれません。

男の人は、どのようなテーマで話していますか。

1　ぼくが外国人にすすめたいこと
2　日本人のスゴイところベスト5
3　100円ショップのスゴイところ
4　外国人を連れて行きたい所5

男子正在討論哪個主題？

1　我想要推薦給外國人的事物
2　日本人了不起的地方前五名
3　百元商店厲害的地方
4　想要帶外國人去的五個地方

解説 雖然剛開始是以外國人感受到的日本魅力為切入點，但男子最後還是在談論自己想向外國人推薦的事物。

詞彙 治安：治安　｜　礼儀正しい：禮儀好　｜　品揃え：物品齊全　｜　半端じゃない：非常厲害　｜
片言：簡短的話、不完整的話語

6番　Track 1-3-06

大学の公開講座で清掃会社の社長が話しています。

男：日々掃除をしていると、はっと気づくことがあります。ふとした時に予想もしていないことに気づくのです。我々経営者が集まる会のイベントでは、研修としてトイレ掃除を行います。年を取ると怒られることが少なくなり、次第にふんぞり返ってしまう人がいます。そういう人にこそ謙虚になって、相手を思いやる心を育ててもらうために、あえて汚い便器を掃除してもらうのです。社長のように社会的地位のある人でも、トイレ掃除をする時はしゃがんで便器に顔を近づけなくてはなりません。普段の生活とは違う行動をすることで、自問自答する時間になります。また、毎日同じ景色を見ていても関心を持たないと気づかないこともあります。そんなきっかけになるのが、掃除だと思います。

第6題

在大學的公開講座上，清潔公司的社長正在說話。

男：每天打掃的話，偶爾會突然有所察覺。在不經意之間，注意到一些出乎意料的事情。在我們經營者聚會的活動上，會以打掃廁所當作研修項目。有些人上了年紀後比較少被他人責備，漸漸變成傲慢的人。為了要讓這樣的人能夠更加謙虛，並培養他體貼他人的心，我們特地安排他們打掃髒亂的馬桶。即便是當上社長這樣具有社經地位的人，在打掃廁所時也必須要蹲下來把臉靠近馬桶。透過這種與日常生活截然不同的行為，能讓人有機會自問自答。此外，即使每天看著同樣的景色，如果不加以留意，也可能會注意不到其中的細節。我認為打掃就能成為一個契機。

男の人はどのようなテーマで話していますか。	男子正在討論哪個主題？
1　お掃除イベントの開催	1　舉辦打掃活動
2　経営者のための掃除教育	2　為經營者舉辦的打掃教育
3　掃除による思わぬ効用	3　打掃帶來的意想不到效果
4　トイレ掃除が人間を育てる	4　打掃廁所能培養人性

解說　雖然打掃是大家都不想做的事，但男子在談論藉由打掃可獲得的收穫。他提到特意讓老闆等具備社會地位的人清理廁所，做些與日常生活不同的活動，能讓人獲得自我反省的時間。

詞彙　ふんぞり返る：傲慢　│　謙虛：謙虛　│　あえて：故意　│　自問自答：自問自答

問題 4　在問題 4 的題目卷上沒有任何東西，請先聆聽句子和選項，從選項 1～3 中選出最適當的答案。

例　Track 1-4	例
男：部長、地方に飛ばされるんだって。	男：聽說部長被派到鄉下去了。
女：1　飛行機相当好きだからね。	女：1　因為他非常喜歡飛機。
2　責任取るしかないからね。	2　因為他只能負起責任了。
3　実家が地方だからね。	3　因為他老家在那邊。

1番　Track 1-4-01	第 1 題
男：このサンドイッチ、なかなか食べごたえあるよね。	男：這個三明治蠻有嚼勁的耶。
女：1　はやく答えてよ。待ってるから。	女：1　快點回答啦，我在等你回答。
2　ごめん。今すぐには答えられないよ。	2　抱歉。現在沒有辦法馬上回答。
3　ボリュームたっぷりで、私はこれ一個で足りるよ。	3　分量相當充足，我吃一個就夠了。

解說　關鍵詞有兩個，「食べごたえある」是指「有嚼勁」，而「ボリュームたっぷり」則是指「分量十足」。

詞彙　なかなか：相當　│　足りる：足夠

2番 🎧 Track 1-4-02

男：すみません。両替していただけませんか。
女：1　ここでは両替していただけませんが。
　　2　ここでは両替していませんが。
　　3　ここでは両替させられませんが。

第2題

男：不好意思，可以幫我換錢嗎？
女：1　這裡沒有辦法請您幫我換錢。
　　2　這裡不提供換錢服務。
　　3　這裡不能讓您換錢。

解說　必須理解「〜ていただけませんか」，這是「請對方進行〜」的表達，因此答案是選項2。選項1是相同的表達，但這樣回答的話，會變成女職員拜託男子換錢，是錯誤的回答。

例　教えていただけませんか　請教導我

詞彙　両替：換錢

3番 🎧 Track 1-4-03

男：最近、ついてるんだ。
女：1　なに、宝くじでも当たったの？
　　2　早く取った方がいいんじゃないかしら？
　　3　へえ、もう着いたの？　早かったわね。

第3題

男：最近真是幸運。
女：1　什麼？你中樂透了嗎？
　　2　你趕快拿掉比較好吧？
　　3　是哦，已經到啦？真是快。

解說　「ついている」是「運氣好」的意思，選項2是針對「付く（附著）」的回答，選項3則是針對「着く（抵達）」的回答。

詞彙　宝くじに当たる：中樂透

4番 🎧 Track 1-4-04

女：今日はぽかぽかで、まさに小春日和ですね。
男：1　もうすぐ春だ。そんなに寒かったのにね。
　　2　11月の末だなんて、うそみたいだな。
　　3　そうか、もう梅雨入りか。

第4題

女：今天真暖和，真的像是春天般的溫暖晴天啊。
男：1　快要春天了，明明那麼冷呢。
　　2　都已經是11月底了，真是難以相信。
　　3　是喔，已經要進入梅雨季啦。

解說　「小春日和」是指「晚秋到初冬時如同春天般的溫暖晴天」，因為有「ぽかぽか（暖和）」這個詞彙出現，可能會與春天氣候搞混，所以要多加注意。

詞彙　まさに：正是、確實　｜　梅雨入り：進入梅雨季

56

5番 Track 1-4-05

女：あ、痛い、ひざすりむいちゃったよ。
男：1　もう手遅れだって。あきらめなさい。
　　2　皮はむかない方がいいよ。栄養分は皮にたくさんあるから。
　　3　あれ、やばいって。はやく消毒した方がいいよ。

第 5 題

女：啊！好痛！膝蓋擦傷了。
男：1　已經太遲了，放棄吧。
　　2　不要剝皮比較好哦。因為營養都在皮裡面。
　　3　哎呀，糟糕，最好快點消毒。

解說　「すりむく」是「擦破、磨破」的意思，常用表達是「ひざ（ひじ）をすりむく」，意思是「膝蓋（手肘）擦傷」。

詞彙　剥く：剝除｜手遅れ：太遲｜消毒：消毒

6番 Track 1-4-06

女：田村さん、どうかなさいましたか。
男：1　はい、どうかよろしくお願い申し上げます。
　　2　あ、大丈夫です。ちょっとつまずいただけですから。
　　3　いまさらそんなこと言ったってどうにもなりませんよ。

第 6 題

女：田村先生，怎麼了嗎？
男：1　是的，請多多關照。
　　2　啊，沒事，我只是絆了一下而已。
　　3　事到如今說那種話也沒有用了。

解說　「どうかなさいましたか」是「どうかしましたか（發生什麼事了？怎麼了嗎？）」的尊敬表現，用於詢問對方是否發生了什麼事情。

詞彙　つまずく：絆倒｜いまさら：事到如今

7番 Track 1-4-07

男：田中さんがいると雰囲気がぱっと明るくなるんだね。
女：1　ほんと、彼はネアカだから一緒にいるとこっちまで明るくなるね。
　　2　あ、いけない！電気つけっぱなしじゃないの？
　　3　昨日のパーティーはなかなか盛り上がらなかったわね。

第 7 題

男：田中先生在的時候，氣氛一下子就變得明亮起來呢。
女：1　真的，他本身就很開朗，跟他在一起的話，我們也會變得更開朗。
　　2　啊！不行！電燈沒關嗎？
　　3　昨天的派對實在是沒什麼氣氛呢。

解說　「ネアカ（根明）」是「根が明るい（天性開朗）」的縮寫，指帶給周圍的人快樂和歡笑，天性開朗的人。

詞彙 ぱっと：突然間、猛然 ｜ 盛り上がる：（事物、情緒的）高漲

8番 🎧 Track 1-4-08

男：恭子、机の下にもぐって何してるんだ？
女：1　今もぐったところだわ。もう少し時間が要ると思う。
　　2　机の上にもない。引き出しの中は見た？
　　3　鉛筆落としちゃって。兄さん、懐中電灯もってきてくれる？

第8題

男：恭子，妳鑽到桌子下面做什麼？
女：1　現在才剛鑽下去，還需要一點時間。
　　2　也沒有在桌上。你有找過抽屜裡嗎？
　　3　我不小心把鉛筆弄掉了。哥，你可以幫我把手電筒拿來嗎？

解說「潜る」是「躲藏、爬進物品底下」的意思。

詞彙 引き出し：抽屜 ｜ 懐中電灯：手電筒

9番 🎧 Track 1-4-09

男：泉さんはおっとりしてますね。
女：1　彼女は美肌で、化粧しなくてもきれいですね。
　　2　やっぱり育ちがいい人は違いますよね。
　　3　子供の頃から苦労ばかりしてますからね。

第9題

男：泉小姐真是穩重。
女：1　她皮膚很好，不化妝也美。
　　2　果然成長環境好的人就是不一樣啊。
　　3　因為從小就吃苦啊。

解說「おっとり」代表「穩重、沉著、大方且端莊的模樣」。對於有這樣氣質的人，回答「育ちがいい（成長環境好）」是較為恰當的選項。

詞彙 美肌：皮膚好

10番 🎧 Track 1-4-10

女：高橋さんは知らない人とでもすぐ友達になれるんですね。
男：1　ええ、気さくな人ですね。
　　2　ええ、勇気のある人ですね。
　　3　ええ、あわて者なんですね。

第10題

女：高橋先生跟不認識的人也可以馬上成為朋友耶。
男：1　對啊，他是個很爽朗的人。
　　2　對啊，他是個很有勇氣的人。
　　3　對啊，他是急性子的人。

解說 能夠迅速與人建立友誼的人用「気さくだ（爽朗、直率好親近）」來形容較為恰當。

詞彙 勇気のある：有勇氣 ｜ あわて者：急性子

11番 Track 1-4-11

女：中山部長が忘年会で、マイケルジャクソンのムーンウォーク踊ったんですって。
男：1　やっぱり中山部長はお人好しだからそうなると思ってたよ。
　　2　中山部長って、臆病者だからね。
　　3　え、そう？中山部長ってぜんぜん見かけによらないね。

第 11 題
女：聽說中山部長在尾牙上跳了麥可傑克森的月球漫步。
男：1　果然，中山部長就是因為太爛好人了，才會變成那樣。
　　2　中山部長真是膽小。
　　3　欸，是嗎？中山部長完全跟外表不一樣呢。

解說　「見かけによらない」是「與外表不同」的意思。

詞彙　お人好し：爛好人 ｜ 臆病者：膽小鬼

12番 Track 1-4-12

女：久しぶりの上天気ですね。
男：1　最近の天気予報ってあまり当てにしない方がいいよ。
　　2　そうだね。どこかドライブにでも出かけようか？
　　3　あんなに降ったのに、またかよ。もううんざりだ。

第 12 題
女：難得的好天氣！
男：1　不要太相信最近的天氣預報比較好喔。
　　2　是啊，要不要開車去哪裡兜兜風呢？
　　3　都已經下成這樣了，還要再下啊。真夠煩。

解說　由於提到「上天気（好天氣）」，所以提議去兜風的選項 2 為正確答案。

詞彙　当てにする：期待、依賴 ｜ うんざり：厭煩

13番 Track 1-4-13

男：森口さん、来週の出張の手配してくれた？
女：1　はい、もうしてあげました。ご心配なく。
　　2　はい、航空券もホテルももう予約済みです。
　　3　えっ、指名手配されてるんですか。いったい何をやったんですか。

第 13 題
男：森口小姐，妳有幫我準備好下禮拜的出差了嗎？
女：1　是的，已經替你安排好了，不用擔心。
　　2　是的，已經預約好機票跟飯店了。
　　3　咦？已經被通緝了嗎？到底是做了什麼？

解說　「手配」除了有「通緝」的意思之外，也有「準備」的意思。

詞彙　予約済み：已經預約 ｜ 指名手配：通緝

14番 🎧 Track 1-4-14

男：彼は引っ込み思案で悩んでいるそうだよ。
女：1　それではなかなか友達ができないと思いますが。
　　2　それはお気の毒に。最近忙しくなりましたか。
　　3　そういえば引っ越し来月だって言いましたよね？

第14題

男：聽說他因為性格內向而感到煩惱。
女：1　那我覺得他很難交到朋友。
　　2　真是可憐。最近變忙了嗎？
　　3　說到這個，你是說下個月搬家嗎？

解說　「引っ込み思案」是指「內向、不善於主動在人前表現或行動的性格，以及處於這種狀態的人」。如果是這種性格的話，回答「很難交到朋友」是很合適的。

詞彙　気の毒：可憐、悲慘

問題 5　在問題五中將聽到一段較長的內容。本大題沒有練習部分，可以在題目卷上做筆記。

第1題、第2題
在問題5的題目卷上沒有任何東西，請先聆聽對話，接著聆聽問題和選項，再從選項1～4中選出最適當的答案。

1番 🎧 Track 1-5-01

ホテルのオフィスで男の人と女の人が話しています。

女：お客様の佐藤様から、お部屋のリクエストメールが届いていますが。
男：ああ、そう。なんだって？
女：はい、お部屋は下の階にしてほしいそうです。できれば海に面したお部屋がご希望だそうです。
男：そうか。佐藤様には3階のオーシャンビューのお部屋をもうすでに割り振ってあるんだけどね。
女：そうですか。メールによると、奥様の腰の調子がよくないようで、時々は車椅子の利用が必要になるかもしれないそうです。
男：ああ、そうなのか。じゃ、1階の部屋の方がいいよね。でも、1階のオーシャンビューのお部屋は小さなお子様がいる家族のお客様に割り振っちゃったよ。

第1題

男子和女子正在飯店的辦公室說話。

女：我們收到客人佐藤先生的訂房需求郵件。
男：是喔。他說什麼？
女：他說希望房間在低樓層。可以的話希望能夠面海。
男：是喔。但已經將三樓的海景房分配給佐藤先生了耶。
女：是嗎？根據郵件內容，他太太的腰好像不太好，有時候可能需要用到輪椅。
男：啊，這樣啊。那一樓的房間比較好。不過一樓的海景房已經分給有小朋友的家庭客了。

女：1階のお庭に面したお部屋もふさがっているんですか。
男：うん、そうなんだよ。家族連れのお客様に割り振っちゃったんだ。
女：そうなんですか。でも、腰の悪い奥様の方を優先して差し上げたいですね。
男：まあ、そうだよな。
女：まだ、お客様にはお部屋の決定はお知らせしていないですよね。
男：うん、もちろんまだだよ。じゃ、ご希望通りにして差し上げようか。
女：はい、そうしましょう。メールでご返事しておきますね。

リクエストのあったお客様に用意するお部屋はどれですか。

1　1階の海の見える部屋
2　3階の海の見える部屋
3　1階の庭に面した部屋
4　3階の庭が見える部屋

女：一樓面對庭院的客房也滿了嗎？
男：是啊。都分給家庭客了。
女：是喔。不過還是希望優先分配給腰部不好的客人。
男：是啊。
女：還沒有通知客人房間的安排吧。
男：嗯，當然。那我們就按照客人所希望的提供給他吧。
女：嗯，就這樣吧！我來回信給客人。

為提出要求的客人準備的房間是哪一間？

1　一樓海景房
2　三樓海景房
3　一樓面對庭院的房間
4　三樓面對庭院的房間

解說　一樓房間全都分配給有小朋友的家庭了，但還未通知客人房間的安排，因此決定根據身體不適的客人的要求來安排。「部屋がふさがる」可以理解為「房間已滿、沒有空房間」的意思。

詞彙　～に面する：朝向、面向 ｜ 割り振る：分配 ｜ ふさがる：占滿 ｜ 優先：優先 ｜ 希望通り：按照所希望的

2番　Track 1-5-02

会社で男の人と女の人が話しています。

男：山田さん、悪いけど、この荷物、日本商事の伊藤さんに送っておいてくれる？
女：はい、わかりました。中味は製品カタログだけですか。
男：いや、先日お借りした傘も入っているけどね。
女：え、傘もですか。じゃ、宅急便にした方がいいですね。
男：うん、そうだね。

第 2 題

男子跟女子正在公司講話。

男：山田小姐，不好意思，可以麻煩妳幫我把這個包裹寄給日本商事的伊藤先生嗎？
女：好的，我知道了。裡面只有商品的型錄嗎？
男：不，前幾天向他借的傘也在裡面。
女：咦？也有傘啊。那最好用宅配寄送。
男：嗯，也好。

女：3時に集配が来るので、それに出せば明日には到着しますが、時間帯はどうしますか？

男：あ、ちょっと待てよ。伊藤さん、明日まで出張だって言ってたな。

女：じゃあ、もう一日あとの方が確実ですね。

男：うん、そうだね。明日でも会社だから、だれか受け取ってくれるだろうけどね。

女：そうですけど、一応、明後日にしておきますね。

男：どっちでもいいけどね。まかせるよ。

女：時間帯はどうするんですか？

男：そうだね。午後一くらいにしておいてよ。

女：はい、わかりました。

宅配便の到着はいつにしましたか。

1　明日の午後12時から14時の間
2　明日の午後14時から16時の間
3　明後日の午後12時から14時の間
4　明後日の午後14時から16時の間

女：三點會來收件，在那時寄出的話明天就會送到。要在哪個時段送達呢？

男：啊，等等。伊藤先生說他明天要出差。

女：那麼，再晚一天會更可靠一些。

男：嗯，對啊。不過即便是明天寄達，也是寄到他的公司，總會有人收的吧。

女：是沒錯啦，不過我還是先訂在後天好了。

男：都可以啦，交給妳囉！

女：那要指定哪個時段呢？

男：嗯，下午一點左右吧。

女：好，我知道了。

宅配送達日要指定什麼時候呢？

1　明天下午12點〜14點之間
2　明天下午14點〜16點之間
3　後天下午12點〜14點之間
4　後天下午14點〜16點之間

解說　宅配決定在後天送達，時間是「午後一」，一般來說「午後一」是指午餐結束後的第一堂課或勤務時間，大約是指下午1點，學生和上班族都會使用這個說法。

詞彙　中味：內容物 ｜ 宅急便：宅配 ｜ 集配：收件 ｜ 確実だ：可靠、確實 ｜ 受け取る：收到 ｜ 一応：姑且

第3題
請先聽完對話與兩個問題，再從選項1〜4中選出最適當的答案。

3番　Track 1-5-03

テレビで男の人が話しています。

男1：今、自転車が人気です。今日は自分に合った自転車の選び方についてお話しします。

　　まず、利用法を考えることです。まず、一番目は通勤や通学やお買い物など毎日の生活に利用する。

第3題

電視上，男子正在說話。

男1：現在腳踏車很受歡迎，今天就來談談如何挑選適合自己的腳踏車。

　　首先要思考用途。第一種是會用在通勤、上學或買東西等等的日常生活中。

62

2番目は長距離走行して、自然の中を快適に走りたい。3番目は、日常でも、上り坂が多い所を走ったり、重い荷物や子供を載せて走る。4番目はシニア用です。高齢になると、筋力が落ちたり、視野がせまくなるので、電動アシスト自転車がおすすめです。

以上の利用法が決まったら、自転車のお店に行って、実際にデザインや機能をお店の人と相談しましょう。便利な機能がついている物はやはり値がはりますから、予算も考えておきましょう。

…

男2：いいな。ぼくも新しい自転車、早く買いたいな。
女　：あら、高橋君、自転車、買い替えるの？
男2：いや、今のは通学用だから、山や海なんかには行けないじゃない。
女　：ああ、自然の中を走りたいわけ。いいわね。実は、私も自転車を購入するつもりなのよ。
男2：あれ、君も大学に自転車で来るじゃない。
女　：うん、実は母に新しい自転車をプレゼントするつもりなの。来月誕生日だから。
男2：ええ！すごいね。

質問1
男の人はどんな自転車を買うつもりですか。

1　通勤、通学用
2　長距離走行用
3　坂道利用
4　シニア用

質問2
女の人はどんな自転車を買うつもりですか。

1　通勤、通学用
2　長距離走行用
3　坂道利用
4　シニア用

第二種是要騎長程，想要享受在大自然奔馳的舒適感。第三種是在日常生活中使用，但是會騎在比較多上坡的地方，或是會載重物、小孩等。第四種是為老年人設計的。人年紀大時，肌耐力會降低，視野也會縮小，所以建議用電動輔助腳踏車。

確定好用途後，就可以到腳踏車店，和店員實際討論設計跟功能了。具有便利功能的產品價格通常較高，所以也要先考量預算喔！

…

男2：真好。我也想要趕快買新的腳踏車。
女　：哎呀！高橋，你想要換腳踏車啊？
男2：不是啊，現在的腳踏車是上學用的，又不能去山上或海邊那種地方。
女　：啊～所以你是想要騎在大自然中。不錯啊，其實我也打算買一台腳踏車。
男2：咦？妳大學的時候不也是騎腳踏車上學的？
女　：嗯，不過我其實是打算送媽媽一台新腳踏車，因為她下個月生日。
男2：是哦！真了不起耶！

問題1
男子打算買什麼樣的腳踏車呢？

1　通勤、通學用
2　長距離騎行用
3　爬坡用
4　老年人專用

問題2
女子打算買什麼樣的腳踏車呢？

1　通勤、通學用
2　長距離騎行用
3　爬坡用
4　老年人專用

解說　問題1：男子說他已經有上學用的腳踏車，接著想要在大自然中騎車。
問題2：女子大學已經騎腳踏車上學了，但她想要買新的腳踏車當作媽媽的生日禮物。

詞彙　上り坂：上坡　｜　値がはる：價格昂貴

我的分數？

共 ☐ 題正確

若是分數差強人意也別太失望，看看解說再次確認後重新解題，如此一來便能慢慢累積實力。

JLPT N1 第2回 實戰模擬試題解答

第1節　言語知識〈文字・語彙〉

問題 1　|1| 1　|2| 2　|3| 3　|4| 4　|5| 3　|6| 3
問題 2　|7| 2　|8| 1　|9| 4　|10| 3　|11| 2　|12| 1　|13| 4
問題 3　|14| 3　|15| 1　|16| 3　|17| 4　|18| 2　|19| 3
問題 4　|20| 2　|21| 2　|22| 2　|23| 1　|24| 4　|25| 3

第1節　言語知識〈文法〉

問題 5　|26| 2　|27| 4　|28| 4　|29| 1　|30| 1　|31| 1　|32| 3　|33| 2　|34| 2
　　　　　|35| 3
問題 6　|36| 1　|37| 1　|38| 2　|39| 2　|40| 2
問題 7　|41| 2　|42| 2　|43| 1　|44| 4　|45| 3

第1節　言語知識〈讀解〉

問題 8　|46| 2　|47| 3　|48| 4　|49| 1
問題 9　|50| 4　|51| 2　|52| 4　|53| 3　|54| 2　|55| 3　|56| 2　|57| 1　|58| 4
問題 10　|59| 4　|60| 3　|61| 2　|62| 2
問題 11　|63| 3　|64| 3
問題 12　|65| 3　|66| 3　|67| 4　|68| 4
問題 13　|69| 2　|70| 4

第2節　聽解

問題 1　|1| 3　|2| 3　|3| 1　|4| 2　|5| 4　|6| 1
問題 2　|1| 2　|2| 3　|3| 4　|4| 3　|5| 2　|6| 1　|7| 2
問題 3　|1| 4　|2| 3　|3| 1　|4| 2　|5| 4　|6| 2
問題 4　|1| 1　|2| 3　|3| 2　|4| 1　|5| 1　|6| 3　|7| 3　|8| 2　|9| 3
　　　　　|10| 2　|11| 2　|12| 1　|13| 3　|14| 1
問題 5　|1| 4　|2| 2　|3| 1　2　4

第2回 實戰模擬試題 解析

第1節 言語知識〈文字・語彙〉

問題 1 請從 1、2、3、4 中選出 ＿＿＿ 這個詞彙最正確的讀法。

1 まだ食べられるのに<u>廃棄</u>される食品が年間700万トンに上るという。
　　1　はいき　　　　2　へいき　　　　3　はっき　　　　4　へっき
　　明明還可以吃，卻被<u>丟棄</u>的食物聽說一年高達七百萬噸。

詞彙　廃棄(はいき)：丟棄 ▶ 廃れる(すた)：衰退、過時

2 妻にシャツのほころびを<u>繕って</u>もらった。
　　1　よそおって　　2　つくろって　　3　はかって　　4　ほうむって
　　請太太幫忙<u>修補</u>襯衫上的破洞。

詞彙　ほころび：破洞、裂縫｜装う(よそお)：穿戴、假裝｜繕う(つくろ)：修繕、修補 ▶ 修繕(しゅうぜん)：修繕｜葬る(ほうむ)：埋葬、遮掩

3 何事も先延ばしにしてしまう<u>悪癖</u>を直したい。
　　1　わるくせ　　　2　わるぐせ　　　3　あくへき　　　4　あくべき
　　我想改掉總是拖延事情的<u>壞習慣</u>。

詞彙　先延ばし(さきの)：拖延｜悪癖(あくへき)：壞習慣、惡習 ➕ 注意不要讀作「わるぐせ」。

4 青少年施設等でのボランティアを<u>志す</u>大学生が増えている。
　　1　はげます　　　2　いやす　　　　3　ほどこす　　　4　こころざす
　　以在青少年機構擔任志工為<u>志向</u>的大學生正在增加。

詞彙　励ます(はげ)：鼓勵｜癒す(いや)：治療｜施す(ほどこ)：施予、實施｜志す(こころざ)：以～為志向 ▶ 志(こころざし)：志向

5 スポーツマンの引退の中で、最も<u>潔い</u>のはお相撲さんではないかと思う。
　　1　あわただしい　2　わずらわしい　3　いさぎよい　　4　あさましい
　　在所有運動員的退役當中，我認為最<u>乾脆</u>的就是相撲力士。

> 詞彙　慌（あわ）ただしい：慌張 ｜ 煩（わずら）わしい：膩煩、麻煩、繁瑣 ｜ 潔（いさぎよ）い：乾脆、純潔 ｜
> 浅（あさ）ましい：卑鄙、下流

⑥ 鍋の中のお湯が沸騰したら、麺を入れてください。
　　1　ことう　　　　2　ひっとう　　　　3　ふっとう　　　　4　ふつどう
　當鍋中的水沸騰後，請放入麵。

> 詞彙　沸騰（ふっとう）する：沸騰

問題 2　請從 1、2、3、4 中選出最適合填入（　　　）的選項。

⑦ 安全を考慮し、従来の住宅では考えられない強い基礎工事を施したことで、沈没の被害を
　（　　　）ことができました。
　　1　それる　　　　2　まぬがれる　　　　3　おさめる　　　　4　とげる
　考量到安全性，實施了傳統住宅無法想像的強化基礎工程，藉此避免了沉沒的災害。

> 詞彙　考慮（こうりょ）：考慮 ｜ 沈没（ちんぼつ）：沉沒 ｜ 免（まぬ）れる：避免、擺脫（也讀作「まぬかれる」）

⑧ 学校側は学内で発生した暴力問題を、お金で（　　　）とした。
　　1　もみけそう　　　2　ぬかそう　　　3　ついやそう　　　4　ちぢめよう
　針對學校中發生的暴力問題，校方打算用錢掩蓋了事。

> 詞彙　もみ消（け）す：掩蓋、暗中了結（事件）、搓滅（煙蒂） ｜ 費（つい）やす：花費 ｜ 縮（ちぢ）める：縮減

⑨ 花火が上がると、自然に上を向く。落ち込んでいる時でも（　　　）、顔を上げれば少
　しは気が晴れるような気がする。
　　1　かえりみず　　　2　こころみず　　　3　ふりかえず　　　4　うつむかず
　煙火升空後，人自然會抬起頭。心情低落的時候也不要低著頭，抬起頭來似乎會讓心情稍
　微好一點。

> 詞彙　顧（かえり）みる：回頭看、回顧 ｜ 試（こころ）みる：嘗試 ｜ 振（ふ）り返（かえ）る：回頭、回顧 ｜ うつむく：低頭、俯首
> （↔あお向（む）く：向上看）

10 JR東日本では12日、午後以降の運行計画を発表した。台風3号の接近に伴う措置で、一部区間で運転の（　　　）が決定している。
　1　みだし　　　　2　みわたし　　　3　みあわせ　　　4　みつもり
　JR東日本在12號發表了下午以後的行駛計畫。這是因應颱風3號接近所採取的措施，部分區間的列車已決定暫停行駛。

詞彙　見出し：標題 ｜ 見渡し：瞭望、環視 ｜ 見合わせ：暫停、擱置 ▶ 見合わせる：擱置、延遲 ｜
　　　見積り：估價

11 これは、パソコンに接続したスキャナに本を載せてボタンを押すだけで、その内容を自然で肉声に近い（　　　）音声で読み上げてくれる装置です。
　1　きちょうめんな　2　なめらかな　3　こまやかな　4　はんぱな
　這個裝置是只要把書本放在跟電腦連接的掃瞄機上，並按下按鈕，就會以近似人聲的流暢聲音播出內容。

詞彙　几帳面な：認真的、一絲不苟的 ｜ 滑らかだ：流暢的、流利的（形容發音時）、平滑的（描述物品時）

12 私たちの約2年間の世界一周旅行も、いよいよ終盤に（　　　）としている。
　1　さしかかろう　2　よみがえろう　3　へりくだろう　4　いたわろう
　我們為期約兩年的環遊世界旅行，即將臨近尾聲。

詞彙　さしかかる：來到（某個地方）、臨近（某個時期） ｜ 謙る：保持謙虛 ｜ 労る：關懷、憐憫、體恤

13 最近、疲れとストレスがたまっているせいか、地面が揺れているような（　　　）感覚に襲われることがある。
　1　よちよちする　2　ふらふらする　3　はらはらする　4　ぐらぐらする
　最近可能是因為疲勞跟壓力累積，有時候會感覺一種地面晃動的搖晃感。

詞彙　よちよちする：東倒西歪 ｜ ふらふらする：步伐不穩 ｜ はらはらする：飄落貌 ｜
　　　ぐらぐらする：搖搖晃晃

問題3　請從1、2、3、4中選出與_____意思最接近的選項。

14 書籍は重い。CDとともにいつの間にか増えてしまい、転勤族にとってはやっかいな存在だ。
　1　あらたまった　2　はまった　3　こまった　4　つとめた
　書本真重，再加上CD，不知不覺就越來越多。這對於調職的人來說是一種麻煩的存在。

68

詞彙 厄介だ：麻煩、棘手的 ｜ 改まる：改善 ｜ はまる：合適 ｜ 困る：困擾 ｜ 勤める：任職

15 そろそろ出発の時間ですが、空港までのタクシーを手配してもらえませんか。
　　1　用意して　　　2　待たせて　　　3　修理して　　　4　逮捕して
差不多到出發時間了，可以幫我安排一輛到機場的計程車嗎？

詞彙 手配する：準備、安排 ｜ 逮捕する：逮捕

16 いつも冷静に見える人だったので、その反応は意外だった。
　　1　しずかに　　　2　つめたく　　　3　おちついて　　　4　ほがらかに
因為他一直看起來很冷靜，所以我對他那個反應感到驚訝。

詞彙 冷静だ：沉著、冷靜 ✚ 漢字是「冷静」，但日文還有「沉著」的意思，因此近義詞並非「冷たい（冷淡）」，而是「落ち着く（冷靜下來、沉著）」｜ 朗らかだ：爽朗、（氣候）晴朗

17 私も太田先生にならって、全力を尽くして臨床歯科医学の研究を世界に発信できるような教室を作っていきたいと考えている。
　　1　を手がけて　　　　　　　2　をお手上げにして
　　3　を手回しにして　　　　　4　を手本にして
我也想仿效太田老師，全力以赴打造一個能夠將臨床牙科醫學研究推向世界的教室。

詞彙 倣う：仿效 例 前例に倣う：仿效之前的例子 ｜ 手掛ける：著手 ｜ 手本：範本 ｜ 手回し：安排、籌劃

18 被災地の住民たちは、政府が認識を変えればただちに解決できると訴え、誠意ある対応を求めた。
　　1　かならず　　　2　すぐ　　　3　いつかは　　　4　じかに
受災地的居民主張只要政府改變觀念，問題就能夠馬上解決，希望政府給予善意的回應。

詞彙 訴える：訴求、主張 ｜ 直ちに：立刻、馬上 ｜ 直に：直接 例 シャツを肌に直に着る：直接貼身穿著襯衫（沒有穿內衣等）

19 強制節電でストレスを感じることなく、夏に親しみ、楽しみながら身の回りのむだをそぎおとしていこうではないか。
　　1　ちぢめて　　　2　あらためて　　　3　はぶいて　　　4　こころがけて
不要因為強制節電而感到壓力，應該輕鬆地親近並享受夏天，同時消除周遭不必要的浪費。

詞彙 そぎ落とす：消除、削減（不必要的部分）｜ 省く：省下 ｜ 心掛ける：謹記在心

問題 4 請從 1、2、3、4 中選出下列詞彙最適當的使用方法。

[20] 煩わしい　麻煩的、複雜的、讓人心煩的
1 最近高い年金や保険料納めているので、経済的に煩わしい。
2 煩わしい人間関係は苦手で、なるべく避けたい気分だ。
3 雑音に敏感な人は煩わしい子供の声や物音に苦情を言うかもしれない。
4 今年、鉄道内迷惑行為ランキングの最上位は「煩わしい会話やはしゃぎまわり」だそうだ。
1 最近因為要繳高額的年金跟保費，所以經濟上很煩躁。
2 我很不擅長複雜的人際關係，想要盡可能閃避。
3 對噪音很敏感的人，可能會抱怨麻煩小孩的聲音或是東西的聲音。
4 聽說今年在火車中最令人困擾的排名第一名是「麻煩的對話跟到處吵鬧的行為」。

解說　選項 1 改用「経済的に苦しい（經濟上較困難）」較適當。
詞彙　煩わしい：麻煩的、複雜的、讓人心煩的 ｜ 敏感：敏感 ｜ はしゃぎまわる：到處吵鬧

[21] 参照　參照、參閱
1 大学受験のためにいい参照書を薦めてもらいたい。
2 この件に関しては添付資料をご参照ください。
3 今回の案件は全員の意見を参照にして決定する。
4 この方法が役立つかどうか分からないが、あくまでも参照までに。
1 想要請你推薦一些適合大學考試用的參照書。
2 關於這件事情請參照附件資料。
3 本次案件將參照全員的意見決定。
4 雖然不曉得這個方法有沒有用，但僅供參照。

解說　選項 1、3、4 用「参考（下決定、判斷的根據）」較為恰當。
詞彙　参照：參照、參閱 ｜ 添付資料：附件資料

[22] 怠る　怠慢、疏忽、懈怠
1 事業報告書を怠ると、10万円以下の過料が科される。
2 法律で定められた義務を怠ることは禁じられている。
3 会議の効率性を向上させるために、まずしてはいけないことが時間を怠ることです。
4 彼女はいつも人との約束を怠る傾向がある。
1 如果怠慢事業報告書，將會被罰 10 萬日圓以下罰緩。
2 法律規定的義務不可怠忽。
3 為了要提升會議的效率，首先不能做的就是怠慢時間。
4 她總是有疏忽與人約定的傾向。

70

> **詞彙** 怠る：怠慢、疏忽、懈怠 ｜ 過料：罰緩 ｜ 科する：判處 ｜ 効率性：效率 ｜ 傾向：傾向

[23] いくぶん　　一部分、一點點
1　その目標をいくぶんなりとも達成することを専ら念願する次第だ。
2　父の病気は手術後、長年薬物療法も続けた結果いくぶん完治した。
3　親からの遺産の全額のいくぶんを寄付するつもりだ。
4　会社の運営に関する法律のいくぶんを改正する意見を出す。

1　我專心致力於實現那個目標，即使只是稍微達成一點點，也衷心期盼如此。
2　爸爸的病在手術後持續長年藥物療法，一部分完全治癒了。
3　我打算捐獻父母遺產全額的一點點。
4　對於公司營運的法律，提出意見修正一部分。

> **詞彙** いくぶん：一部分、一點點 ▶ いくぶんなりとも：只有一點點也… ｜ 専ら：專門、專心 ｜
> 念願：願望、希望

[24] 取り組み　　方案、措施
1　取り組み預金にご興味をお持ちの方はぜひ、読売銀行にご相談ください。
2　電子レンジの正しい取り組みを理解して使えば火事になることはない。
3　自分の考えや物事に対して論評したり、他のWebサイトに対する情報などを公開したりする取り組みをブログという。
4　ビジネス会議の生産性を高めるためにやるべき取り組みを紹介します。

1　對方案儲蓄有興趣的貴賓，請向讀賣銀行諮詢。
2　只要理解微波爐的正確方案再使用，就不會發生火災。
3　發表自己的想法或事物評論，或公開關於其他網站的資訊等方案稱為「部落格」。
4　向各位介紹提高商務會議生產力應該採取的措施。

> **詞彙** 取り組み：方案、措施 ｜ 論評：評論

[25] 曰く　　理由
1　会社に大きな損失を与えたのには何の曰くの余地もない。
2　国会議員としてとてつもない発言をしたと追及され、曰くに追われた。
3　あんなに仲がよかった二人が別れたのには、何か曰くがありそうだ。
4　江國香織の小説を読んで、曰く難い感銘を受けた。

1　給公司造成這麼大的損失，就沒有什麼好談的了。
2　身為國會議員說了荒唐至極的話而被追究，導致他忙於辯解。
3　感情那麼好的兩個人分手，總覺得好像有什麼原因。
4　讀了江國香織的小說，受到難以啟齒的感動。

> **詞彙** 曰く：(無法說出口的、隱瞞的) 理由、藉口 ｜ 余地もない：沒有～空間 ｜
> とてつもない：荒誕、荒謬

第1節 言語知識〈文法〉

問題 5 請從 1、2、3、4 中選出最適合填入下列句子（　　　）的答案。

[26] 私（　　　）、学生時代はこんな惨めな有り様ではありませんでした。
1　こと　　　　　2　とて　　　　　3　なり　　　　　4　もの
即使是我，在學生時期也不曾有過這麼慘的樣子。

文法重點！　✓ 名詞 + とて（も）：即使是〜（也）
詞彙　惨めだ：悽慘 ｜ 有り様：樣子、狀態

[27] 小さい子供（　　　）舌足らずの話し方をわざとする理由が分からない。
1　ならばの　　　2　ならだけの　　3　ならではの　　4　ならいざしらず
如果是小朋友倒也罷了，我實在不懂為何要故意用口齒不清的方式講話。

文法重點！　✓ A は（なら / だったら）いざしらず、B は〜：如果是 A 倒也罷了，但是 B 卻〜（A 和 B 是對比的內容）

詞彙　舌足らず：〈發音不清楚〉口齒不清

[28] こんな状況になった以上、あなたの釈明があって（　　　）と思います。
1　欠かせない　　2　やまない　　　3　までだ　　　　4　しかるべきだ
都已經到了這種地步，你應該做出解釋才對。

文法重點！　動詞て形 + しかるべきだ：應該〜、理應〜
詞彙　釈明：說明、解釋

[29] 人間の常識や気持を理解する人間型のロボットが登場するなんて、昔は想像（　　　）しなかった。
1　だに　　　　　2　だの　　　　　3　でも　　　　　4　では
居然出現能理解人類常識和情感的人型機器人，以前連想都沒想過。

文法重點！　✓〜だに
　　①名詞 + だにしない（連〜都不、甚至連〜都沒有）連接 名詞 + だにしない或名詞 + だに + 動詞ない形
　　②動詞原形 + だに（光是〜就已經〜）（主要連接「考える，思う，聞く，思い出す，想像する，口に出す」等）連接 動詞原形 + だに

72

詞彙　常識：常識、基本知識

[30] 30ページ（　　　）レポートをたった2時間で書くのはそもそも無理な話だ。
　1　からなる　　　2　にあって　　　3　に足る　　　4　ところを

要在短短兩個小時內完成一份由 30 頁構成的報告，這本來就是不可能的事情。

文法重點！　◎ 名詞 + からなる：由～構成、由～組成
詞彙　そもそも：本來

[31] バイトでお金を貯めた弟は「今がチャンスだぞ」と（　　　）、世界一周の準備を始めた。
　1　ばかりに　　　2　ばかりか　　　3　ばかりも　　　4　ばかりで

開始打工存錢的弟弟一副「現在就是機會」的樣子，開始準備環遊世界了。

文法重點！　◎ ～とばかり（に）：看起來像是～（實際上並未這麼說或做，但給人這樣的感覺）
詞彙　貯める：存錢

[32] 政治家（　　　）ものは国民の幸福のために働くという覚悟が必要だ。
　1　たりる　　　2　なりの　　　3　たる　　　4　ならではの

作為政治家，必須要有為了國民幸福而工作的覺悟。

文法重點！　名詞 + たる者：作為～的人、具備～資格的人（＊相似用法：名詞 + ともあろう者）
詞彙　幸福：幸福 ｜ 覚悟：覺悟

[33] 給料（　　　）待遇（　　　）、本当に恵まれた環境で仕事していますね。
　1　をとり / をとり　　　　　　2　といい / といい
　3　というか / というか　　　　4　をもち / をもち

無論是薪水還是待遇，你真的是在一個很優渥的職場裡工作呢。

文法重點！　◎ 名詞 A + といい + 名詞 B + といい：無論是～或是～
　　　　　　在同一主題舉出兩個例子做評論
　　　　　◎ ～というか～というか：該說是～呢，還是～呢（用於說話者難以斷定該怎麼說的情況）
詞彙　待遇：待遇 ｜ 恵まれる：形容生活條件、環境等方面的「豐富」和「富足」

34 今晩の飲み会は約束した（　　　）行かざるを得ないが、なるべく一次会で帰りたいものだ。
　1　てまで　　　　2　てまえ　　　　3　だけなって　　　4　ことに
　今晚的聚會因為是約好的，所以不能不去，但我想盡量在第一次聚會結束就回家。

文法重點！　☑ 動詞た形＋てまえ：由於～、因為顧慮到～
詞　彙　～ざるをえない：不得不～

35 たばこを止めて（　　　）、食欲が出て体重が増えた。
　1　からだといい　2　のでだと言って　3　からというもの　4　からであるもの
　自從戒菸後，變得更有食慾，體重也增加了。

文法重點！　☑ 動詞て形＋からというもの：自從～之後（表示某件事發生後，開始出現某種行為或變化）
詞　彙　食欲が出る：有食慾

問題6　請從1、2、3、4中選出最適合填入下列句子＿＿＿★＿＿＿中的答案。

36 新製品の展示会は札幌を　★　＿＿＿　＿＿＿　＿＿＿　いく予定だ。
　1　皮切り　　　　2　南下して　　　3　順繰りに　　　4　にして
　新產品的展示會預計以札幌為起點，按順序南下舉辦。

正確答案　新製品の展示会は札幌を皮切りにして順繰りに南下していく予定だ。
文法重點！　☑ 名詞＋をかわきりに（にして／として）：以～為首、為起點
詞　彙　順繰りに：依序

37 この案件に　＿＿＿　＿＿＿　★　＿＿＿　意見を聞かせていただきます。
　1　がてら　　　　2　つき　　　　3　参考　　　　4　みなさんの
　關於這個案件，作為參考的同時，順便請大家發表一下意見。

正確答案　この案件につき参考がてらみなさんの意見を聞かせていただきます。
文法重點！　☑ ～がてら：做～的同時順便～　連接 名詞＋がてら／動詞ます形（去ます）＋がてら
詞　彙　参考：參考

38 こちらがご注文になった　＿＿＿　＿＿＿　＿＿＿　★　よろしいですが。
　1　商品ですが　　2　召すと　　　3　お気に　　　4　お客様の
　這是您所訂購的商品，希望您能喜歡。

正確答案 こちらがご注文になった商品ですがお客様のお気に召すとよろしいですが。

文法重點! ◎ お気に召す：「気に入る（喜歡）」的尊敬表現

「召す」是「食う，飲む，着る，履く，買う，乗る」等動詞的尊敬語。

---

39 この体操は ＿＿＿ ＿＿＿ ＿＿＿ ★ 関節と筋肉を柔軟にします。
1　体を　　　　2　だけで　　　　3　動かす　　　　4　あべこべに

這個體操只需讓身體反向運動，就能夠讓關節跟肌肉變柔軟。

正確答案 この体操は体をあべこべに動かすだけで関節と筋肉を柔軟にします。

文法重點! ◎ 動詞原形 + だけで：光是～就、只需～就

詞彙　あべこべに：相反、顛倒

---

40 彼のプロポーズを ＿＿＿ ＿＿＿ ＿＿＿ ★ 今はいい奥さんになれるか心配だ。
1　ものの　　　2　にもまして　　　3　受け入れた　　　4　嬉しいの

雖然接受了他的求婚，但比起開心，現在更擔心能不能成為一個好太太。

正確答案 彼のプロポーズを受け入れたものの嬉しいのにもまして今はいい奥さんになれるか心配だ。

文法重點! ◎ 名詞 + にもまして：比～更加（一般來説，前面的名詞都是使用「前，以前，昨日，先週，先月，去年」等代表過去的詞彙，意思是「比先前更加、比以前更加」）

問題 7　請閱讀下列文章，並根據內容從 1、2、3、4 中選出最適合填入 41 ～ 45 的答案。

題目 P.74

　　每個人被請客都會感到開心。常說「擅長被請客的人也擅長被喜愛」，那麼你又是如何呢？周遭似乎有些人會不帶錢包就去喝酒，這裡面似乎有一些技巧。

　　如果想成為「擅長被請客」的人，以下有些行為是必須要做到的。41 首先要稱讚對方選擇的店或料理，並吃得津津有味。吃飽離開時，要笑著說「謝謝招待」感謝對方。到目前為止，這些技巧看起來可能蠻普通，但接下來才是重點。被請客的一方也要讓對方看到一點點的誠意。舉例來說，即使付的錢不多，也要好好地向對方道謝；42 或是下次碰面時，無論禮物多麼微小，都應準備一些來表達你的謝意；又或者是付餐後咖啡或茶的費用；隔天記得發簡訊感謝請客的人，這些行為會讓別人認為你非常「細心」。

第 2 回　實戰模擬試題解析　75

因此，為了要成為「擅長被請客」的人，不光只是說感謝，還要對別人請客這件事表現出真心的喜悦。停止認為地位高或經濟能力較好的人請客是理所當然的想法。如果你希望稍微分擔一些費用，反而會提升他人對你的好感。

然而，想要成為「擅長被請客」的人，不光只需要做到這樣而已，也必須要讓請客的人認為「我請你也沒關係」。比如說吃飯時好好傾聽對方說話，站在對方的角度，與對方聊天也是很重要的。

有句話說「錢是流動的」。或許這樣的行為看起來只是金錢交易，但其中牽涉著深厚的信賴關係。如果想要被對方請客，先試著主動請某位你信賴的人吧！

詞彙 誠意：誠意 ｜ 気が利く：細心、機靈 ｜ 欠かせない：不可或缺 ｜ 金は天下の回り物：錢是流動的 ｜ 絡まる：牽涉、糾纏

41
1 次の行動はやむを得ないと言われます
2 次の行動が欠かせないといいます
3 次のコツが望まれるのは当たり前です
4 次のコツが思い当たるはずです

1 聽説不得不做接下來的行為
2 以下有些行為是必須要做到的
3 下一個方法被期待是理所當然的
4 應該可以想像得到接下來要提到的方法

解說 這是掌握句子文脈的問題，開頭是說為了成為「擅長被請客」的人，後面則談到了幾項方法。

詞彙 やむを得ない：不得不 ｜ コツ：方法、訣竅 ｜ 思い当たる：想到

42
1 かっきり　　2 きちんと　　3 きっかり　　4 ずばり
1 清楚、明確　2 好好地　　　3 恰巧　　　　4 一語道破

解說 這是詞彙的問題，只要思考該如何表達感謝即可。

43
1 言うばかりでなく　　2 言ったついでに
3 言わんばかりに　　　4 言ったつもりで

1 不光只是說　　　　　2 說完順便～
3 彷彿要說出來似的　　4 以為已經說過

解說 若是想成為擅長被請客的人，表示感謝是理所當然的，被請客後也要表示喜悦之心。因此，表示「不只～」的選項1為正確答案。

76

| 44 | 1　少額なら自分で出したい
2　少額は自分でも払える
3　金額の負担はできるだけ分けたい
4　金額の負担は少しながら分けたい
1　如果金額不多就會想要自己出
2　金額不多自己也可以出
3　希望能盡量分擔費用
4　希望能稍微分擔一些費用

解說　前面提到要捨棄「地位高或經濟能力較好的人請客是理所當然的想法」，意思就是不要一味地想要讓別人請客，多少要分攤對方金錢上的負擔。

| 45 | 1　その相手から信用を得るようにひたすら努力しましょう
2　おごってもらえるようにモテましょう
3　まず信頼する誰かにおごってみましょう
4　おごってあげようという気持ちを持たせましょう
1　一心一意地努力贏得對方的信任
2　為了讓別人請客，努力讓自己受歡迎吧
3　先試著主動請某位你信賴的人吧
4　讓對方產生想要請客的心情

解說　前面提到「錢是流動的」，可能這樣的行為看起來只像是金錢的交易，但其實牽涉到很深厚的信賴關係。也就是說，不要一味地討好想要對方請客，自己也該試著請客。

詞彙　ひたすら：一心一意、只顧　｜　モテる：受歡迎

第 1 節　讀解

問題 8　閱讀下列 (1) ～ (4) 的內容後找出問題的答案，從 1、2、3、4 中選出最適當的答案。

(1)　　　　　　　　　　　　　　　　　　　　　　　　　　　　　　　　題目 P.76

　　日本郵政公社於 21 日，公告今年 10 月起，因應郵政民營化所推行的「郵儲銀行」現金自動櫃員機（ATM），一部分的手續費免費。免費的範圍是利用郵儲銀行的 ATM 進行郵儲銀行間的匯款作業。目前手續費為 120 日圓，今年 10 月 1 日起為期一年的時間都不收費。外界認為此舉意在塑造民營化後服務品質提升的形象。

另外，現行 30 日圓的公共費用繳費手續費，今後也將變更為「3 萬以下手續費 30 日圓、3 萬以上手續費 240 日圓」。雖然截至目前為止都無須負擔印花稅，但因民營化產生費用，實質上等同於漲價。另外，關於存款商品，預計於 9 月底停止獲益能力不佳的零存整付存款，以及照護定期儲蓄等商品。

[46] 以下何者符合本文內容？
1 郵儲銀行的存款商品手續費，自 10 月 1 日起免費。
2 郵儲銀行之間的匯款手續費，到明年 9 月 30 日為止免費。
3 郵儲銀行之間的匯款手續費停收，是因為獲益能力變差。
4 郵儲銀行之間的匯款手續費，從今年 10 月 1 日開始漲價。

詞彙
郵政公社（ゆうせいこうしゃ）：郵政公社 ｜ 民營化（みんえいか）：民營化 ｜ 発足（ほっそく）：啟動 ｜ 現金自動預け払い機（げんきんじどうあずけはらいき）：自動櫃員機 ｜
手数料（てすうりょう）：手續費 ｜ ～に伴う（ともなう）：伴隨～ ｜ 印象づける（いんしょうづける）：使～有印象 ｜ 狙い（ねらい）：目標 ｜
公共料金（こうきょうりょうきん）：公共費用 ｜ 払い込み（はらいこみ）：繳納 ｜ 印紙税（いんしぜい）：印花稅 ｜ 免除（めんじょ）：免除、免去 ｜
実質（じっしつ）：實質 ｜ 預金商品（よきんしょうひん）：存款商品 ｜ 収益力（しゅうえきりょく）：獲益能力 ｜ 積立貯金（つみたてちょきん）：零存整付存款 ｜
介護定期貯金（かいごていきちょきん）：照護定期儲蓄

解說 文章談到「現行の手数料は 120 円だが、今年 10 月 1 日から 1 年間に限って無料になる」，因此，明年 9 月 30 日為止不需要支付手續費。

(2)

題目 P.77

　　如果搭乘地鐵時發生地震，該怎麼辦呢？雖然地下的震動大約只有地面的二分之一，但首先應等待搖晃平息，同時冷靜依循站務員的指示行動。近期，地鐵車廂也可以連接網路，從這點來看，它比電車和單軌電車更為安全。只要出入口沒被堵住、或者沒有因為被困在黑暗的地下空間而引發恐慌，進而被湧向出口的人潮波及，待在地鐵的車廂甚至比走在路上還來得安心。然而，也有可能因為停電，通往逃生口的指示燈無法起作用，因此建議隨身攜帶體積小巧的筆型手電筒。即使在搭地鐵時遇到地震，也要告訴自己「地鐵其實意外地安全」，不要慌張，冷靜地採取行動吧！

[47] 這是關於什麼的文章？
1 地震發生時，從地底到地面避難的方法
2 地震發生時，防止地鐵內發生恐慌應該採取的措施
3 在地下鐵遇到地震時的心態
4 即使發生地震，地下比地面上安全，因此不用擔心

詞彙 揺(ゆ)れが収(おさ)まる：搖晃平息 | 冷静(れいせい)に：冷靜地 | 指示(しじ)：指示 | ～に従(したが)って：按照～ |
ネットがつながる：連接網路 | 出入口(でいりぐち)がふさがれる：出入口被堵住 |
地中(ちちゅう)に閉(と)じ込(こ)められる：被困在地底下 | ニックに陥(おちい)る：陷入恐慌 | 殺到(さっとう)する：蜂擁而至 |
誘導灯(ゆうどうとう)：指示燈 | かさばる：體積大 | 懐中電灯(かいちゅうでんとう)：手電筒 | 持(も)ち歩(ある)く：攜帶 |
言(い)い聞(き)かせる：説給～聽 | 焦(あせ)る：焦慮

解說 文章內容並非描述某個特殊事件，整體來說是關於搭地鐵發生地震時的應對內容，冷靜應對的態度很重要。

(3) 題目 P.78

「零閱讀」的現象正在蔓延。根據文化廳的調查結果，「一個月內連一本書都沒看」的日本人比例已經擴大到每兩人當中就有一位。本應勤勉讀書的大學生，買書的費用也持續減少。一天平均閱讀時間只有 26.9 分鐘，且有接近 40% 的大學生一天的閱讀時間為「零」。其中當然也有忙於打工跟念書而無法抽空閱讀的人，但最大的原因在於智慧型手機的問世。因為智慧型手機剝奪了閱讀時間，也取代書本，讓人無法放手。閱讀被認為有助於活化大腦，然而，現在的時代已經是利用手邊的智慧型手機就能夠輕而易舉連上網路，瞬間獲得大量資訊，也有人感嘆花時間細讀書本已經失去意義。此外，從智慧型手機使用時間與讀書時間的關係來看，每天使用手機少於 30 分鐘的人，表示讀書時間減少的比例為 7%，但每天使用手機超過 1 小時的人，這一比例則上升至 32%，顯示出手機使用時間越長，讀書時間越少的趨勢。那麼，工作或學習上的資訊透過網路輕鬆迅速地搜尋並收集，而閒暇時間則以閱讀度過，這樣的方式如何呢？

48 以下何者不符合本文內容？
1 相較於網路與手機可瀏覽的資訊量爆增，花費在讀書上面的費用逐漸減少。
2 近年來，比起利用閒暇時間讀書，花時間瀏覽網路與玩遊戲的人似乎增加了。
3 通訊機器的急速發展，電腦或智慧型手機這類物品逐漸取代讀書。
4 比起依賴網路尋找資訊，以書籍為媒介是更有意義的方法。

詞彙 勤(いそ)しむ：勤勉 | 書籍(しょせき)：書籍 | 時間(じかん)を割(さ)く：撥出時間 | 奪(うば)う：奪取 | 手放(てばな)す：放手 |
大脳(だいのう)：大腦 | 手元(てもと)：手邊 | 手軽(てがる)に：輕鬆地 | かつ：且 | 瞬時(しゅんじ)に：瞬間 | 膨大(ぼうだい)：大量 |
意義(いぎ)：意義 | 嘆(なげ)く：感嘆 | ～に上(のぼ)る：攀升至 | 素早(すばや)い：迅速 | 余暇時間(よかじかん)：閒暇時間 |
閲覧(えつらん)：瀏覽 | 代替(だいたい)：代替 | 媒介(ばいかい)：媒介

解說 最後一句提議在網路上取得工作與學習的資訊，因此在網路上取得資訊並非不好的方法。

(4)

　　民間企業員工的發明專利，應歸屬於誰呢？關於這個權利的討論正陷入白熱化的地步。政府因應企業與業界的訴求，希望透過修改法律將專利權定義為「公司所有」。然而勞動團體和國民輿論則是堅決反對，堅持該權利為「員工所有」，導致議題陷入僵局。

　　日本專利法於 1899 年制定，1909 年修法將員工發明的專利權規定為「歸屬於公司」。然而，考量獎勵員工發明是促進產業發展的基礎，也能夠因此提升國際競爭力，故 1921 年再次修法為「歸屬於員工」。

　　企業與業界認為，員工自公司領取薪資，且利用公司設備進行發明，其專利應屬於「公司所有」。但是這樣的主張隱含著可能削弱員工工作意願的風險，而工作意願被削弱的員工也不會提供產業所需的競爭力吧。

49 以下何者最符合本文筆者的主張？

1　筆者擔心員工會失去幹勁。
2　筆者主張日本法律應該修正。
3　筆者主張利用公司設備的發明應屬於公司的東西。
4　筆者主張發明的等價報酬應歸還公司。

詞彙 　籍を置く：設籍 ｜ 特許権：專利權 ｜ 属する：屬於 ｜ 議論が白熱する：討論白熱化 ｜
世論：輿論 ｜ 猛反発：猛烈反抗 ｜ 定める：制定、規定 ｜ 奨励：獎勵 ｜ 基盤：基礎 ｜
国際競争力：國際競爭力 ｜ つながる：有關聯 ｜ そぐ：削弱 ｜ 危うさ：危險 ｜ 潜む：隱藏 ｜
懸念：擔心

解說 　文章提到「社員の意欲をそぎかねない危うさも潜んでおり」，這是目前筆者的想法。

問題 9　閱讀下列 (1) ～ (3) 的內容後回答問題，從 1、2、3、4 中選出最適當的答案。

(1)

　　福岡縣的宗像市昨日宣布，未來會免費出借位於玄界灘筑前大島的市營大島牧場土地以及建物（共計 120 公頃）。7 月 10 日起開始公開召募租借者。這是希望民間提出能吸引觀光客的業務構想的一項嘗試。

　　舊大島村（2005 年與宗像市合併）於 1970 年，基於想要聘僱當地居民和振興畜牧業，開設了將牛隻的繁殖、養育一條龍化經營的村營牧場。1992 年更設置觀景台和風車，進一步朝觀光牧場發展。2005 年放牧牛隻 204 頭、售出 55 頭，但由於飼料費及人事成本增加，2004 年後每年持續虧損約 2000 萬日圓。該市決定放棄繼續經營虧損的牧場，並尋求能帶動島嶼振興的「一石二鳥」方案。

租賃對象不分個人、團體、法人，但條件設定為 1. 優先增加島嶼居民的就業機會 2. 不破壞自然景觀 3. 積極接待觀光客。11 月 30 日前填妥報名申請書中的必要事項，並附上企劃書及相關附件，提交至該市地區振興課即可完成報名。

[50] 關於「市營大島牧場的租借」，哪一項是正確的？
1　如果沒有擔保沒有辦法租借。
2　個人名義無法租借。
3　必須是當地居民。
4　不是用來飼養牛等動物。

解說　雖然經有過放牧飼養牛隻的經驗，但由於虧損而中止了。租借目的是為了「島嶼振興」，租賃條件不分個人、團體或法人。同時文章並未談論到選項 1 和 3 的內容。

[51] 文章提到每年持續虧損約 2000 萬日圓，以此結果而言，宗像市決定怎麼做呢？
1　宗像市決定活化牧場經營。
2　宗像市決定放棄牧場經營。
3　宗像市決定關注牧場經營。
4　宗像市決定斟酌牧場經營的未來。

解說　只要知道內文「赤字続きの牧場経営に見切りをつけ」中的「見切りをつける」是指「放棄沒有希望的事情」，就能知道決定放棄牧場了。

[52] 以下何者不符合本文內容？
1　虧損持續，不得不將市營大島牧場出租。
2　市營大島牧場曾一度嘗試推動觀光牧場化。
3　市營大島牧場原本以飼養牛為目的。
4　宗像市的最優先目的是發揮自然景觀價值。

解說　雖然自然景觀也在考慮範圍內，但最主要的目的仍然是保障居民的就業與吸引觀光客等。

詞彙　玄界灘：玄界灘｜牧場：牧場｜無償貸与：免費租借｜借り主：租借者｜誘致：招攬｜畜産振興：畜牧業振興｜繁殖：繁殖｜肥育：養育、養肥｜一貫経営：一貫化經營｜村営牧場：村營牧場｜展望台：觀景台｜風車：風車｜放牧：放牧｜飼料費：飼料費｜人件費：人事費｜コスト高：成本增加｜見切りをつける：放棄｜島興し：島嶼振興｜一石二鳥：一石二鳥｜損なう：損傷｜添付：附加｜添える：附上｜担保：擔保｜放棄：放棄

(2)

　在日本，海外旅行是從1970年代開始普及，1972年海外旅行的人數突破100萬人次。現在日本觀光客的禮儀在國際上風評很好，但當時海外旅行剛開始普及，日本人尚未學習旅遊者應有的禮儀。因此日本人大舉造訪國外時，①也常常做出令人反感的事情。

　不過，與其說是日本觀光客的禮儀問題，倒不如說是因為當時大部分的日本人對外國的生活習慣缺乏理解，且試圖將日本的生活習慣直接套用到國外的緣故。在日本被視為理所當然的某些行為，以外國人的觀點來看是很粗俗、失禮的事。剛開始的幾年，聽說有導遊為了說明設備使用方法以及當地規矩而到飯店每間房間進行說明。

　由於最近來日觀光的外國人遽增，這次換成日本人批評外國觀光客帶來的困擾，而且批評聲浪逐漸增加。為了規範外國觀光客所造成的擾民行為，櫻花市決定制定②禮儀條例案。聽說這個條例的目的是為了防止近年來，在市內頻傳的外國觀光客擾民行為。不過，因為這個條例的目的是提升禮儀意識，因此並未設置違反條例的罰則。

　櫻花市列舉的觀光客擾民行為主要有酒後胡鬧、半夜玩煙火、一邊走路一邊喝酒、未經許可的攝影、偷拍等。然而這個條例不只規範外國客人，於深夜（凌晨0點至日出）提供酒精飲品的情況，也會被納入此條例範圍。

　成長環境的差異是很大的，更何況當差異擴展到國與國之間時，這個鴻溝只會更加明顯。我們應該清楚地理解日本人的習慣與外國人習慣之間的不同，並正確認識到尊重當地生活習慣的重要性。

53　文中提到①也常常做出令人反感的事情，理由為何？
　1　當時日本觀光客會花很多錢，無論去哪個國家都受到當地人的歡迎
　2　當時大多數日本人都沒有學習基本禮儀，因此不斷和當地人有衝突
　3　當時大部分的日本人都認為自己國家的禮儀也適用於其他國家
　4　當時日本觀光客舉止粗俗，當地人因此輕視這些日本人

解說　下一行的「日本の生活習慣をそのまま外国で当てはめようとしたのが原因だった」是提示。

54　關於②禮儀條例案，哪一項是最正確的？
　1　為了防止去國外旅遊的日本人違反禮儀而制定的。
　2　為了提升來日觀光客的禮儀意識而制定的。
　3　為了紓解日本知名觀光地居民的不滿而制定的。
　4　為了防止國人前往知名觀光地時的擾民行為而制定的。

解說　內容提到「この条例案の狙いは、近年、市内で頻発している外国人客の迷惑行為を防止することにあるという」，意即目的是改善來日本的外國人的禮儀問題。

82

55 以下何者符合本文內容？
1 日本自海外旅行普及後，對於日本人禮儀的風評就很好。
2 禮儀條例案的目的是要防止外國觀光客的擾民行為，而這些條例正逐漸普及至日本各地。
3 根據禮儀條例案，應該避免在未經同意的情況下拍攝他人的臉部等。
4 在禮儀條例案規定了違反條例者的處罰，違規者將被要求支付罰款。

解說 禮儀條例案的內容提到禁止「無断撮影および盗撮」。而且這項禮儀條例案是在櫻花市執行，尚未遍及日本各個地方，因此選項2不是正確答案。

詞彙
一般化：普及化 ｜ 突破：突破 ｜ 歴史が浅い：歷史較短 ｜ それゆえ：因而 ｜
大挙して：大舉～ ｜ ひんしゅくを買う：令人反感 ｜ 当てはめる：套用 ｜
下品だ：低俗、庸俗 ｜ 邦人：國人 ｜ 徐々に：逐漸地 ｜ 狙い：目標 ｜ 頻発：頻頻發生 ｜
処罰：處罰 ｜ 罰則：罰則 ｜ 設ける：設置 ｜ 泥酔：爛醉 ｜ 暴れる：亂鬧 ｜ 盗撮：偷拍 ｜
生まれ育つ：出生成長 ｜ ましてや：更何況 ｜ とらえる：理解 ｜ 尊重：尊重 ｜
摩擦が絶えない：不斷衝突 ｜ 品がない：粗俗、沒品味 ｜ 侮る：輕視 ｜
来日する：來日本 ｜ 高揚する：提升（氣氛、士氣）｜ 不満を晴らす：紓解不滿

(3)
題目 P.84

　　有一次，我在翻看小學生兒子的課本時，感到非常驚訝。本以為不過是小學生的課本而已，結果竟然這麼深奧，讓我深深覺得現在的小孩非常辛苦。

　　現在回想起來，我是一個不會念書的小孩。數學特別差，背不住小二學的九九乘法，放學後大家都離開教室時，只剩我和老師兩人一起練習九九乘法。

　　二二四、二三六……一直反覆背誦。但是這種九九乘法的背法，似乎不是每個人都容易掌握，或許只是因為它不符合我的「認知特性」。

　　「認知特性」就是理解與記住事物的方法，每個人都不同。即使看到同樣的事物，理解以及反應也不一樣。另外，即使是同一個人，在視覺、聽覺、觸覺、味覺、嗅覺等五感也有差異。具體而言，例如有人不擅長處理視覺，只看圖表或圖畫無法理解其意義，但卻非常擅長對聽覺的處理，聽到聲音或語音便可順利解決問題。這與每個人所擅長的輸入、輸出方法有關。就像上述這樣，我們將每個人所擁有的獨特認知稱作「認知特性」。

　　根據小兒神經專科醫師的說法，每個人天生就具有不同程度的感官強弱。例如，因為視力或聽力的強弱不同，人們擅長的學習方法也會有所差異，進而導致學習熟練度的差異。另外「認知特性」在某種程度上是與生俱來的，很難大幅改變。雖然難以改變，<u>了解自己的特性也是非常有意義的</u>。

　　但可惜的是，現行的教育現場幾乎沒有考慮所謂的「認知特性」。我認為應該根據「認知特性」，努力設計出讓人輕鬆記憶的方法。

　　如果老師或父母知道我的特性，或許我就不用參加那些補習了。

| 56 | 筆者認為，自己為什麼會在放學後和老師單獨練習九九乘法？
1　天生的學習能力比其他人差
2　當時不曉得適合自己的學習方法
3　對反覆背誦有強烈的排斥，感到非常焦慮
4　當時的數學課本比現在的難上許多

解說　本文最底下的「もし先生や親が私の特性をとらえていたなら、あの補習もしないですんだかもしれない」是提示，筆者認為如果確實掌握認知特性並進行相應的學習，或許放學後就不需要練習九九乘法。

| 57 | 「了解自己的特性也是非常有意義的」，為什麼會這樣認為呢？
1　因為可以理解自己天生所擁有的感覺，能夠有自己的學習方式
2　因為對於找出適合所有小孩背誦九九乘法的方法很有幫助
3　因為透過把握自己的特性，能夠幫助身體各器官，特別是五感的發展
4　因為知道自己的特性有助於發揮個性

解說　本文中提到「小児神経専門医によると、人には生まれつき持っている感覚の強弱があるという。たとえば視る力や聴く力などの強弱により、得意な学び方に違いが生じ、これで習熟度の違いも生じるわけである」，也就是準確掌握認知特性後，便能知道適合自己的學習方法。

| 58 | 這篇文章中，筆者最想表達的為何？
1　只一味地反覆背誦九九乘法表，是無法讓小孩記住九九乘法的。
2　五感中擅長某一特定感覺的人，往往也會擅長其他感覺。
3　現在的小學生在學習的熟練度上各不相同，卻給每個人相同的學習量，這是不合理的。
4　在未來的教育現場中，最重要的是找到適合每個孩子的學習方法。

解說　一般來說，筆者最想說的話或文章的主題常常會出現在文章的最後。本文中的「『認知特性』に応じ、楽しく覚えられる方法を工夫する必要もあると思う」為決定性的提示。

詞彙　たかが：只不過｜～と思いきや：以為是～，結果卻｜今時：現今｜つくづく：深刻｜
思い返す：回想｜九九：九九乘法｜唱える：背頌｜暗唱：背誦｜認知特性：認知特性｜
物事：事物｜視覚：視覺｜聴覚：聽覺｜触覚：觸覺｜味覚：味覺｜嗅覚：嗅覺｜
独特：獨特｜小児神経専門医：小兒神經專科醫師｜生まれつき：天生｜強弱：強弱｜
視る：看｜聴く：聽｜習熟度：熟練度｜生まれながらに：天生｜有意義だ：有意義｜
考慮：考慮｜工夫：用心｜とらえる：掌握｜補習：補習｜欠ける：欠缺｜
いらだつ：焦躁｜先天的：先天的｜自己流：自己的方式｜区々な：各式各樣｜
把握する：掌握｜各器官：各個器官｜長ける：擅長｜当てはまる：適用、符合｜
探る：找尋

問題 10　閱讀下面文章後回答問題，從 1、2、3、4 中選出最適當的答案。

　　人們透過「和不同價值觀的人相遇、互相理解、互相認同」，進而更好地學習。

　　對於在日語學校學習的外國人而言，和日本人相遇、交談也是一個重要的學習過程。所謂「語言即文化」，文化本身就是創造社會的人的想法、對事物的看法。從超越教室這樣的社交圈，①與外部社交圈連結，「日語學習」才具有意義的觀點來看，日語學校作為日本人和外國人自由交流的場所，顯得格外重要。

　　留學生除了在教室上課外，也會到活動中心交流，放學後和當地居民一起參與志工活動，享受和日本人交流的樂趣。另外，有時候也會請當地居民來到教室進行訪客交流會。重視②這種接觸場合的日語教育，正因為是根植於當地的日語學校才能實現。

　　另一方面，當地居民也透過日語學校，與世界不同國籍與地區的人相遇、交談，發現各種不同的事物。一位年齡介於 70 至 85 歲的老年社團成員 M 先生眼睛閃閃發光地說「我今年 85 歲了。我覺得和台灣、韓國、俄羅斯的年輕人進行訪客交流會非常好玩！能夠和年輕人這麼快樂地聊天，互相分享自己國家的故事，真的很幸福，我的世界變得更廣闊了。人生還很長，我接下來想要認識更多國家的人。」

　　超越國家、世代、職業，互相分享想法、聊天與學習，我們可以實現「外國人和日本人作為相同的〈居民、市民〉互相尊重，建構出良好的人際關係」。與其說這是日本人和外國人的「國際交流」，應該說是人與人的交流接觸，也就是所謂的「人際交流」。

　　有鑑於此，為了能夠把日語學校當作〈共同學習的場所〉，以下提出兩個提案。

（1）日語學校跟自治團體合作，思考如何將地區居民的見識融入課程中，並創造共同企劃與經營活動中心活動的機會。

（2）日語學校和活動中心合作，思考如何發揮定居外國人的見解。這將有助於他們實現自我價值，並建立其＜歸屬感＞。

59　①與外部社交圈連結才會……是指什麼意思？
1　和日語學校所在地以外的都道府縣的日本人交流
2　在日語學校教室以外的地方和外國留學生接觸
3　和日語學校所在地以外的都道府縣的外國移民交流
4　在日語學校教室以外的地方和各種日本人交流

解說　意思是真正的日語教育不僅僅是在教室內進行，與日本人之間的關係，在教室外的互動也很重要。另外還談到外國留學生會前往當地活動中心和日本人交流、參加志工活動，以及訪客交流會等。

60	②這種接觸場合是指什麼？
	1　能夠邀請世界各國的人來日語教室的機會
	2　留學生拜訪當地的日本人家庭
	3　透過活動中心活動與當地日本人交流
	4　邀請當地年長者當講師的機會

解說　提示就在前面句子提到的「公民館（こうみんかん）に出（で）かけての交流活動（こうりゅうかつどう）、ボランティア活動（かつどう）、ビジター・セッション」，這些都是指外國留學生與日本人接觸的場合。

61	日本人和外國人交流有哪些優點呢？
	1　特別是對年長者而言，與年輕人接觸是促進健康和回春的良機。
	2　不只是外國人，對日本人來說也有許多學習的機會。
	3　日本人也可以透過跟外國留學生交流，增加就業的機會。
	4　留學生和日本人交流會對地方經濟產生貢獻。

解說　外國留學生與日本人交流乍看下只對留學生有好處，但事實上日本人也能從中獲得許多助益。「一方（いっぽう）、地元住民（じもとじゅうみん）も日本語学校（にほんごがっこう）を通（とお）して、世界各国（せかいかっこく）・地域（ちいき）から来（き）た人々（ひとびと）との出会（であ）い・語（かた）り合（あ）いを楽（たの）しみ、さまざまな気（き）づきを与（あた）えてもらっています」是提示。

62	筆者希望日語學校和自治團體應如何合作？
	1　希望提供實踐性的課程，幫助在日本的外國人未來在日本的就業。
	2　為了讓在日本的外國人實現自我，希望能與自治團體合作，共同經營相關活動。
	3　為了增加和當地居民接觸的機會，希望企劃共同課程。
	4　為了協助在日本的外國人生活，希望由地方自治團體負責相關事務的經營。

解說　最後一段談到日語學校可和自治團體或活動中心合作的活動，特別是透過與自治團體合作，思考「如何將地區居民的見解融入課程中」，並建議創造「共同企劃與經營活動中心活動的機會」。

詞彙　語（かた）らい：交談　｜　公民館（こうみんかん）：活動中心　｜　触（ふ）れ合（あ）い：交流　｜　愉（たの）しむ：享受　｜
　　　　ビジターセッション：訪客交流會　｜　根付（ねづ）く：生根　｜　〜がゆえに：因為〜　｜　築（きず）く：建構　｜
　　　　〜を踏（ふ）まえ：根據〜　｜　連携（れんけい）：合作　｜　知見（ちけん）：見解　｜　定住（ていじゅう）：定居　｜
　　　　居場所（いばしょ）：住所、棲身之處，在此引申為「歸屬感」　｜　移民（いみん）：移民

問題 11　下列 A 和 B 分別是不同的報紙專欄。請在閱讀文章後回答問題，從 1、2、3、4 中選出最適當的答案。

A

　　我認為許多媽媽都希望用母乳來哺育寶寶。對寶寶而言，能夠和母親肌膚相親，比較安心，也可以從母乳中獲得活的免疫細胞。既可預防過敏，也能夠促進下顎發育。

　　對母親而言，餵哺母乳可以促進子宮收縮，加速產後恢復，並促進於與寶寶之間的親密關係。此外，也能減少調配奶粉的麻煩，經濟上也更有幫助，因為不需要支付奶粉費用。另外，也可以減緩產後憂鬱，並降低罹患乳癌和卵巢癌的風險。

　　但是，小孩出生後完全沒有餵過奶粉的人，母乳有可能會從一開始就分泌過多，因此需要考慮這些因素，同時找出適合自己的哺乳方式。

B

　　應該大部分的媽媽都想要用母乳哺育寶寶吧。但是如果餵哺母乳，可能會因為無法掌握寶寶喝的量而感到不安，還有哺乳間隔短，無法長時間將寶寶交給他人照顧等問題。另外，如果母乳分泌狀況不正常會導致寶寶的體重無法增加。對母親而言，餵哺母乳可能會有乳房、乳頭的問題，而且必須注意自己攝取的食物，並且容易缺乏維他命 D。

　　如果以奶粉餵哺，爸爸也有機會餵小寶寶，享受帶小孩的喜悅。有些媽媽母乳分泌不足，所以找到適合夫妻倆的哺乳方式非常重要。或許母乳與奶粉互相搭配餵哺也不失為一個好方法。

63　A 與 B 分別從哪個角度討論「哺乳要用母乳還是奶粉」這個主題？
　1　A 只舉例母乳哺育對母子的好處，B 則是只強調奶粉哺育的優點。
　2　A 舉例奶粉哺育對母子的缺點，B 則是聚焦於母乳哺育的優點。
　3　A 主要舉例母乳哺育的優點，B 提及母乳哺育的缺點，同時說明奶粉哺育的優點。
　4　A 主要舉例奶粉哺育的優點，B 則只聚焦於母乳哺育的缺點。

解說　A 整體談論到母乳的優點，最後也指出了缺點；B 指出母乳哺育的缺點，同時也談到奶粉哺育的優點。

64　A 與 B 在「哺乳要用母乳還是奶粉」的議題是如何表述的？
　1　A 舉出母乳哺育對母子的缺點，B 則是舉出其優點，但兩者都建議混合哺育。
　2　A 為了推薦母乳哺育，舉出對母子的優點，B 則是全面否定並推薦奶粉哺育。
　3　A 舉出母乳哺育對母子身心的優點，B 則是舉出其缺點，但兩者都建議混合哺育。
　4　A 為了推薦母乳哺育，提出應注意的部分，而 B 補充其內容並建議結合奶粉哺育。

解說 A提到母乳的好處，強調母乳對母子身心健康的益處，B則主要是指出母乳哺育的問題，並談論奶粉哺育的優點。不過，A和B同樣都建議適當結合母乳與奶粉進行哺育。

詞彙 母乳（ぼにゅう）：母乳｜免疫細胞（めんえきさいぼう）：免疫細胞｜顎（あご）：下巴｜促す（うながす）：促進｜子宮収縮（しきゅうしゅうしゅく）：子宮收縮｜手間を省く（てまをはぶく）：省去麻煩｜マタニティーブルー：產後憂鬱｜乳がん（にゅうがん）：乳癌｜卵巣がん（らんそうがん）：卵巢癌｜1滴（いってき）：一滴｜分泌過多（ぶんぴつかた）：分泌過剩｜授乳（じゅにゅう）：哺乳｜預ける（あずける）：交給他人照顧｜乳房（にゅうぼう）（乳房）：乳房｜乳頭（にゅうとう）：乳頭｜焦点をあてる（しょうてん をあてる）：聚焦

問題 12　閱讀下面文章後回答問題，從1、2、3、4中選出最適當的答案。　　題目 P.90

汽車自動駕駛的技術正在開發當中。在高齡駕駛者事故增多引發擔憂的情況下，為了同時達成「事故減少」和「確保高齡者的交通方式」這兩項目的，社會對於透過軟體操控煞車、加速器、方向盤操作的「自動行駛」技術寄予厚望。

不過令人十分不安的部分在於大多數人是否對這項技術抱有正確的想像呢？這是因為用語和稱呼的定義不明確，也缺乏統一性。

首先，我雖然在這裡是寫為「自動行駛」，但外界往往會寫作「自動駕駛」「自主行駛」。雖然意思幾乎一樣，但從字面上給人的印象卻略有差異。

本來，要正確理解自動行駛（或自動駕駛等）究竟達到什麼程度的自動化，以及哪些部分如何「自動化」，就不是一件容易的事。

自動行駛技術是以能夠控制的項目分級，完全不需人類干預就能夠行駛的「完全自動行駛」屬於「level 5」或「level 4」，會有不同的判定是因為基準有好多種。

不管如何，以現狀而言還無法達到「完全自動」的程度，現在的「自動行駛」不過是協助或支援駕駛的功能，仍處於朝著實現完全自動行駛的過渡階段。

另一方面，也有很多對於「自動煞車」的誤解。根據日本汽車聯盟的調查，大多數人都「知道」自動煞車這個詞彙，但一問內容為何，不少人會對這項功能抱有過度期待，以為「不需人手操作，就能在障礙物前面煞車」。

然而，通常所稱的「自動煞車」正確來說應該是「減少碰撞損害的制動控制裝置」。它並不是百分百能夠避免碰撞，只能夠減緩損害的程度，這一點消費者尚未充分認知。

自動行駛技術確實讓生活更加方便、安全，但在現階段過度相信裝置所帶來的效果，將不斷出現駕駛不踩煞車而造成事故的案例。

為促進消費者的理解，需要將概念解釋得「清楚易懂」。應該考慮並統一一個能讓消費者準確、簡潔地了解自動行駛技術現狀的名稱。

同時，必須要清楚告知消費者「做得到」與「做不到」的事情。特別是對於高齡消費者，更要仔細教導有配置自動行駛技術的車輛與傳統車輛的異同，不要讓這些高齡消費者抱持過大期望。

（中間省略）

為了發展、運用自動行駛技術，還需要解決許多難題，例如整頓法律規範，以釐清事故發生時的責任問題。

　　為了要讓消費者參與這些議題，最重要的還是要統一用語並明確定義。

[65] 文中筆者描述現階段的「自動行駛」意思為何？
1　協助、或支援人類操作的功能，只有駕駛過程是自動的。
2　即使沒有人類操作也能運作，完全自動。
3　**協助、或支援人類操作的功能，尚未完全自動。**
4　即使沒有人類操作也能運作，幾乎完全自動。

解說　筆者提到『現状ではまだ「完全自動」のレベルに達してはおらず、今のところ『自動走行』とは、あくまで運転する人を補助・支援する機能」，也就是現在的「自動行駛」不過是協助或支援駕駛的功能。

[66] 筆者認為俗稱的「自動煞車」是指什麼呢？
1　在障礙物前能夠自動停車的安全裝置。
2　雖然是自動停車的裝置，但仍需要人的操作。
3　**能夠避開障礙物或是減緩碰撞損害的裝置。**
4　只能避開人類視野無法確認的障礙物。

解說　筆者表示許多人都誤解「自動煞車」的意思，自動煞車正確來說是「減少碰撞損害的制動控制裝置」，目前只是「減緩損害」的水準。

[67] 在這篇文章中，筆者最希望的是什麼？
1　繼續開發能完全自動行駛的技術，也希望用語能夠更清楚易懂。
2　希望汽車製造商將用語簡化，以便讓高齡者也能理解。
3　希望徹底制定完全自動行駛基準並進一步開發技術，同時希望簡化操作方法。
4　**希望汽車製造商明確統一用語及定義，避免消費者產生誤解**

解說　許多人都誤以為自動行駛無所不能，為了消弭這一類的誤會，汽車製造商必須明確統一用語和定義。

[68] 在這篇文章中，筆者主張為何？
1　汽車用語或定義的不同會成為事故的禍源，應盡快統一。
2　消費者不應該因為匆忙做出判斷而購買「自動駕駛技術」。
3　應該讓自動行駛更臻完美，以便減少事故與確保高齡者的交通方式。
4　**消費者對於「自動行駛技術」若抱持過度期待會很危險。**

解說 筆者提到「しかし現時点で装置を過信すると、運転者がブレーキを踏まずに事故に至るケースが続発しかねない、……過大な期待を抱かないような入念な説明」，也就是說，必須小心避免對自動行駛的過度幻想，不要太過於相信與期待自動行駛。雖然筆者說汽車用語必須統一，但並未說那是造成意外的原因。

詞彙
制御：控制	懸念する：擔心	軽減：減少	手段：方法	確保：確保	両立する：兼顧
操作：操作	呼称：稱呼	記す：書寫	微妙に：微妙	段階分け：分階段
いずれにせよ：不管如何	現状：現狀	～てはおらず：尚未～	あくまで：終究只是
補助：協助	～にむけた：朝著	連盟：聯盟	障害物：障礙物	過大評価：過度評價
通称：通稱	衝突：衝撞	制動：制動	必ずしも：未必	装置：裝置	過信：過度相信
続発：連續發生	～かねない：可能～	促進：促進	不可欠：不可或缺	簡潔に：簡潔地
搭載：搭載	丁寧に：仔細地	過大な：過度	入念な：細心、仔細的

問題 13 右頁是某家公司的商業文件。請閱讀文章後回答以下問題，並從1、2、3、4中選出最適當的答案。

69 收到這份文件的公司，接下來應該做什麼？
1 將故障的器材處理掉並試用替代品。
2 確認替代品後，將之前的器材寄回工廠。
3 負擔運費並將之前的器材寄回客戶服務中心。
4 用替代商品跟故障的器材進行比較。

解說 運動俱樂部使用的器材故障了，正巧庫存已經售罄，因此無法寄送相同型號的商品，但廠商可以寄送新型號的商品。另一方面也要求新型號商品送達後要仔細檢查並決定是否要使用新型號的商品，若決定使用，則要使用新型號商品的包裝將舊商品包裝後送回來。「代替品送付の包材をご利用いただき、～ご返送くださいますようお願いいたします」為關鍵句，注意廠商並非要求處理有缺陷的器材。

70 以下何者符合這個文件的內容？
1 主要目的為宣傳新產品。
2 新產品的介紹和感謝顧客支持。
3 故障的器材已經停止生產。
4 是針對客訴的道歉函。

解說 這是健康器材廠商發出的道歉函，由於運動俱樂部所購買的運動器材發生故障，廠商為此向對方表示歉意。同時作為處理措施，將寄送新型號商品。

（株）MIYABI 運動俱樂部

採購部 佐藤廣 先生

（株）日本健康器材 CREATES

客戶服務中心 川島 勉

敬覆

首先，非常感謝貴公司長期以來對敝公司健身器材的支持與厚愛。

關於您在使用「room walk 50」時產生的極大不快，我們對此由衷致上最誠摯的歉意。

非常抱歉由於「room walk 50」已無庫存，作為替代商品，我們將寄送新型號「room walk 55」給您，敬請查收。

此商品比以往的商品輕 0.5kg，組裝也更加容易，同時也附帶地板保護墊。希望貴公司的運動俱樂部能夠試用此商品，並期待您後續的使用感想。

此外，煩請您利用寄送替代品的包材，將手頭上的商品以收件人付費的方式寄回本中心三浦工廠，收件人為飯田健次（名片已隨信附上）。

我們會將您寄回的商品詳細調查，查明原因，並將其應用於今後商品的開發、製造，以及銷售。

同時，我們也將認真對待此次來自貴公司的寶貴意見。未來不僅會強化製造過程中的品質管理，還會更加注重流通階段，致力於將更優質的商品交到顧客手中。

今後也請您多多關照我們公司的商品。

敬上

詞彙

拝復：回信時開頭使用的問候語，敬覆	弊社：敝公司	詫びる：道歉	在庫切れ：無庫存
代替の商品：替代商品	ご査収：請查收	床保護マット：地板保護墊	試用：試用、測試
手数をかける：造成麻煩、造成困擾	包材：包裝材料	受取人払い：收件人付費
～宛：寄給～	究明：查明	所存：想法	真摯に：真誠地	受けとめる：接受、理解
何卒：請、敬請	愛顧：關照、關愛	賜る：賜與	敬具：信件結尾的問候語，敬上

第 2 節 聽解 🎧 Track 2

問題 1 先聆聽問題，在聽完對話內容後，請從選項 1～4 中選出最適當的答案。

例 🎧 Track 2-1

男の人と女の人が話しています。二人はどこで何時に待ち合わせますか。

男：あした、映画でも行こうか。

女：うん、いいわね。何見る？

男：先週から始まった「星のかなた」はどう？面白そうだよ。

女：あ、それね。私も見たいと思ったわ。で、何時のにする？

男：ちょっと待って、今スマホで調べてみるから… えとね… 5時50分と8時10分。

女：8時10分は遅すぎるからやめようね。

男：うん、そうだね。で、待ち合わせはどこにする？駅前でいい？

女：駅前はいつも人がいっぱいでわかりにくいよ。映画館の前にしない？

男：でも映画館の前は、道も狭いし車の往来が多くて危ないよ。

女：わかったわ。駅前ね。

男：よし、じゃ、5時半ぐらいでいい？

女：いや、あの映画すごい人気だから、早く行かなくちゃいい席とれないよ。始まる1時間前にしようよ。

男：うん、わかった。じゃ、そういうことで。

二人はどこで何時に待ち合せますか。

1 駅前で4時50分に
2 駅前で5時半に
3 映画館の前で4時50分に
4 映画館の前で5時半に

例

男子與女子正在講話，兩人幾點要在哪裡碰面呢？

男：明天要不要去看部電影？

女：嗯，好啊，要看什麼？

男：上禮拜上映的「星之彼方」如何？感覺還蠻有趣的。

女：啊，那部啊。我正好也想看。那我們要看幾點的？

男：等等哦，我現在用手機查……嗯……有5點50分和8點10分。

女：8點10分太晚了，不要這個時間。

男：嗯，也是。那我們要在哪碰面？車站前可以嗎？

女：車站前人太多，不好認人，要不要改在電影院前碰面？

男：但是電影院前的馬路又小，來來往往的車也很多，很危險的。

女：好吧，那就車站前吧。

男：好，那5點半左右如何？

女：不，那部電影很受歡迎，不早點去會買不到好位子，我們約電影開演1小時前啦。

男：好，我知道了。那就這樣吧！

兩人幾點要在哪裡碰面呢？

1 車站前 4 點 50 分
2 車站前 5 點半
3 電影院前 4 點 50 分
4 電影院前 5 點半

1番 Track 2-1-01

教養講座について話しています。女の人はこれからどうしますか。

女：今から教養講座の申し込みはできますか。私、華道を習いたいんですが。

男：あ、もちろんです。こちらに受講名と受講日時をお書きになってください。華道なら、毎週水曜日しか授業がないので、後は昼間なのか、夜間なのかを決めればいいです。

女：あのう、受講料のことですが、ここを見ると受講料は一週間に2000円って書いてあるから、今月の受講料は1万円ですか。

男：いいえ、5週間目の水曜日は休講になっております。あと、この講座は自分が参加する回数によって金額が決まります。そして8%の消費税が別途かかります。

女：あ、そうですか。

男：講師は芳賀先生です。もし、都合により、欠席される場合、事前にご連絡ください。

女：担当講師に直接連絡すればいいですか。

男：いいえ、こちら市民会館の教養講座の係の者に電話くだされば、担当講師にお伝え致します。

女：はい、分かりました。私一週間目の授業に出られそうにないから、受講料はこの金額で合っていますね。

女の人はこれからどうしますか。

1　欠席の際、事前に市民会館の担当講師に伝える
2　自分が希望する曜日や時間、回数を決める
3　受講料は全部で6480円払う
4　受講料は全部で8640円払う

第1題

兩人正在談論教養講座。女子接下來要怎麼做呢？

女：請問現在可以報名教養講座嗎？我想要學花道。

男：啊，當然。請在這邊寫上課程名稱跟上課時段。如果是花道的話，只有每週三有開課，您只要決定白天還是晚上就好。

女：那個，我想要請問學費。這邊費用寫每週2000日圓，所以這個月的學費是1萬日圓嗎？

男：不是，第五週星期三是沒有上課的。而且這個講座是根據個人參加的次數計算學費。另外會加上8%的消費稅。

女：哦，這樣啊。

男：講師是芳賀老師。如果因為個人狀況無法出席，請事先聯絡。

女：直接聯繫負責的講師就可以了嗎？

男：不，請打電話連絡市民會館的教養講座負責人，負責人會再轉告負責的講師。

女：好，我知道了。我可能沒有辦法參加第一週的課程，那學費是繳交這個金額對吧？

女子接下來要怎麼做呢？

1　缺席時會事先告知市民會館的負責講師
2　決定自己希望每週星期幾上課、時間、次數
3　支付共計6480日圓的學費
4　支付共計8640日圓的學費

解說　現在要做的是支付學費，每星期三上課一次，每次的學費是2000日圓，不過第五週的星期三停課，因此這個月有四堂課，女子說自己第一堂課無法參加，因此是三次×2000日圓＝6000日圓，另外加上消費稅8%＝480日圓，因此必須支付6480日圓。

詞彙　華道：花道　│　消費税：消費稅　│　別途：另外　│　都合：情況　│　係の者：負責人

2番 🎧 Track 2-1-02

子供の成績不振について話しています。女の人はこれからどうしますか。

女：うちの子の成績が上がらなくて、本当に心配です。もうじき高校生になるのにいったいどうしたらいいでしょうか。

男：学生の成績不振にはいろいろ原因がありますが。どんな子ですか。

女：やる気はまあまああるみたいですが、能力の問題なのか、家庭学習が不足しているのか、もう分かりません。友だちに学習塾を勧められたのですが、やっぱり通わせた方がいいでしょうか。

男：中学生や高校生というのは、どんなに成績が優秀な子でも、それほど家庭学習はしていません。あと、学習塾の問題はそう簡単に決めるものではありませんね。本人の意志にも関わるので。

女：子供が家で勉強するのは、当たり前ですよ。むしろ学校に宿題の量を増やしてほしいです。

男：勉強のやり方が悪いまま、勉強量だけ増やすのは根本的な解決策ではありません。今日からでも子供の勉強のやり方に興味を持って、効率はいいのか、宿題は作業化されてないのか、よく確認してください。

女：宿題の作業化って何ですか。

男：たとえばたくさん書かないと覚えられないとか、勉強する時間は長かったのに、頭に入っていないとかの意味です。一生懸命勉強するのが、単なる作業にならないように、親がそばでチェックしなきゃいけないんですね。

女：はい、分かりました。

女の人はこれからどうしますか。

1 子供のモチベーションをあげるために工夫する
2 成績不振の根本的な理由を取り除くために、子供を見張る
3 子供が書くという行動だけを繰り返さないように、注意を注ぐ
4 勉強が作業化しないように、子供を見守る

第 2 題

正在談論有關小孩成績不好的問題。女子接下來要怎麼做呢？

女：我們家孩子成績一直沒變好，我真的很擔心。他都已經快要升高中了，到底該怎麼辦呢？

男：學生成績不好的原因有很多種，他是什麼樣的孩子呢？

女：感覺他似乎是有幹勁，但我不曉得是能力問題，還是在家學習不夠。我朋友建議讓他去補習班，不知道是不是讓他去補習會比較好？

男：國高中生即使成績再優秀，也不太會在家學習。另外，是否送補習班的問題也不能輕易決定，這和學生本人的意願有關係。

女：小孩在家學習本來就是應該的啊，我還希望學校增加作業量呢！

男：如果他學習方式不對，只增加他的學習量，並非根本的解決對策。從今天起，請開始關心小孩的學習方式，好好檢視他效率好不好、作業是否變成了單純的工作。

女：「作業變成單純的工作」是什麼意思啊？

男：比如說如果不多寫就會記不起來，或是學習時間很長卻什麼也沒記住這樣的意思。父母必須在旁邊檢查，避免孩子拼命學習變成單純的工作。

女：好，我知道了。

女子接下來要怎麼做呢？

1 為了提高小孩的動力，想辦法進行調整
2 為了根除成績不好的根本原因，開始監視小孩
3 要小心避免小孩只是重複進行書寫這個行為
4 為了避免學習變成單純的工作，要觀察小孩的行動

解說 專家建議，必須防止作業變成單純的工作，因此應該在旁邊進行檢查，避免小孩只是重複書寫的行為。因為提到父母親必須檢查，因此注意觀察小孩的選項4並非正確答案。

詞彙 成績不振：成績不好 │ もうじき：快要 │ 意志：意志、意願 │ 根本的：根本的 │
解決策：解決對策 │ 効率：效率

3番 Track 2-1-03

男の人がケータイでのインストールの手順について質問しています。男の人はこの後、どうしますか。

男：あの〜、すみません。ウイルスモバイルのインストール手順を教えてもらえますか。

女：はい、かしこまりました。インストールの前にウイルスモバイルの動作環境を確認していただけますか。Android端末なら、仕様により、インストールにはSDカードが必要な場合があります。

男：あ、それ、確認したんですが、自分の端末はSDカードが要りません。

女：そうですか。それでは、ウイルスモバイルのカードを購入された方だったら、こちらのURLに入っていただくと、画面の赤いところをクリックするだけでダウンロードとインストールができます。

男：写真が出ているから、分かりやすいですね。あ、ちょっと待ってください。インストールされないんですが。「インストールがブロックされました。」というエラーメッセージがありますが。

女：その場合は、[設定]に入って、[提供元不明のアプリ]の項目に、チェックを入れてください。それからもう一度ダウンロードし直して下さい。

男：それでもインストールができません。

女：あ、そうですか。失礼ですが、ウイルスモバイルのカードはどちらで購入なさいましたか。

男：家の近くの家電量販店ですが。

女：家電量販店でカードをご購入の場合は下段の青いところをクリックし、アクティベーションキーを取得する必要があります。

男：なんか、とても複雑ですね。わかりました。

第3題

男子正在詢問有關在手機上安裝程式的步驟。男子接下來要怎麼做呢？

男：那個，不好意思。可以告訴我手機防毒程式的安裝步驟嗎？

女：好的，沒問題。在安裝之前麻煩您確認手機防毒程式的作業環境。如果是安卓系統，可能會因為型號不同而需要SD卡。

男：啊，我有確認過了，我的裝置不需要SD卡。

女：是嗎？那麼如果您是購買手機防毒卡，只需要進入這個URL，點選畫面紅色處，這樣就能夠下載及安裝了。

男：有照片說明真是清楚明瞭！啊，請等等。它沒有順利安裝耶。上面跳出「安裝已被阻止」的錯誤訊息。

女：這樣的話請進入「設定」，勾選「未知的應用程式」，再重新下載看看。

男：即便如此還是沒辦法安裝。

女：啊，是這樣嗎？不好意思，請問您的手機防毒卡是在哪裡購買的呢？

男：在我家附近的家電量販店買的。

女：如果是在家電量販店購買卡片的話，您需要點選下方的藍色處，取得啟動金鑰。

男：感覺有點複雜。我知道了。

男の人はこの後、どうしますか。

1 アクティベーションキーを生成しなければなりません。
2 アクティベーションキーを習得しなければなりません。
3 家電量販店に行って、アクティベーションキーを確認しなければなりません。
4 家電量販店に行って、アクティベーションキーを設定しなければなりません。

男子接下來要怎麼做呢？

1 需要生成啟動金鑰。
2 需要獲得啟動金鑰。
3 需要去家電量販店，確認啟動金鑰。
4 需要去家電量販店，設定啟動金鑰。

解說 起初可進行簡單的安裝，但手機防毒卡的購買地點不同，必須取得啟動金鑰，因此要先生成啟動金鑰。

詞彙 手順：步驟 ｜ 端末：設備、機器 ｜ アクティベーションキー：啟動金鑰 ｜ 取得：獲得 ｜
習得：學會、掌握

4番　Track 2-1-04

居酒屋のメニューを見て話しています。男の人は何を頼みますか。

女：えーと、とりあえず枝豆から頼もうかな。
男：今日は久しぶりに来たから、枝豆より、なんか珍しい物、食べようよ。
女：何言っているの。ビタミンやカルシウム、食物繊維を豊富に含んでいる上に良質のたんぱく質も含まれているから、女性にはいい食べ物よ。それから漬物かな。特にぬか漬けは一度でたくさんの野菜が食べられるから、栄養の宝庫って言われているよね。
男：へえ、詳しいんだね、なら、枝豆と漬物、次は……、あ、空揚げにしよう。
女：空揚げは止めようよ。もう夜も遅いし、最近体重が増えて気になるんだよね。亮太君も最近太り気味だって言ってたでしょう。だったら揚げ物は避けた方がいいんじゃない。
男：いやだよ。自分の好きなものばかり頼んで、ちょっとずるいと思わない。

第4題

兩人看著居酒屋菜單談話。男子要點什麼呢？

女：嗯，總之先點毛豆吧！
男：今天久違地來這裡，與其點毛豆，不如點個比較稀奇的東西來吃吧！
女：你說什麼呀！毛豆富含維他命、鈣質和膳食纖維，還有好的蛋白質，對女性是很好的食物。然後還有醃漬物，尤其是米糠醃漬物能夠一次攝取很多蔬菜，所以被說是營養寶庫呢！
男：哇，妳真了解！那就點毛豆跟醃漬物，然後點個炸雞吧！
女：不要點炸雞啦。都已經這麼晚了，而且最近變胖讓我有點在意。亮太不是最近也一直說自己好像變胖了嗎？那還是避免點炸物比較好吧？
男：不要，妳都只點自己喜歡的東西，不覺得有點狡猾嗎？

女：はい、はい、分かったよ。そんなに食べたいなら、軟骨あげはどう？カロリーも低めで、コラーゲンも含まれて、美容にいいらしいよ。しかもこのカリカリの食感がたまらないな。
男：おいおい、また自分の主張を押し付ける気？デザートは君に任せるからさ。

男の人は何を頼みますか。

1　枝豆、漬物
2　枝豆、漬物、空揚げ
3　枝豆、漬物、デザート
4　枝豆、漬物、軟骨揚げ、デザート

女：好，好，我知道了。如果真的那麼想吃的話，點炸軟骨如何？聽說熱量也較低，也有膠原蛋白，對美容很好哦！而且這種脆脆的口感真是好吃到受不了。
男：喂！妳又想把自己的想法硬塞給我嗎？點心的部分會讓妳點啦！

男子要點什麼呢？

1　毛豆、醃漬物
2　毛豆、醃漬物、炸雞
3　毛豆、醃漬物、點心
4　毛豆、醃漬物、炸軟骨、點心

解說　女子以健康為理由提議點毛豆、醃漬物，男子接受了提議。後來男子提議點炸雞時，女子則以變胖等理由反對，並且表示如果真的要吃，那就吃炸軟骨。但男子覺得女子老是堅持自己的主張，還說點心會讓女子負責點。換句話說就是男子要點炸雞。

詞彙　珍しい：稀奇、少有的　│　食物繊維：膳食纖維　│　たんぱく質：蛋白質　│
栄養の宝庫：營養寶庫　│　避ける：避免　│　ずるい：狡猾　│　押し付ける：強押

5番　Track 2-1-05

温泉旅行のクーポンについて話しています。男の人が払う金額や特典は何ですか。

男：25日にそちらの温泉に行くんですが、この前もらった黄色いクーポン使えますか。
女：はい、締切を過ぎていなければかまいません。そのクーポンは平日や休日は30％、土曜日は20％割引ですが、25日なら祝前日になりますね。
男：大人一人当たり1泊でいくらですか。
女：クーポンを使った金額で20,000円になっておりますが、これには1泊2食、税金やサービス料も含まれています。何名様ですか。
男：大人二人と、子供一人です。
女：小人の料金は小学生までが10,000円、中学生や高校生は15,000円になっております。

第5題

正在談論有關溫泉旅行的優惠券。男子要付的金額跟優惠是什麼呢？

男：我25號會去妳們那邊的溫泉，請問可以使用之前拿到的黃色優惠券嗎？
女：可以，只要沒有過期就能夠使用。用黃色優惠券平日或假日可享30%折扣，禮拜六為20%折扣，如果是25號的話，剛好是節日前一天。
男：一位成人住宿一晚多少錢？
女：如果使用優惠券，價格為20,000日圓，包含一晚兩餐、稅金跟服務費。請問有幾位呢？
男：兩位大人、一位小孩。
女：小孩的話，小學以下是10,000日圓，國高中生是15,000日圓。

男：じゃ、うちの子供はまだ5歳だから。あ、忘れてた。その日は姉の家族も一緒だから、いや～、これ相当の金額だな。

女：あ、大人が4人以上集まれば、さらに全体金額から5％割になり、カラオケを1時間無料で使えて、5人以上集まれば、高級イタリア産のワイン一本も差し上げています。それでは、大人4名様、小人2名様でよろしいですか。

男：はい、お願いします。でも、姉のところの息子はもう大学生です。

男の人が払う金額や特典は何ですか。

1 全部で115,000円払って、高級ワインをもらえる
2 全部で110,000円払って、カラオケを使える
3 全部で109,250円払って、カラオケでワインが飲める
4 **全部で104,500円払って、一日2食ついている**

男：那，因為我們家小孩才五歲。啊！我忘了，那天姐姐一家也要一起。哇……這樣會是很驚人的價格欸。

女：啊，如果可以湊到四位成人，這樣總價可以再折5％，還可以免費使用卡拉OK一小時。如果湊到五位成人，會贈送您一瓶義大利高級葡萄酒。那這樣是成人四位、小孩兩位嗎？

男：是，麻煩了。但是姊姊的小孩已經是大學生了。

男子要付的金額跟優惠是什麼呢？

1 總共要付115,000日圓，可以拿到一瓶高級葡萄酒
2 總共要付110,000日圓，可以使用卡拉OK
3 總共要付109,250日圓，可以在卡拉OK喝葡萄酒
4 **總共要付104,500日圓，並包括一天兩餐**

解說 成人五人是100,000日圓，加上五歲孩童10,000日圓，總共是110,000日圓，因為成人超過4人以上，所以總額會優惠5％，因此是104,500日圓。雖然有兩個小孩，但姐姐的孩子是大學生，必須以成人的費用計算。另外每人包含兩餐，且由於有4個成人，因此還能使用卡拉OK。

詞彙 特典：優惠 ｜ 締切：截止日 ｜ 割引：折扣 ｜ 相当の：相當的 ｜ 差し上げる：給予、贈送

6番 Track 2-1-06

新しく知り合った人について話しています。女の人はこれからどうしますか。

女：この前、知り合ったばかりの人からしつこくメールが来て戸惑っているの。

男：へえ、どんな人？

女：普通の銀行員だけど、最初は友だちの知り合いだから、食事の誘いとか社交辞令だと考えていたのに、どうも向うは本気みたい。

男：へえ、いいじゃない。付き合ってみたら。男性だって自分の気に入らない女性をむやみに誘ったりしないよ。

第6題

正在談論有關新認識的人。女子接下來要怎麼做呢？

女：之前剛認識的人不斷發簡訊給我，讓我很困擾。

男：咦？什麼樣的人？

女：普通的銀行職員。起初因為他是朋友認識的人，所以他約我吃飯什麼的，我都當作是客套話，但對方好像是認真的。

男：哎呀，不錯啊！跟他交往看看如何？我們男生也不會隨便約自己不喜歡的女性。

女：でも、私のタイプじゃないのよ。私はそろそろ結婚とか考えてまじめに人に接したいのに、彼はどこかチャラチャラしているっていうか、とにかく馴れ馴れしいんだよね。

男：「シャドー」って知ってる？心理学者であるユングが名付けた言葉で、人は誰でも自分がきらいで否定したい性質や考え方を持っているっていうことだよ。つまり、自分をいらいらさせたり、ムカムカさせる人がいるとすれば、自分もある程度その性質を持っているということだって。

女：違うよ、私はいつも堂々としてプラス思考だし、まあ、それから、誰にでもまじめで優しいし。

男：あ、マリちゃん、そう言いながら時々すごく冷たい時あるんだよね。まるで別人みたいに。

女：へえ、そうなの。全然気づかなかったけど…。

男：ほら、自分も自分のことがわからないんだよ。だから嫌いな人を含めていろんな人と付き合ってみるのが大切なんじゃないかな。

女：そうね。自分の性格や行動を客観的に見る必要はあるかも。

女の人はこれからどうしますか。

1 さまざまな出会いで本当の自分を見つける機会を持つ
2 知り合いの男性の誘いを受け入れ、交際を始める
3 自分を客観視するため、合コンを増やす
4 その知り合いの考え方が否定的か肯定的かを問わず、付き合いを続ける

女：但是他不是我的菜啊。我差不多該考慮結婚了，也想以認真的態度和人相處，但怎麼說呢，他好像有點輕浮，總之就是愛裝熟吧。

男：妳知道「陰影」這個概念嗎？這是心理學家榮格提出的詞彙，指的是每個人都有自己討厭或是想要去否定的性格、想法。也就是說，假設有一個人會讓自己煩躁或是生氣，那麼在某種程度上，自己可能也具備那樣的性格。

女：才不是呢！我一直都是很光明磊落、正向思考，而且認真又溫柔地對待大家。

男：嗯，麻里，雖然妳這麼說，但其實有時候妳會很冷淡，彷彿變了一個人一樣。

女：咦？是喔？我都沒有察覺。

男：看吧，自己也不會完全懂自己的。所以嘗試和各種不同的人來往，包括討厭的人，這也很重要不是嗎？

女：也對。或許需要從客觀角度審視自己的個性和行為。

女子接下來要怎麼做呢？

1 透過各種相遇讓自己有機會發現真實的自我
2 接受認識的男性的邀約，開始交往
3 為了要客觀審視自己，要多參加聯誼
4 不管那位認識的人的想法是正面或負面，都持續往來

解說 女子表示她不想再見面，因為她想要一段認真考慮結婚的關係。但男子建議她可以多與不同的人交往，從中更了解自己。

詞彙 戸惑う：困擾 ｜ 社交辞令：客套話 ｜ 本気：真心、認真 ｜ むやみに：隨便、胡亂 ｜ 接する：接觸、交往 ｜ チャラチャラ：輕浮 ｜ 馴れ馴れしい：裝熟 ｜ いらいらする：煩躁 ｜ ムカムカする：生氣 ｜ 堂々とする：光明正大 ｜ 合コン：聯誼 ｜ 問わず：不問、不論

問題 2　先聆聽問題，再看選項，在聽完對話內容後，請從選項 1～4 中選出最適當的答案。

例　🎧 Track 2-2

男の人と女の人が話しています。男の人の意見として正しいのはどれですか。

女：昨日のニュース見た？

男：ううん、何かあったの？

女：先日、地方のある市議会の女性議員が、生後7か月の長男を連れて議場に来たらしいよ。

男：へえ、市議会に？

女：うん、それでね、他の議員らとちょっともめて、一時騒ぎになったんだって。

男：あ、それでどうなったの？

女：うん、その結果、議会の開会を遅らせたとして、厳重注意処分を受けたんだって。ひどいと思わない？

男：厳重注意処分を？

女：うん、そうよ。最近、政府もマスコミも、女性が活躍するために、仕事と育児を両立できる環境を作るとか言ってるのにね。

男：まあね、でも僕はちょっと違うと思うな。子連れ出勤が許容されるのは、他の従業員がみな同意している場合のみだと思うよ。最初からそういう方針で設立した会社で、また隔離された部署で、他の従業員もその方針に同意して入社していることが前提だと思う。

女：ふ～ん、…そう？

男：それに最も重要なのは、会社や同僚の負担を求めるより、父親に協力してもらうことが先だろう。

女：うん、そうかもしれないね。子供のことは全部母親に任せっきりっていうのも確かにおかしいわね。

男の人の意見として正しいのはどれですか。

1　子連れ出勤に賛成で、大いに勧めるべきだ
2　市議会に、子供を連れてきてはいけない
3　条件付きで、子連れ出勤に賛成している
4　子供の世話は、全部母親に任せるべきだ

例

男子和女子正在講話。根據男子的意見，哪一個是正確的？

女：你有看昨天的新聞嗎？

男：沒有，發生什麼事情了嗎？

女：前幾天聽說某地方的市議會女議員，帶著剛出生七個月的長子來到議會。

男：咦，市議會嗎？

女：對啊，然後她和其他議員發生了一些爭執，造成了一場混亂。

男：那之後怎麼樣了？

女：嗯，結果因為議會開會延遲了，她受到了嚴重的警告處分。不覺得很過分嗎？

男：嚴重的警告處分？

女：對啊。明明最近政府跟媒體才說，為了要讓女性更加活躍，要創造可以兼顧工作跟育兒的環境。

男：嗯，我倒覺得有些不同。帶孩子出勤，是要其他員工都同意的情況才可以。比如說一開始就以這樣的方針設立的公司，或是與其他部門分開的部門裡，其他員工也同意這個方針後才加入公司的，我覺得這些是前提條件。

女：嗯～是喔？

男：而且最重要的是，與其先讓公司跟同事承擔，倒不如要先找孩子的爸爸幫忙。

女：嗯，或許是這樣。確實，只把子女問題交給媽媽一個人來處理也有點不對。

根據男子的意見，哪一個是正確的？

1　贊成帶孩子上班，應該要大大推崇
2　不可以把孩子帶去市議會
3　贊成有條件式的帶孩子上班
4　照顧孩子的責任應該全部交給母親

1番 Track 2-2-01

父親と大学生の息子が話しています。お父さんのアドバイスは何ですか。

男1：お父さん、友だちってたくさんつくった方がいいのかな？

男2：え！突然どうしたの？

男1：ある本によるとね。学生時代の友人はずっと長く付き合えるから積極的に友だちづくりをした方がいいって。また、違う本によるとね、社会に出ると一人の時間が減るから、大学時代は友だちと付き合うより、一人の時間を大切にした方がいいって。

男2：そうだね。いろいろな考え方があるよね。正は、今大学の１年生だね。

男1：うん、お父さんはどう思う？

男2：そうだな。お父さんの時は、そういうことは考えなかったな。友達は意識してつくらなくても、自然にできるもんだと思う。それで、気の合う人とはずっと長くつきあえるし。

男1：そうだよね。ぼくはあんまり友だち付き合いがうまくないしな。

男2：でも、いろいろな人と出会えるチャンスは意識して作った方がいいと思うよ。年を取ると出会いのチャンスが少なくなるからね。人との出会いが人生を決めるっていう場合が多いんだよ。でも、無理をすることはないよ。

男1：うん、わかった。

お父さんのアドバイスは何ですか。

1 若い時は、一人の時間を大切にした方がよい
2 若い時はいろいろな人に会った方がよい
3 学生時代は、多くの友達を作った方がよい
4 学生時代に、一生の友だちを見つけた方がよい

第 1 題

父親和大學生兒子正在講話。父親的建議是什麼呢？

男1：爸爸，朋友是交越多越好嗎？

男2：咦！怎麼突然問這個？

男1：有一本書上面說到的。學生時期交的朋友會一直長久交往下去，所以應該要積極交朋友比較好。但是另外一本書說，出社會後，個人的時間會減少，所以與其和大學時期的朋友來往，重視自己個人的時間比較好。

男2：嗯，有各種不同的想法呢。阿正現在是大學一年級對吧。

男1：對啊，爸爸覺得呢？

男2：嗯，爸爸以前沒有想過這樣的事情。我覺得朋友不需要刻意，而是自然就能夠交到。而且也可以跟比較合得來的人長久交往下去。

男1：是啊。我也不太擅長交朋友。

男2：但是最好要刻意去製造和各式各樣的人相遇的機會。因為上了年紀後，相遇的機會就減少了。與其他人的相遇往往會決定人生。不過不需要勉強啦。

男1：嗯，我知道了。

父親的建議是什麼呢？

1 年輕時，重視個人時間比較好
2 年輕時，和各式各樣的人相遇比較好
3 學生時期，最好交很多朋友
4 學生時期，最好找到能維持一輩子的朋友

解說 爸爸說年輕時認識多一點人比較好，但不需要勉強去交朋友。

詞彙 意識：意識 ｜ 出会い：相遇

2番 🎧 Track 2-2-02

男の人と女の人が話しています。男の人は、イライラする時どうすると言っていますか。

男：最近ストレスが多くてね。
女：私もそうだけど、大木さんは、例えばどんなストレス？
男：そうだね。いろいろあるけど、自分の言いたい事が、相手にうまく伝わらない時とか。
女：ああ、そういう時あるある。イライラしちゃうわよね。
男：うん、イライラしてまた同じことを繰り返しちゃって、ますます伝わらなくなっちゃう。
女：そんな時、どうするの？
男：相手に「ちょっと、待ってて」って言ってね、トイレに行って深呼吸をするんだよ。
女：大木さんは、えらいわね。私だったら、相手に対して怒っちゃうかも。

男の人は、イライラする時どうすると言っていますか。

1 同じことを何回もゆっくり言い続ける
2 相手に伝える努力を止めてトイレに行く
3 心を安定させるために大きく息をする
4 相手が理解しないので怒ってしまう

第2題

男子和女子正在說話。男子說煩躁的時候會怎麼做呢？

男：最近壓力好大。
女：我也是，不過大木先生的壓力是哪一種呢？
男：嗯，有很多種情況，比如說自己想說的話無法好好地傳達給對方的時候。
女：啊，確實有這種時候。會讓人很煩躁對吧！
男：對啊，煩躁會讓人一直重複同樣的事情，反而更無法傳達。
女：那這種時候你會怎麼做呢？
男：會先跟對方說「請等一下」，然後去廁所深呼吸。
女：大木先生真了不起。如果是我的話搞不好會對對方發火呢。

男子說煩躁的時候會怎麼做呢？

1 慢慢重複說同樣的事
2 停止努力傳達給對方，然後去廁所
3 為了讓心情平靜而深呼吸
4 因為對方不理解而發火

解說「トイレに行って深呼吸するんだよ」的「深呼吸」和「大きく息をする」是相同的意思。

詞彙 イライラする：煩躁 ｜ 繰り返す：反覆 ｜ 言い続ける：持續説

3番 🎧 Track 2-2-03

女の人が美容室に電話をしています。女の人はどうして男の美容師さんを選びましたか。

男：はい、K美容室、新井が承ります。
女：あのう。予約をしたいのですが。こちらの美容室は初めてです。

第3題

女子正在打電話給美容院。女子為什麼指定男美髮師呢？

男：您好，這裡是K美容院，我是新井。
女：那個……我想要預約，我是第一次來這家美容院。

男：はい、新規のお客様ですね。ありがとうございます。メニューはどうなさいますか。
女：はい、カラーとカットで。
男：本日のご予約でしょうか。
女：いいえ、明日の午後2時ごろがいいんですが。
男：はい、お取りできますが、美容師は女性と男性のどちらがよろしいでしょうか。
女：そうね。どちらでもいいけど、男性の方が技術が高い人が多いのかしら？
男：いいえ、そんなことはございません。当店のスタイリストの技術は両者とも保証できますので、ご安心ください。
女：そうですか。でも、男の人の方が女性をきれいにしてあげたいという気持ちが強いって聞くわね。
男：いいえ、女性も男性もお客様をきれいにして差し上げたいという気持ちは同じでございます。ただ、お客様によって異性の美容師は嫌だという方もいらっしゃるのでお聞きしました。
女：ああ、そういう人もいるわね。でも、私は今回は熱意のある男性でお願いします。
男：はい、かしこまりました。

女の人はどうして男の美容師さんを選びましたか。

1 男性のほうがカット技術が勝っているから
2 女性よりも男性のほうが優しい人が多いから
3 同性よりも異性の人のほうが好きだから
4 女性を美しくしたいという熱意があるから

男：好的，是新的客人對吧。謝謝您的預約。請問需要哪一個服務呢？
女：我要染髮跟剪髮。
男：要預約今天嗎？
女：不，我要預約明天下午兩點左右。
男：好的，幫您登記預約。美髮師要女性還是男性呢？
女：嗯，都可以，不過男性應該大多技術比較好吧？
男：沒有這回事哦！無論男女，我們店的造型師技術都能保證非常優秀，請放心。
女：是嗎？但是聽說男性會更想把女性打扮得更漂亮。
男：不，無論男女，把女性打扮得更漂亮的心情都是相同的。不過有些客人會不太喜歡異性的美髮師，所以我才問您。
女：嗯，也是有那樣的人啊。不過這次我還是希望是有熱忱的男性。
男：好的，我明白了。

女子為什麼指定男美髮師呢？

1 男性剪髮技術比較好
2 比起女性，男性比較多溫柔的人
3 比起同性，比較喜歡異性
4 因為有想讓女性變美的熱忱

解說 女子認為男性會更想把女性打扮得更漂亮。

詞彙 新規：新的 ｜ 保証：保證 ｜ 異性：異性 ｜ 熱意：熱忱 ｜ 勝る：勝過

4番 Track 2-2-04

女の秘書が航空会社に電話をしています。女の人が頼んだことは何ですか。

男：はい、アジア日本エアライン、予約発券部でございます。

第4題

女秘書正在打電話給航空公司。女子所拜託的事情是什麼呢？

男：您好，這裡是亞洲日本航空訂票部。

女：すでに、予約済みの航空券のことでお聞きしたいんですが。予約番号は1123です。

男：はい、ありがとうございます。5名様で予約が確認されております。

女：はい、実はその中の一人が急に行けなくなりまして…。その代わりに他の人が行くことになったんですが、搭乗者の変更はできますか。

男：申し訳ございません、航空券は他の方に譲渡することはできない決まりがあるんです。

女：ということは、搭乗者の変更はできないってことですか。

男：はい、さようでございます。行けなくなった方のキャンセルをしていただいてから、払い戻しをさせていただきます。新しい方の予約は新たに取っていただく必要がございます。

女：そうですか。では、まずキャンセルいたしますが、どうしたらいいですか。

男：ネット上からも、または今、このお電話で伺うこともできますが。

女：新しい予約も一緒にできますか？

男：はい、ただお電話でのご予約は手数料が発生いたしますが。

女：そうですか。取消料は発生しないんですね。

男：はい、さようでございます。

女：では、それだけお願いできますか。

女の人が頼んだことは何ですか。

1　予約済みの航空券の再確認
2　新しい搭乗者の航空券の予約
3　**予約済みの航空券のキャンセル**
4　航空券の払い戻し手数料の確認

女：我想要詢問已經預訂的機票。預訂號碼是1123。

男：好的，謝謝您。系統顯示您已經為5位乘客完成預訂。

女：是的，其實當中有一位突然無法去……會有另一位代替他去，所以能夠幫我變更乘客嗎？

男：非常抱歉，機票有規定無法轉讓其他人。

女：所以就是沒有辦法變更乘客？

男：是的，沒錯。請先取消無法前往者的預訂，之後我們會進行退款。新加入者需要重新進行預訂。

女：是喔。那麼我會先進行取消，請問該怎麼做？

男：可以透過網路進行，也可以現在透過這通電話為您辦理。

女：也可以同時預訂新的嗎？

男：是的，只是電話預定會收取手續費。

女：是喔。那麼取消費用不會收取吧？

男：是的，沒錯。

女：好，那就麻煩幫我取消就好。

女子所拜託的事情是什麼呢？

1　再次確認預訂好的機票
2　預訂新乘客的機票
3　**取消已預訂的機票**
4　確認機票退款手續費

解說　起初打電話的目的是變更乘客，但聽到規定不允許後，便決定要取消機票。取消後打算重新訂票，但因為聽說電話訂票會收取手續費，所以只拜託取消機票。

詞彙　予約済み：已預訂｜搭乗者：乘客｜変更：變更｜譲渡：轉讓｜さようでございます：沒錯｜手数料：手續費｜発生：產生｜取消料：取消費用｜払い戻す：退款

5番 Track 2-2-05

ホテルの会議室で男の人と女の人が話しています。男の人はアイデアの何が良いと言っていますか。

男：今日は、何かいいアイデアがおありだということで楽しみにしていました。

女：はい、5月のアフタヌーンティーのご提案なのですが。新茶の季節ですし、日本茶を使ってみたらいかがかと思いまして。

男：ほお、紅茶の代わりに日本茶を使うんですね。そうすると、サンドイッチもケーキも和風にするんですか。

女：いいえ、今のままのメニューでよろしいんですが、ただスコーンを日本茶を練り込んだパンに変えたら、いかがでしょうか。

男：ほお、日本茶を練り込んだパンにするんですか。

女：はい、薄緑色の美しいパンになりますし、日本茶は美白にも健康にも良い成分が入っています。

男：ああ、女性客が喜びそうですね。外国人にも受けそうだな。

女：はい、ちょうど5月になりますので、新緑の季節にピッタリの企画だと思うのですが、いかがでしょうか。

男：うん、なんか爽やかでよさそうですね。

男の人はアイデアの何が良いと言っていますか。

1 健康的な和風イメージ
2 季節感があるところ
3 メニューの斬新さ
4 ターゲット設定

第 5 題

男子和女子正在飯店會議室交談。男子說這個想法的哪一點很好？

男：我很期待今天妳會有什麼不錯的點子。

女：好的，是關於5月份的下午茶提案。因為已經進入新茶的季節了，我認為可以試試看使用日本茶。

男：哦～代替紅茶，改成使用日本茶啊。如此一來，三明治和蛋糕也都要改成日式風格囉？

女：不用，照目前的菜單就好，不過如果把司康換成加了日本茶的麵包，您覺得怎麼樣。

男：哦～要做成加了日本茶的麵包嗎？

女：是的，會變成淺綠色的美麗麵包，日本茶裡又有對美白跟健康不錯的成分。

男：啊，女性顧客應該會很開心吧。外國人應該也會蠻喜歡的。

女：是啊，剛好到了五月，我覺得是很適合新綠季節的企畫，您覺得呢？

男：嗯，好像很清爽，感覺不錯呢。

男子說這個想法的哪一點很好？

1 健康的日式風格形象
2 有季節感
3 菜單的創新
4 目標設定

解說 女子說這是適合五月新綠季節的企畫時，男子表示好像很清爽，感覺還不錯。所以答案是選項2。

詞彙 提案：提案 ｜ スコーン：司康 ｜ 練り込む：和入、揉入 ｜ 美白：美白 ｜ 成分：成分 ｜ ピッタリ：剛剛好 ｜ 企画：企畫 ｜ 爽やかだ：爽快、清爽 ｜ 斬新だ：嶄新、創新 ｜ 設定：設定

6番 Track 2-2-06

宅配会社の男の人とお客様の女の人が電話で話しています。女の人はどうして電話しましたか。

男：食料品の宅配、Ａコーポでございます。

女：はい、私そちらの野菜セットを利用しています大田と申します。

男：はい、いつもお世話になっております。

女：実は、昨日届けていただいた野菜なんですが、ちょっと問題がありまして。

男：はあ、どのような問題でしょうか？

女：あの、カボチャとトマトなんですけど、トマトの方は皮がシワシワで、中味の一部が黒くなっていたんです。全部ではないです。

男：ああ、そうでしたか。申し訳ありません。カボチャの方はどのような問題が？

女：カボチャは、中の方が白くなっていて、いくら煮ても柔らかくならないんです。その白い部分は、硬くて食べられませんでした。

男：そうでしたか。ご迷惑をおかけしました。それらの野菜に関しては返金させていただきます。

女：そうですか。

女の人はどうして電話しましたか。

1 野菜の一部が痛んでいたから
2 商品に不足の物があったから
3 野菜の全部が腐っていたから
4 野菜の料金を払いたくないから

第 6 題

宅配公司的男客服正和女客戶講電話。女子為什麼打了這通電話呢？

男：這裡是食品宅配 A 股份有限公司。

女：你好，我是有購買你們蔬菜組合的大田。

男：是，承蒙您的關照。

女：其實是關於昨天寄達的蔬菜，有一點狀況。

男：咦，是什麼樣的狀況呢？

女：就是南瓜跟番茄，番茄的皮很皺，裡面有一部分黑掉了。不是全部都這樣。

男：啊～這樣啊，真的非常抱歉。那南瓜有什麼問題呢？

女：南瓜的話，裡面是白色的，不管怎麼燉煮都不會變軟。那個白色部分硬到沒有辦法吃下去。

男：這樣啊。給您造成困擾了。關於那些蔬菜我們會退錢給您。

女：這樣啊。

女子為什麼打了這通電話呢？

1 因為有一部分蔬菜壞掉了
2 因為商品有缺
3 因為全部的蔬菜都腐爛了
4 因為不想要付蔬菜錢

解說 訂購的番茄並非全部都有問題，而是其中有些已經黑掉。南瓜則是有太硬的問題。

詞彙 シワシワ：皺巴巴 | 中味：裡面 | 返金：退錢 | 痛む：損壞 | 腐る：腐爛

7番 Track 2-2-07

男の学生と女の学生が話しています。図書館が混んでいる時は、どうしたらいいと言っていますか。

女：ねえ、きょうはずいぶん混んでいるわね。席がないわよ。

男：ホントだ。今日は子どもが多いね。夏休みの宿題のためかな？

女：ああ、もう夏休も終わりに近づいているしね。私達もそうじゃない。

男：うん、同じだね。どうする？席が空くまで、待っている？

女：どうしよう…？

男：すぐ、空けばいいけど、いつになるかわからないよね。

女：そうね。パソコンの利用だと、90分で画面が消えるようになっているのにね。

男：ああ、そうだね。同じ席では、それ以上は使えないんだよね。普通の席もそうすればいいのに。

女：そうよね。どうしてしないのかな？

男：さあ、いつもはそれほど混まないからじゃないかな？

女：そうね。しょうがないから、ちょっとロビーで飲み物でも飲んで待ちましょう。

図書館が混んでいる時は、どうしたらいいと言っていますか。

1　時期によって人数制限するのがよい
2　利用時間の制限を設けた方がよい
3　利用するのに、年齢制限するのがよい
4　利用回数の制限をした方がよい

第 7 題

男學生跟女學生正在說話。兩人在討論圖書館人多時該怎麼處理？

女：欸，今天人很多耶。沒有位子。

男：真的耶！今天小孩子好多。是不是因為要寫暑假作業啊？

女：啊，夏天也快結束了。我們不也是嘛。

男：啊，是一樣。怎麼辦？要等到有空位嗎？

女：怎麼辦呢……？

男：如果馬上有空位就好了，但不知道要等到什麼時候。

女：對啊。如果是用電腦的話，一到 90 分鐘螢幕就會自動關掉。

男：啊，是啊。同樣的座位上，超過那個時間就不能再用了呢。真希望一般的座位也能這樣就好了。

女：對啊，為什麼不這樣規定呢？

男：嗯，我想是因為平時不會這麼多人吧？

女：是啊，沒辦法，我們先去大廳喝個飲料等吧！

兩人在討論圖書館人多時該怎麼處理？

1　因應時期限制人數比較好
2　設置使用時間的限制比較好
3　限制使用者的年齡比較好
4　限制使用次數比較好

解說　圖書館的電腦使用時間限制為 90 分鐘，兩人認為如果人多時一般座位也能這樣執行就好了。

詞彙　混む：壅塞、人多 ｜ 制限：限制 ｜ 設ける：設置

問題 3 在問題 3 的題目卷上沒有任何東西，本大題是根據整體內容進行理解的題型。開始時不會提供問題，請先聆聽內容，在聽完問題和選項後，請從選項 1～4 中選出最適當的答案。

例　🎧 Track 2-3

男の人が話しています。

男：みなさん、勉強は順調に進んでいますか？成績がなかなか上がらなくて悩んでいる学生は多いと思います。ただでさえ好きでもない勉強をしなければならないのに、成績が上がらないなんて最悪ですよね。成績が上がらないのはいろいろな原因があります。まず一つ目に「勉強し始めるまでが長い」ことが挙げられます。勉強をなかなか始めないで机の片づけをしたり、プリント類を整理し始めたりします。また「自分の部屋で落ち着いて勉強する時間が取れないと勉強できない」というのが成績が良くない子の共通点です。成績が良い子は、朝ごはんを待っている間や風呂が沸くのを待っている時間、寝る直前のちょっとした時間、いわゆる「すき間」の時間で勉強する習慣がついています。それから最後に言いたいのは「実は勉強をしていない」ということです。家では今までどおり勉強しているし、試験前も机に向かって一生懸命勉強しているが、実は集中せず、上の空で勉強しているということです。

この人はどのようなテーマで話していますか。

1　勉強がきらいな学生の共通点
2　子供を勉強に集中させられるノーハウ
3　すき間の時間で勉強する学生の共通点
4　勉強しても成績が伸びない学生の共通点

例

男子正在說話。

男：各位，學習進展順利嗎？我想有許多學生因成績遲遲無法提升而煩惱吧。本來就已經不喜歡學習了，還不得不學，結果成績又沒提升，真是糟透了吧。成績無法提升的原因有很多。首先，第一個原因可以說是「開始學習之前需要花很多時間」。有些人遲遲無法開始學習，反而去整理書桌或整理講義。還有一種情況是，「如果沒有能在自己房間裡安心學習的時間，就無法學習」，這是成績不好的孩子的共通點。成績好的孩子則有一種習慣，就是善用等待早餐的時間、等浴室熱水的時間，或是睡前短暫的時間，也就是所謂的「零碎時間」來學習。最後，我想說的是，有些孩子「其實根本沒有在學習」。雖然表面上在家裡還是像往常一樣在學習，考試前也看似努力地坐在書桌前用功，但實際上卻沒有集中精神，而是心不在焉地學習。

這個人正在討論哪個主題？

1　討厭學習的學生的共通點
2　能讓孩子專心學習的祕訣
3　利用零碎時間學習的學生的共通點
4　即便學習成績也無法提升的學生的共通點

1番 🎧 Track 2-3-01

テレビで男の人が話しています。

男：人とペットの関係はびっくりするくらい前からなんですね。初めは今のような愛玩動物・ペットという存在ではなく使役動物でした。そうそう、ぼくが小さいころ、猫を飼っていましたが、目的はネズミを捕るためでした。今は時代が文明化され、猫や犬のような動物の役割が変わってきましたね。今の猫はネズミを捕まえるのでしょうか？美味しいペットフードを腹いっぱい食べさせてもらえるからネズミは必要ないでしょうね。現代社会は少子・高齢化、単身・核家族化が進み、人と人とのふれあいが減少してしまいました。それで、ペットは人にとってかけがえのないパートナー、大切な家族として役割を担うようになってきましたね。人はなぜペットを必要とするのか。ペットを飼う事によって、人の心身にもたらすメリットやその社会的・文化的貢献についても、学術レベルで研究が進められているとのことです。

男の人はどのようなテーマで話していますか。

1　家族としてのペット
2　ペット飼育の注意点
3　人間とペットの絆
4　**ペット飼育の効用**

第 1 題

電視上，男子正在講話。

男：人與寵物之間的關係居然從很久以前就開始了。一開始並非像現在這樣作為玩賞用或是寵物，而是當成勞役動物。對了，我小時候養貓是為了抓老鼠。現在時代愈來愈文明，貓或狗這類的動物所扮演的角色也逐漸改變了。現在的貓還會去抓老鼠嗎？飼主會給美味的寵物食品，讓寵物吃飽飽，所以也不再需要抓老鼠了吧。隨著現代社會少子化、高齡化，以及單身與核心家庭化的趨勢日益加劇，人與人之間的交流也減少了。因此，寵物逐漸成為人們無可取代的夥伴，也被視為重要的家庭成員，承擔起了新的角色。人為什麼需要寵物呢？據說學術界正在積極研究飼養寵物對人類身心所帶來的益處，以及社會和文化層面上的貢獻。

男子正在討論哪個主題？

1　當作家族成員的寵物
2　養寵物的注意事項
3　人類和寵物之間的羈絆
4　**養育寵物的功效**

解說　內容是在談論以前會飼養動物讓其協助勞動，但現代社會的家庭型態變更後，飼養寵物的目的也變了，並討論了飼養寵物所能帶來的效益。

詞彙　愛玩動物：玩賞動物　│　使役動物：勞役動物　│　文明化：文明化　│　役割：角色　│
捕まえる：抓捕　│　少子：出生率降低　│　単身：單身　│　核家族化：核心家庭化　│
ふれあい：接觸、交流　│　かけがえのない：無可取代　│　担う：擔負　│　貢献：貢獻　│　絆：羈絆

2番 Track 2-3-02

女の人が、寿司作り体験学校の校長にインタビューしています。

女：お寿司作りを体験できるプログラムは、今大変な人気で、特に注目すべきは、障害のある方や、病気の方々には特別なおもてなしをしているということですが、その辺のことを伺えますか？

男：はい、もともと自分の子供ががんを患っておりまして、私の寿司を食べた時の幸せそうな顔が忘れられませんでした。それが、このようなプログラムを作ったきっかけなんです。障害のある人も、病気の人もみんなが幸せになるために、人が人を思いやる社会を目指して、この取り組みをしています。

それに伴いまして、お子様や、障害のある方には、特にリーズナブルな料金で、お寿司作りを体験していただくことができるようになっております。

校長は主に何について話していますか。

1 プログラムの改善点
2 寿司作りと弱者の関係
3 プログラム作成の意図
4 子供との寿司の思い出

第 2 題

女子正在採訪壽司製作體驗學校的校長。

女：現在可以體驗做壽司的課程受到廣大歡迎，特別值得注意的，就是對於有障礙或是生病的人提供了特別的款待，可以請教一下這部分嗎？

男：好的。其實我自己的孩子罹癌，我無法忘記他吃著我的壽司時，那種幸福的神情。這就是開始這個課程的契機。為了讓有障礙的人和生病的人都能夠獲得幸福，我們致力於打造一個人人互相關懷的社會。

因此，我們特別提供了合理的價格，讓孩子和有障礙的人也能體驗製作壽司的樂趣。

校長主要針對什麼在談話呢？

1 課程改善點
2 做壽司跟弱者的關係
3 課程編排的意圖
4 和小孩的壽司回憶

解說 校長主要談論讓有障礙的人、生病者、孩童能以便宜的價格體驗製作壽司的契機。

詞彙 障害：障礙 ｜ おもてなし：款待 ｜ 患らう：罹患 ｜ 目指す：以～為目標 ｜ 取り組み：努力、對策 ｜ 伴う：伴隨 ｜ リーズナブル：合理的

3番 Track 2-3-03

ラジオで男の人が話しています。

男：世界的ゴルフプレーヤー・M選手のお母さまのお話です。『実力を発揮できるかどうかは、毎日の生活の仕方にかかっているんじゃないかと思います。例えば、「朝起きたらカーテンを必ず引

第 3 題

廣播中，男子正在說話。

男：這是世界級高爾夫球選手M選手的母親所說的話。「能不能發揮實力，關鍵在於每天的生活方式。比如『早上起床後一定要拉開窗簾』或是『每天都寫一點日記，哪怕只是短短

110

く」とか、「毎日、短くても日記をつける」とかいうように、どんな小さなことでも毎日、これをやるんだと目標を自分で決めて、コツコツ積み重ねていくことがやがて目に見えない自信につながっていくようです。』と話されています。これは、本当にその通りかもしれませんね。そういえば、映画評論家のＹさんの毎朝の日課は『今日は○月○日、今日という日は一度しかない。今日も一所懸命、ニコニコして生きていこう』とおっしゃるそうです。Ｙさんのあの笑顔は何十年もわたる日課の積み重ねから生まれたものなのでしょう。

的」，像這樣不管是多麼渺小的事情，只要設定一個目標，每天都去做，一點一點地累積下來，最終會轉化為看不見的自信。」她是這麼說的。搞不好真的是如此呢。説到這個，根據電影評論家Ｙ先生所説，他每天早上必做的事情，就是提醒自己「今天是○月○號，今天這一天只有一次。今天也要努力笑著過下去。」Ｙ先生的那個笑容，應該是幾十年來這個日常習慣積累的結果吧。

男の人はどのようなテーマで話していますか。

1 小さな努力が大きな力となる
2 実力を発揮させるための技術
3 人生は小さなことの積み重ね
4 小さな目標を捜す努力

男子正在討論哪個主題？

1 小小的努力能成為巨大的力量
2 為了發揮實力的技術
3 人生是小事情的累積
4 尋找小目標的努力

解說 從整體內容來看，就是要我們決定好每天日常生活中能做的事，並且養成持之以恆實踐的習慣，只要不斷累積這些微小的努力，對於我們的人生會有莫大的助力。

詞彙 発揮：發揮 │ コツコツ：一點一滴地、踏實 │ 積み重ねる：累積 │ やがて：不久 │
日課：每天必做的事 │ ニコニコ：微笑貌

4番 Track 2-3-04

大学で先生が話しています。

男：今日は多くの社会人の方にもご参加いただき大変ありがとうございます。当大学では、平成10年度より、当地区商工会議所のご協力を得て「地域社会に貢献する中小企業」というテーマでこの公開講座を開いております。おかげさまで、今年度で20回目を迎えることになりました。本学生にとっては正規授業となっております。本講座は、本校の教員に加えて地域で活躍しておられます中堅・中小企業の経営者や行政、マスコミ、経済団体など広い分野の方がたを特別講師にお迎えして、ユニークな講座をしていただいております。

第4題

大學裡，老師正在講話。

男：今天非常感謝許多社會人士的參與。本大學自平成10年以來，與當地商工會議所合作，開設了以「為地方社會貢獻的中小企業」為主題的公開講座。多虧各位的支持，今年來到第二十屆。對本校學生而言，這也是一堂正規課程。本講座除了本校教師外，也會邀請在地區發光發熱的中小企業經營者、政府部門人士、媒體、經濟團體等各領域的人士擔任特別講師，開設獨特的講座。

そのおかげで、多くの方からご支持をいただき、ご好評を得ております。今後も社会人の皆様の積極的な受講をお待ちいたしますと共に、受講生の間での交流が一層進みますことを期待しております。	也因此這門講座獲得了許多人的支持和好評。今後也期待各位社會人士能持續積極參與講座，並希望學員之間的交流能夠更加深入發展。
大学の先生はどんなテーマで話していますか。	大學老師正在談論什麼主題？
1　公開講座の歴史 2　公開講座の挨拶 3　公開講座の講師陣 4　公開講座の内容	1　公開講座的歷史 2　公開講座的致詞 3　公開講座的講師群 4　公開講座的內容

解說　起初在談論講座的起源，中間則談到哪些人會擔任講師，但沒有介紹詳細的講師陣容。此外，也沒有談到詳細的講座內容。因此，整體來說應該視為公開講座的致詞，而非強調介紹講師陣容。

詞彙　貢献：貢獻 ｜ 活躍：活躍 ｜ お迎えする：迎來 ｜ ユニークだ：獨特的 ｜ 支持：支持 ｜ 好評：好評 ｜ 一層：更加

5番　Track 2-3-05

ラジオで、女のＤＪが美術家の男の人にインタビューしています。

女：木村さんは、ずっと「自然と人間」というテーマで仕事をされてきたと伺っております。その辺のことをお話ししていただけますか。

男：はい、いつもそれを強く意識しながら作品を創ってきました。随分前ですが、ある美術館に中国の焼き物を見に行ったことがあります。焼き物を時代順に遡っていくと、いろいろな発見があります。漢、唐時代の焼き物はとても形の表現が豊かで、戦国時代の青銅器は何とも言えない雰囲気があります。しかし、一番最後に陳列されていた歴史上、よく分かっていない新石器時代の焼き物を見た瞬間、ぼくは思わず抱擁したくなるような衝動に駆られたんです。

女：なぜでしょうか。

男：それは自分でも分かりません。ただの焼き物ではなく、まるで生き物のように感じたんですね。

第 5 題

廣播中，女DJ正在採訪男性美術家。

女：我聽說木村先生一直以來都致力於「自然與人類」這個主題的工作。可以分享一下這方面的想法嗎？

男：好的，我在創作作品時，一直深深地意識到這一點。在很早以前，我曾經去某個美術館看中國的陶瓷。如果按照時代背景回溯，可以發現很多事情。漢、唐時期的陶瓷在形狀的表現上非常豐富，戰國時代的青銅器有一種說不上來的氛圍。然而，當我看到最後展示的來自新石器時代的陶瓷，那些歷史上至今仍無法完全理解的作品時，我不禁產生了想要擁抱它們的衝動。

女：那是為什麼呢？

男：我自己也不知道。那不僅僅是陶瓷，感覺它就像是一個活生生的東西。

その瞬間から、「我々生きている人間は、生きている物を創らなくてはいけない」と強く思ったことを覚えています。	我記得從那時起，我深刻地意識到「我們活著的人類，必須要創造出活生生的物品」。
男の人は主に何の話をしていますか。	男子主要在談論什麼呢？
1 歴史的な作品の不思議な雰囲気 2 美術家として表現してきた作品 3 歴史的な作品から学べることの多さ 4 美術家としてのテーマが決まった経緯	1 歷史作品的神秘氛圍 2 作為美術家所展現的作品 3 從歷史作品中能學到的許多東西 4 作為美術家確定主題的過程

解說 女子詢問以「自然與人類」為主題工作的經驗，男子開始談論他選擇這個主題的契機。

詞彙 意識：意識 ｜ 焼き物：陶瓷 ｜ 遡る：追溯 ｜ 豊かだ：豐富的 ｜ 陳列：陳列 ｜
抱擁：擁抱 ｜ 衝動に駆られる：受衝動所驅使 ｜ 経緯：事情的經過

6番 Track 2-3-06 / 第6題

テレビでアナウンサーがファッションアドバイザーにインタビューしています。	電視上，播音員正在採訪時尚顧問。
女：今や、注目度ＮＯ１のメールマガジンを運営されている川島さんに、まずはそのメルマガを始めたきっかけを伺います。	女：現在川島先生經營著最受關注的電子報，首先要請問您當初開始這個電子報的契機是什麼。
男：はい、ぼくは2年前に個人のウェブサイトを立ち上げました。ウェブマーケティングの仕事もしていたので、これを生かしつつ、そこに自分の好きな内容を組み込んでいこうと思いました。それで、ファッションを論理立てて説明するページを作ったんです。例えばＡとＢを合わせるとこんなシルエットになるということを知っていれば、誰でもオシャレになれると思うんです。でも、そういうことって、洋服の販売員でも教えてくれませんよね。それに感覚的には分かっていても言葉で分かりやすく説明するのは簡単じゃないんです。それで、ぼくが持っているその理論を公式化しようと試みました。かなり苦労しましたが、言語化してそれをウェブの記事にすれば役に立つ情報になるのではないかなと思いました。	男：好的。兩年前我建立了自己的網站。因為也有做過網路行銷的工作，所以我想利用這個經驗，同時融入我自己喜歡的內容。因此，我創建了一個以邏輯清晰的方式解釋時尚的網頁。比如說，只要知道Ａ跟Ｂ結合後會形成這樣的輪廓，那麼任何人都能變時尚。但是這些東西就算是服裝店的銷售員，也不會告訴我們。而且，儘管感覺上大家都能理解，但要用語言清楚地解釋出來也是很困難的。因此我才會試著把我會的理論以公式化呈現。雖然頗辛苦，但是我覺得只要將其以文字呈現在網站文章中，就能成為有用的資訊。

男の人はどんなサイトを運営していますか？	男子經營的是什麼樣的網站？
1　ファッション全般をアドバイスするサイト	1　提供整體時尚建議的網站
2　ファッションを論理的に解説するサイト	2　以邏輯方式解釋時尚的網站
3　ファッションセンスを磨けるサイト	3　培養時尚品味的網站
4　洋服販売員にファッション教育をするサイト	4　為服飾銷售員提供時尚教育的網站

解說　男子在說明自己經營的網站，他所提到的「ファッションを論理立てて説明するページ」是決定性的提示，「論理（を）立てる」在這裡是「以邏輯清晰的方式來解釋」的意思。

詞彙　運営：經營　｜　立ち上げる：設置、建立　｜　組み込む：融入　｜　感覚的：感覺上的　｜
理論：理論　｜　試みる：嘗試　｜　磨く：磨練

問題 4　在問題 4 的題目卷上沒有任何東西，請先聆聽句子和選項，從選項 1～3 中選出最適當的答案。

例　🎧 Track 2-4	例
男：部長、地方に飛ばされるんだって。	男：聽說部長被派到鄉下去了。
女：1　飛行機相当好きだからね。	女：1　因為他非常喜歡飛機。
2　責任取るしかないからね。	2　因為他只能負起責任了。
3　実家が地方だからね。	3　因為他老家在那邊。

1番　🎧 Track 2-4-01	第 1 題
女：辞書の取り寄せにはどれくらいかかりますか。	女：字典調貨大約需要多久時間呢？
男：1　そうですね、一週間くらいはみておいてください。	男：1　這個嘛，請預估大約一週左右。
2　消費税込みで 2500 円頂戴いたします。	2　需要跟您收取含稅價 2500 日圓。
3　それはもう取り上げないことにしましたが……。	3　那件事已經決定不再提起了……

解說　「取り寄せ」是指「另外訂購店裡沒有的物品、調貨」。

詞彙　取り上げる：提起、拿起

2番 Track 2-4-02

男：ぼく、年より老けて見える？
女：1　だれだって年はとるものだからしょうがないって。
　　2　お年よりは大切にしなきゃいけないでしょう。
　　3　う～ん、そんなことないって。年より若くみえるよ。

第2題

男：我看起來比實際年齡老嗎？
女：1　無論是誰都會變老，這是無可奈何的啊。
　　2　要好好珍惜年長者不是嗎？
　　3　嗯～沒有這回事。你看起來比實際年齡還要年輕喔！

解說　「老ける」是「年老」的意思，常用表達是「老けて見える」，意思是「看起來很老」。

詞彙　ものだから：因為～

3番 Track 2-4-03

男：すみませんが、これ百円玉に崩してもらえませんか。
女：1　へ～、お年玉たくさんもらってよかったんですね。
　　2　すみません。あいにく小銭を切らしたもんで。
　　3　山崩れで大変だったのによく逃げられましたよね。

第3題

男：不好意思，可以幫我換成一百日圓的硬幣嗎？
女：1　哇～拿到這麼多紅包真好耶！
　　2　不好意思，零錢恰巧用完了。
　　3　遇到山崩山崩這麼危險的情況，你居然能成功逃出來。

解說　「崩す」有多個意思，在這裡是「將大鈔換成零錢」的意思。另外也要記住「切らす」是指「用完、用光」的意思。

詞彙　お年玉：壓歲錢、紅包　│　あいにく：不湊巧、恰巧

4番 Track 2-4-04

女：うちの部内会議は隔月の第2水曜日ですよ。
男：1　それじゃ、先月なかったから明日になりますね。
　　2　効率を考えると毎月2回はちょっと多いと思いますが……。
　　3　いいえ、違いますよ。2階の奥の事務室ですよ。

第4題

女：我們部門的會議是隔月的第二個禮拜三哦！
男：1　那麼，因為上個月沒有開會，就是明天要開了。
　　2　考量效率，每個月開兩次有點多……
　　3　不是喔！是在二樓裡面的辦公室才對。

解說　「隔月」是關鍵，如果上個月沒有的話，就是這個月開會，並非每個月開會。

詞彙　効率：效率

第 2 回　實戰模擬試題解析　115

5番 🎧 Track 2-4-05

女：この額、どこに飾りましょうか。
男：1　居間はどう？
　　2　昨日買ったよ。
　　3　どこに置いたっけ？

第 5 題

女：這個匾額要裝飾在哪裡呢？
男：1　客廳如何？
　　2　昨天買的喔。
　　3　放在哪裡了？

解說 由於是在詢問「額（匾額）」要裝飾在哪裡，因此必須要回答場所。

詞彙 飾る：裝飾 ｜ 居間：客廳

6番 🎧 Track 2-4-06

女：アパートは、どんな間取りをご希望ですか。
男：1　やっぱり家賃は安いに越したことはないんでしょうが。
　　2　駅から近いところがいいですけど、そうなるとどうしても高くなるでしょうね。
　　3　できれば2LDKで、南向きの部屋があればもっといいですが。

第 6 題

女：您希望公寓是什麼樣的格局呢？
男：1　果然還是租金便宜最為理想。
　　2　我希望離車站近一點的地方，不過這樣的話租金一定會變貴吧。
　　3　可以的話希望2LDK，若有朝南的房間會更好。

解說 「間取り」是指「房間的格局、配置」。
2LDK 是 2 個房間，以及客廳、餐廳和廚房各一的房間格局。L ＝リビング（客廳），D ＝ダイニング（餐廳），K ＝キッチン（廚房）。

詞彙 家賃：租金 ｜ ～に越したことはない：沒有比～更好的了

7番 🎧 Track 2-4-07

男：大木さんは来年こそ芽が出るかな。
女：1　もっと肥料やったら、芽もはやく出るでしょうね。
　　2　もっと日当たりのいいところに置いたらどうですか。
　　3　長い下積みを経てきたんだからぜひそうなってほしいね。

第 7 題

男：大木先生明年終於能出頭了嗎？
女：1　如果多施些肥料，芽應該會更快冒出來吧。
　　2　要不要放在陽光更充足的地方？
　　3　他經歷了長時間的基層耕耘，真心希望他能成功。

解說 「芽が出る」是「發芽」的意思，可以引申為事物顯現出成長與發展的跡象。「下積み」是指「底層生活」或「基層生活」的意思。

詞彙 日当たり：陽光照射的情況

8番 Track 2-4-08

男：あれ、小林君、元気ないね。何かあったの？
女：1　元気がないなら、もっとゆっくり寝ててください。
　　2　うん、また部長にしぼられてしまって。
　　3　健康のためには、よく寝てよく食べるのが一番よ。

第 8 題

男：咦？小林，怎麼一臉沒精神的樣子。發生了什麼事嗎？
女：1　如果沒有精神，請再多睡一點。
　　2　嗯，又被部長嚴厲斥責了。
　　3　為了健康，睡得好、吃得好是最重要的。

解說　這是「しぼる」的用法問題，在此處使用的「しぼる」是「油をしぼる（嚴厲斥責）」的簡略說法。

詞彙　しぼる：搾、擰、擠

9番 Track 2-4-09

男：石井君の時計、ずいぶん値が張ったんじゃないか。
女：1　はい、デパートの目玉商品だったのでお買い得でしたよ。
　　2　いいえ、植えたばかりなので根はそんなに深く張っていませんが。
　　3　さすがは部長、お目が高いですわ。お値打ち品ですよ。

第 9 題

男：石井的時鐘，應該挺貴的吧？
女：1　是的，因為這是百貨公司的特價商品，所以很划算喔。
　　2　不，才剛種而已，根還沒有扎得那麼深。
　　3　不愧是部長，真有眼光。這個是物超所值的商品喔。

解說　「値が張る」是「價格相當高、昂貴」的意思，「お値打ち品」是指「相較於產品的價格，品質較佳」的意思，也就是 CP 值較高的意思。「目玉商品」是「百貨公司等為了吸引顧客特別低價販售的物品」。「目が高い」則是「有眼光」的意思。

詞彙　植える：種植

10番 Track 2-4-10

男：お先にお風呂に入らせていただきます。
女：1　これつまらないものですが、どうぞ。
　　2　どうぞごゆっくり。
　　3　どうぞ召し上がってください。

第 10 題

男：我先去洗澡了。
女：1　這只是點小心意，請笑納。
　　2　請慢慢享受。
　　3　請慢用。

解說　「どうぞごゆっくり」有「不需要著急」和「慢慢享受某件事物或時光」的意思。

11番　Track 2-4-11

男：ちっとも食が進まないんですね。具合でも悪いんですか。
女：1　最近体調を崩して、お酒は控えています。
　　2　かぜのせいか、どうも食欲がないんです。
　　3　もっと収入の安定した仕事を探しているんです。

第11題

男：妳一點胃口都沒有呢。身體不舒服嗎？
女：1　最近身體狀況不好，所以避免喝酒。
　　2　不知道是不是因為感冒，總覺得沒有胃口。
　　3　我正在找一份收入更穩定的工作。

解說　「食が進む」是「食慾好、胃口好」的意思。

詞彙　ちっとも：一點也不 ｜ 体調を崩す：搞壞身體 ｜ 控える：控制、減少 ｜ 食欲：食慾

12番　Track 2-4-12

女：浮かない顔してどうしたの？
男：1　それがね、株が値下がりして大損したんだよ。
　　2　あ、分かる？最近仕事がうまくいっててね。
　　3　この仕事終わったらデートに行くんだよ。

第12題

女：愁眉苦臉的樣子，怎麼了？
男：1　其實是股票下跌了，損失很慘重。
　　2　咦，妳懂嗎？最近工作都很順利。
　　3　工作結束後要去約會啦。

解說　「浮かない顔」是指「表情黯淡、憂鬱」，因此較適合的回答應該是跟不好的事情有關。

詞彙　値下がり：價格下跌 ｜ 大損：重大損失

13番　Track 2-4-13

女：お加減はいかがですか？
男：1　いや、もう十分いただきました。
　　2　もういい加減にしてくださいよ。
　　3　お陰様でだいぶ良くなりました。ありがとう。

第13題

女：身體還好嗎？
男：1　不，這樣就夠了。
　　2　請適可而止。
　　3　托您的福變好許多，謝謝。

解說　這裡的「加減」是指健康狀況，如果是這種意思時，通常會以「お加減はいかがですか」這樣的表達來詢問對方的健康狀況。

14 番　Track 2-4-14

男：上杉部長、地方へ飛ばされるみたいよ。
女：1　え、左遷ですか。あんなに会社のために尽くしたのに…。
　　2　それじゃお祝いしなくちゃ。レストラン予約しときましょうか。
　　3　いよいよ念願の支店長になるのですよね。

第 14 題

男：上杉部長好像要被調去鄉下。
女：1　咦？降職嗎？明明他這麼為公司盡心盡力……
　　2　那這樣一定要來慶祝了。要不要預約餐廳？
　　3　他終於能夠如願當上分店長了。

解說　在職場上「飛ばされる」是「被降職」的意思。
詞彙　左遷：降職｜尽くす：盡力｜念願：心願、願望

問題 5　在問題五中將聽到一段較長的內容。本大題沒有練習部分，可以在題目卷上做筆記。

第 1 題、第 2 題
在問題 5 的題目卷上沒有任何東西，請先聆聽對話，接著聆聽問題和選項，再從選項 1～4 中選出最適當的答案。

1 番　Track 2-5-01

会社で、男の人と女の人が英会話クラスについて話しています。

女　：英会話クラスのことなんですが、いろいろ問題があるので調整が必要だと思うんです。
男1：そうなの…。今は初級1と2、それと中級と上級クラスだよね。例えばどんな問題があるの？
女　：問題の一つは、初級1のクラスに超初心者がいて、そのクラスの人達から不満が出ているんです。
男1：たしか、去年初級クラスは人数が多いし、レベル差があるので、初級1と2のクラスに分けたんだよね。
女　：はい、そうなんです。そのレベルの低い方の初級1のクラスに超初心者が何名か入ったんです。
男1：なるほど。あと、出席率の悪いクラスはあるの？

第 1 題

公司裡，男子和女子正在討論英文會話班的事情。

女　：關於英文會話班的事情，因為有諸多問題所以我覺得需要調整。
男1：這樣啊……現在是初級1、2，還有中級跟高級的課程吧。有什麼樣的問題呢？
女　：其中一個問題就是在初級1的班級裡面有超級初學者，所以其他人感到不滿。
男1：我記得去年的初級班人數很多，也有程度上的差異，所以分成初級1跟2。
女　：是的，沒錯。而在程度較低的初級1班級內，有幾位超級初學者。
男1：原來如此。其他還有出席率低的班級嗎？

男2：はい、ぼくの参加している中級クラスですが、ぼく一人の時も多いんです。

女：ああ、それは、曜日のせいもあるわよね。月曜日だから、なんか乗らなくて火曜日の上級クラスに出たりしているでしょ。

男2：うん、そうだね。まあ、中級も上級も毎回、決まったトピックについて英語で話す授業だからどちらに出ても、あまり問題ないからね。

男1：へえ、そんな状態なの。じゃ、経費の節約になるから、その2つを一緒にしたらいいじゃないの。

女：ああ、それもありですね。その代わりに、私は、入門クラスを新たに新設したらどうかと思いますが。どうでしょう。

男1：うん、そうだな…。伊藤君はどう思うの。

男2：ぼくは、その必要はないと思いますが。

女：え、どうして？不満社員になんて言えばいいの？

男2：不満を言う社員を呼んで「君達が超初心者に教えてやれよ」とぼくが言いますよ。

男1：ああ、それがいいよ。じゃ、調整は一つだけでいいね。

英会話のクラスをどう調整することにしましたか。

1 入門コースを増やす
2 初級1を分割する
3 初級1と2を統合する
4 中級と上級を統合する

男2：有的，就是我參加的中級班，常常只有我一個人上課。

女：啊！那個有可能跟上課的日子有關。因為是禮拜一所以比較提不起勁，可能會去上禮拜二的高級課程吧。

男2：嗯，是啊。不過中級跟高級課程每次上課都是針對固定的話題進行英文會話的課程，所以不管上哪個都沒有什麼問題。

男1：咦～原來是那種狀況啊。那要不要把兩個併在一起？也可以省經費。

女：啊！那樣好像也可以。作為替代，我覺得應該新設一個入門班，如何？

男1：嗯，也對……伊藤認為呢？

男2：我認為沒有那個必要。

女：欸，為什麼？那這樣要怎麼對感到不滿的員工交代呢？

男2：把感到不滿的員工叫過來，我會跟他們説「你們要來教初學者」。

男1：哦，這樣好哦！那要調整的只有一項對吧。

他們決定要如何調整英文會話班呢？

1 增加入門班
2 分割初級1
3 合併初級1跟2
4 合併中級和高級

解說　起初是說英文會話班初級班的問題，但後來決定把出席率低的中級班和高級班合併。至於初級班問題則決定不做調整，而是由男子來說服那些有不滿情緒的員工。

詞彙　調整：調整 ｜ 状態：狀態 ｜ 経費：經費 ｜ 節約：節約 ｜ 新設：新設置 ｜ 分割：分割 ｜ 統合：統一、合併

2番　Track 2-5-02

娘とその母親が話しています。娘は卒業式に何を着ることにしましたか。

女1：ねえ、お母さんは大学の卒業式に何を着たの？

女2：ええ！もう30年以上前だから、よく覚えていないけど…？黒か紺の制服みたいなスーツだったと思うわね。

女1：制服みたいなスーツって、リクルートスーツみたいのかしら？袴じゃないの？

女2：お母さんの頃は、袴は履かなかったと思うけど。アヤも卒業式まであと3か月ね。

女1：そう。そろそろ服装を決めないといけないと思っているとこ。

女2：ああ、そうね。アヤは、何が着たいの？

女1：うん、正直迷っているのよ。せっかくの人生の門出だから、リクルートスーツみたいのはちょっとね。

女2：ああ、そうか。でも、スーツに華やかなコサージュをつければ素敵になるわよ。

女1：そうかもね。でも、私としては、もう少し華やかにしたいのよ。

女2：そうしたら、振袖かパーティードレスかしらね。振袖は成人式の時着たのがあるじゃない。パーティードレスだったら友人の結婚式に着ていったものでいいんじゃない。

女1：ああ、そうね。あの振袖も評判がよかったしね。でも、袴をはく人がほとんどみたいだし。

女2：一生に一度のことだから、思い出に残るものを着た方がいいと思うわよ。

女1：でも、袴にしたら、レンタルでも4万円くらいかかるらしいのよ。私、お金ないしな。

女2：へえ、そうなの。それは、しょうがないわね。そのくらいどうにかしてあげるわよ。

女1：え、ほんと。じゃ、皆と同じのに決めた。また、アルバイトして返すからね。

女2：いいわよ。

第2題

女兒跟母親正在説話。女兒決定在畢業典禮穿什麼衣服呢？

女1：欸，媽媽在大學畢業典禮穿什麼呢？

女2：唉！已經30年前的事情了，我不太記得了……？應該是黑色或深藍色像制服的套裝吧。

女1：像制服的套裝，是像求職用的套裝那種嗎？不是袴嗎？

女2：我那個年代好像沒有人穿袴。小彩距離畢業典禮也只剩下三個月對吧。

女1：對，所以我才想説應該要決定服裝了。

女2：嗯，對耶，小彩想要穿什麼呢？

女1：嗯，説實話我有點猶豫。既然是邁向新生活的重大時刻，穿求職用的套裝那種衣服好像有點不合適。

女2：唉，這樣啊。不過如果在套裝上面加上華麗的胸花就會很美了！

女1：也許吧。但我個人想要再華麗一點。

女2：那這樣就要改穿振袖或是宴會禮服。振袖不是有那件成人式穿過的嗎？如果是宴會禮服的話，穿之前參加朋友婚禮的那件不就好了嗎？

女1：啊，對喔。那件振袖也蠻受大家喜歡的。不過好像大部分人還是穿袴。

女2：這是一輩子一次的回憶，所以最好穿上能夠留下回憶的衣服喔。

女1：但是如果要選擇袴，要租借也需要四萬日圓左右。我沒有那個錢。

女2：哇，原來是這樣啊。那也沒辦法呢。這個價格我會想辦法處理的。

女1：咦？真的嗎！那我決定和大家穿一樣了，我會再打工還妳的。

女2：好哦！

娘は卒業式に何を着ることにしましたか。	女兒決定在畢業典禮穿什麼衣服呢？
1　スーツ	1　套裝
2　袴	2　袴
3　振袖の着物	3　振袖和服
4　パーティードレス	4　宴會禮服

解説　對話中出現了套裝、振袖和宴會禮服，但大多數人都穿袴，女兒也表示想穿袴。但由於租借費用昂貴而猶豫不決，媽媽聽見後便說會幫忙支付費用，所以女兒決定和朋友們穿一樣的服裝，因此答案是袴。

詞彙　迷う：猶豫　｜　せっかく：難得　｜　門出：開始新生活　｜　評判：評價

第3題
請先聽完對話與兩個問題，再從選項1～4中選出最適當的答案。

3番 🎧 Track 2-5-03

テレビで男の人が話しています。

男1：日本の夏は本当に蒸し暑いです。そこで今日は、快適な夏を過ごすために、クーラーに頼りすぎない方法をご紹介しますので、ぜひ実践してみましょう。まず、一番目の方法は氷枕や保冷剤をタオルやハンカチで巻きます。それを、首や脇、股に挟むことで体が涼しく感じられます。2番目は風呂上がりに足を冷水につける方法です。入浴後に汗を引かせるには、最後に足を冷水につけると効果的です。3番目は熱を下げる食べ物を摂ることです。トマトやキュウリなどの夏野菜を食べるのも夏のほてった体温を下げる一つの方法です。それらは、カリウムと水分を多く含むので、利尿作用があり、尿を出すことで体の体温を下げる効果があります。最後4番目はエアコンの除湿機能を使うのも暑さ対策には効果的です。湿度が10％下がると体感温度が1度下がります。
⋮

第3題

電視上，男子正在說話。

男1：日本的夏天真的是又悶又熱。因此今天要來介紹不過度依賴冷氣也能度過舒適夏天的方法，各位請務必做做看。首先，第一個方式就是將冰枕或保冷劑用毛巾或手帕包住，然後夾在頸部、腋下或大腿根部，這樣能讓身體感覺涼快一些。第二個方法是洗完澡後，將雙腳浸泡在冷水中。要讓洗澡後的汗水退去，在最後將雙腳浸泡在冷水中會很有效果。第三個方法就是攝取降溫的食物。吃番茄和小黃瓜等夏季蔬菜，也是降低夏天過熱體溫的一個方法。它們富含鉀和水分，具有利尿作用，透過小便可以使體溫降低。最後第四個方法就是使用空調的除溼功能，這對於抗熱也很有效果。濕度降低10％，體感溫度就會降低1度。
⋮

男2：クーラーだけに頼らなくても、涼しくするいろいろな方法があるんだよね。

女　：ホントね。私はお風呂から出た後、すぐにクーラーのガンガン効いた部屋に入っていたわ。

男2：うん、ぼくもだよ。足に冷たい水をかければいいんだね。

女　：うん、気がつかなかったわ。私は、今日からはじめるわ。

男2：うん、ぼくは外気温が34度ぐらいでも、冷房の温度を24度くらいに設定しているんだ。

女　：それは、身体によくないわよ。除湿にした方がいいわよ。

男2：そうだね。今日からそうするよ。

男2：即便不依賴冷氣，也有很多降溫的方法呢！

女　：對呀！以往我洗完澡後，就會直接去冷氣開很強的房間。

男2：嗯，我也是啊！現在知道只要用冷水沖腳就好了。

女　：嗯，我都沒有發現到這個方法，我從今天開始會這樣做。

男2：嗯，我的話，即使外面氣溫大約34度，也會將冷氣的溫度調在24度左右。

女　：那樣對身體不好耶。最好改成除濕哦！

男2：對啊，我從今天開始會這麼做的。

質問1
女の人はどんな方法を取り入れると言っていますか。

1　保冷剤を使う
2　足を冷水につける
3　夏野菜をとる
4　除湿機能を使う

問題1
女子說要採取什麼方法呢？

1　使用保冷劑
2　將雙腳浸泡在冷水中
3　食用夏季蔬菜
4　使用除溼功能

質問2
男の人はどんな方法を取り入れると言っていますか。

1　保冷剤を使う
2　足を冷水につける
3　夏野菜をとる
4　除湿機能を使う

問題2
男子說要採取什麼方法呢？

1　使用保冷劑
2　將雙腳浸泡在冷水中
3　食用夏季蔬菜
4　使用除溼功能

解說　問題1：女子聽見將雙腳浸泡在冷水中會有效果後，便表示會從今天開始嘗試。

問題2：男子平常把空調設置在較低的溫度，但聽見女子說最好改成除濕功能後，便決定從今天開始嘗試這樣做。

詞彙　蒸し暑い：悶熱、濕熱 ｜ 快適だ：舒適 ｜ 実践：實踐 ｜ 保冷剤：保冷劑 ｜ 挟む：夾住 ｜ 汗を引く：使汗水消退 ｜ ほてる：發熱 ｜ 利尿作用：利尿作用 ｜ 除湿機能：除溼功能 ｜ 対策：對策 ｜ 湿度：濕度 ｜ 体感温度：體感溫度 ｜ ガンガン：猛烈地 ｜ 設定：設定

我的分數？

共 ☐ 題正確

若是分數差強人意也別太失望，看看解說再次確認後重新解題，如此一來便能慢慢累積實力。

JLPT N1 第3回 實戰模擬試題解答

第1節 言語知識〈文字・語彙〉

問題 1 ｜1｜ 1 ｜2｜ 4 ｜3｜ 1 ｜4｜ 2 ｜5｜ 4 ｜6｜ 3
問題 2 ｜7｜ 2 ｜8｜ 1 ｜9｜ 4 ｜10｜ 2 ｜11｜ 2 ｜12｜ 4 ｜13｜ 3
問題 3 ｜14｜ 3 ｜15｜ 2 ｜16｜ 4 ｜17｜ 2 ｜18｜ 1 ｜19｜ 4
問題 4 ｜20｜ 3 ｜21｜ 1 ｜22｜ 3 ｜23｜ 2 ｜24｜ 1 ｜25｜ 1

第1節 言語知識〈文法〉

問題 5 ｜26｜ 4 ｜27｜ 1 ｜28｜ 4 ｜29｜ 1 ｜30｜ 2 ｜31｜ 2 ｜32｜ 3 ｜33｜ 3 ｜34｜ 1 ｜35｜ 3
問題 6 ｜36｜ 4 ｜37｜ 4 ｜38｜ 1 ｜39｜ 1 ｜40｜ 2
問題 7 ｜41｜ 2 ｜42｜ 3 ｜43｜ 1 ｜44｜ 1 ｜45｜ 1

第1節 言語知識〈讀解〉

問題 8 ｜46｜ 2 ｜47｜ 1 ｜48｜ 3 ｜49｜ 4
問題 9 ｜50｜ 4 ｜51｜ 2 ｜52｜ 3 ｜53｜ 3 ｜54｜ 1 ｜55｜ 2 ｜56｜ 3 ｜57｜ 2 ｜58｜ 4
問題 10 ｜59｜ 1 ｜60｜ 1 ｜61｜ 3 ｜62｜ 3
問題 11 ｜63｜ 3 ｜64｜ 1
問題 12 ｜65｜ 1 ｜66｜ 2 ｜67｜ 4 ｜68｜ 3
問題 13 ｜69｜ 2 ｜70｜ 4

第2節 聽解

問題 1 ｜1｜ 1 ｜2｜ 2 ｜3｜ 4 ｜4｜ 3 ｜5｜ 2 ｜6｜ 1
問題 2 ｜1｜ 3 ｜2｜ 3 ｜3｜ 3 ｜4｜ 1 ｜5｜ 3 ｜6｜ 2 ｜7｜ 2
問題 3 ｜1｜ 2 ｜2｜ 3 ｜3｜ 2 ｜4｜ 1 ｜5｜ 1 ｜6｜ 1
問題 4 ｜1｜ 2 ｜2｜ 3 ｜3｜ 1 ｜4｜ 3 ｜5｜ 1 ｜6｜ 2 ｜7｜ 3 ｜8｜ 3 ｜9｜ 1 ｜10｜ 2 ｜11｜ 1 ｜12｜ 2 ｜13｜ 2 ｜14｜ 3
問題 5 ｜1｜ 1 ｜2｜ 3 ｜3｜ 1 2   2 4

第3回 實戰模擬試題 解析

第1節 言語知識〈文字・語彙〉

問題 1 請從 1、2、3、4 中選出 _____ 這個詞彙最正確的讀法。

---

① 海からの<u>湿った</u>風が、山にぶつかり雲をつくる。
　1　しめった　　　2　あらたまった　　　3　こすった　　　4　さとった
海邊吹來的<u>濕潤</u>海風，撞上山脈後形成了雲層。

詞彙　<ruby>湿<rt>しめ</rt></ruby>る：潮濕 ｜ <ruby>改<rt>あらた</rt></ruby>まる：改變、改革 ｜ <ruby>擦<rt>こす</rt></ruby>る：摩擦 ｜ <ruby>悟<rt>さと</rt></ruby>る：領悟

---

② その<u>人質</u>事件で15人もの犠牲者が出た。
　1　にんしつ　　　2　じんしつ　　　3　ひとしち　　　**4　ひとじち**
那起<u>人質</u>事件，造成了多達 15 名犧牲者。

詞彙　<ruby>人質<rt>ひとじち</rt></ruby>：人質（要注意「質」的讀法）▶ <ruby>質屋<rt>しちや</rt></ruby>：當鋪 ｜ <ruby>犠牲者<rt>ぎせいしゃ</rt></ruby>：犧牲者

---

③ 選手全員、初優勝の喜びに<u>浸って</u>いる。
　1　ひたって　　　2　まさって　　　3　こって　　　4　おとって
所有選手都<u>沉浸</u>在首次獲勝的喜悅裡。

詞彙　<ruby>浸<rt>ひた</rt></ruby>る：沉浸 ｜ <ruby>勝<rt>まさ</rt></ruby>る：勝過 ｜ <ruby>凝<rt>こ</rt></ruby>る：熱衷、酸痛 ｜ <ruby>劣<rt>おと</rt></ruby>る：遜色、不如

---

④ 大会の中止判断は<u>的確</u>だったと思います。
　1　てっかく　　　**2　てきかく**　　　3　てつかく　　　4　てぎかく
我認為取消大賽的判斷是<u>正確的</u>。

詞彙　<ruby>的確<rt>てきかく</rt></ruby>だ：正確、恰當 ✚ 注意讀法不會變成有促音的「てっかく」。

---

⑤ 退職金制度は、終身雇用の<u>根底</u>を支えていた。
　1　ねそこ　　　2　ねぞこ　　　3　こんぞこ　　　**4　こんてい**
退休金制度支撐著終生雇用制度的<u>根本</u>。

詞彙　<ruby>終身雇用<rt>しゅうしんこよう</rt></ruby>：終身雇用制度 ｜ <ruby>根底<rt>こんてい</rt></ruby>：根底、基礎、根本 ✚ 請注意不要被選項1及選項2的讀法誤導。

126

[6] 彼は建築業界の腐敗した実態を暴露した。
1　ぼうろ　　　　2　ぼうろう　　　　3　ばくろ　　　　4　ばくろう
他揭露了建築業界的腐敗實情。

詞彙 腐敗：腐敗、墮落 ｜ 暴露：暴露、揭露 ✚「暴」通常讀作「ぼう」，但在「暴露」這個詞彙中是個例外，讀作「ばく」。▶ 暴言：謾罵、粗話

問題 2 請從 1、2、3、4 中選出最適合填入（　　　）的選項。

[7] 世界的なエネルギー需給の緩和で、石油、天然ガスがかなり（　　　）いる。
1　くいちがって　　2　だぶついて　　3　いどんで　　4　しいて
全球性的能源供需趨緩，石油、天然氣的供應已經相當過剩。

詞彙 需給：供需 ｜ 緩和：緩和 ｜ 食い違う：分歧、不一致 ｜
だぶつく：（錢、物品等）過多、過剩 ｜ 挑む：挑戰 ｜ 敷く：敷設

[8] 主要政党の（　　　）がそろったドイツは今後、全国民が一致結束して脱原発を図ることになるだろう。
1　あしなみ　　2　ねらい　　3　はずみ　　4　もと
主要政黨步伐一致的德國，今後全體國民會團結一致推動廢核吧。

詞彙 足並みが揃う：步伐一致 ｜ 一致結束：團結一致 ｜ 狙い：目標 ｜ 弾み：彈性

[9] どの大学にも口やかましい先輩が一人ぐらいはいると思うが、監督や選手にとっては、ときには（　　　）存在だろう。
1　ゆるい　　2　このましい　　3　のぞましい　　4　けむたい
無論哪間大學都有一兩個囉嗦的前輩，但對教練和選手而言，有時候可能是一個讓人難以親近的存在吧。

詞彙 口やかましい：囉嗦、挑剔 ｜ 緩い：鬆的、緩慢 ｜ 好ましい：令人喜歡的 ｜
望ましい：希望的 ｜ けむたい：難以親近的

10 日本では、人の家に招待されたとき、話題がなくなったのが一つの目安だろうが、帰宅の頃合いを（　　　）のは難しい。
　　1　みならう　　　　2　みはからう　　　3　みわたす　　　　4　みのがす

在日本，被邀請到別人家時，雖然說話題逐漸減少是一個離開的基準，但是要推估回家的時機卻相當困難。

詞彙　目安：基準、目標　｜　頃合い：適當的時機　｜　見計らう：推估

---

11 電力業界の経営のあり方を（　　　）に見直さない限り、安定した電力供給は無理だろう。
　　1　功利的　　　　　2　抜本的　　　　　3　威力的　　　　　4　衝撃的

除非徹底重新審視電力行業的經營方式，否則穩定的電力供應將無法實現吧。

詞彙　あり方：應有的方式　｜　抜本的：徹底的

---

12 私は、いつもと変わらない（　　　）平凡な毎日に飽き飽きしているが、それを変えるような度胸も行動力も持っていない。
　　1　ずばり　　　　　2　ぐっと　　　　　3　つとめて　　　　4　いたって

雖說我對於每天過著一成不變、極其平凡的日子已感到厭煩，但又沒有改變的勇氣跟行動力。

詞彙　度胸：勇氣　｜　ずばり：一針見血　｜　ぐっと：一口地　｜　いたって：極、甚

---

13 祖父は、花壇や庭木の周りの雑草を、こまめに手で（　　　）のを日課にしている。
　　1　さらう　　　　　2　こだわる　　　　3　むしる　　　　　4　そそぐ

祖父有一個日常習慣，就是頻繁地親手拔除花壇和庭園樹木周圍的雜草。

詞彙　こまめに：頻繁地　｜　さらう：疏通　｜　こだわる：講究　｜　むしる：拔除　｜　そそぐ：灌注

問題 3　請從 1、2、3、4 中選出與_____意思最接近的選項。

---

14 振り込め詐欺などの記事を見るたびに「なぜ確認もしないで信じたのか」と不審に思っていた。
　　1　本当に　　　　　2　安易に　　　　　3　疑問に　　　　　4　切実に

每次看到匯款詐騙這種報導，我都會感到疑惑，想問「為什麼不用確認就能相信他人啊？」

詞彙　振り込め詐欺：匯款詐騙　｜　不審だ：疑惑、可疑　｜　不審検問：針對可疑人物進行檢查

128

| 15 | 今年の春闘でも、賃上げをめぐる労使交渉が山場を迎えている。
　　　1　重大な危機　　　　2　重大な局面　　　3　重大な役割　　　4　重大な結果
　　　今年的春季鬥爭中，圍繞調薪問題的勞資談判也來到了緊要關頭。

詞　彙　春闘（しゅんとう）：春季（要求提高薪資的）鬥爭 ｜ 山場（やまば）：最緊要的關頭 ｜ 局面（きょくめん）：局面 ｜ 役割（やくわり）：職責

| 16 | 父は電車の乗客がこぞってスマートフォンを手にしている光景にまだなじめずにいるようだ。
　　　1　忙しそうに　　　2　速やかに　　　3　競って　　　　4　一人残らず
　　　爸爸似乎還不習慣電車中每位乘客全都拿著智慧型手機的景象。

詞　彙　こぞって：全都、全部 ｜ なじむ：習慣 ｜ 競（きそ）う：競爭

| 17 | 長引く不況の影響で、日本の中小企業は軒並み経営不振に陥っている。
　　　1　深刻な　　　　　2　一様に　　　　3　すでに　　　　4　はやくも
　　　由於經濟持續不景氣的影響，日本的中小企業都陷入經營不善的狀況中。

詞　彙　軒並（のきな）み：都、一律 ｜ ～に陥（おちい）る：陷入 ｜ 一様（いちよう）に：一致地

| 18 | 半年も準備した計画が、ことごとく裏目に出た。
　　　1　失敗した　　　　2　成功した　　　3　もうかった　　4　できあがった
　　　準備了半年之久的計畫，結果一切都事與願違了。

詞　彙　裏目（うらめ）に出（で）る：事與願違 ｜ 儲（もう）かる：賺錢

| 19 | 政府は、どこにいつごろ、どんな規模の町を造るのか、おおまかな構想だけでも被災地の住民に早く示すべきだ。
　　　1　むちゃな　　　　2　だいたんな　　3　こまやかな　　4　大体の
　　　即便只是大概的構想，政府也應該早點向災區居民說明何時、何地，以及將打造何種規模的城鎮。

詞　彙　おおまかな：大概的、粗略的 ▶ おおよそ：大約 ｜ むちゃな：胡亂的 ｜ 大胆（だいたん）な：大膽的 ｜ 細（こま）やかな：仔細的

問題 4 請從 1、2、3、4 中選出下列詞彙最適當的使用方法。

---

20 やむなき　不得不、不得已
1. あの事件が発生して以来、計画変更のやむなきに得なかった。
2. 基本財産ばかりか、運営力を失い、やむなき事業を停止することにする。
3. <u>悪天候により、試合は中止のやむなきに至る。</u>
4. モスコーまで攻め込まれ、ついに独軍は後退のやむなきだった。

1. 自從那起事件發生以來，計畫的變更不得已地無法實現。
2. 別說基本財產了，連營運能力也喪失，決定停止不得已的事業。
3. <u>由於惡劣天氣，不得不取消比賽。</u>
4. 連莫斯科都被進攻，最終德軍不得不撤退。

解說　「名詞＋のやむなきに至る」是用來表示「不得不進行〜」的表達方式。選項1則是改成「…計画変更はやむを得なかった」最為恰當。

詞彙　やむなき：不得不、不得已 ｜ 悪天候：惡劣天氣 ｜ 攻め込む：進攻

---

21 お門違い　搞錯、判斷錯誤
1. 人にそんな無礼なことを要求するなんて、お門違いも甚だしい。
2. 時と場合によっては、お門違いの服装をした人は常識知らずと思われやすい。
3. クラスメートの中に自分は何をしてもかわいいと言っている自信過剰なお門違いの女の子がいて困る。
4. 次の画像を見ると、脳というのはいい加減なものでお門違いを起こしやすいものだというのが分かる。

1. <u>竟然對別人提出這麼無禮的要求，未免也太搞錯狀況了。</u>
2. 在某些時間跟場合，穿錯衣服的人容易被認為沒常識。
3. 班上有一個過度自信又判斷錯誤的女生，說自己做什麼都很可愛，這讓我很困擾。
4. 從下一張圖片可以看出，大腦這東西是個馬虎的器官，容易引起錯誤的判斷。。

解說　「お門違い」是「搞錯、判斷錯誤」的意思，反義詞是「的確だ：準確、正確」。

詞彙　甚だしい：甚、太 ｜ 自信過剰：過度自信

---

22 深謝　由衷感謝
1. 皆様にはますます深謝のこととお喜び申し上げます。
2. 東京の在住中はひとかたならぬ深謝になり、お蔭様で楽しく過ごすことができました。
3. <u>今まで多大なるご協力を賜りました。皆様のご厚意に深謝申し上げます。</u>
4. なにとぞ今後もよろしく深謝を賜わりますよう、お願い申し上げます。

1. 對各位深感謝意，並表達我由衷的喜悅。
2. 在東京居住期間，我深深的感謝，也因為這樣我能夠過得很愉快。
3. <u>至今獲得了如此多的協助，對於各位的厚意，在此深表由衷的感謝。</u>
4. 懇請今後也繼續關照，並賜予深謝。

解說　選項1「（ご清栄／ご隆盛／ご健勝）のこととお喜び申し上げます」較為恰當，意思分別是「得知您身體健康／得知貴公司興旺發達／得知您一切安康，我深感高興」。

| 詞　彙 | 深謝：由衷感謝　｜　ひとかたならず：格外、非常　｜　なにとぞ：懇請 |

[23] **うかうか**　糊里糊塗、粗心不留神
1　男のくせにうかうかしないで、さっさと決めろ。
2　留学から戻ってきても仕事もしないでうかうかと暮らしている。
3　かさぶたのところがうかうかしてきた。
4　仕事の出来ない人ほど人のミスをうかうか言いますね。

1　明明是個男生，別糊裡糊塗的，趕快決定！
2　留學回來後也不工作，糊里糊塗地過日子。
3　結痂的地方糊里糊塗的。
4　不會做事的人更會糊里糊塗地說別人的錯誤。

| 解　說 | 選項1改成「ぐずぐず(慢吞吞)」最為恰當。 |
| 詞　彙 | うかうか：糊里糊塗、粗心不留神　｜　かさぶた：結痂 |

[24] **込み入る**　錯綜複雜、糾纏不清
1　相手にあなたの込み入った事情をいちいち説明する必要はないと思う。
2　年末は仕事で込み入って、目が回るほど忙しい。
3　大事な試合に負けてしまい、涙が込み入ってきた。
4　この時期になると、帰省ラッシュで空港はとても込み入る。

1　我認為沒必要一一向對方解釋你那複雜的情況。
2　年底因為工作複雜，忙到頭昏眼花。
3　輸掉了重要的比賽，眼淚錯綜複雜。
4　一到這個時期，因為返鄉潮，機場非常錯綜複雜。

| 解　說 | 選項2改成「忙しくて(繁忙)」較為恰當。 |
| 詞　彙 | 込み入る：錯綜複雜、糾纏不清　｜　帰省ラッシュ：返鄉潮 |

[25] **有頂天**　得意洋洋
1　弟は念願の司法試験に合格して有頂天になっている。
2　自分の能力を過信していつも偉そうに発言している人のことを有頂天と言う。
3　自分の腕を自慢しながら有頂天になるのもいい加減にしてほしい。
4　老後の人生は小さなことにくよくよしないで有頂天に送りたい。

1　弟弟考上了他心心念念的司法考試，正得意洋洋。
2　對自己的能力過度自信，總是以了不起的姿態發言的人稱為「得意洋洋」。
3　雖然你對自己的本事驕傲且得意洋洋，不過也該適可而止。
4　希望老年的生活不再為小事煩憂，能得意洋洋地度過。

| 解　說 | 「有頂天になる」是常用表達，意思是「得意洋洋、欣喜若狂」。 |
| 詞　彙 | 有頂天：得意洋洋　｜　くよくよ：煩憂、擔心 |

第 3 回　實戰模擬試題解析　131

第1節　言語知識〈文法〉

問題 5　請從 1、2、3、4 中選出最適合填入下列句子（　　）的答案。

26　私としては「ふぐは他に比べ物がないほどうまいものだ」と断言して（　　）。
　　1　極まり無い　　　2　かなわない　　　3　あるまい　　　4　はばからない
　　我可以毫不猶豫地斷言「河豚的美味無可比擬」。

文法重點！　✓〜と言って（言い切って／断言して）はばからない：毫不猶豫地、毫不畏懼地說（斷言）
詞　彙　断言：斷言｜極まり無い：極其〜

27　今日は休日（　　）大変人で混雑している。
　　1　とあって　　　2　だからといって　　　3　とあれば　　　4　だというもの
　　今天因為是假日，所以人多且擁擠。

文法重點！　✓〜とあって：因為〜、由於〜、因為是〜的情況
　　連接　名詞／な形容詞／い形容詞／動詞＋とあって
詞　彙　混雑：擁擠

28　新しいバイトは楽勝（　　）、案外の苦戦だった。
　　1　といえども　　　2　というもので　　　3　といったら　　　4　と思いきや
　　本以為新的打工會很輕鬆，沒想到卻意外地有挑戰性。

文法重點！　✓〜と思いきや：原以為〜，結果卻〜（表示反轉或出乎意料的情況）
　　連接　名詞／な形容詞（だ）／い形容詞／動詞＋と思いきや
詞　彙　楽勝：輕鬆勝任｜苦戦：苦戰、艱苦的戰鬥｜〜といえども：雖說〜｜〜といったら：說到〜

29　国民が真に信頼（　　）政府になれることを願っている。
　　1　に足る　　　2　に至る　　　3　に及ぶ　　　4　に留まる
　　希望能夠成為讓國民真正值得信賴的政府。

文法重點！　✓動詞原形／する動詞的名詞型態＋に足る：值得〜、足以〜
　　　　　　　　常跟「尊敬する、信頼する」搭配使用。
詞　彙　真に：真正地

132

[30] 隣りの部屋から毎日のように大きい音が聞こえて、うるさい（　　　）って苦情を言ってみたが、むだだった。
1　のなりの　　　　2　のなんの　　　　3　のばかりに　　　4　のはおろか
隔壁的房間幾乎天天傳來很大的聲響，雖然曾經抱怨過說太吵了，但毫無作用。

文法重點！　◎ ～のなんの：沒有特殊意義、強調前面詞彙的表現。例如「うるさいのなんの＝とてもうるさい（非常吵鬧）」。

詞　彙　苦情（くじょう）：抱怨

[31] 高額を寄付をしても、節税のためならば、その行為は称賛（　　　）。
1　にとどまらない　　2　にあたらない　　3　にたえない　　4　にいうまでもない
即便捐贈了很多錢，如果只是為了節稅而做，那樣的行為不值得稱讚。

文法重點！　◎ 動詞原形／する動詞的名詞型態＋に（は）あたらない：用不著～、不值得～

詞　彙　寄付（きふ）：捐贈　｜　称賛（しょうさん）する：稱讚

[32] 本日（　　　）営業を終了いたします。
1　をおして　　　　2　に限って　　　　3　をもって　　　　4　に踏まえて
以今天為期限，我們將結束營業。

文法重點！　◎ 名詞＋をもって（もちまして）：以～為期限

詞　彙　終了（しゅうりょう）：結束

[33] 事件の真実を明らかに（　　　）、あらゆる手を尽さなければならない。
1　するんのために　2　しようために　3　せんがために　4　してんために
為了揭開事件的真相，必須用盡所有方法。

文法重點！　◎ 動詞ない形＋んがため（に）：為了～

這是「動詞原形＋ため（に）」的書面語的表現，意思是「抱持某個必須實現的目標而採取某種行動」的意志表現。後面不能接續表示請求或命令的句子。
＋「する」的接續變化是例外，會變成「せんがため」。

詞　彙　あらゆる：所有　｜　手（て）を尽（つ）くす：用盡所有辦法

[34] 社長に逆らおう（　　　）、首になるかもしれない。
　1　ものなら　　　2　ことなら　　　3　ものでは　　　4　ことでは
如果反抗老闆，可能會被開除。

文法重點！　☑ 動詞意向形＋ものなら：如果～的話，就會發生（負面結果）
（後面會接「大変だ（會很嚴重）」、「めちゃくちゃになる（會亂七八糟）」等表達。）

詞彙　逆らう：違背、反抗 ｜ 首になる：開除

[35] ラリーでライバルと（　　　）の競争をする。
　1　抜くつ抜かれるつ　　　　　2　抜くや抜かれるや
　3　抜きつ抜かれつ　　　　　　4　抜きや抜かれるや
在拉力賽中，與對手進行著激烈的競爭，時而超越，時而被超越。

文法重點！　☑ (A) 動詞ます形（去ます）＋つ＋(B) 動詞ます形（去ます）＋つ
表示兩個動作、作用不斷反覆，交替進行。A和B是表示對立的動詞。例如「行きつ戻りつ（走過去又走回來）」這樣的慣用表達。

詞彙　競争：競賽、競爭

問題 6　請從1、2、3、4中選出最適合填入下列句子_____ ★ _____中的答案。

[36] 冬は人通りが少なく _____ _____ _____ ★ 恋人同士や買い物客で賑わう。
　1　クリスマス　　2　寂しい　　3　季節だが　　4　ともなると
冬天是來往行人稀少、寂寞的季節，但一到聖誕節，就會因戀人跟購物人群熱鬧起來。

正確答案　冬は人通りが少なく寂しい季節だがクリスマスともなると恋人同士や買い物客で賑わう。

文法重點！　☑ 名詞＋ともなると：一旦變成～，一到～的時候（接在表示具體狀態或範圍的名詞後）

詞彙　人通おり：來往行人 ｜ ～同士：～之間、～夥伴

[37] 各国は青年の失業問題も _____ _____ ★ _____ ということを自覚している。
　1　環境問題も　　2　ことながら　　3　大切だ　　4　さる
各國不僅意識到青年失業問題，也深刻意識到環境問題的重要性。

正確答案　各国は青年の失業問題もさることながら環境問題も大切だということを自覚している。

| 文法重點! | 名詞+もさることながら：
不僅～，甚至～（「Ａもさることながら Ｂ」表示「Ａ當然是如此，但 Ｂ 更是如此」，有特別強調 Ｂ 的意思。） |
| 詞　彙 | 自覚：自覺 |

---

[38] 今の高齢者は大量消費文化を率先してきた世代　____　★　____　____　もったいない精神を持っている世代でもある。

1　ながら　　　　2　であり　　　　3　昔の　　　　4　一方で

現在的高齡者是帶頭推動大量消費文化的世代，但另一方面也是擁有昔日節儉精神的世代。

正確答案	今の高齢者は大量消費文化を率先してきた世代でありながら一方で昔のもったいない精神を持っている世代でもある。
文法重點!	✓ ～ながら（～ながらも）：雖然～，但是～（表示逆接） 連接　動詞ます形（去ます）/ い形容詞原形+ながら（～ながらも） 　　　　な形容詞語幹 / 名詞+（であり）+ながら（～ながらも） 　+常見的慣用表達是「かってながら（恕我擅自）」、「陰ながら（暗中、默默地）」。
詞　彙	率先する：率先、帶頭　｜　精神：精神

---

[39] 台風の影響で強風や大雨だったのに、　____　____　★　____　快晴になった。

1　打って　　　　2　昨日とは　　　　3　変わって　　　　4　今日は

原本受到颱風影響刮大風下大雨，不過今天的天氣與昨天截然不同，變得晴空萬里。

正確答案	台風の影響で強風や大雨だったのに、今日は昨日とは打って変わって快晴になった。
文法重點!	✓ 打って変って：完全不一樣、截然不同
詞　彙	快晴になる：變得晴空萬里

---

[40] 合格者の発表は10日だが、　____　____　★　____　遅れる可能性もある。

1　によっては　　　　2　いかん　　　　3　会社の　　　　4　事情の

合格者的發表雖然是在 10 號，但根據公司的情況，也有可能會延遲。

正確答案	合格者の発表は10日だが、会社の事情のいかんによっては遅れる可能性もある。
文法重點!	✓ 名詞+(の)いかんによって（は）：根據～、取決於～
詞　彙	事情：事情、情況

問題 7　請閱讀下列文章，並根據內容從 1、2、3、4 中選出最適合填入 41 ～ 45 的答案。

題目 P.126

　　大家有去過讀書咖啡廳嗎？

　　出了社會之後，為了取得各類證照或是學習語言，還是需要一個可以不用在意時間或旁人眼光的讀書環境。而且，與想考取同樣證照的人交換資訊，或是與充滿動力的夥伴來往，可以激勵彼此，還能有更強的學習意願。對於有這樣需求的你，我想推薦讀書咖啡廳。

　　或許也會有人覺得讀書咖啡廳只是提供學習空間，卻要價不斐。不過在週末或是工作結束後，想以放鬆的心情去咖啡廳，卻不僅僅是為了用餐，而是長時間使用，這樣不僅會對其他人造成困擾，也容易受到白眼。也有人認為，明知道要價不斐，為什麼不利用圖書館或公共設施呢？但這種學習空間不會開到清晨或深夜，使用者也形形色色，有時候很難集中精神學習。

　　在讀書咖啡廳裡，像一般咖啡廳一樣，會播放輕柔音樂，在休憩空間也可以自由喝飲料、和會員輕鬆交流。簡單來說，雖然可能覺得這樣的環境會妨礙學習，但比起鴉雀無聲的空間，反而能讓人更專心，當學習進展不順時，也有助於轉換心情。此外，讀書咖啡廳是語言學習、準備各類證照或尋求新商機的人們的交流場所，因此這裡的討論對雙方而言意義重大，能夠進行有價值的資訊交換。因此，可以說這個場所也扮演著拓展人際關係的角色，而這是單靠自習無法實現的。

　　會利用讀書咖啡廳的人，年紀大多落在 20 至 30 幾歲，會在此舉辦讀書會、員工會議或是研習會。為了保持幹勁、更容易達成目標，大家不妨來嘗試看看讀書咖啡廳。

解 說　資格取得：取得證照　｜　刺激：刺激　｜　提供：提供　｜　公共施設：公共設施　｜　妨げる：妨礙　｜
　　　　　かえって：反而　｜　静まり返る：鴉雀無聲　｜　気分転換：轉換心情　｜　模索：摸索　｜
　　　　　情報交換：交換資訊　｜　継続：繼續

41	1　快い気持ちで	2　ゆったりした気持ちで
	3　暇をつぶしたい気持ちで	4　時間を浪費してはいけない気持ちで
	1　以愉快的心情	2　**以放鬆的心情**
	3　以消磨時間的心情	4　以不可以浪費時間的心情

解 說　前面句子談到「週末或是工作結束後」，這時的心情是比較放鬆、悠閒的。

詞 彙　快い：愉快　｜　暇をつぶす：消磨時間　｜　浪費：浪費

136

42	1 長居禁止だと思われ	2 勉強禁止だと思われ
	3 白い目で見られ	4 見張りの目で見られ
	1 被認為是禁止久留	2 被認為是禁止學習
	3 受到白眼	4 被監視的目光注視

解說 前面句子提到「長時間使用，這樣不僅會對其他人造成困擾」，長時間占用某個地方的人往往不會給人好印象，因此選項 3 較為恰當。

詞彙 長居：長時間停留 ｜ 白い目で見る：投以白眼 ｜ 見張りの目で見る：以監視的目光注視

43	1 勉強がはかどらなくて困った時	2 勉強がはかどっている時
	3 自由におしゃべりがしたい時	4 カフェのような雰囲気を味わいたい時
	1 當學習進展不順時	2 學習順利進行時
	3 想要自由聊天時	4 想要感受像咖啡廳一樣的氣氛時

解說 後面句子提到「也有助於轉換心情」，可以推測是因為學習進展不順利，需要轉換一下心情。

詞彙 はかどる：進展

44	1 したがって	2 まして	3 もしくは	4 なおさら
	1 因此	2 況且	3 或者	4 更加

解說 前面句子提到「讀書咖啡廳是語言學習、準備各類證照或尋求新商機的人們的交流場所，因此這裡的討論對雙方而言意義重大，能夠進行有價值的資訊交換」。接下來則提到「可以說這個場所也扮演著拓展人際關係的角色，而這是單靠自習無法實現的」。這兩者之間使用「因此」接續比較通順自然。

45	1 人間関係を広げる場としての役割も担っている
	2 人生の経験を積むことができる
	3 悪化している人間関係の改善にも役立つ
	4 自分の視野が広がり、思考が深まる
	1 也扮演著拓展人際關係的角色
	2 可以累積人生經驗
	3 對改善惡化中的人際關係也有幫助
	4 擴展自身視野，深化思考

解說 前後文談到「能夠進行有價值的資訊交換」和「這是單靠自習無法實現的」，由此可知僅靠獨自學習難以擴展人際關係。

詞彙 経験を積む：累積經驗 ｜ 改善：改善

第 1 節 讀解

問題 8 閱讀下列 (1)～(4) 的內容後回答問題，從 1、2、3、4 中選出最適當的答案。

(1)

題目 P.128

　　作為提升員工對公司的歸屬感及工作積極性的手段，有一種名為「長期任職表揚」的制度。這是向其他員工展示長期任職員工對公司的貢獻，並且表示公司的謝意。一般來說，會在員工任職滿 10 年、20 年這種重要的節點進行表揚。除了獎狀之外，還會附上適當的紀念品、獎金，或者兩者兼具。最近，愈來愈多公司選擇更加實用的紀念品，例如海外旅遊券、商品券等。

　　然而，日本首都圈某間玩具製作公司 Sky，宣布自明年起要廢止「長期任職表揚制度」。該公司原先在每年的 12 月都會表揚長期任職員工，並贈送獎金或旅遊券等紀念品，但這項制度將從明年起廢止。公司方面表示，這一舉措是為了推動員工的意識改革。社長金田先生表示「希望員工能改變『在公司長期任職就是對公司有貢獻』的想法，成為『以工作成果為首要考量』的員工。」當然社長的想法也有道理。然而，像旅遊券這類獎勵，還能用於家庭旅行，以此慰勞支持長期任職員工的家人。這樣不僅可以加深家人對企業的理解，還能進一步提升員工的工作積極性。從這一點來看，希望公司能重新審視廢止該制度的決定。

---

46 關於「長期任職表揚制度」的說明，以下何者是正確的？
1. 現在許多日本企業僅在「長期任職表揚制度」中贈送金錢和物品。
2. 在「長期任職表揚制度」中贈送旅遊券等似乎能提升員工的積極性。
3. 許多公司正在考慮廢除「長期任職表揚制度」。
4. 最近「長期任職表揚制度」的存續令人擔憂，筆者也對廢止制度感到惋惜。

詞彙
帰属意識：歸屬感 ｜ 永年勤続表彰：長期任職表揚制度 ｜ 披露：揭露 ｜ 区切り：階段
節目：轉捩點、重要階段 ｜ 相応：適合、相稱 ｜ 金一封：一筆錢 ｜ 授与：授予
玩具製作会社：玩具製作公司 ｜ 取りやめる：取消 ｜ 廃止：廢止 ｜ 狙い：目標
改革：改革 ｜ 貢献：貢獻 ｜ 改める：改變 ｜ 一理：一番道理 ｜ 労う：慰勞
ひいては：進而 ｜ 金品：金錢和物品 ｜ 存続：存續 ｜ 危ぶむ：擔心、懷疑 ｜ 惜しむ：惋惜

解說 本文下半部的「ひいては社員の意欲にもつながるという面」可作為提示。

(2)

　　在櫻花市經營計程車業務的「麻雀運輸」決定拓展「救援事業」的新業務。「救援事業」是指利用計程車業務的空檔，為年長者、身障人士、孕婦等提供服務的業務，是一種全新概念的照護事業。主要服務內容包括處理不需要的物品、代為領藥、搬家、換電燈、代購（商品費用實報實銷）、重新配置家具等等，提供了計程車本業「搭車」以外的服務。麻雀運輸表示這個「救援事業」是以過去美好時代的「鄰里羈絆」為主軸推行的。

　　此外，為了實施這項業務，麻雀運輸引進了三輛「通用設計」的車輛。所謂「通用設計」是指不論國籍、語言、文化、男女老少等差異，或是否有身心障礙等情況，所有人都能使用的設施或產品，而此次的車輛也能夠當作一般計程車使用。

47 以文章內容而言，以下何者是正確的？
1　「救援事業」並非無論有無障礙，任何人都能使用的服務。
2　如果是身障者，可以免費使用「救援事業」。
3　通用設計的車輛僅能用於「救援事業」。
4　「救援事業」是當地居民皆可免費使用的服務。

詞彙
運輸：運輸　｜　合間：空檔　｜　妊婦：孕婦　｜　概念：概念　｜　介護事業：照護事業
主な：主要的　｜　不用品処分：處理不需要的物品　｜　物品代実費：物品費用實報實銷
本業：本業　｜　古き良き時代：過去的美好時代　｜　絆：羈絆　｜　軸：主軸　｜　国籍：國籍
老若男女：男女老少　｜　有無：有無

解說　文章談到「『救援事業』は、〜新しい概念の介護事業である」，「介護（照護）」是指對殘疾人士、高齡者、病患等行動上有限制的人提供的服務。另外文章中並未提及此服務為免費。

(3)

　　「賀年卡」是自古流傳下來的重要日本傳統活動之一，用於傳遞新年的問候。寄送對象範圍涵蓋了親屬、朋友，以及平時難得見面的遠方親友。然而，自2003年達到高峰後，賀年卡的寄送量開始逐年減少。另一方面，越來越多的人開始利用網路或智慧型手機應用程式，充分發揮數位化的特性來製作和寄送賀年卡，而且賀年卡及其他網路賀卡服務也急遽增加。因此，日本郵政省於2年前開設了專門用於寄送網路賀年卡的「nengajou.jp」網站，去年吸引了超過2億次的訪問量。另外，也推出了肖像畫工具，可以在12生肖中選擇自己的生肖來繪圖，激發了寄送者的創意。同時，只需用智慧型手機拍攝收到的「明信片」，便可透過內建的功能讀取姓名地址，無須逐一手寫地址，便能將地址數位化。

　　除此之外，這個網站今年也開始與「LINE」合作。一款名為「GO明信片」的應用程式，利用「LINE」的功能，即使沒有對方的地址，也能寄送賀年卡。如果想要寄送賀年卡給學生時期的朋友，彼此卻只剩「LINE」維持連繫，也可以透過「LINE」輕鬆傳遞賀年卡。

| 48 | 以文章內容而言,以下何者是正確的?
1　日本寄送賀年卡的文化從 2003 年開始逐漸消失。
2　利用網路或手機應用程式的人並沒有顯著增加。
3　即使只是用智慧型手機拍攝寄來的明信片,也能管理寄件者的地址等資訊。
4　即使不曉得對方的資訊,只要利用「LINE」就能夠知道對方的地址。

詞 彙　年賀状（ねんがじょう）：賀年卡 ｜ 古来（こらい）：自古以來 ｜ 受（う）け継（つ）ぐ：繼承 ｜ 身内（みうち）：親屬 ｜ 遠方（えんぽう）：遠方 ｜
～を境（さかい）に：以～為界 ｜ 一途（いっと）を辿（たど）る：越來越～ ｜ 送付（そうふ）：寄送 ｜ 十二支（じゅうにし）：十二生肖 ｜
干支（かんし）：生肖 ｜ 似顔絵（にがおえ）：肖像畫 ｜ 差（さ）し出（だ）す：寄出 ｜ 掻（か）き立（た）てる：激發 ｜ 宛名（あてな）：收件者姓名和地址 ｜ 読（よ）み取（と）る：讀取 ｜ 連携（れんけい）：合作 ｜ 徐々（じょじょ）に：逐漸地 ｜ 差出人（さしだしにん）：寄件者

解 說　「受（う）け取（と）った『はがき』をスマホで撮影（さつえい）するだけでも宛名（あてな）を読（よ）み取（と）る機能（きのう）もついていて」是關鍵提示。而且並非寄送賀年卡的文化逐漸消失,而是賀年卡的寄送量減少了。雖然能透過「LINE」寄送賀年卡,但並不能直接知道對方的地址。

(4)

題目 P.131

筑波大學等研究團隊宣布,已經開發出一種能夠從血液成分判斷輕度認知障礙(被視為阿茲海默症潛在患者)發病的檢測方法,據說準確度約為 80%。

阿茲海默症是由一種名為「β-澱粉樣蛋白」的致病蛋白質堆積於腦中,損害神經細胞所致,占失智症病例的 7 成。筑波大學副教授內田和彥和東京醫科齒科大學的朝田隆特聘教授等人,於 2001～2012 年間針對茨城縣利根町居民約 900 人,進行有關發病和血液成分的關聯性調查。

結果顯示,隨著輕度認知障礙逐漸進展為阿茲海默症,與 β-澱粉樣蛋白從大腦排出等過程有關的三種蛋白質會減少。

此外,這個團隊進一步開發了檢測這三種蛋白質的方法,能夠準確判定是否為輕度認知障礙。這個檢測方法需要採集大約 7cc 的血液樣本,目前已經能在全國約 400 處醫療機構進行,但不在保險給付範圍內,費用約為數萬日圓。

| 49 | 以文章內容而言,以下何者是最正確的?
1　根據此文,若要進行輕度認知障礙的檢查,最好加保。
2　根據此研究,活化 β-澱粉樣蛋白及三種蛋白質似乎能夠預防阿茲海默症。
3　根據此研究,為了防止阿茲海默症,需要攝取充分的蛋白質。
4　根據此研究,阿茲海默症是因為無法排除 β-澱粉樣蛋白所導致的。

詞 彙　アルツハイマー病（びょう）：阿茲海默症 ｜ 予備軍（よびぐん）：潛在患者 ｜ 軽度認知障害（けいどにんちしょうがい）：輕度認知障礙 ｜
発症（はっしょう）：發病 ｜ 精度（せいど）：準確度 ｜ たんぱく質（しつ）：蛋白質 ｜ 脳内（のうない）：腦中 ｜ 神経細胞（しんけいさいぼう）：神經細胞 ｜
認知症（にんちしょう）：失智症 ｜ 排除（はいじょ）：排除 ｜ 高精度（こうせいど）：高準確度 ｜ 採（と）る：採集 ｜ 保険（ほけん）がきく：保險適用 ｜
保険（ほけん）をかける：加保 ｜ 摂取（せっしゅ）：攝取 ｜ 締（し）め出（だ）す：排出

解說　「アルツハイマー病は、原因たんぱく質『アミロイドβ（ベータ）』が脳内にたまり、神経細胞を傷つけて起こるとされており」和「アルツハイマー病と進むほど、アミロイドβの脳外への排除などに関わるたんぱく質3種類が減ることが判明した」是提示。換句話說，β-澱粉樣蛋白被認為是阿茲海默症的病因，而將 β-澱粉樣蛋白從大腦排出的三種蛋白質的減少與阿茲海默症有密切的關係。

問題 9　閱讀下列 (1) ～ (3) 的內容後回答問題，從 1、2、3、4 中選出最適當的答案。

(1)
題目 P.132

「尼特族」大致來說是指沒有在工作的人。更具體來說，它指的是 15 到 34 歲之間的年輕無業者，這些人既未上學，也沒有工作或接受職業訓練。換言之，如果正在求職，就會被視為求職者而非尼特族。另外，即使沒有工作，只要正在接受學校教育，那麼就會被視為學生而非尼特族。再者，即使沒有工作，也沒有上學，但正為了取得證照而讀書或是參加職業訓練的人，也非定義的尼特族。

前幾天，日本厚生勞動省針對這些被稱為尼特族的年輕人進行了現狀調查。調查結果顯示，其中約八成的人希望能夠從事「有工作價值的工作」。此外，回答「不擅長與人交談」的人占了六成，由此可見，人際關係中的壓力和不擅長面對的心理障礙，成為他們在求職過程中猶豫不決的主要原因。

在日本的媒體、網絡以及中高年齡層中，「尼特族」這個詞語帶有批判性和否定性，無論男女老少，很多時候會用「尼特族」來指代所有不工作的人，並藉此貶低他們。

然而，儘管概括地說是「尼特族」，但他們可能是因為各種不同的問題導致沒有工作。例如有些人可能因為遭受霸凌而患上對人恐懼症等精神障礙；有些人因為受傷、疾病或身體障礙而面臨健康問題；還有一些人因貧困無法接受正常教育，導致經濟困難；另外，也有一些人因為理想職場設有年齡限制而無法找到工作等。另外，有時「全職主婦」或「因暫時被限制而無法從事工作的人」，也可能被無差別地視為尼特族。在這些情況下，尼特族的定義不僅包括「有工作意願的人」，還包括那些「即使想工作但無法工作的人」。因此，如果不加思索地使用這個詞語，可能會不當地傷害到他人，所以應該謹慎使用這個詞語。

[50] 從這篇文章看來，符合「尼特族」定義的人是誰？
1　因為裁員被迫離職，並前往公共職業介紹所求職的 29 歲女性
2　考不上大學，努力準備下次入學考試的 18 歲重考生
3　公司倒閉，透過職業介紹中心尋找工作機會的 31 歲男性
4　前幾天辭職，沒有想要重新就業或接受教育的 34 歲男性

解說　選項 1 有前往公共職業介紹所求職，選項 2 是正在接受教育的學生，選項 3 正在求職，因此並非尼特族。

51 被稱作「尼特族」的年輕人，猶豫是否要找工作的主要原因可能是什麼？
1　經濟上很充裕。
2　不擅於人際關係。
3　找不到有工作價值的工作。
4　處於身體受限的狀態。

解說　「『人と話すのが苦手』と返答した人が6割もいるなど、人間関係でのストレスや苦手意識が、就職活動などに二の足を踏む主な原因になっていることも浮き彫りになった」是提示，即因為不擅於人際關係。

52 以下何者符合本文內容？
1　可以無視身體、精神、經濟、機會等各種問題。
2　在職業介紹中心尋找工作，但尚未就業的人就是尼特族。
3　日本媒體應該要更謹慎地使用尼特族這個詞彙。
4　即使是全職主婦，只要沒有工作就應該被歸類為尼特族。

解說　文章最後一句談到「不用意に使えば不当に他人を深く傷つけるおそれもあるので気をつけて使ってほしいものである」，換句話說，在使用「尼特族」這個詞語時應該要更加謹慎，以免傷害到別人。

詞彙
大雑把に言うと：大致來說 ｜ 就労：就業 ｜ 若年無業者：年輕無業者 ｜ 求職活動：就業活動 ｜
求職者：求職者 ｜ みなす：看作 ｜ やりがい：做某事的價值 ｜ 返答：回答 ｜
苦手意識：不擅長的心理障礙 ｜ 二の足を踏む：猶豫不決 ｜ 浮き彫り：浮現 ｜
中高年層：中高年齡層 ｜ 老若男女を問わず：不論男女老少 ｜ 貶す：貶低 ｜ 一口に：概括地 ｜
対人恐怖症：對人恐懼症 ｜ ～が故に：因為～ ｜ まともな：正常的 ｜
拘束状態：受限制的狀態 ｜ 不用意：不小心 ｜ 浪生：重考生 ｜ ハローワーク：職業介紹中心 ｜
金銭的：金錢上的 ｜ 身柄拘束状態：人身被拘束的狀態

(2)

題目 P.134

在某電機製造商的網站上，有人詢問了「食品儲存於冰箱」的問題，結果留言板上正反兩方的意見激烈交鋒。「①放冰箱保存比較好」的意見占絕大多數，主要理由是「為了防蟲」。有一位主婦表示曾因收在櫃子內的食品長蟲，造成了很大的麻煩，從那以後，她不僅將調味料、粉狀類、茶葉、乾貨，甚至連糖和麵粉也一定都放入冰箱。

那麼，冰箱真的是完美的防蟲措施嗎？根據某食品綜合研究所的研究員表示，「最常見的情況是食品開封後或在開封過程中，蟲子進入並在常溫下繁殖。如果是在低溫冰箱內，就能夠抑制蟲子的繁殖」。然而，不同的食品容易長蟲的程度也有差異。其中最應該注意的就是麵粉等粉狀食品。此外點心也容易長蟲，人類喜愛的食物，對蟲子來說也是美味食物。

尤其像可可或是巧克力這類味道很香的食物，似乎是許多蟲子的最愛。另外，有報告指出，塵蟎在食品中繁殖後，對塵蟎過敏的人吃下後就會引發過敏反應。

還有不少意見認為，為了防止食品腐敗以及保持新鮮度，只能依賴冰箱。

另一方面，也有人提出「即使放在冰箱，食物也會腐爛或是發霉」、「只要開封就會開始變質」、「放到冰箱再拿出來就會受潮」這類②冰箱絕非萬能的意見。

專家建議，將食品放入冰箱保存時，應該設定「要在什麼時候吃完」的期限，並根據家庭成員人數等情況仔細考量，購買能夠迅速消耗的分量，進而達到聰明消費。

在食品儲存方面，不要堅信冰箱是萬能的，也希望大家能精心安排，避免浪費珍貴的食物。

---

53 文中提到「①放冰箱保存比較好」，以下何者不是可能的原因？
1. 為了防止食品長蟲
2. 為了防止食品腐壞
3. 為了防止食品的賞味期限提前
4. 為了防止食品鮮度降低

解說 本文並未談到關於選項 3 的賞味期限。

54 文中提到②冰箱絕非萬能的意見，以下何者是可能的原因？
1. 因為食品會因此含有水分
2. 因為食品長蟲的情況與常溫環境沒有差別
3. 因為食品不可能保持鮮度
4. 因為不會引發因食品而起的過敏症狀

解說 「一度冷蔵庫に入れて外に出すとしけてしまう」是提示，「しける（受潮）」則是關鍵詞。

55 以下何者符合本文內容？
1. 乾燥海帶芽、糖、鹽等等，如果放在冰箱似乎可以比較放心。
2. 即使在冰箱的低溫環境下，對黴菌來說似乎仍是足以活動的溫度。
3. 為了抑制食品浪費的情況，只要保存到冰箱即可。
4. 只要將食品放在冰箱保存，不管賞味期限如何，都可以食用。

解說 內容談到「冷蔵庫にしまっても食品が腐ったりかびたりする」，換句話說，並不是放在冰箱就絕對不會發霉。

詞彙

掲示板（けいじばん）：留言板 ｜ 賛否両論（さんぴりょうろん）：贊成與反對的意見 ｜ 飛び交う（とびかう）：交錯、激烈交鋒 ｜
防虫対策（ぼうちゅうたいさく）：防蟲對策 ｜ 戸棚（とだな）：櫥櫃 ｜ しまう：收納 ｜ 虫がつく（むしがつく）：長蟲 ｜ 粉類（こなるい）：粉狀物 ｜
茶葉（ちゃば）：茶葉 ｜ 乾物（かんぶつ）：乾貨 ｜ はたして：果真 ｜ 完璧（かんぺき）：完美 ｜ 開封（かいふう）：開封 ｜
常温保存中（じょうおんほぞんちゅう）：常溫保存中 ｜ 繁殖（はんしょく）：繁殖 ｜ 抑える（おさえる）：抑制 ｜ 小麦粉（こむぎこ）：麵粉 ｜
大好物（だいこうぶつ）：最喜歡的東西 ｜ ダニ：塵蟎 ｜ 症状（しょうじょう）：症狀 ｜ 腐敗防止（ふはいぼうし）：防止腐壞 ｜
鮮度保持（せんどほじ）：維持新鮮 ｜ かびる：發霉 ｜ 劣化（れっか）：劣化 ｜ しける：受潮 ｜ 綿密（めんみつ）：仔細 ｜
思い込む（おもいこむ）：堅信 ｜ 貴重（きちょう）：珍貴 ｜ やりくり：精心安排 ｜ 乾燥ワカメ（かんそうワカメ）：乾燥海帶芽 ｜
浪費（ろうひ）：浪費 ｜ 抑制（よくせい）：抑制

(3)

題目 P.136

　　2003年起，透過匯款或是面交騙取金錢的特殊詐騙情況遽增。過去主要是以電話為手段，但最近隨著自動提款機（ATM）使用額度限制等對策的加強，詐騙手法愈來愈多元化了。以前是開設假帳戶，並讓受害者匯款到該帳戶，但現在①也出現了上門到受害人家中直接收取現金的手法。

　　每當聽到這種特殊詐騙的案例，應該會有人認為「我才不會被那種手法騙到呢」或是「被騙的人自己也有責任」吧。

　　對於比爬蟲類高等的動物而言，它們擁有感知天敵等危險的原始功能，而負責這種外界危險感知的正是大腦中的杏仁核。

　　根據國外研究，與聽到平穩的聲音相比，如果聽到急促緊迫的說話聲音，杏仁核會異常活躍，血流量會增加，並分泌促腎上腺皮質素。當杏仁核受到如此強烈的刺激時，人類會進入②忘我狀態。

　　聽到兒子開車撞到人，應該沒有父母能夠冷靜以對吧。當不安的情緒層層加劇，且沒有時間讓人仔細思考時，人就會陷入思考停止的狀態。如果不匯款，這種不安就無法解決，也無法從思考停止的狀態中恢復過來。實際上，遭遇特殊詐騙的原因之一，正是因為在杏仁核活躍的過程中，人難以冷靜下來。

　　可以理解為這是每個人共同具備的大腦功能。根據不同的情境，任何人都有可能遭遇這樣的特殊詐騙。可以說，杏仁核越敏感的人，面對這樣的風險會越高；換句話說，這也是因為這些人情感豐富，深愛家人並替家人著想。

56　①也出現了直接收取現金的手法的原因，可能是以下何者？
1　因為日本人不再容易受特殊詐騙的欺騙，因此需要更多樣的手法
2　因為面交騙取金錢變得困難，因此需要新的手法來取而代之
3　**因為政府採取各種措施，單次提款額度已大幅減少**
4　因為根據某研究，手法越多樣化，成功機率越高

解說 內容談到「現金自動預払機（ATM）利用限度額の制限などの対策強化で、その手口も多様化してきている」，也就是說，因為可提取的金額減少，所以為了能夠詐取更多的錢，才出現了這種方法。

57 文中提到②忘我狀態，具體是指何種狀態？
1. 促腎上腺皮質素過度分泌，造成杏仁核無法發揮正常功能的狀態
2. 收到小孩造成交通事故的通知，因為不安無法做出任何反應的狀態
3. 由於杏仁核異常，無法察覺危險，因此即便天敵接近也無法察覺的狀態
4. 本來對自己不會被詐騙充滿信心，結果卻遭遇特殊詐騙而陷入茫然的狀態

解說 下一段提到「我を忘れる狀態」的例子，當感到不安時，杏仁核就會積極產生作用，使人無法冷靜。

58 筆者在這篇文章中最想表達的是哪一點？
1. 誰都有可能遇上特殊詐騙，所以應該要小心不要陷入停止思考的狀態。
2. 具有察覺外界危險功能的大腦杏仁核需要從平時加以鍛鍊。
3. 為了避免遭遇特殊詐騙，應該將銀行餘額維持在一定金額以下。
4. 為了避免遭遇匯款詐騙等特殊詐騙，最重要的是不要因情緒激動而失去理性。

解說 這篇文章筆者最想傳達的訊息是：遇到特殊詐騙時，不要驚慌失措並失去冷靜的理性判斷，而被犯罪者的意圖牽著走。

詞彙
振り込み：匯款 ｜ 手渡し：面交 ｜ 金銭：金錢 ｜ 騙し取る：騙取 ｜ 特殊詐欺：特殊詐騙 ｜
手口：手法 ｜ 現金自動預払機：自動提款機 ｜ 利用限度額：使用額度 ｜ 架空名義：虛構名義 ｜
振り込む：匯款 ｜ は虫類：爬蟲類 ｜ 察知：察覺、感知 ｜ 原始的機能：原始功能 ｜
備わる：具備 ｜ 扁桃体：杏仁核 ｜ 切迫：緊迫 ｜ 副腎皮質刺激ホルモン：促腎上腺皮質素 ｜
分泌：分泌 ｜ 刺激：刺激 ｜ 我を忘れる：忘我 ｜ 畳み掛ける：接二連三 ｜ 追い込む：逼入 ｜
人間誰しも：任何人都會 ｜ 敏感：敏感 ｜ いっぺんに：一口氣、一下子 ｜ がた減り：銳減 ｜
多岐にわたる：涉及許多方面 ｜ 過剰：過剩 ｜ 不安にかられる：被不安感所籠罩 ｜
呆然としている：茫然 ｜ 日頃から：平時、平常 ｜ 鍛える：鍛鍊 ｜ 残高：餘額 ｜
振り込め詐欺：匯款詐騙

問題 10 閱讀下面文章後回答問題，從1、2、3、4中選出最適當的答案。

題目 P.138

越來越多的地方政府在招募「奶爸奶媽志工」，暫時受託照顧剛出生的小貓並撫養牠們，直到牠們能夠獨立生活為止。

40歲的木田加奈子女士已在雅市和雅縣登記成為「奶爸奶媽志工」。她從6月下旬開始，扶養了兩隻受救援保護的小貓約三週時間。她說「雖然照顧生命是一種責任，但是能夠守護可愛小貓的成長，是一個①寶貴的經驗」。

剛開始照顧時，兩隻小貓剛出生，一天要餵奶6到8次，因為無法自行調節體溫，所以需要準備電熱毯，當時的體重未達100克的小貓，目前已經長到約300克。

據雅縣衛生指導課指出，2015年度在縣內被安樂死的貓約有1300隻，當中九成都是斷奶前的小貓。

為了減少安樂死的案例，雅縣從今年春天開始推行②奶爸奶媽志工制度。該制度由志工將送至縣立動物愛護中心的未斷奶小貓帶回家中撫養，直到牠們成長到約3個月大為止。志工需要負責餵奶、幫助排泄以及記錄成長過程。等到小貓斷奶後，便送回中心，再轉交給新的飼主。

奶爸奶媽志工的條件是需居住在縣內，並參加中心舉辦的講習會。工作人員也會實施家庭訪問，以確認志工是否具備適合養育小貓的家庭環境。飼養所需的物品、奶粉費用和治療費用等則由志工自費負擔。至今約有20人登記為志工。

副塚市也從2016年度起設立了奶爸奶媽牛奶志工制度，並與市獸醫協會合作，建立了在小貓罹患急病時，動物醫院可以免費提供診療的體制。市立動物愛護管理中心的負責人表示「在充滿愛的環境下長大的小貓比較親近人類，也更容易找到飼主」。這樣的活動已經擴展到各地。例如從2012年開始實施該制度的神田市在2016年度內便有138隻小貓經由志工撫養，目前累積共達275隻。此外，民間也有推行奶爸奶媽志工的團體。

參與貓咪保護活動，並擔任YAWAZA動物專門學校副校長的伊田留美子女士表示「除了能夠降低貓咪安樂死的案例，透過地方政府的招募，也能讓更多人知道這項制度。」她對於政府行政部門致力推動奶爸奶媽志工制度這點給予相當好評。

對於成為志工的人，伊田指出：「由於需要每隔幾小時餵奶一次，因此最好具備全天照顧的環境。」此外，由於各個地方政府的寄養期間長短不同，而且如果小貓健康惡化，醫療費用需全額自費，因此伊田建議大家在登記前應仔細確認相關要求。

---

59 文中提到①寶貴的經驗，這是什麼意思？

1　照顧剛出生的小貓，並見證其成長
2　能夠在一定期間內照顧沒有父母的小貓
3　養育剛出生的小貓，並把牠當作寵物養
4　照顧父母被安樂死的小貓，包括餵奶和協助排泄

解說　前面的句子談到「能夠守護可愛小貓的成長」，這是指親自照顧剛出生的小貓並見證牠成長的過程，而這被視為一個寶貴經驗。

60 ②奶爸奶媽志工制度是什麼樣的制度？
1 這是由志工照顧小貓，直到牠們斷奶的制度，成長所需的費用由志工自己負擔。
2 這是由志工照顧小貓，直到牠們成長到一定階段的制度，若產生感情，志工也可以成為飼主。
3 這是由志工照顧小貓，直到牠們斷奶的制度，成長所需的費用由地方政府負擔。
4 這是由志工照顧小貓，直到牠們成長到一定階段的制度，只有奶粉費用由地方政府負擔。

解說 奶爸奶媽志工制度中，小貓會在斷奶時被送回中心，並交給新的主人。根據說明，「飼養所需物品、奶粉費用、治療費等需要自己負擔」，所以費用並非由地方政府負擔。

61 為何愈來愈多地方政府開始招募奶爸奶媽志工？
1 減少被安樂死的小貓數量，也更容易找到飼主，地方政府的財政狀況也會改善。
2 由於少子化和高齡化，許多居民表示想養育小貓，因此增加了志工的招募人數。
3 減少被安樂死的小貓數量，而由人類照顧撫養的小貓對於飼主來說更容易養大。
4 養育應該要被安樂死的小貓的人將自動成為飼主，對地方政府來說是一石二鳥。

解說 文章提到「除了能夠降低安樂死的案例」，以及「在充滿愛的環境下長大的小貓比較親近人類，也更容易找到飼主」。這意味著不必將貓咪安樂死，且在愛心照料下長大的貓咪更容易與新飼主親近。

62 關於文章中介紹的奶爸奶媽志工，專家的意見為何？
1 政府行政部門的措施能讓更多人知道，但應該加強對志工的培訓。
2 政府行政部門招募這些志工是好事，但也需要志工之間的橫向聯繫。
3 政府行政部門的措施有宣傳效果是好的，但也有志工負擔等問題需要解決。
4 只有有限的家庭能參與這項志工工作，因此地方政府需要更努力普及化。

解說 文章提到「透過地方政府的招募，也能讓更多人知道」，這樣雖然有宣傳效果，但同時也指出「最好具備全天照顧的環境」，以及「如果小貓健康惡化，醫療費用需全額自費」等情況。

詞彙
生後：出生後	間もない：～不久	預かる：受託照顧	自活：獨立生活	当初：當初
授乳：餵奶	電気あんか：電熱毯	衛生：衛生	殺処分：安樂死	離乳前：斷奶前
排泄：排泄	譲渡：轉讓	在住：居住	飼育：飼養	物品：物品	設ける：設立
獣医師：獣醫	急病：急病	なつく：親近	累計：累計	知れ渡る：廣為人知
終日：終日、整天	好ましい：理想的	体調を崩す：健康惡化	全額：全額
事前に：事前	有識者：專家、知識分子	横のつながり：橫向聯繫

問題 11 下列 A 和 B 各自是關於「AI：人工智慧」的文章。閱讀文章後回答問題，從 1、2、3、4 中選出最適當的答案。

A

題目 P.142

人工智慧（Artificial Intelligence：AI）這個詞彙已經轟動社會許久。關於其定義，許多專家提出各式各樣的意見。而其中一種既簡單又符合本次主題的理解方式，我認為是相當適切的：

「人工智慧應該被當作一種工具來看待。」（東京大學 H 教授的說法）

（中間省略）

人類在「現實世界」把 AI 當作工具使用，另一方面，AI 把人類引入「魔法的世界」。這並非說「魔法的世界」是一個糟糕的世界。那可能是一個無須思考瑣事，能夠投入更多時間在自己喜歡的事物上的世界。然而，身為「會思考的蘆葦」的人類，為了不停止思考，必須不斷反覆提問，再善用 AI 技術。

B

題目 P.142

AI 最擅長的就是「判斷」。只要有大量數據，AI 就可以根據這些數據徹底挖掘條件句，其判斷的精確度可能超越人類。換句話說，如果沒有充分的數據支持「判斷」，任何 AI 都無法有效運作。

我們來看商業現場的實際案例吧。

在審核貸款時，借款方的財務報表是評估是否核准貸款的重要依據。然而，為了實現更精準的貸款審核，銀行員有時會親自拜訪借款公司，了解該公司的企業文化，甚至收集如洗手間整潔程度等現場資訊，並將這些資料加以活用。

（中間省略）

面臨是否採用 AI 的抉擇時，企業經營者應重新思考支持現場判斷的數據來源，並明確 AI 和人類各自的分工，同時以具體的感受描繪業務的未來樣貌。

[63] 關於「AI：人工智慧」，A 和 B 的觀點是什麼？
1. A 呼籲在現實世界中需謹慎應對 AI 的應用，B 則談到實踐是首要之務。
2. A 認為如果 AI 成為像魔法般的工具，則需要十分注意，B 則認為 AI 在商業現場非常有效。
3. A 提出了如何讓 AI 發揮作用的問題，B 則舉例說明了 AI 有益的使用方式。
4. A 認為了避免 AI 變成像魔法般的工具，需要人類的深思熟慮，B 則認為未來人類的角色將是一大課題。

解說　A認為AI可能將人類引入「魔法的世界」，那可能是「無須思考瑣事，能夠投入更多時間在自己喜歡的事物上的世界」。然而，A強調人類是「會思考的蘆葦」，為了有效利用AI，人類必須不斷發問。另一方面，B則舉出AI在商業領域中的實際應用案例，並探討其有益的使用方式。

64　A和B如何談論「AI：人工智慧」？
1　A談到應將AI視為工具，並強調持續確認其效用的態度至關重要，B則指出為了完美駕馭AI，必須重視數據收集的重要性。
2　A特別強調AI可能成為魔法工具的危險性，B則舉例說明，特別是在商業場合中，AI有助於擴大利益。
3　A談到應將AI視為工具，並強調持續質疑其功過的態度至關重要，B則指出，在完美駕馭AI之前，人類必須先採取行動。
4　A談到為了避免AI變成魔法工具，人類的角色應該是什麼，B也強調角色分工，並指出在數據收集方面，依賴AI是明智的做法。

解說　A認為AI應該被視為「工具」，並討論了如何正確使用AI；B則認為，如果沒有足夠的數據，任何AI都無法有效運作。

詞彙　〜て久しい：自從〜以來已經很久 ｜ 〜に沿った：順著〜、按照〜 ｜ 捉え方：理解方式 ｜
とらえる：理解 ｜ 魔法：魔法 ｜ 引きずり込む：拉入、引入 ｜ 煩わしい：繁瑣 ｜
〜ずに済む：不用〜也能解決 ｜ 割く：分配 ｜ 考える葦：思考的蘆葦 ｜
使いこなす：完美駕馭 ｜ 〜ねばならない：不得不〜 ｜ 条件節：條件句 ｜ 精度：精確度 ｜
融資：融資、貸款 ｜ 可否判断：判斷能否 ｜ 融資先：借款方 ｜ 決算書：財務報表 ｜
風土：環境、文化 ｜ 〜か否か：是否〜 ｜ 迫る：逼近 ｜ 改めて：重新 ｜
熟考する：深思熟慮 ｜ 手触り感を持って：具有觸感 ｜ 訴える：訴求 ｜ 功罪：功過

問題12　閱讀下面文章後回答問題，從1、2、3、4中選出最適當的答案。　　題目 P.144

　　富士山登山熱潮依然不減。隨著夏季登山季節進入高峰，山頂附近從黎明前，便有為了看日出而前來的登山客排起了長長的隊伍。希望大家都能遵守禮儀、留意安全，同時享受舒適的登山活動。令日本人著迷的富士山，自古以來便被當作信仰的靈峰。它既是修行者的修煉場所，也是宗教上具有重要地位的山。2013年，它被登錄為世界文化遺產。因此，不僅是日本人，還有許多外國人開始紛紛造訪。

　　在接待大量登山者的同時，如何保持其神聖性，成為當前的課題。

　　在7〜9月期間，富士山迎來了20〜30萬名登山客，週末的擁擠程度是平日的兩倍。為了方便看日出，山頂附近的山間小屋先後被預訂一空，許多都已經滿房。

　　在山梨縣針對擁擠情況進行的調查中，43%的受訪者對登山客過多表示不滿。還有高達23%的受訪者曾因被其他登山者強行超越而面臨危險。

如果繼續這樣下去，登山客可能會發生重大事故，例如像將棋般接連倒下的踩踏情況。一旦人數過多，富士山的神秘性受到破壞，作為世界遺產的價值也會因此受到威脅。為了適當調整登山客數量，採取相關對策是無可避免的。

在富士山被列為世界文化遺產時，聯合國教育、科學及文化組織（聯合國教科文組織）也要求制定訪客管理策略。

政府提出方針，將制定每日登山客數量的參考標準，並將其納入保護狀況報告書中，預計於 2018 年 12 月之前提交。

山梨縣和靜岡縣利用全球定位系統（GPS）等手段，調查登山客的動態。仔細分析擁擠情況並設定適當的人數是必要的。

同時，也需要提出具體對策。分散登山客是緩解擁擠的其中一種方法。兩個縣自今年夏季起，已在網路上公開了擁擠程度預測日曆，並希望利用這些資料向民眾宣傳，平日登山能享受更輕鬆的體驗。

兩個縣根據登山客的意願徵收每人 1000 日圓的富士山保護合作金，用於維護、管理登山路徑。去年，山梨縣有 65% 的登山客支付，靜岡縣則為 51%。

也有部分聲音要求強制徵收這筆費用。對於登山客數量適當化措施的效果，應該仔細判斷，這一點非常重要。

安全保障和訪客管理策略也是不可忽視的課題。穿著運動鞋、T 恤這種輕便服裝的外國登山客十分顯眼。由於天氣變化劇烈和落石等風險，普及基本的安全知識是必要的。

---

[65] 保持其神聖性是什麼意思？

1. 維持作為宗教與信仰上不可玷污的聖山的存在
2. 因為自古以來被認為是許多神明棲息的山，因此要避免威脅到神明的存在
3. 維持作為宗教與信仰上只有特定人群才能進入的山的現狀
4. 作為代表性的靈峰，不僅是宗教人士，也要讓更多人繼續喜愛它

解說 內容談到「富士山は、古くから信仰の対象とされた霊峰だ。修験者たちの修行の場であり、宗教的に重要な山」，正因為富士山具有這樣的意義，所以如何維護它便是討論的焦點。

[66] 文中提到因為登山者過多造成了哪些影響？

1. 因為登山者缺乏禮儀，小型事故頻繁發生，廢棄物數量也增加，損害自然環境。
2. 登山設施的預約爆滿，或因登山者禮儀低落，導致神秘性被削弱。
3. 因為登山者缺乏禮儀，棲息在山上的動植物大量減少，自然環境開始被破壞。
4. 因為住宿設施的服務品質降低，以及登山者缺乏禮儀，導致登山時事故頻發。

解說 內容談到的「人が増えすぎると、富士山の神秘性がそこなわれて、……」為提示，換句話說，過多的人潮會破壞富士山的神秘性。

[67] 為了管理登山客的數量，報告中提到正在考慮採取哪些對策？
1. 為了限制登山客數量，導入事前申請制、強制徵收作為富士山維護管理費用的保護合作金等。
2. 設置可以讓登山客檢查擁擠狀況的功能、強制徵收作為富士山維護管理費用的保護合作金等。
3. 為了限制登山客數量，導入事前登記制，重新審查作為富士山維護管理費用的保護合作金金額等。
4. 為了分散登山客，設置檢查擁擠狀況的功能，徵收作為富士山維護管理費用的保護合作金等。

解說 文中提到為了分散登山客，正在考慮利用 GPS 等工具來檢查擁擠狀況，並徵收用於富士山登山路線維護管理的保護合作金等措施。

[68] 在這篇文章中，筆者所說的是哪一項？
1. 登山者有義務遵守登山禮儀，並學習登山的基本知識後再攻頂。
2. 擔憂富士山作為世界文化遺產的價值有所動搖，失去神秘性。
3. 隨著登山客數量增加，必須採取對策以保護神聖的自然環境。
4. 為了確保登山客安全以及提高滿意度，政府及地方政府都要思考對策。

解說 富士山被登錄為世界文化遺產後登山客急遽增加，並引發了登山者安全問題及富士山神秘性等價值受損的擔憂，筆者提出應採取對策來應對這些問題。

詞彙
たけなわ：高潮、高峰｜山頂：山頂｜付近：附近｜夜明け：黎明｜ご来光：日出｜
目当て：目標｜留意：留意｜魅了：吸引、令人著迷｜信仰：信仰｜霊峰：靈峰｜
修験者：修行者｜修行：修行｜遺産：遺產｜受け入れる：接受｜いかに：如何｜
神聖：神聖｜保つ：維持｜目下：當前｜山小屋：山間小屋｜順に：按順序｜
埋まる：填滿｜追い越す：超越｜危険な目にあう：遭遇危險情況｜～に上る：達到～｜
将棋倒し：如將棋般接連倒下｜神秘性：神秘性｜損なう：損害｜揺らぐ：動搖｜
～に向けた：針對～｜避けて通れない：無法避免｜国連：聯合國｜来訪者：訪客｜
目安：標準｜盛り込む：納入｜全地球測位システム：全球定位系統 GPS｜緩和：緩解｜
手法：方法｜今夏：今年夏天｜任意：自願、隨意｜徴収：徵收｜登山道：登山道｜
充てる：充當｜見極める：判斷、確定｜軽装：輕便服裝｜欠かす：缺少｜憂える：擔憂

問題 13　右頁是「招募日文教室工作人員」的通知，大學生山本先生想要教導外國人日文。請閱讀文章後回答以下問題，並從 1、2、3、4 中選出最適當的答案。

69　山本先生成為工作人員所需的條件是什麼？
1　支付參加費及志工保險費
2　每月參加一次會議和四次以上的課程
3　提交申請動機並每月參加兩到三次課程
4　每月參加一次活動及會議

解說　內容提到需要「每週參加一次課程，以及每月參加一次全體會議」。

70　以下何者不符合這個招募通知的內容？
1　這個課程的老師是志工。
2　到教室的交通費需自費。
3　對於與外國人一同生活抱持正面態度的人為佳。
4　招募有學過日語教學法的人。

解說　這個招募通知並未提到選項 4 的內容，其他三個選項可從「志工保險 500 日圓」、「前往教室的交通費用要自費」，以及「招募對象希望是願意積極參與活動的人」這些描述得知。

日文教室 - 雅招募工作人員！

有許多大學生參與的「日文教室 - 雅」現在因為擴大教室規模，我們將進一步招募工作人員！

活動目的：	打造一個讓在日本的外國人能與日本人定期交流的場域，提供他們提升日語能力以融入社會的機會，並協助他們在當地過上安心、安全且充實的生活。
活動場所：	雅市（雅町和平和町兩個據點）
所需經費：	免費，僅需支付500日圓的志工保險費用（至教室的交通費需自費）
活動頻率：	每週2～3次（需要每週參加至少一次課程，以及每月一次的全體會議）
招募對象：	對日語教育有興趣的人、想要協助外國人生活的人、有意了解異文化的人，以及願意積極參與活動的人（申請時請詳述您的動機！）
特色：	外國人與日本人能夠互相學習的環境！由全體工作人員一起打造課程！每月舉辦一次有趣的活動！想參與管理和企劃的人絕對不可錯過！
對象身分/年齡：	社會人士、大學生・專門學校學生、高中生
招募人數：	6名
申請方法：	請將您的申請資料以電子郵件發送至 miyabiboshu@email.com。

申請時請附上以下資料：
姓名、所屬（大學生請寫明大學名稱與年級，社會人士請寫明您的身分）、距離住處最近的車站、希望星期幾參加活動（如有），以及申請動機。

活動詳情：請參照附件

課程安排：根據學生的程度設有初級、中級、高級三個班級。
＊有小組課程和個別課程。

詞彙　拠点：據點｜頻度：頻率｜取り組む：致力於｜動機：動機｜携わる：參與、從事｜必見：必看、必讀｜身分：身分｜〜にて：以〜｜氏名：姓名｜所属：所屬｜回生：年級｜旨：要點、意思｜最寄り：最近｜添える：附加｜詳細：詳細｜別途：另外

第 2 節 聽解 🎧 Track 3

問題 1 先聆聽問題，在聽完對話內容後，請從選項 1～4 中選出最適當的答案。

例 🎧 Track 3-1

男の人と女の人が話しています。二人はどこで何時に待ち合わせますか。

男：あした、映画でも行こうか。

女：うん、いいわね。何見る？

男：先週から始まった「星のかなた」はどう？面白そうだよ。

女：あ、それね。私も見たいと思ったわ。で、何時のにする？

男：ちょっと待って、今スマホで調べてみるから…えとね… 5 時 50 分と 8 時 10 分。

女：8 時 10 分は遅すぎるからやめようね。

男：うん、そうだね。で、待ち合わせはどこにする？駅前でいい？

女：駅前はいつも人がいっぱいでわかりにくいよ。映画館の前にしない？

男：でも映画館の前は、道も狭いし車の往来が多くて危ないよ。

女：わかったわ。駅前ね。

男：よし、じゃ、5 時半ぐらいでいい？

女：いや、あの映画すごい人気だから、早く行かなくちゃいい席とれないよ。始まる 1 時間前にしようよ。

男：うん、わかった。じゃ、そういうことで。

二人はどこで何時に待ち合せますか。

1 駅前で 4 時 50 分に
2 駅前で 5 時半に
3 映画館の前で 4 時 50 分に
4 映画館の前で 5 時半に

例

男子和女子正在交談，兩人幾點要在哪裡碰面？

男：明天要不要去看部電影？

女：嗯，好啊，要看什麼？

男：上禮拜上映的「星之彼方」如何？感覺還蠻有趣的。

女：啊，那部啊。我正好也想看。那我們要看幾點的？

男：等等哦，我現在用手機查……嗯……有 5 點 50 分和 8 點 10 分。

女：8 點 10 分太晚了，不要這個時間。

男：嗯，也是。那我們要在哪碰面？車站前可以嗎？

女：車站前人太多，不好認人，要不要改在電影院前碰面？

男：但是電影院前的馬路又小，來來往往的車也很多，很危險的。

女：好吧，那就車站前吧。

男：好，那 5 點半左右如何？

女：不，那部電影很受歡迎，不早點去會買不到好位子，我們約電影開演 1 小時前啦。

男：好，我知道了。那就這樣吧！

兩人幾點要在哪裡碰面？

1 車站前 4 點 50 分
2 車站前 5 點半
3 電影院前 4 點 50 分
4 電影院前 5 點半

1番 🎧 Track 3-1-01

災害の被害を少なくする方法について話しています。男の人はこれからどうしますか。

女：ねね、ナナコちゃんも生まれたし、日頃、家族のための防災を考えておかなきゃだめだと思う。

男：そうね。でも非常食品や飲料水とか、三日分ぐらいの備蓄品は揃えてあるから、そんなに心配しなくてもいいよ。

女：三日間というのは最低の期間だから、私は余裕をもって1週間分の備蓄品が必要だと思う。あと、新聞で読んだんだけど、震災のショックで母乳が出なくなったりすることもあるんだって。だとすると、食料は常温保存できるものをできれば1週間以上、備えておく必要があるね。

男：そうか、そしたら今度スーパーに行ってもっと買っておこう。

女：それから、阪神淡路大震災では亡くなった方の8割から9割が、早朝寝ているところを家や家具が倒れてきてほぼ即死したというじゃない？だから家具などが倒れないように壁や天井に固定した方がいいよ。

男：うん、家具を固定したり、転倒を防止する用品もスーパーで簡単に買えるんだって。あ、そうだ。倒れても被害を受けないように、向きを変えてしまう方がいいね。

女：そうね。そうした方が一番安全だよね。それから、あなた今夜から寝室でゲームするのも止めて。

男：それは、どうして？

女：ほんの十数秒の揺れで、窓ガラスは割れて電化製品は倒れるのよ。テレビやパソコンは水平に3メートルも飛ぶんだって。

男：へえ、そうか。分かったよ。

第1題

兩人正在討論減少災害損害的方法。男子接下來要怎麼做？

女：欸欸，奈奈子也出生了，我們平常就該思考為了家人如何防災。

男：也對，但是我已經準備好像是三天份的防災食品和飲用水這類的儲備物資，應該不需要那麼擔心啦！

女：三天只是最基本的時間，我覺得應該充裕一點，準備一週的儲備物資。然後我在報紙上看到，震災的衝擊可能會導致母乳無法分泌。如果是這樣的話，食物最好能準備一些可以常溫保存的，並且儲備一週以上的分量。

男：是喔！那我下次去超市再多買一些。

女：然後在阪神淡路大地震中，據說有八到九成的遇難者是在清晨睡覺時，因為房子或家具倒塌幾乎瞬間喪命。所以最好把家具固定在牆壁或是天花板，以防倒塌。

男：嗯，聽說固定家具或防止翻倒的用具在超市也能夠輕易買到。啊！對了！為了即使倒塌也不會造成損害，我們最好改變家具的方向。

女：對，那樣是最安全的了。然後，你從今晚開始不要在臥室玩遊戲了。

男：那是為什麼？

女：只是搖晃十幾秒而已，窗戶玻璃就會破裂、電器用品也會倒下來哦！電視跟電腦聽說也會水平飛出三公尺遠。

男：哇，是喔，我知道了。

第3回　實戰模擬試題解析　155

男の人はこれからどうしますか。	男子接下來要怎麼做？
1 他の部屋でゲームをします	1 在其他房間玩遊戲
2 スーパーに行って一週間分の食料品を買います	2 去超市購買一週的食物
3 家具が壊れないように頑丈にする用品を買います	3 購買穩固裝置，以防止家具受損
4 寝室の電化製品が倒れないように固定します	4 固定臥室的電器用品，防止它們傾倒

解說 妻子針對地震等災害提出幾項建議，丈夫也同意了，雖然食品、固定用品要等到下次去超市時購買，但丈夫也決定從今天開始不會在臥室玩遊戲了。

詞彙 災害：災害｜非常食品：防災食品｜備蓄品：儲備物資｜震災：地震災害｜常溫保存：常溫保存｜備える：備妥｜即死：立刻死亡｜天井：天花板｜転倒：翻倒｜防止：防止｜頑丈だ：堅固的

2番　Track 3-1-02

新入社員募集の広告を見ています。男の人はこの広告を誰に知らせればいいですか。

女：山田製薬株式会社で新入社員を募集しているね。
男：河上さん、確か薬学部だったよね。きっと彼女に伝えたら喜ぶと思うよ。
女：でも、河上さんはこの前、親が倒れて実家の兵庫県に帰るって言ってたよ。この会社は本社が大阪で、支社の東京で働ける社員を募集しているのに。
男：でも、見て、工場が兵庫県にあるから、なんか可能性、あるんじゃないかな。あと、三浦さんも薬学部出たけど、まだ仕事見つけてなくて悩んでいるから、彼にも伝えなきゃ。
女：あ、そうね。あ、資格は今年3月の卒業見込者って書いてある。
男：あ、そうか。うん……そしたら、榎本さんに言おうかな？
女：榎本さん？彼は経済学だよ。
男：でもここに性別や学部、学科制限なしって書いてあるし。

第2題

兩人正在看招募新員工的廣告。男子應該應該通知誰這則廣告？

女：山田製藥股份有限公司正在招募新員工呢！
男：我記得河上小姐是藥學系的，跟她說這個消息的話她一定會很高興。
女：但是河上小姐前陣子說父母病倒了，所以要回去老家兵庫縣。這家公司總部在大阪，現在正招募能在東京分公司工作的員工。
男：但是妳看！工廠在兵庫縣，所以應該還是有可能的吧？還有三浦先生也是藥學系畢業，但現在正愁找不到工作，我們應該也跟他說一聲。
女：啊，對耶。啊！應徵資格是今年3月預計畢業的人。
男：哦，是嗎？那……要不要告訴榎本先生呢？
女：榎本先生？他是念經濟學的耶。
男：但是這邊寫著不限性別、學系、學科。

女：あ、なら、私も履歴書出してみようかな。じゃ、私は先に帰って隣の部屋の森山さんに言ってみるね。
男：うん。いいよ。僕もみんなに伝えるね。提出書類の締切は2月7日までだから、遅れないようにね。

男の人はこの広告を誰に知らせればいいですか。

1 河上さん、三浦さん
2 河上さん、榎本さん
3 三浦さん、榎本さん、森山さん
4 河上さん、榎本さん、森山さん

女：啊，那我也丟丟看履歷吧！那我先回家跟住隔壁的森山先生說哦！
男：嗯，好啊。我也跟大家說。提交資料的期限到2月7日為止，不要遲交囉！

男子應該應該通知誰這則廣告？

1 河上小姐、三浦先生
2 河上小姐、榎本先生
3 三浦先生、榎本先生、森山先生
4 河上小姐、榎本先生、森山先生

解說 女子通知森山先生，男子通知森山先生和三浦先生以外的其他人。由於女子提到的是針對3月準備畢業的人，已經畢業的三浦便不在此範圍。

詞彙 募集：招募 ｜ 支社：分公司 ｜ 卒業見込者：預計畢業者 ｜ 提出：提交 ｜ 締切：期限、截止日期

3番 Track 3-1-03

人間ドックについて話しています。女の人は検診のために何をすればいいですか。

女：今週末、人間ドック検診を受けようと思って。
男：へえ、健康だけが取り柄だといつも鼻高々だったのに、どうしたの。
女：「転ばぬ先のつえ」って言われてるでしょう。健康診断とか今まで一切受けてないし、私もそろそろ年だから。でも日帰りコースと1泊2日コースがあるって聞いたけど、なんでそんなに時間かかるわけ？
男：それはもちろん血液検査、検尿、検便、レントゲンとか、いろいろな検査をするからだけど、検査項目や内容は病院によって多少差があるし、それによって値段も違ってくると思うよ。普通は保険利かないけど、でも、ユリちゃんは会社の補助の対象になっているから、大丈夫だよね。
女：私、先週で退職届出したの。まあ、費用はいいけど、前日の夜10時から絶食絶飲って可能なの？水も飲めないのはひどい。

第3題

兩人正在討論全身健康檢查。女子為了檢查應該怎麼做？

女：這個週末我想要去做全身健康檢查。
男：是喔，妳不是一直以健康是唯一的長處而自豪嗎？怎麼了？
女：不是有句話說「未雨綢繆」嗎？我從來沒做過健康檢查，而且我年紀也差不多了。不過聽說有當日結束的檢查跟兩天一夜的檢查，為什麼需要這麼花時間啊？
男：那當然是因為需要做很多檢查啊，比如血液檢查、尿液檢查、糞便檢查、X光等等，但是項目跟內容會因為醫院不同多少有差異，價格也會有所不同。一般來說是沒有健保給付的，但是百合是公司補助的對象，所以沒問題的！
女：我上週提出離職申請了。不過費用就算了吧，但從前一天晚上10點開始完全禁食禁水，這有可能做到嗎？能嗎？連水也不能喝，太過分了吧！

男：え、違うよ。当日は食事も水分も摂取禁止だけど、水分なら検診の前日は摂取可能だよ。いろいろ病院に電話して注意事項とか、正確に聞いてみた方がいいんじゃない？

女：いろいろ厄介だね。

男：でも人間ドックで早期に発見できる病気が多いから、我慢しなさい。

女：は〜い。

女の人は検診のために何をすればいいですか。

1 病院に電話し、どんな病気が早期で発見されるのかを相談する
2 検診の前日は夕食は取らない
3 会社の補助対象としての費用を考える
4 検査を受ける当日は食事も飲料も取らない

男：啊，不是啦！當天不能吃東西也不能喝水，但如果是水分的話，前一天還是可以攝取的。你還是打電話問問各家醫院，把注意事項之類的確認清楚比較好吧？

女：好麻煩喔！

男：但是透過全身健康健查能在早期發現許多疾病，忍耐點吧！

女：好啦〜

女子為了檢查應該怎麼做？

1 打電話給醫院，諮詢有哪些疾病可以早期發現
2 檢查前一天不吃晚餐
3 考慮公司提供的補助金額
4 檢查當天完全不進食也不喝水

解說 女子以為從檢查前一天晚上10點開始到當天檢查前都不能吃東西和喝水，但男子跟她說雖然當天檢查前禁止吃東西和喝水，但檢查前一天可以喝水。

詞彙 人間ドッグ：全身健康檢查 ｜ 検診：檢查 ｜ 取り柄：長處 ｜ 鼻高々：自豪 ｜ 転ばぬ先のつえ：未雨綢繆 ｜ 健康診断：健康檢查 ｜ 日帰りコース：當日結束的行程 ｜ レントゲン：X光 ｜ 補助：補助 ｜ 退職届：離職申請 ｜ 絶食絶飲：完全禁食禁水 ｜ 摂取：攝取 ｜ 注意事項：注意事項 ｜ 厄介だ：麻煩的 ｜ 早期：早期

4番 Track 3-1-04

誕生日の過ごし方について話しています。男の人はこれから誕生日の時に何をしますか。

女：誕生日はどう過ごしましたか。楽しかったですか。

男：自慢じゃないけど、年を取ると誕生日なんか、何一つおもしろいことはないんだよね。佐藤さんは彼氏の誕生日の時、何してる？

女：そうですね。普段とは違う豪華なレストランやホテルで、ロマンチックなデートですかね。リッチにおいしいものを食べるディナーデートが一番喜ばれてるんじゃないかなと思いますが。ひょっとしてプレゼントとかもらってないんですか。

第4題

兩人正在討論過生日的方法。男子以後生日會做什麼？

女：生日過得如何？好玩嗎？

男：不是我自誇，不過上了年紀後，生日這種事就沒什麼好玩的了。佐藤小姐在男朋友生日的時候都會做什麼呢？

女：我想想喔……可能是在跟平常不同的豪華餐廳、飯店浪漫約會吧！我覺得奢華又好吃的晚餐約會是最能讓對方開心的。該不會你沒有收到禮物吧？

158

男：そんなことはないよ。妻はかなり気前がいい方でほしいと言ったものは何でも買ってもらえるけど、贅沢なレストランを予約したりプレゼントをもらったりしても、お金が出る所は同じだから、実際は全部僕が払っているのと同じなわけだよね。しかも月末になって、「今月生活費足りないんだけど……」って言われるのが見え見えだよ。

女：あ、そういう意味ですか。

男：しかも今年はプレゼントなんか要らないと言ったら、手編みのセーターを渡されて。愛のこもったものっていうのは分かるけど、どうも自分の趣向に合わないし……。来年からは気の合う友だちや知人同士で、飲み会でもしながらもっと気楽な誕生日をすごしたいな。

男の人はこれから誕生日の時に何をしますか。

1 たくさんの予算を費やして買ったプレゼントをもらう過ごし方をする
2 親友だけで集まり、こじんまりした飲み会の過ごし方をする
3 気が合う知人同士集まり、無駄なお金を使わない合理的な過ごし方をする
4 誰もが望む満足した過ごし方をする

男：沒那回事啦！我太太很慷慨，説想要什麼東西都會買給我，但是即使預訂奢華的餐廳或者收到禮物，錢最終都是從同一個地方出來，所以實際上還是我在付錢。而且到了月底時，我知道她一定會跟我説「這個月生活費不夠……」。

女：啊，原來是這個意思啊。

男：而且今年我説不需要禮物，結果還是收到了一件手工編織的毛衣。雖然我知道那是充滿愛的禮物，不過似乎有點不太符合我的偏好……明年開始我想和志同道合的朋友或熟人一起，辦個聚會什麼的，過一個更輕鬆的生日。

男子以後生日會做什麼？

1 過著收到花費大量預算購買的禮物的生日
2 只和摯友聚在一起，過著小而溫馨的生日聚會
3 和志同道合的熟人聚在一起，過著不浪費金錢的理性生日
4 過著滿足所有人期望的生日

解說 前面提到很多與生日相關的活動，但男子説不想花錢，提示則在最後一句話裡。他想和志同道合的熟人一起度過一個簡單、輕鬆的生日。

詞彙 自慢：自誇 | 何一つ：一個也不～ | ひょっとして：該不會 | 気前がいい：慷慨 | 愛のこもった：充滿愛的 | 趣向：偏好 | 気楽だ：輕鬆 | 費やす：花費 | こじんまりした：小巧溫馨 | 気が合う：志同道合 | 合理的：合理的

5番 Track 3-1-05

イソップ物語について話しています。女の人ならどんな結末の話を作りますか。

女：「アリとキリギリス」というイソップ物語を知ってるよね。

第5題

兩人正在討論伊索寓言。如果是女子，會創作出怎樣的結局？

女：你知道〈螞蟻與蚱蜢〉這篇伊索寓言吧？

男：もちろん、知ってるよ。アリは夏の間せっせと働き、キリギリスは歌を歌いながら遊び暮していて、冬になって食い詰めたキリギリスをアリが助けてやるという話だろう？

女：でも、キリギリスに憐れみを感じて助けてやる結末は日本と韓国だけらしいよ。

男：へえ、知らなかった。

女：ヨーロッパではキリギリスが訪ねてきても自業自得だと追い返してしまうばかりか、凍死したキリギリスはアリに食われてしまう結末の国もあるんだって。

男：日本や韓国は農耕民族で、ヨーロッパは狩猟民族だからやっぱり対照的だね。

女：その物語を現代的に解釈したら、キリギリスは遊びすぎてカード地獄に陥ってしまったということになるのかな。

男：そうだな。もし、春香ちゃんがその物語を書くなら、どんな結末にする？

女：そうね。確かにキリギリスは歌ばかり歌って未来に備えなかったという点があるけど、アリも働きながらキリギリスの楽しい演奏を聞けたから、もっとがんばれたんじゃないかな。食料ばかり貯めすぎても、人生おもしろくないし。私なら、当たり前のように、キリギリスに感謝し、家に招き入れたと思うよ。

男：お前、プラス思考っていうか、とにかく気前がいいね。

男：當然知道。螞蟻在夏天拼命工作，蚱蜢則是邊唱歌邊玩耍度日，到了冬天螞蟻還來幫助沒東西吃無法餬口的蚱蜢的故事，對吧？

女：不過這種對蚱蜢心生憐憫並幫助牠的結局，好像只出現在日本跟韓國喔！

男：咦！我不知道耶！

女：其實在歐洲，蚱蜢來找螞蟻的時候，反而會被說是自作自受並且被趕走，還有一些國家的結局甚至是讓凍死的蚱蜢被螞蟻吃掉。

男：日本跟韓國是農耕民族，歐洲是狩獵民族，果然很有對比性。

女：如果從現代的角度來解讀這個故事，蚱蜢就是玩樂過頭，結果陷入卡債地獄吧！

男：對啊。如果春香來寫這個故事，妳會設定什麼結局呢？

女：是啊，蚱蜢確實只顧著唱歌，沒有為未來做好準備，但螞蟻在工作時也聽到了蚱蜢愉快的演奏，這不也讓牠更有動力努力嗎？光是儲存食物，人生也太無趣了。如果是我，我當然會感謝蚱蜢，並邀請牠進家裡。

男：妳真的是積極思考啊，更重要的是很慷慨呢。

女の人ならどんな結末の話を作りますか。

1　アリが食料の貯めすぎを後悔する結末
2　アリがキリギリスを招待し、お礼を言う結末
3　アリが一年の過労をキリギリスに慰めてもらう結末
4　アリがキリギリスを招き、食料が貯蓄できたのを祝う結末

如果是女子，會創作出怎樣的結局？

1　螞蟻後悔儲存了太多食物的結局
2　螞蟻邀請蚱蜢並道謝的結局
3　螞蟻在辛苦一年後，向蚱蜢尋求慰藉的結局
4　螞蟻邀請蚱蜢，並慶祝自己成功儲存了食物的結局

解說　這是女子有趣的想法，由於有蚱蜢的音樂陪伴，螞蟻就能更有效率地工作，所以她說應該認同蚱蜢的貢獻並對其表示感謝。

詞彙　せっせと：拼命｜食い詰める：無法餬口｜憐れみ：可憐、憐憫｜自業自得：自作自受｜追い返す：趕走｜解釈：解釋｜地獄に陥る：掉入地獄｜備える：準備｜招き入れる：邀請｜思考：思考｜気前がいい：慷慨｜後悔：後悔｜過労：過勞｜慰める：安慰｜貯蓄：儲蓄

6番 Track 3-1-06

インストラクター募集について話しています。女の人はこれからどうしますか。

男：能力開発教室でインストラクターを募集しているけど、ここに応募してみるのはどう？

女：え？インストラクター？私、もう専業主婦5年目だし、短大しか出てないよ。

男：育児の経験を活かした仕事だそうだよ。時間も午前と午後に分けられているから、選べるし。子供が好きなお前に最適な仕事なんじゃないか。

女：パートタイムができるのはいいね。あ、でも、春香ちゃんが心配だわ。学校から戻ってきて私が留守だったりするとすごい怒るの。

男：なら、午前中行けばいいだろう。母に家事も手伝ってもらえるから。

女：お母さんはこの前、膝の手術したばかりだから、当分は動けないでしょう。

男：そうか。あ、よく見たら、場所は自宅かレンタルスペースのうちで選択って書いてあるね。

女：あ、自宅はちょっと困るな。私も家事はもう疲れるし、誰かに散らかされたくないのよ。週1、2回なら、なんとかレンタルスペースでも教室は開けそうね。

男：そうか。なら、まずは8日にあるこの説明会に参加してみたら。筆記用具のみって書いてあるし。

女：うん、そうしてみるわ。

女の人はこれからどうしますか。

1　ペンなど簡単に用意し、8日に開催される説明会に出る
2　午前中は母親に家事を手伝ってもらい、午後は貸し会場に出る
3　短大卒の専攻を生かし、教室を開く
4　子育ての経験を活かして、家で教室を催す

第 6 題

兩人正在討論招募講師的事情。女子接下來應該怎麼做？

男：能力開發教室正在招募講師，妳要不要報名看看？

女：咦？講師？我已經當全職主婦五年了，而且也只有短期大學畢業。

男：聽說這是活用經驗的工作喔，時間也可以分為上午跟下午，能夠自己選。對於喜歡小孩的妳來說不是最適合的工作嗎？

女：能做兼職工作當然不錯。啊，但是我擔心春香，她從學校回來如果我不在家她會很生氣。

男：那妳只要去上午班就好了，反正媽媽也可以幫忙家事。

女：媽媽前陣子才剛動完膝蓋手術，暫時不能動吧。

男：是嗎？啊，仔細一看，那上面寫說地點可以選擇在自己家裡或租借空間耶！

女：嗯，自己家裡好像有點困擾。我做家事已經很累了，不想再被人弄亂。如果是每週一次、兩次的話，應該能在租借空間裡開教室。

男：是嗎？那先去參加看看八號要開的說明會吧。上面寫只需要帶筆記工具。

女：嗯，我會去看看。

女子接下來應該怎麼做？

1　簡單準備筆等工具，參加八號舉辦的說明會
2　上午請媽媽幫忙家事，下午去租借的會場
3　發揮短期大學所學的專業，開教室
4　活用育兒經驗，在家開設教室

解說　媽媽因為動手術無法幫忙，而且男子說這是要活用育兒經驗的工作。雖然女子說不喜歡在家裡工作，但還是願意聽從男子的建議，先帶著筆記用具參加說明會。

詞彙　インストラクター：講師、指導員｜募集：招募｜応募：報名、應徵｜専業主婦：全職主婦｜経験を活かす：活用經驗｜最適だ：最適合｜留守：不在家｜当分：暫時｜散らかす：弄亂｜参加：參加｜筆記用具：筆記用具

問題 2　先聆聽問題，再看選項，在聽完對話內容後，請從選項 1～4 中選出最適當的答案。

例　Track 3-2

男の人と女の人が話しています。男の人の意見として正しいのはどれですか。

女：昨日のニュース見た？

男：ううん、何かあったの？

女：先日、地方のある市議会の女性議員が、生後7か月の長男を連れて議場に来たらしいよ。

男：へえ、市議会に？

女：うん、それでね、他の議員らとちょっともめてて、一時騒ぎになったんだって。

男：あ、それでどうなったの？

女：うん、その結果、議会の開会を遅らせたとして、厳重注意処分を受けたんだって。ひどいと思わない？

男：厳重注意処分を？

女：うん、そうよ。最近、政府もマスコミも、女性が活躍するために、仕事と育児を両立できる環境を作るとか言ってるのにね。

男：まあね、でも僕はちょっと違うと思うな。子連れ出勤が許容されるのは、他の従業員がみな同意している場合のみだと思うよ。最初からそういう方針で設立した会社で、また隔離された部署で、他の従業員もその方針に同意して入社していることが前提だと思う。

女：ふ～ん、…そう？

男：それに最も重要なのは、会社や同僚の負担を求めるより、父親に協力してもらうことが先だろう。

女：うん、そうかもしれないね。子供のことは全部母親に任せっきりっていうのも確かにおかしいわね。

男の人の意見として正しいのはどれですか。

1　子連れ出勤に賛成で、大いに勧めるべきだ
2　市議会に、子供を連れてきてはいけない
3　条件付きで、子連れ出勤に賛成している
4　子供の世話は、全部母親に任せるべきだ

例

男子和女子正在交談。根據男子的意見，哪一個是正確的？

女：你有看昨天的新聞嗎？

男：沒有，發生什麼事情了嗎？

女：前幾天聽說某地方的市議會女議員，帶著剛出生七個月的長子來到議會。

男：咦，市議會嗎？

女：對啊，然後她和其他議員發生了一些爭執，造成了一場混亂。

男：那之後怎麼樣了？

女：嗯，結果因為議會開會延遲了，她受到了嚴重的警告處分。不覺得很過分嗎？

男：嚴重的警告處分？

女：對啊。明明最近政府跟媒體才說，為了要讓女性更加活躍，要創造可以兼顧工作跟育兒的環境。

男：嗯，我倒覺得有些不同。帶孩子出勤，是要其他員工都同意的情況才可以。比如說一開始就以這樣的方針設立的公司，或是與其他部門分開的部門裡，其他員工也同意這個方針後才加入公司的，我覺得這些是前提條件。

女：嗯～是喔？

男：而且最重要的是，與其先讓公司跟同事承擔，倒不如要先找孩子的爸爸幫忙。

女：嗯，或許是這樣。確實，只把子女問題交給媽媽一個人來處理也有點不對。

根據男子的意見，哪一個是正確的？

1　贊成帶孩子上班，應該要大大推崇
2　不可以把孩子帶去市議會
3　贊成有條件式的帶孩子上班
4　照顧孩子的責任應該全部交給母親

1番 Track 3-2-01

電話で男の人と女の人が話しています。女の人の不満は何ですか。

男：はい、もしもし、食料品の宅配、Bコーポ、経理課の山口でございます。
女：私、そちらの宅配を利用しております田口と申しますが、今日はちょっと請求書の件でお電話いたしました。
男：いつもありがとうございます。どんなことでしょうか。
女：先月、そちらにお支払いする金額を10円少なく振り込んでしまったようなのです。
男：はあ、それでですね。繰り越し残高が10円となっております。
女：はい、もちろん、今月お支払いしますが、その下に書いてある文がとても気になります。
男：はあ……？
女：もし、すぐに入金しない場合は、今後の注文は受け付けないという意味の文が書かれていますね。これを読んで、とても気分が悪くなりました。
男：はあ、申し訳ございません。繰越金が発生いたしますと、パソコンで自動的にこの文が出てしまうものですから。
女：そうかもしれませんが、この文の表現はお客様に対して失礼だと思います。たった10円足りなかっただけですから、お電話の一本でも入れてくださればすむのではありませんか。
男：はい、ご気分を害してしまったようで、大変失礼いたしました。上司と相談いたしまして、早急にこの件に関しまして検討させていただきます。
女：はい、そうしてください。

女の人の不満は何ですか。

1 請求書の繰越残高の表記について
2 請求書の支払額の記載について
3 若干の支払額不足の対応について
4 未入金があった場合の対処について

第1題

電話中男子和女子正在交談。女子的不滿是什麼？

男：喂，您好，這裡是食物宅配B公司會計課的山口。
女：我是貴公司宅配的客戶田口，今天是打電話來問您關於帳單的事情。
男：感謝您的長期支持，請問是什麼事情呢？
女：上個月我轉帳給貴公司的金額好像少了10日圓。
男：啊，是這樣啊，那麼系統會顯示有10日圓的結轉餘額。
女：是，當然我這個月會支付，但是我很在意下面寫的字。
男：啊？
女：下面寫的如果沒有馬上付款，將不再接受今後的訂單，我看了這句話覺得心情非常差。
男：真是抱歉，當結轉金額出現時，電腦系統會自動產生這段文字。
女：或許是那樣沒錯，但是我覺得這句話的表達方式對客戶蠻失禮的。因為只少了10日圓而已，這不是你們打一通電話就可以解決的事情嗎？
男：是的，讓您感到不快，我深感抱歉。我會跟上司商量，盡快研究討論此事。
女：嗯，請這樣處理吧。

女子的不滿是什麼？

1 關於帳單結轉餘額的標示
2 關於帳單的付款金額記載
3 關於少量付款不足時的處理方式
4 關於未入帳款項的處理方式

解說 女子因為對方為了區區 10 日圓就對客人使用威脅般的字眼這件事深感憤怒，選項 4 的未入帳款項是指完全沒有匯款的情況。

詞彙 宅配：宅配｜支払い：付款｜振り込む：匯款｜繰越残高：結轉餘額｜受け付ける：受理｜繰越金：結轉金額｜済む：解決｜気分を害する：影響心情｜早急に：盡快

2番 🎧 Track 3-2-02

電気量販店の社員がお客様に電話を入れています。男の人が提案していることは何ですか。

男：私、Y電気の技術担当、大田と申しますが、鈴木さまのお宅でしょうか。

女：はい、ああ、大田さん、こんにちは。パソコンはもう直りましたか？

男：いえ、それが…いろいろ手をつくしたんですが…。

女：え、そんな。もう一週間も経っているんですよ。

男：はい、申し訳ございません。メーカーの方でロックをかけているとしか思えないんです。

女：じゃ、やっぱりメーカーに依頼した方が良かったのかしら？

男：いいえ、それに…。今からメーカーに依頼しても時間も修理代も加算されてしまいます。

女：え！ お宅にも、すでに修理代として、6万5千円もお支払いしていますよね。

男：はい、その前金に少し足していただいて、新しいパソコンを買われるのはいかがでしょうか？

女：そんな〜。今のは買ってからまだ2年しかたっていないのに…。5年保証をつけておくべきだったわ。

男：今は10万円も出せば、性能の良いノートパソコンがご購入できますが。

女：そうなの。じゃ、これから引き取りに行きますから。修理代は返金してもらえますね。

男：はい、もちろんでございます。

男の人が提案していることは何ですか。

1　メーカーに修理を依頼すること
2　**新しいパソコンを購入すること**
3　再度、修理させてほしいこと
4　前金の修理代を他の製品に使うこと

第 2 題

電器賣場的員工正打電話給顧客。男子提出的建議是什麼？

男：您好，我是Y電器的技術負責人大田。請問是鈴木小姐家嗎？

女：是的，啊，大田先生您好，請問我的電腦修好了嗎？

男：還沒有，事情是這樣的……我有嘗試很多方法了……。

女：咦，居然。已經過了一個禮拜了耶。

男：是的，非常抱歉。我只能說這應該是製造商鎖住了。

女：那麼，果然還是應該委託製造商比較好？

男：不，而且……現在委託製造商，時間和維修費都會再增加。

女：什麼！我也已經付給你們6萬5千日圓的維修費了耶！

男：是的。若能在那筆預付款上再稍微補貼一些，不如考慮直接購買一台新電腦？

女：什麼……？我現在這台電腦才剛買兩年……應該要先幫它保固五年的。

男：現在只要再花10萬日圓，就能夠買到一台功能很好的筆電。

女：是嘛，那我現在去把電腦帶回來。維修費會退還給我吧？

男：是的，當然可以退還。

男子提出的建議是什麼？

1　委託製造商修理
2　**買新電腦**
3　再次送修
4　把已支付的預付修理費用用在其他產品上

解說 女子送修的電腦未能順利修好，於是男子建議在已支付的預付修理費上再加一些金額來買新電腦。

詞彙 提案：提案｜依頼：委託｜前金：預付頭款｜保証：保證｜性能：性能｜
ノートパソコン：筆電｜引き取る：領回｜返金：退款｜再度：再次

3番 Track 3-2-03

男の学生と女の学生が話しています。女の学生はどうしてスマホをマナーモードにしていましたか。

男：卒業論文の方はどう？　順調にいっているの？

女：うん、今頑張ってるの。スマホも音が出ないようにマナーモードにして他の部屋におきっぱなしにしているの。

男：ああ、近くに置いたら、気が散るから？

女：そう、メールや電話や他のお知らせなんかの音って、しょっちゅうするのよね。こんなにうるさいと思ったことなかったわ。

男：ああ、そういえば、田中が言ってたよ。一昨日、君にメールしたけど返事が来ないって。

女：え、田中君メールくれたんだ。気がつかなかったわ。

男：マナーモードにしておいても、一日に一回ぐらいはチェックしているんだろう。

女：うん、していたつもりだけど。レポート作成に集中していたから、気が付かないで消しちゃったのかもしれないわ。

男：お詫びのメールをいれておいたら。

女：そうするわ。

女の学生はどうしてスマホをマナーモードにしていましたか。

1　家族がうるさいと言うから
2　卒業論文用の資料を聞くから
3　卒業論文に集中したいから
4　すぐにメール返信できないから

第3題

男學生和女學生正在交談。女學生為什麼要將手機設為靜音模式？

男：畢業論文如何了？還順利嗎？

女：嗯，我正在努力。為了不讓手機發出聲音，我把手機設定成靜音模式，並放在另一個房間。

男：咦？放太近會讓妳分心嗎？

女：對，經常都會有簡訊、電話或是其他通知的聲音響起。我沒想到會這麼吵。

男：啊，說到這個，田中有說過這件事。前天傳簡訊給妳但妳沒回。

女：咦？田中有寄簡訊來喔，我沒發現。

男：就算轉靜音，一天至少會確認一次吧。

女：嗯，我本來是有檢查的。不過因為專心做報告，可能沒注意不小心刪掉了吧。

男：要不要寫封簡訊道歉啊？

女：我會這麼做的。

女學生為什麼要將手機設為靜音模式？

1　因為家人說很吵
2　因為要聽畢業論文的資料
3　因為想要專心寫畢業論文
4　因為沒有辦法馬上回簡訊

解說 女學生想要專心寫畢業論文，但智慧型手機的聲音導致難以專心，所以才會把手機設定為靜音模式放在其他房間。

詞彙 卒業論文：畢業論文｜順調に：順利｜おきっぱなし：放置不管｜気が散る：分心｜
しょっちゅう：經常｜返事：回答｜お詫び：道歉｜返信：回信

4番 🎧 Track 3-2-04

女の人、二人が話しています。どうして掃除を業者に依頼したのですか。

女1：小川さんのところは、お風呂場のお掃除はどうしているの？

女2：うん、1か月に1回ぐらい洗剤を使ってちょこちょこ、やっているわよ。

女1：大変じゃない、腰が痛くなったりしない？

女2：うん、するする。お風呂掃除は嫌いだけど、すぐに水垢がたまるし、しかたないわね。

女1：私も、ちょこちょこ掃除していたんだけどね。表面だけで、奥の方の水垢やカビは取れないしね。思い切って、業者に頼んで掃除してもらったのよ。

女2：ええ、そうだったの。水垢はなかなか取れないわよね。でも、高かったんじゃないの？

女1：そうね。最初は、換気扇と水回りのお掃除だけのつもりが、結局お風呂場全体とカビ防止のコーティングまでやってもらって、全部で2万5千円ぐらいかかっちゃったわ。今は夏でオフシーズンだから安いんですって。

女2：へえ、ずいぶん思い切ったわね。

女1：うん、でもすっきりしたわ。カビがたまっていたら身体にも悪いから。

どうして掃除を業者に依頼したのですか。

1　自分では水垢やカビが取り切れないから
2　業者が使っている洗剤が強力だから
3　自分で掃除すると腰が痛くなるから
4　オフシーズンで掃除代金が割安だから

第4題

兩位女子正在交談。為什麼要把打掃委託給業者？

女1：小川小姐家裡的浴室怎麼打掃的？

女2：嗯，我大概一個月會用清潔劑稍微打掃一下。

女1：太辛苦了吧！不會腰痛嗎？

女2：嗯，會啊。雖然很討厭掃浴室，但是水垢很快就會堆積，沒辦法啊……

女1：我以前也是不時地清掃一下。但是只是表面清潔，裡面的水垢和黴菌根本清不掉。所以就乾脆委託給業者掃了。

女2：咦？這樣啊。水垢真的很難去除呢。但請業者不是很貴嗎？

女1：對啊，一開始本來只想要請他們清潔抽風機跟用水區域，結果最後請他們清潔了整個浴室，還做了防霉塗層，總共花了大約2萬5千日圓。現在聽說因為夏天是淡季才比較便宜。

女2：哇，妳還真乾脆呢！

女1：嗯，但是很清爽啊！如果黴菌積累下去，對身體也不好。

為什麼要把打掃委託給業者？

1　因為自己無法完全清除水垢或黴菌
2　因為業者使用的清潔劑效果比較強
3　因為自己掃會腰痛
4　因為淡季的打掃費用較便宜

解說　女1説自己也能打掃浴室，但因為無法徹底去除水垢和黴菌，所以還是決定請業者來打掃。

詞彙　依頼：委託 ｜ 洗剤：清潔劑 ｜ ちょこちょこ：不時地 ｜ 水垢：水垢 ｜ カビ：黴菌 ｜ 思い切って：乾脆 ｜ 換気扇：抽風機 ｜ 水回り：用水區域 ｜ 防止：防止 ｜ すっきりする：清爽 ｜ 取り切る：徹底清除 ｜ 代金：費用 ｜ 割安：比較便宜

5番 Track 3-2-05

男の留学生と女の留学生が話しています。男の学生は花粉症は風邪とどう違うと言っていますか。

男：チンさんは、日本に来て花粉症になった？
女：去年ね。でも、風邪なんだか、花粉症なんだか分からないうちに直っちゃったわ。
男：そう。ぼくも去年、くしゃみが出て、風邪ひいたのかなって、思ったら違うみたいで…。
女：やっぱりね。風邪と花粉症って、どう違うのかしらね？
男：そもそも、原因が違うよね。ぼくは杉花粉がダメみたい。
女：わたしもそうだったみたいね。だから、杉花粉の時期が過ぎたら直っちゃった。
男：ぼくの場合は、ちょっと重症で、くしゃみが出て、鼻水がひどかったよ。目は充血するしね。
女：それは、つらかったでしょう。風邪の引きはじめのような寒気とか微熱はなかったの？
男：うん、花粉症の場合はそれらはないんだって。
女：でも、くしゃみがひどいと、なんか熱も出ているような気がするわよね。
男：今年は早めに医者に行って、注射でも打ってもらうつもりだよ。

男の学生は花粉症は風邪とどう違うと言っていますか。

1 原因が違うが、くしゃみや微熱が出る
2 くしゃみと鼻水が多く、微熱が出る
3 **原因が違うし、寒気や微熱はない**
4 寒気がして、くしゃみと目の充血がある

第 5 題

男留學生和女留學生正在交談。男學生說花粉症和感冒有何不同？

男：陳小姐來日本後有得過花粉症嗎？
女：嗯，去年。但是還沒辦法判斷是感冒還是花粉症的時候就痊癒了。
男：是喔。我去年也是打噴嚏，本來以為是感冒，但又好像不是……
女：果然。不過感冒跟花粉症哪裡不同呢？
男：根本的原因不同，我好像對杉樹花粉過敏。
女：我好像也是那樣。所以在杉樹花粉的時期過了之後就痊癒了。
男：我的話症狀比較嚴重。打噴嚏除外，還一直流鼻水，然後眼睛也會充血。
女：那真辛苦。你沒有像感冒初期的發冷或輕微發燒的症狀嗎？
男：嗯，花粉症好像不會那樣。
女：但是一直打噴嚏的話感覺好像會發燒呢。
男：今年打算早點去看醫生打個針之類的。

男學生說花粉症和感冒有何不同？

1 原因不同，但會打噴嚏或輕微發燒
2 經常打噴嚏和流鼻水，還會有輕微發燒
3 **原因不同，且不會發冷或輕微發燒**
4 會發冷，並且會打噴嚏和眼睛充血

解說 女學生問感冒與花粉症的差異，男學生說兩者的根本原因不同，花粉症不像感冒會發冷或輕微發燒。

詞彙 花粉症：花粉症 ｜ 重症：病情嚴重 ｜ 充血：充血 ｜ 寒気：發冷 ｜ 微熱：輕微發燒

6番 Track 3-2-06

男の留学生と女の留学生が話しています。今、男の留学生は何が一番心配だと言っていますか。

女：ワンさん、来月からお兄さんが、日本に来るんですってね。

男：うん、会社の研修で3か月間日本に滞在することになったって。

女：どこに住むんですか？

男：それが、会社で短期滞在の寮を用意してくれているらしいんだけどね。ぼくのアパートに住みたいって言うんだよ。

女：へえ、どうしてかしら？ 弟と一緒に暮らしてみたいのかしら？

男：さあ、兄とは性格も違うし、今は生活のリズムも違うと思うから、大丈夫かなって思っているんだ。

女：お兄さん、寮の方が便利なのにね。

男：うん、3食付きだしね。ただ、寮ではなく他の所に住む場合は、住宅手当と食費の6割ほどを現金でもらえるらしいんだよ。

女：あら、そうなの。じゃ、家賃をお兄さんからもらえばいいじゃない。

男：そうだね。でも、それより、生活のリズムが心配なんだよ。兄の研修は朝早いし、ぼくの場合は、朝は遅いし、夜のアルバイトだから、帰って来たら、兄は寝ているだろうしね。

女：それは、ちょっとね。考えてもらった方がいいんじゃないの。

今、男の留学生は何が一番心配だと言っていますか。

1　お兄さんと性格が合わないこと
2　お兄さんと生活リズムが違うこと
3　お兄さんに生活費を請求すること
4　お兄さんに寮の暮らしを勧めること

第6題

男留學生和女留學生正在交談。現在男留學生說他最擔心的事情是什麼？

女：王先生，聽說下個月你哥哥要來日本對吧。

男：嗯，因為他公司的進修要待在日本三個月。

女：要住在哪呢？

男：這個嘛，聽說公司會為他準備短期住宿的宿舍，不過我哥說想要住在我的公寓。

女：咦？為什麼？是因為想要和弟弟一起生活嗎？

男：誰知道呢……我和哥哥個性不同，現在的生活節奏也不同，所以我有點擔心。

女：哥哥還是住宿舍比較方便吧。

男：對啊，還有附三餐。但如果不是住在宿舍而是其他地方的話，他似乎能領到住房津貼和大約六成的餐費現金。

女：哇，是喔！那你就跟你哥哥收房租吧。

男：對啊。不過我比較擔心生活節奏。哥哥的研修很早就開始了，而我則是早上起得比較晚，因為是晚上要打工，等我回到家哥哥應該已經睡了吧。

女：那真的有點……應該讓他好好考慮一下吧？

現在男留學生說他最擔心的事情是什麼？

1　和哥哥個性不合
2　和哥哥生活節奏不同
3　向哥哥要求生活費
4　勸哥哥去宿舍住

解說　男學生擔心自己的生活節奏和哥哥不一樣，「でも、それより、生活のリズムが心配なんだよ」這句話是關鍵。

詞彙　研修：進修、培訓　｜　滞在：停留　｜　手当：津貼　｜　家賃：房租　｜　請求：請求

7番 Track 3-2-07

男の人と女の人が話しています。女の人は、今回の研修の一番の魅力は何だと言っていますか。

男：みどりさん、明日から観光通訳ガイドの研修があるんだって？

女：ええ、そうなの。2日間あるのよ。10時から5時まで。

男：へえ、結構きついんだね。どんな内容なの？

女：一日目は、大阪の会社のオフィスで、今回のお仕事の概要や事務的なことの説明があって、午後は、観光案内する現地の建物の歴史や、今回の和食の説明を実際にロールプレイをしながら学ぶって予定表に書いてあったわ。

男：ふ～ん、ぼくも応募すればよかったかな。2日目は、高級料亭での和食体験だろう？

女：そう、私はそこの料亭の近くによく行くのよね。いつか行ってみたいと思っていたからすごくいい機会だと思っているの。

男：ああ、なんかよさそうだよね。食事のあとは何かするの？

女：うん、万華鏡作りや、茶道なんかの日本文化体験があるのよ。それも楽しみだけど、その料亭に行けるのがうれしくってね。

男：仕事はすぐに来るのかな？

女：さあ？来月から始まる新しいプロジェクトだから、軌道に乗るまで時間がかかると思うわ。

女の人は、今回の研修の一番の魅力は何だと言っていますか。

1　観光案内場所の歴史などを勉強できること
2　高級料亭に行けて、和食をいただけること
3　普段は経験しない日本文化体験ができること
4　新しいプロジェクトで内容が充実していること

第 7 題

男子和女子正在交談。女子說這次培訓的最大吸引力是什麼？

男：小綠小姐，聽說明天開始有觀光翻譯導遊的培訓對吧？

女：是啊，沒錯。會有兩天。從10點到5點。

男：哇，聽起來蠻辛苦的。是什麼內容呢？

女：行程表上面寫說，第一天是在大阪的公司辦公室，針對這次工作的概要跟行政上的事情說明，下午則是會針對要導覽的當地建築物歷史，以及這次要介紹的和食，會實際做角色扮演來學習。

男：哦，我也應該報名參加看看才對。第二天要在高級日本料理餐廳體驗和食對吧？

女：對啊！我常常去那間日本料理餐廳附近，之前一直想去看看，所以這是一個超級好的機會！

男：啊～感覺好像不錯耶。用餐後還有什麼活動嗎？

女：有的，還會有製作萬花筒和茶道等日本文化體驗。我也很期待那些啦，但最開心的還是能去那間日本料理餐廳。

男：這工作應該很快就會開始了吧？

女：誰曉得呢？因為是下個月才開始的新專案，要上軌道還需要時間吧。

女子說這次培訓的最大吸引力是什麼？

1　能夠學習觀光導覽處的歷史
2　能去高級日本料理餐廳，並品嚐和食
3　能夠體驗到平常體驗不到的日本文化
4　新專案的內容很豐富

解說　女子說她很開心能親自去自己曾經想去的餐廳，並品嚐那裡的料理。

詞彙　魅力：魅力、吸引力 ｜ 研修：進修、培訓 ｜ 概要：概要 ｜ 応募：報名 ｜ 万華鏡：萬花筒 ｜ 茶道：茶道 ｜ 軌道に乗る：上軌道 ｜ 充実：充實、豐富

問題 3 在問題 3 的題目卷上沒有任何東西,本大題是根據整體內容進行理解的題型。開始時不會提供問題,請先聆聽內容,在聽完問題和選項後,請從選項 1～4 中選出最適當的答案。

例　🎧 Track 3-3

男の人が話しています。

男：みなさん、勉強は順調に進んでいますか？成績がなかなか上がらなくて悩んでいる学生は多いと思います。ただでさえ好きでもない勉強をしなければならないのに、成績が上がらないなんて最悪ですよね。成績が上がらないのはいろいろな原因があります。まず一つ目に「勉強し始めるまでが長い」ことが挙げられます。勉強をなかなか始めないで机の片づけをしたり、プリント類を整理し始めたりします。また「自分の部屋で落ち着いて勉強する時間が取れないと勉強できない」というのが成績が良くない子の共通点です。成績が良い子は、朝ごはんを待っている間や風呂が沸くのを待っている時間、寝る直前のちょっとした時間、いわゆる「すき間」の時間で勉強する習慣がついています。それから最後に言いたいのは「実は勉強をしていない」ということです。家では今までどおり勉強しているし、試験前も机に向かって一生懸命勉強しているが、実は集中せず、上の空で勉強しているということです。

この人はどのようなテーマで話していますか。

1　勉強がきらいな学生の共通点
2　子供を勉強に集中させられるノーハウ
3　すき間の時間で勉強する学生の共通点
4　**勉強しても成績が伸びない学生の共通点**

例

男子正在說話。

男：各位,學習進展順利嗎?我想有許多學生因成績遲遲無法提升而煩惱吧。本來就已經不喜歡學習了,還不得不學,結果成績又沒提升,真是糟透了吧。成績無法提升的原因有很多。首先,第一個原因可以說是「開始學習之前需要花很多時間」。有些人遲遲無法開始學習,反而去整理書桌或整理講義。還有一種情況是,「如果沒有能在自己房間裡安心學習的時間,就無法學習」,這是成績不好的孩子的共通點。成績好的孩子則有一種習慣,就是善用等待早餐的時間、等浴室熱水的時間,或是睡前短暫的時間,也就是所謂的「零碎時間」來學習。最後,我想說的是,有些孩子「其實根本沒有在學習」。雖然表面上在家還是像往常一樣在學習,考試前也看似努力地坐在書桌前用功,但實際上卻沒有集中精神,而是心不在焉地學習著。

這個人正在討論哪個主題?

1　討厭學習的學生的共通點
2　能讓孩子專心學習的祕訣
3　利用零碎時間學習的學生的共通點
4　**即便學習成績也無法提升的學生的共通點**

1番 Track 3-3-01

結婚式で男の人が話しています。

男：新郎の父の田口弘でございます。本日はあいにくの雨で足元の悪い中にも関わらず、二人のためにお越しいただきまして、誠にありがとうございます。
日本では昔から「雨降って地固まる」という諺がございます。これから新しい道を歩んでいく二人の前途には、うれしいことや喜ばしいことばかりではなく、当然苦しいことや辛いことも起こります。それでも縁あって結ばれた新郎新婦、手を取り合って、助け合い乗り越えていけると信じております。今日はそんな天気の日となりました。未熟な二人ではございますが、皆さま、今後ともどうぞよろしくご指導のほどお願いいたします。本日は、ご列席頂きまして本当にありがとうございました。

お父さんは、雨の日についてどう考えていますか。

1 雨なので、悪いことが続かないように望む
2 雨の後は、良い結果や安定した状態になる
3 雨が止めば、いいことばかりが起こるだろう
4 雨が、悪いことを全部流してくれるだろう

第 1 題

男子正在婚禮上講話。

男：我是新郎的父親田口弘。今天不巧下雨導致路面濕滑，但各位仍特地為了兩位新人蒞臨，在此由衷感謝大家。

日本自古以來有句諺語說：「下雨反而令地面更為堅固」。未來將踏上新人生道路的兩人，前方不僅會有開心與喜悅的事，也難免會遇到痛苦與艱辛的情況。然而，我相信因緣際會結為一體的新郎新娘，一定能攜手互助，克服一切困難。今天的這場天氣正象徵了這一點。雖然兩人尚顯稚嫩，但懇請各位今後繼續給予他們指導與支持。由衷感謝各位今天蒞臨參加！

父親對雨天有什麼看法？

1 因為下雨，所以希望壞事不會接連發生
2 下雨過後會有好結果或是穩定的狀態
3 雨停的話就會一直出現好事
4 雨會把所有不好的事情沖刷掉

解說　「雨降って地固まる」是關鍵。父親把下雨比作困難的事情，雨停比作好事。他說未來不僅會有好事，當然也會有困難的時刻，所以並不是只有好事會發生。

詞彙　足元：腳邊 ｜ 諺：諺語 ｜ 前途：前途 ｜ 喜ばしい：喜悅 ｜ 結ぶ：結合 ｜
取り合う：手牽手 ｜ 助け合う：互相幫助 ｜ 乗り越える：克服 ｜ 未熟：不成熟 ｜
指導：指導 ｜ （ご）列席：出席、參加

2番 Track 3-3-02

ある大型ショッピングセンターで、館内放送が流れています。

女：本日もジャパンショッピングセンターにお越しいただき、誠にありがとうございます。

第 2 題

在某個大型購物中心內，正在播放館內廣播。

女：感謝各位今天蒞臨 Japan 購物中心。

お客様にお知らせをいたします。緑と白の縞模様のシャツに黒い半ズボンをお召しになった、三歳くらいのお子様をサービスカウンターにてお預かりしております。お心当たりの方は、5階の西サービスカウンターまでお越しくださいませ。
5階の西サービスカウンターでございます。
本日もご来店いただきまして、誠にありがとうございます。

何についての放送ですか。
1　子供服セールの会場案内
2　サービスカウンターの種類
3　迷子を保護している場所
4　サービスカウンターの場所

特此通知各位顧客。目前我們正在服務台照顧一位大約三歲、穿著綠白條紋襯衫和黑色短褲的小朋友。如果您認識這位小朋友，請前往五樓西側服務台。地點為五樓西側服務台。

再次感謝各位今天的光臨。

這是關於什麼的廣播？
1　童裝特賣會的會場介紹
2　服務台的種類
3　保護迷路小孩的地點
4　服務台的位置

解說　廣播中提到「正在服務台照顧一位小朋友」，並強調要到五樓西側的服務台兩次，所以這是有關「保護迷路小孩的地點」的廣播。

詞彙　縞模様：條紋　｜　お召しになる：「着る（穿）」的尊敬語　｜　心当たり：心裡有頭緒、有印象　｜　迷子：迷路的小孩　｜　保護：保護

3番　Track 3-3-03

女の留学生と日本人の男の学生が話しています。

女：木村さん、昨日の夜、地震があったでしょ。
男：ああ、小さい地震だね、震度1ぐらいかな。怖かった？
女：私は、初めてだったから、びっくりしてどうしたらいいかあわてちゃったわ。
男：ああ、レイナさんはまだ日本に来たばっかりだから、地震の経験がないんだね。
女：うん、そうなのよ。
男：そうか、室内にいた場合は、まず安全な所に隠れたらいいよ。
女：安全な所って？　どこだろう？　自分の部屋は狭いし。

第3題

女留學生和日本男學生正在交談。

女：木村先生，昨天晚上有地震對吧。
男：對啊，小地震，大概震度1吧？很恐怖嗎？
女：因為我是第一次遇到，嚇了一跳，不知道該怎麼辦，很慌張。
男：對喔，蕾娜小姐才剛來日本，沒有遇過地震吧？
女：嗯，對啊。
男：是喔。如果是在室內，首先要躲到安全的地方。
女：安全的地方是指？是哪邊呢？我的房間很小。

男：机やテーブルの下に隠れればいいんだよ。倒れやすいたんすや本棚、窓ガラスからは離れて、頭を保護することだよ。 女：なるほどね。昨日は、すぐに外に出ようと思っちゃったわ。 男：それは、危険だよ。どんな大きな地震でも大きな揺れは数分程度で収まるから、あわてて外に出ないようにした方がいいよ。 女：そうなんだ。 男の学生は主に、地震が起きた時の何について話していますか。 1　部屋の外で自分の身を守る方法 2　部屋の中で自分の身を守る方法 3　部屋の外での安全な場所について 4　部屋の中での危険な場所について	男：可以躲在書桌或桌子下。遠離容易倒的衣櫃、書架和窗戶玻璃，還要保護頭部。 女：原來如此，昨天我一開始就想立刻跑出去。 男：那樣很危險耶。無論地震有多大，強烈的搖晃會在幾分鐘內平息，最好不要慌張衝到外面去喔！ 女：原來如此。 男學生主要在談論地震發生時的什麼事情呢？ 1　在房間外保護自己身體的方法 2　在房間內保護自己身體的方法 3　房間外的安全地方 4　房間內的危險地方

解說　日本男學生正在向初次經歷地震的外國留學生說明發生地震時的應對方法，他建議如果當下是在室內，應該避免衝出去，要躲入室內的書桌或桌子底下保護頭部。

詞彙　震度：震度｜慌てる：慌張｜隠れる：躲藏｜保護：保護｜揺れ：搖晃｜収まる：平息

4番　Track 3-3-04

ラジオで小学校の先生が話しています。

男：私は教職に就いてから11年間ずっと、音読を授業に取り入れています。教員採用試験を受ける時も、小説の一部を音読してから勉強にとりかかっていたんですが、短時間でかなり集中力が増すのを実感していました。それで、小学校の授業でも実践してみたんです。私が試みているのは、指定された範囲をできるだけ速く読む音読法ですが、速く読もうとする中で、素早く言葉のまとまりを掴むことができるようになり、また読む範囲の少し先を見る力もつきます。音読は脳を活性化させることが科学的にも実証されていますし、子供達の集中力がこんな簡単な方法で、楽しく身につき、また学習意欲を引き出せることを日々実感しています。

第4題

廣播中，小學老師正在講話。

男：自從我從事教職以來，這11年間我一直將朗讀融入課程中。在參加教師資格考試時，我也會先朗讀小說的一部分，然後再開始學習，而我真切地感受到專注力在短時間內顯著提升。因此，我也在小學的課程中嘗試實踐這種方法。我所嘗試的，是一種讓學生盡可能快速閱讀指定範圍的朗讀方法。在試圖快速閱讀的過程中，學生可以迅速理解詞彙的結構，並且培養預測下一段內容的能力。朗讀已經在科學上被證實能夠活化大腦，而我每天都深刻感受到，這樣簡單的方法能讓孩子們愉快地提高專注力，還能激發他們的學習動機。

どんなテーマで話していますか。	正在談論什麼樣的主題？
1　声に出して早く読むことの効果	1　發出聲音快速朗讀的效果
2　各種試験に合格するための音読	2　為了通過各種考試的朗讀
3　他の人が読むのを聞くことの効果	3　聽別人朗誦的效果
4　脳を活性化させる一番良い方法	4　活化大腦的最佳方法

解説　「音読」是關鍵詞，即「朗讀」的意思，也就是發出聲音讀書。這位老師在談論透過朗讀與快速朗讀所獲得的效果。

詞彙　就く：就職　｜　取り入れる：引進、採用　｜　取りかかる：著手　｜　実感：實際感受　｜
実践：實踐　｜　試みる：嘗試　｜　素早い：迅速的　｜　掴む：掌握　｜　範囲：範圍　｜
活性化：活化　｜　実証：實際驗證　｜　身につく：學會　｜　意欲：意願、動機　｜
引き出す：引出、發掘

5番　Track 3-3-05

テレビでレポーターが話しています。

男：この国にある防空壕は、緊急事態にこの国に住むすべての人を収容することができるそうです。このような施設は世界中どこに行っても見当たらないでしょう。「どうして、こんなに重くて厚い鉄のドアが地下室にあるのですか？」と外国人のゲストは尋ねます。なぜなら、そのドアの中には、古本やワインが保管されているだけなのです。これは、原子爆弾攻撃といった最悪の事態に住民を守るためのシェルター、すなわち避難場所なのです。この国の人は何よりもまず身を守ることを考え、すべての起こりうる危険に対して保険をかける傾向があるようです。核シェルターの設置に関しては、法律で義務付けられているとのことです。

第 5 題

電視上的記者正在報導。

男：據說這個國家的防空洞在緊急情況下可以容納這個國家所有的居民。這樣的設施在世界任何地方都找不到。「為什麼地下室裡會有這麼沉重又厚實的鐵門呢？」外國訪客如此詢問。因為這些門後面只存放著舊書和葡萄酒而已。這些防空洞是為了在像原子彈攻擊這樣最壞情況下，保護居民所設置的避難所，也就是說，這些是避難場所。這個國家的人們似乎總是首先考慮保護自己，並為所有可能發生的危險做好保險。據說，設置核避難所是法律所強制要求的。

どんなテーマで伝えていますか。	正在傳達什麼樣的主題？
1　どの家庭にも地下に避難場所がある国	1　每個家庭都有地下避難所的國家
2　ほとんどの国民が地下で生活する国	2　幾乎所有國民都在地下生活的國家
3　どの家庭にも、ワインと核爆弾がある国	3　每個家庭都有葡萄酒和核彈的國家
4　いつでも、戦争を始める準備のある国	4　隨時準備開戰的國家

解說 建造一個讓全國人民都能夠避難的避難所實際上是不可能的，但如果聽起來大家都能進去避難，且這個避難所裡面還有舊書和葡萄酒，換句話說，這個避難所就是每個家庭所擁有的防空洞。

詞彙 防空壕：防空洞｜緊急事態：緊急情況｜収容：收容、容納｜施設：設施｜
見当たる：找到、發現｜保管：保管｜保険：保險｜傾向：傾向｜核爆弾：核爆彈

6番　Track 3-3-06

女の人が、男の人に映画の感想を聞いています。

女：例の話題のアニメ映画、見に行ったんでしょ。どうだった？

男：うん、そうだね。映像の絵がきれいだって聞いていたけど、本当にどのシーンもその綺麗さには脱帽だったよ。アニメだけど、人の動きもすごく自然だしね。ストーリー自体は非現実的なようで、現実的なんだな。ただ、「度肝をぬかれた！！」とか「新しい！！」とかいうのは無かった。最後はやきもきしたけどハッピーエンドでよかったよ。もう一度みたら、もっといろいろなことに気がつくと思うよ。

男の人は、映画についてどう思いましたか。

1　映像はきれいだったが、ストーリーは斬新さに欠けた
2　映像はそれほどきれいではなかったが、話が面白かった
3　映像もきれいで、ストーリーも非現実的で面白かった
4　絵なので、写真にはおよばず、話の展開も平凡だった

第 6 題

女子正在詢問男子對電影的感想。

女：上次講到的那部動畫電影，你去看了對吧。如何？

男：嗯，是啊。我聽說畫面很美，結果真的每個場景都美到令人佩服。雖是動畫，但是人物的動作也非常自然，而故事本身像是非現實但卻又貼近現實。不過，倒是沒有那種「驚為天人！！」或者「很新穎！！」的感覺。最後雖然有點小緊張，但還好是個幸福的結局，還不錯。我覺得如果再看一次，應該會有更多不同的發現。

男子對於電影的看法是什麼？

1　畫面很美，但是故事缺乏新穎感
2　畫面沒有那麼美，但是故事很有趣
3　畫面很美，故事也超現實，非常有趣
4　因為是繪畫表現，畫面不如照片，故事發展也很普通

解說「本当にどのシーンもその綺麗さには脱帽だったよ」是關鍵句子，「脱帽」字面上的意思是「脫下帽子」，但在此是表達「佩服」的意思。然而，雖然畫面非常美麗，但內容卻缺乏新意，因此要選擇「斬新さに欠けた（缺乏新穎感）」這個答案。

詞彙 脱帽：佩服｜度肝をぬかれる：大吃一驚、嚇破膽｜やきもきする：緊張、焦躁不安｜
斬新さ：新穎感｜展開：情節展開、發展｜平凡：普通

問題 4 在問題 4 的題目卷上沒有任何東西，請先聆聽句子和選項，從選項 1～3 中選出最適當的答案。

例 🎧 Track 3-4

男：部長、地方に飛ばされるんだって。
女：1　飛行機相当好きだからね。
　　 2　**責任取るしかないからね。**
　　 3　実家が地方だからね。

例 🎧 Track 3-4

男：聽說部長被派到鄉下去了。
女：1　因為他非常喜歡飛機。
　　 2　**因為他只能負起責任了。**
　　 3　因為他老家在那邊。

1番 🎧 Track 3-4-01

女：どうもお手数をおかけしましてすみません。
男：1　**いや、たいしたことではないので気にしなくていいです。**
　　 2　どうぞ、こちらにおかけください。お茶入れますので。
　　 3　いいえ、手数料が別途かかることはありませんので。

第 1 題

女：實在是麻煩您了，真是不好意思。
男：1　**不會啦，不是什麼大不了的事情，別放在心上。**
　　 2　請坐在這裡。我來泡茶。
　　 3　不，不會另外有手續費。

解說「手数をかける」是指對對方造成麻煩或困擾，並帶有對此表示歉意的意思。

詞彙 別途：另外

2番 🎧 Track 3-4-02

女：この間の飲み会、課長がおごったんですって。
男：1　課長は本当に図太い性格ですね。
　　 2　**え、そうですか？課長も太っ腹ですね。**
　　 3　課長って本当に潔い方ですね。

第 2 題

女：前陣子的聚餐，聽說是課長請客的。
男：1　課長真是厚臉皮的個性啊。
　　 2　**咦，真的嗎？課長還真大方。**
　　 3　課長真是個乾脆的人。

解說「太っ腹」是指「慷慨大方」。

詞彙 図太い：厚臉皮 ｜ 太っ腹：慷慨大方 ｜ 潔い：果斷、乾脆

176

3番 Track 3-4-03

女：高木さん、年末決算で音を上げているそうですよ。

男：1 さぞ大変だろうな。僕もやったことあるからよく分かるよ。
　　2 また値上げするの？この前上げたばかりなのに……。
　　3 高木さん、耳が肥えているからね。

第3題

女：聽說高木先生因為年底結算叫苦連天。

男：1 那一定很辛苦吧。我也曾經做過所以很清楚。
　　2 又要漲價嗎？之前不是才調漲過。
　　3 因為高木先生很有音樂鑑賞力。

解說　「音を上げる」是慣用語，並非「發出聲音」的意思，而是表示「叫苦連天」之意。

詞彙　さぞ：一定　|　耳が肥ている：對音樂有鑑賞力

4番 Track 3-4-04

男：このジャケット、私にはぶかぶかだね。

女：1 もう少しゆとりがあった方がいいですね。
　　2 お客様にはこういう派手なものがお似合いかと思いますが。
　　3 それならワンサイズ下のものをお持ちしますので。

第4題

男：這件夾克對我來說太大了。

女：1 稍微寬鬆一點會比較好。
　　2 我覺得對客人您來說這樣華麗的衣服比較適合。
　　3 那麼我替您拿小一號的來。

解說　「ぶかぶか」是衣服或鞋子太大，變得鬆垮的狀態。「だぶだぶ」是相似的表達，可以一併記住。

詞彙　ゆとり：寬鬆、餘裕

5番 Track 3-4-05

男：冷房きつくないか？

女：1 ほんと、かぜ引きそう。
　　2 ほんと、蒸し暑いわ。
　　3 ほんと、大変ね。

第5題

男：冷氣是不是開太強了？

女：1 真的耶，感覺快感冒了。
　　2 真的，很悶熱。
　　3 真的，很辛苦。

解說　「きつい」本來是「辛苦、艱難」或「(衣服等太小)很緊」的意思，在這裡是用來表示「程度太嚴重」的意思。「冷房きつい」就是指「冷氣開太強」的意思。另外，「風がきつい」也是相同的用法，表示「風太大」。

詞彙　蒸し暑い：悶熱

6番 Track 3-4-06

男：野村君が親睦会の会計係になるんだって。
女：1　野村君、お酒だめじゃなかったっけ？
　　2　ずぼらな野村君に会計が務まるかな。
　　3　今度の親睦会は来週の水曜日だよ。

第6題

男：聽說野村要當聯誼會的會計。
女：1　野村不是不太能喝酒嗎？
　　2　做事馬虎的野村能擔任會計嗎？
　　3　下次的聯誼會是在下週三喔。

解說　「ずぼらだ」是「馬虎、懶散」的意思，擔心野村這種個性較馬虎的人能否處理會計這種需要處理金錢和細節的工作是較適當的回應。

詞彙　親睦会：聯誼會 ｜ 務まる：勝任、擔任

7番 Track 3-4-07

女：卵のゆで具合はどうしますか。
男：1　僕は固めの方がすきだから伸びないようにしてください。
　　2　調味料とよく和えてからゆでてください。
　　3　そうですね、半熟でお願いします。

第7題

女：蛋要煮到什麼程度呢？
男：1　我比較喜歡硬一點的，所以請不要煮過頭。
　　2　請和調味料充分混合後再煮。
　　3　嗯，請煮成半熟。

解說　「具合」是指「某事物的狀態」。「ゆで具合」是指「煮的程度或狀態」，可以用「半熟（半熟）、完熟（全熟）、固ゆで（全熟）、ちょい固め（稍微熟一點）」來表示煮蛋的狀態。

詞彙　伸びる：(煮過頭)失去彈性 ｜ 和える：拌勻、混合

8番 Track 3-4-08

女：木村のせいで、せっかくの誕生パーティーが台無しになってしまったわ。
男：1　その台どこで見つかったの？ずっと見当たらなかったのに。
　　2　いいえ、僕は誘われていないし、別にいいよ。
　　3　あいつ、またかよ……。だから呼ばない方がいいって言ったじゃん。

第8題

女：都是木村啦，我辛辛苦苦準備的生日派對全都搞砸了。
男：1　那個台子在哪裡找到的？我一直找不到啊。
　　2　不，我又沒有被邀約，沒關係啦。
　　3　那個傢伙又來了……所以我才說最好不要叫他來嘛。

解說　「台無し」指的是「物品或事情變得一團糟」，所以回答中應該包含造成事情搞砸的原因。

詞彙　台無しになる：搞砸、弄壞 ｜ 見当たる：發現（之前找不到的東西）、找到

9番 Track 3-4-09

男：あ～、おれも弱っちゃったな…。
女：1　どうしましたか？なんかありましたか？
　　2　それはジムで鍛えたおかげですよね。
　　3　大丈夫ですよ。そのうちもっと弱くなりますので。

第9題

男：啊～我也變弱了……
女：1　怎麼了？發生什麼事了嗎？
　　2　那是因為在健身房鍛鍊的結果吧。
　　3　沒問題的。再一陣子會變更弱的。

解說　「弱る」是指「體力變弱，或是氣力、勢力等衰退」的意思。

詞彙　鍛える：鍛鍊

10番 Track 3-4-10

女：昨日のすもう見た？いくら学生横綱でもプロの力士には歯が立たないね。
男：1　当然プロの力士が勝つと思ってたのにね。
　　2　うん、やっぱり格が違うよね。
　　3　大きな怪我じゃなければいいけどね。

第10題

女：你有看昨天的相撲嗎？就算是學生橫綱，也沒有辦法對付職業力士呢。
男：1　我本來就認為職業力士會贏。
　　2　嗯，果然等級還是不同。
　　3　如果不是大傷就好了。

解說　「横綱」是相撲中最高等級的選手。

詞彙　歯が立たない：對付不來　｜　格が違う：等級、層次不同

11番 Track 3-4-11

女：うちの親ときたら、いつも弟の肩ばかり持つのよ。
男：1　その気持ち僕にもよく分かるよ。うちもそうだった。
　　2　たまには弟の代わりに親の肩でももんであげなさいよ。
　　3　重たいのによくここまで運んでくれたよね。

第11題

女：說到我家爸媽，總是偏袒我弟弟。
男：1　妳的心情我也很了解。我家也是那樣。
　　2　偶爾也要代替弟弟去幫父母按摩肩膀啦。
　　3　這麼重的東西，能搬到這裡來真不容易呢。

解說　「～ときたら」接在名詞後方，是「說到～」的意思，通常用來表示對某個對象的不滿。
　　　例　先生ときたら、今日もたくさん宿題を出したんだよ：說到老師，今天也給了很多作業。
　　「肩を持つ」是「偏袒、袒護」的意思，這裡是對父母親偏袒弟弟表示不滿。

詞彙　肩をもむ：按摩肩膀

12 番　Track 3-4-12

女：それくらいの失敗で、そんなに気を落とすことはないと思います。

男：1　失敗は誰だってやるもんだから仕方ないんですよ。
　　2　惜しい。もう少しで成功するところだったのに。
　　3　でもここまでよくがんばってきたから元気出しなさいよ。

第12題

女：我覺得不需要因為這點小失敗就這麼沮喪。

男：1　失敗是每個人都會經歷的，沒辦法的。
　　2　太可惜了！差一點點就成功了。
　　3　但是妳已經努力到這個地步了，振作起來吧。

解說　「気を落とす」是「沮喪、失望」的意思。

詞彙　惜しい：可惜的 ｜ もう少しで〜ところだった：差一點就〜了

13 番　Track 3-4-13

男：ABC デパートの目玉商品、今日は洋酒なんだって。

女：1　今日のおかずは目玉焼きにしよう。
　　2　それじゃウイスキーでも買おうかな。
　　3　そう？スーツでも買いに行こうか。

第13題

男：聽說今天 ABC 百貨公司的主打促銷商品是洋酒。

女：1　今天的配菜就做荷包蛋吧。
　　2　那我們去買點威士忌好了？
　　3　是嗎？要不要去買西裝？

解說　「目玉商品」是指百貨公司或商店在特賣活動中，為了吸引顧客特別準備的超低價商品。由於內容談到洋酒是主打的促銷商品，所以回答去購買威士忌最為恰當。

14 番　Track 3-4-11

男：中村さん、取引先との交渉、手ごたえはどうだった？

女：1　そうですね、何も答えられませんでした。
　　2　すみません。手ぶらで来ましたもので。
　　3　一応私にできる限りのことは全部やりましたが。

第14題

男：中村小姐，妳和客戶的交涉，對方反應如何？

女：1　嗯……我無法回答任何問題。
　　2　不好意思，因為我是空手來。
　　3　總之，我已經盡了我所能做到的一切。

解說　「手ごたえ」是指「觸碰或擊中時的感覺」，但在此是指「某些行動或過程中的回應或效果」。

詞彙　交渉：交涉 ｜ 手ぶら：空手

180

問題 5　在問題 5 中將聽到一段較長的內容。本大題沒有練習部分，可以在題目卷上做筆記。

第 1 題、第 2 題
在問題 5 的題目卷上沒有任何東西，請先聆聽對話，接著聆聽問題和選項，再從選項 1〜4 中選出最適當的答案。

1番　Track 3-5-01

結婚相談所で係りの人と女の人が話しています。

女1：鈴木さん、先日ご紹介した方とは週末に初デートをされるんですよね。
女2：はい、ちょっとドキドキします。
女1：大丈夫ですよ。相手もそうですから。今日は、結婚相手としてふさわしいかどうか見るポイントをお教えしておきますから、頭に入れておいてくださいね。一番重要なのは、相手の持つ価値観を許せるかという点なんです。
女2：例えば、どんなことでしょうか？
女1：まずは、金銭感覚ですね。どんなお金の使い方をしているのかです。次は物の使い方ですね。靴とかカバンとかの手入れ具合を見てください。それから、食事の仕方です。どんな風に食事をするか、どんな食べ物を好むかなども聞いてみてください。最後に対人関係への意識です。友達や知人を大切にする人かどうかなどですね。
女2：なるほど。すごく参考になりますね。一回だけでは、全部わかりませんけど。どんな食事の仕方をするのかは興味深いですね。でも、明日は主に彼がどんな趣味があって、どんなものにお金を費やしているのか見てきますね。
女1：はい、大切なポイントです。
女2：なんか、楽しみになってきました。

女の人は、相手のどんな点に注意しますか。

1　金銭感覚
2　物の使い方
3　食事の仕方
4　対人関係への意識

第 1 題

婚姻介紹所的負責人和女子正在交談。

女1：鈴木小姐，妳和前幾天介紹的那位，週末將進行第一次約會對吧。
女2：是，我有點緊張。
女1：沒問題的！對方也是一樣。今天我會先教您如何判斷對方是否適合作為結婚對象，請好好記住哦！最重要的一點是，能否接受對方的價值觀。
女2：例如什麼樣的事情呢？
女1：首先就是金錢觀念，就是他是如何使用金錢的。接下來是物品的使用方式，請觀察他的鞋子、包包等物品的保養程度。再來是用餐方式，像是怎麼吃飯、喜歡吃哪些食物，也要詢問清楚。最後是對人際關係的態度，看看他是否重視朋友或熟人等。
女2：原來如此，這些真的很有參考價值。不過，光是一次見面是無法完全了解的。我覺得他是怎麼吃飯這件事，還挺有意思的。但明天主要會看他有哪些興趣、會花錢在什麼事物上。
女1：是，這是重點。
女2：總感覺開始期待起來了。

女子會注意對方的什麼地方？

1　金錢觀念
2　物品使用方式
3　用餐方式
4　對人際關係的態度

| 解說 | 雖然獲得幾個有幫助的建議，但女子最想知道的還是對方如何花錢，會花錢在什麼事物上。 |

| 詞彙 | ふさわしい：適合的 ｜ 価値観：價值觀 ｜ 金銭感覚：金錢觀念 ｜ 具合：狀況 ｜ 意識：意識 ｜ 参考：參考 ｜ 費やす：花費 |

2番 Track 3-5-02

園芸会社の社員と食品会社の社員が会議で話しています。

女：そちら様との新商品のコラボですが、手始めにバラの花の苗セットからやりたいと思います。

男：ええ！バラの花ですか。ちょっとポピュラー過ぎませんか？

女：まあ、そうですけど。うちの園芸部門の売りは、やっぱりバラなものですから。何か他に候補がございますか？

男：はい、香りがよく、食べることもできるハーブなんかがいいんじゃないですか？

女：ハーブはコスパが良くないんです。それに食用にするには、採取のタイミングが難しいんです。

男1：そうですか。わかりました。では、価格の件ですが、どのくらいでお考えですか？

女：はい、バラの苗と肥料付で3000円ぐらいでは高いでしょうか？ああ、鉢も付けての値段です。

男：そうですね。その価格では、小売り価格が6千円以上になってしまいます。

女：そうですか。高級感を出そうと思って、鉢を良い物にするつもりでしたが。

男：うちのお客さんは、もともと安心で、安全な食が基本の方々なので、鉢はそこそこの物でいいと思います。

女：そうですか。じゃ、鉢をもっとお安い物にしなければなりませんね。

男：はい、うちのお客様は鉢よりも、安全な肥料を使って、美しい花を咲かせたいというところが一番ですから。

女：じゃ、その辺を検討しましょう。

第 2 題

園藝公司的員工和食品公司的員工正在會議中交談。

女：關於和貴公司的新商品合作，首先想從玫瑰花苗組開始推行。

男：咦！玫瑰嗎？會不會太普通了？

女：嗯，的確是這樣。但是我們園藝部門的主打商品還是玫瑰。還是說有什麼其他的候選品種呢？

男：有，比如說香氣宜人，而且可以食用的香草怎麼樣？

女：香草的CP值較低。而且如果要當作食用的話，採摘的時機也很難掌握。

男1：這樣啊。我知道了。那價格部分，您打算定價多少呢？

女：嗯，如果包括玫瑰花苗和肥料的話，大約是3000日圓，這樣會不會太貴呢？哦，這個價格還包括花盆。

男：這樣啊。以這個價格來看，零售價就會超過6000日圓。

女：是喔。因為我想說要營造高級感，所以花盆也選用好的。

男：我們的客戶本來就是以安全、安心的食物為基本需求的人，所以花盆用普通一點的就可以了。

女：是這樣嗎？那就要把花盆改成更便宜的了。

男：是的，我們的客戶最重視的是使用安全的肥料，並且希望能夠開出美麗的花朵，而不是花盆。

女：那我們再討論這部分吧。

新商品のどんな点を改善しますか。	新商品會在哪些方面進行改進？
1　花の種類を変える	1　改變花卉種類
2　鉢の質を落とす	2　降低花盆品質
3　肥料の価格を見直す	3　重新審視肥料價格
4　鉢に高級感を出す	4　營造花盆的高級感

解說　女子想要使用高級花盆，但由於包含肥料和花盆的零售價格太高，加上男子認為客戶並不重視花盆的品質，於是考慮使用較便宜的花盆。

詞彙　手始め：開始、起步　｜　苗：幼苗　｜　ポピュラー：普通的、一般的　｜　候補：候選　｜
コスパ：CP 值　｜　採取：採收　｜　肥料：肥料　｜　鉢：花盆　｜　小売り：零售　｜
そこそこの：勉強可以、普通的　｜　見直す：重新審視

第 3 題　請先聽完對話與兩個問題，再從選項 1～4 中選出最適當的答案。

3 番　Track 3-5-03
テレビで男の人が話しています。

男1：9月は台風の季節です。最近は地球温暖化の影響で台風や集中豪雨などにより洪水、土砂災害、落雷、竜巻などの被害も大きくなっているようです。日ごろから対策を行い、台風に備えておきましょう。
最新の台風情報を集めることはもちろんですが、台風接近中には外出しないことです。それから、停電・断水の時のために水や食料などを備蓄しておきましょう。また、私の場合は大丈夫と思わずに、近所の避難場所も確認しておきましょう。また、市区町村が作成している「ハザードマップ」で危険な場所を確認しておくのも重要なことです。
　　　　　　　　　…

男2：ミカさんは、なにか台風で困ったことがある？
女：そうね。去年、ちょっと牛乳を切らしていて近くのコンビニに買いに行ったはいいけど、急に大雨と突風で帰れなくなっちゃったのよ。テレビで言っているように、台風接近中は外に出ないことね。

第 3 題
電視上，男子正在講話。

男1：9月是颱風的季節，最近受到地球暖化的影響，颱風和集中性豪雨等造成的洪水、土石流、雷擊、龍捲風等災害似乎變得越來越嚴重。平時應該做好對策，為颱風做準備。

除了收集最新的颱風資訊，當颱風接近時也應避免外出。此外，為了應對停電和斷水等情況，應該儲備水和食物等物資。而且不要認為自己一定沒事，也應該確認附近的避難場所。還有，查閱市區町村（日本的二級行政區）所製作的「災害地圖」，確認危險地區也非常重要。
　　　　　　　　　…

男2：美加小姐有沒有因為颱風而遇過什麼麻煩？
女：是的，去年我牛奶用完了，便去附近的便利商店買，這本來是沒問題的，但突然下起大雨和刮風，讓我回不了家。就像電視上說的，颱風接近時真的不要外出。

男2：まあ、当たり前のことなんだけどね。水や食料は確保しておくべきだね。

女　：ホントね。今年は、台風に備えて多めに買っておくことにするわ。

男2：うん。ぼくはね、去年、台風の接近中に近くの神社にいたんだよ。そうしたら雷がその神社の木に落ちてね、すごい音がして、命が縮む思いをしたよ。

女　：ホントに？ああ怖い！近くの危険な場所くらいチェックしておくべきだわね。

男2：今年はそうするよ。

質問1

女の人が今年、台風に備えることは何ですか。

1　台風接近中は外出しない
2　水や食料などをストックする
3　避難場所を確認しておく
4　ハザードマップを確認しておく

質問2

男の人が今年、台風に備えることは何ですか。

1　台風接近中は外出しない
2　水や食料などをストックする
3　避難場所を確認しておく
4　ハザードマップを確認しておく

男2：嗯，這是理所當然的。水和食物應該要先準備好。

女　：真的。今年我決定為了颱風多買一些物資。

男2：嗯，我去年颱風接近時在附近的神社。結果雷劈在神社的樹上，聲音非常大，嚇得我都短命了。

女　：真的嗎？好可怕喔！應該要先確認好附近危險的地方。

男2：今年我會這麼做的。

問題1

女子今年為了防颱所做的準備是什麼？

1　颱風接近時不外出
2　儲備水和食物等
3　確認避難場所
4　確認災害地圖

問題2

男子今年為了防颱所做的準備是什麼？

1　颱風接近時不外出
2　儲備水和食物等
3　確認避難場所
4　確認災害地圖

解說　問題1：女子說自己去買牛奶時遇到麻煩，並表示今年她會多買一些，避免再發生類似的情況。
問題2：男子曾在神社被雷劈中樹木的情景嚇一跳，因此今年一定要確認災害地圖。

詞彙　地球温暖化：地球暖化　│　集中豪雨：集中性豪雨　│　洪水：洪水　│　落雷：落雷、雷擊　│　竜巻：龍捲風　│　対策：對策　│　備える：準備　│　停電：停電　│　備蓄：儲備　│　市区町村：日本的二級行政區　│　切らす：用光　│　突風：突然颳起的風　│　雷が落ちる：雷擊　│　縮む：縮短　│　ストックする：儲備　│　ハザードマップ：災害地圖

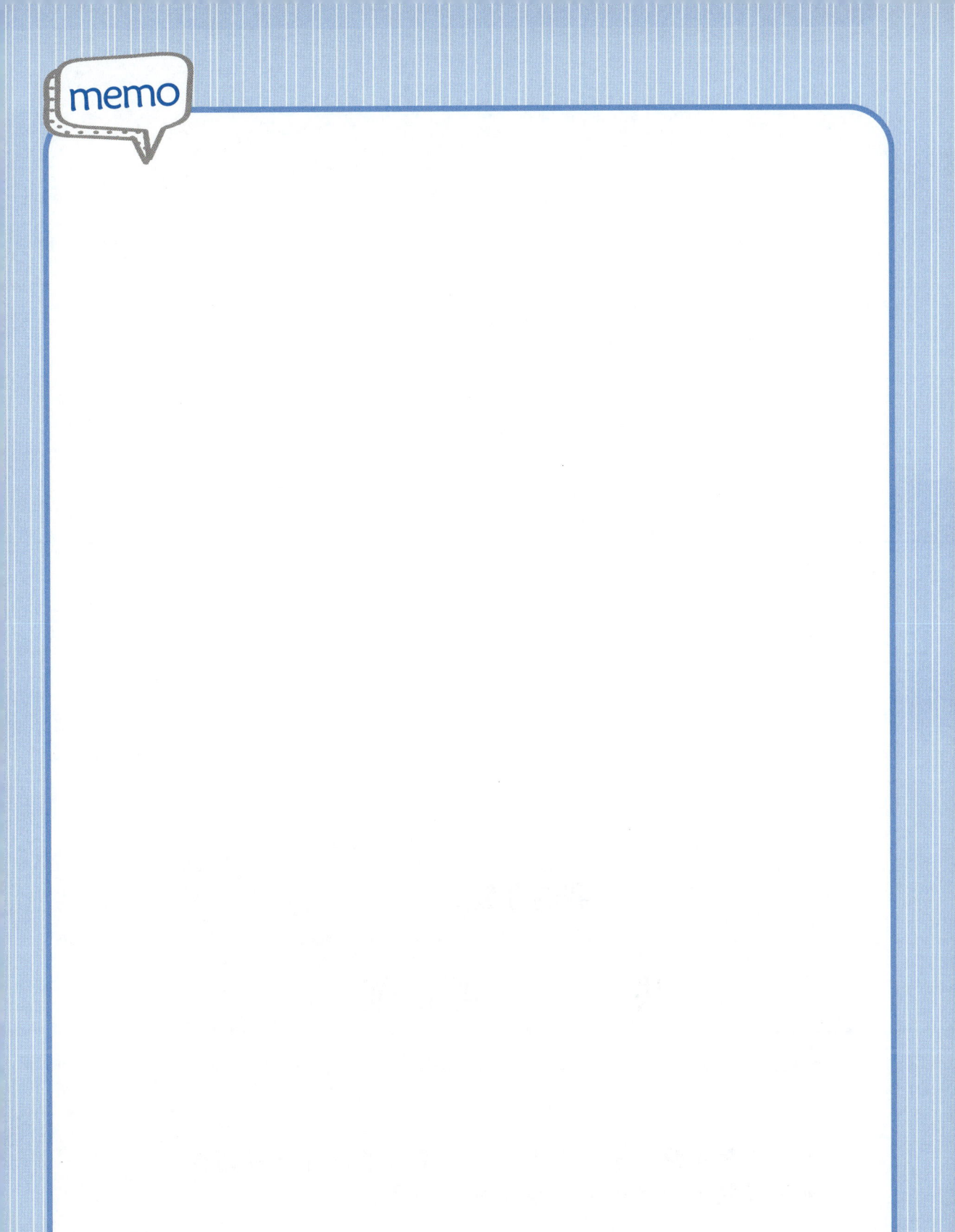

我的分數？

共 ☐ 題正確

若是分數差強人意也別太失望，看看解說再次確認後重新解題，如此一來便能慢慢累積實力。

JLPT N1 第4回 實戰模擬試題解答

第1節　言語知識〈文字・語彙〉

問題 1　[1] 1　[2] 4　[3] 1　[4] 3　[5] 2　[6] 3
問題 2　[7] 3　[8] 1　[9] 4　[10] 2　[11] 1　[12] 3　[13] 2
問題 3　[14] 2　[15] 1　[16] 3　[17] 4　[18] 1　[19] 2
問題 4　[20] 4　[21] 4　[22] 2　[23] 2　[24] 3　[25] 3

第1節　言語知識〈文法〉

問題 5　[26] 1　[27] 2　[28] 1　[29] 3　[30] 2　[31] 4　[32] 4　[33] 1　[34] 3
[35] 4
問題 6　[36] 2　[37] 3　[38] 4　[39] 3　[40] 2
問題 7　[41] 4　[42] 4　[43] 1　[44] 2　[45] 4

第1節　言語知識〈讀解〉

問題 8　[46] 4　[47] 4　[48] 2　[49] 2
問題 9　[50] 1　[51] 3　[52] 2　[53] 4　[54] 1　[55] 4　[56] 2　[57] 1　[58] 4
問題 10　[59] 3　[60] 2　[61] 3　[62] 2
問題 11　[63] 2　[64] 1
問題 12　[65] 3　[66] 2　[67] 1　[68] 2
問題 13　[69] 1　[70] 3

第2節　聽解

問題 1　[1] 4　[2] 4　[3] 2　[4] 2　[5] 4　[6] 2
問題 2　[1] 3　[2] 3　[3] 2　[4] 4　[5] 1　[6] 3　[7] 2
問題 3　[1] 1　[2] 3　[3] 4　[4] 1　[5] 3　[6] 2
問題 4　[1] 1　[2] 3　[3] 4　[4] 2　[5] 3　[6] 1　[7] 1　[8] 2　[9] 2
[10] 3　[11] 2　[12] 1　[13] 3　[14] 1
問題 5　[1] 3　[2] 2　[3] (1) 2　(2) 1

第 4 回 實戰模擬試題 解析

第 1 節 言語知識〈文字・語彙〉

問題 1 請從 1、2、3、4 中選出＿＿＿＿這個詞彙最正確的讀法。

[1] 再開発計画の<u>阻止</u>が目的だからといって、どんな手段でも許されるわけではない。
　1　そし　　　　2　そうし　　　　3　しょし　　　　4　しょうし
雖說目的是<u>阻止</u>再開發計畫，但也不是任何手段都被允許的。

詞彙　阻止（そし）：阻止 ▶ 阻む（はばむ）：阻撓、阻止 ｜ 手段（しゅだん）：手段、方法

[2] この旅館では、農家と連携して家庭料理をアレンジした<u>素朴</u>なおかずなどを用意してくれる。
　1　すぼく　　　　2　すぼく　　　　3　そばく　　　　4　そぼく
這間旅館與農家合作，提供改良自家庭料理的<u>樸實</u>配菜。

詞彙　連携（れんけい）：合作 ｜ 素朴（そぼく）だ：樸素

[3] 安くてお腹が<u>膨れる</u>レシピを工夫しよう。
　1　ふくれる　　　　2　むれる　　　　3　すたれる　　　　4　かぶれる
想辦法設計既便宜又能吃到肚子<u>鼓起來</u>的食譜吧！

詞彙　膨れる（ふくれる）：膨脹、鼓起 ▶ 膨張（ぼうちょう）：膨脹 ｜ 膨大（ぼうだい）：龐大

[4] A国では、高所得世帯の上位 1％が総収入の 40％を占めるという<u>甚だしい</u>富の集中が起きている。
　1　おびただしい　　　2　わずただしい　　　3　はなはだしい　　　4　あわただしい
在 A 國，所得最高的前 1% 家庭占了總收入的 40%，出現了<u>極端的</u>財富集中現象。

詞彙　おびただしい：非常多 ｜ 甚（はなは）だしい：極端的 ▶ 甚（はなは）だ：非常、很 ｜ 慌（あわ）ただしい：慌張的

[5] この地域には、美しい<u>丘陵</u>地帯が広がっている。
　1　きゅうりゅう　　　2　きゅうりょう　　　3　きょうりゅう　　　4　きょうりょう
這個地區綿延著一片美麗的<u>丘陵</u>地帶。

188

詞彙　丘陵（きゅうりょう）：丘陵

6　盛大に優勝祝賀会を催したいと思う。
　　1　もたらしたい　　2　もらしたい　　3　もよおしたい　　4　うながしたい
　　我想要盛大舉辦一場優勝慶祝會。

詞彙　もたらす：帶來、引發　｜　催す（もよお）：舉辦　｜　促す（うなが）：促進、催促

問題 2　請從 1、2、3、4 中選出最適合填入（　　　）的選項。

7　私は、仕事の失敗をひどく大きな声でみんなの前で指摘されて、（　　　）思いをした。
　　1　しつこい　　2　やむをえない　　3　きまりわるい　　4　にぶい
　　我在大家面前被大聲指責工作失敗，感到非常難堪。

詞彙　しつこい：糾纏不休的　｜　やむをえない：不得不　｜　決まり悪い（きわる）：難堪、尷尬　｜　鈍い（にぶ）：遲鈍

8　全国スーパーの売り上げは、15年連続で前年実績を割っている。営業時間延長の（　　　）はもちろん売り上げ増だろう。
　　1　ねらい　　2　ためし　　3　のぞみ　　4　はたらき
　　全國超市的銷售額，已經連續 15 年低於前一年的業績。延長營業時間的目的是為了提升銷售。

詞彙　割る（わ）：低於　｜　狙い（ねら）：目的 ▶ 狙う：以～為目標　｜　試し（ため）：嘗試　｜　望み（のぞ）：希望

9　シェールガスなど新しい資源の台頭で、A国の天然ガスの輸出は、（　　　）傾向にあると言われている。
　　1　ぎりぎり　　2　ブレーキ　　3　はずみ　　4　あたまうち
　　隨著頁岩氣等新資源的崛起，據說 A 國的天然氣出口已呈現達到極限的趨勢。

詞彙　台頭（たいとう）：抬頭、崛起　｜　弾み（はず）：彈性　｜　頭打ち（あたまう）：到達極限

10 イギリス出身の人気ポップ歌手、Aさんは、自分のツイッターで引退を（　　　）コメントをした。
　1　めくる　　　　2　ほのめかす　　3　とらえる　　　4　うつむく
來自英國的熱門流行歌手 A 先生在自己的 Twitter 上發表了暗示引退的評論。

詞彙 めくる：翻開 ｜ ほのめかす：暗示 ｜ 捕える：抓住、捕捉 ｜ うつむく：低頭

11 今年の大学生の就職内定率は、前年より少し良くなったものの、（　　　）として低水準の状態だ。
　1　依然　　　　　2　格別　　　　　3　傾向　　　　　4　実在
今年大學生的就業內定率比去年稍微有所改善，但依然處於低水準狀態。

詞彙 依然（として）：依然 ｜ 格別：特別 ｜ 傾向：傾向、趨勢 ｜ 実在：實際存在

12 彼女は仕事に打ち込むことで、失恋の悲しみを（　　　）いる。
　1　わずらって　　　　　　　　　2　あやつって
　3　まぎらわして　　　　　　　　4　おって
她投入工作，藉此排解失戀的悲傷情緒。

詞彙 煩う：煩惱 ｜ 操る：操控、駕馭 ｜ 紛らわす（＝紛らす）：排解 ｜ 追う：追趕

13 うちの子は、以前は（　　　）塾に通っていたが、A塾に移ってからは塾に行くのが楽しみのようだ。
　1　ぶつぶつ　　　　2　いやいや　　　3　くよくよ　　　4　ひやひや
我家的小孩以前不情願地去補習班，不過自從轉到 A 補習班後，他似乎開始期待去補習班了。

詞彙 ぶつぶつ：抱怨 ｜ いやいや（ながら）：不情願地、勉強地、嫌棄地 ｜ くよくよ：擔心

問題 3 請從 1、2、3、4 中選出與 ＿＿＿＿＿＿ 意思最接近的選項。

14 新しくできたJR駅前に、商店街を作る構想が、地域開発委員会の手で煮詰まってきた。
　1　水に流すことになった　　　　　2　結論が出そうだ
　3　練られるようになった　　　　　4　はばまれるようになった
在新設的 JR 車站前打造商店街的構想，在區域開發委員會的討論下已逐漸定案。

詞彙 煮詰まる：（經過討論後）快要得出結論 ｜ 水に流す：當作沒發生 ｜ 練る：構思 ｜ 阻む：阻撓、阻止

15 女性から見たまめな男とはどういう人ですか。
　　1　誠実な　　　　　2　変な　　　　　3　すてきな　　　　4　モテる
　　女生眼中誠實的男生是怎樣的人呢？

詞彙　まめだ：誠實、勤奮　｜　誠実だ：誠實　｜　モテる：受歡迎

16 月並みな表現だが、３０年を振り返ってみると、月日の経つのは本当に早いものだ。
　　1　立派な　　　　　2　むずかしい　　3　平凡な　　　　　4　すばらしい
　　雖然是老生常談，但回顧過去 30 年，時間過得真快呢！

詞彙　月並みだ：平凡、平庸 ▶ ありきたり：不稀奇、常有，ありふれる：常有、不稀奇　｜
　　　立派だ：出色、優秀　｜　平凡だ：平凡

17 うちの社長は若手の社員を連れて、頻繁に工事現場を訪れている。
　　1　よろこんで　　　2　きちょうめんに　3　ふるって　　　　4　しきりに
　　我們社長頻繁地帶著年輕的職員造訪工地現場。

詞彙　頻繁に：頻繁地　｜　きちょうめんに：一絲不苟　｜　奮って：踴躍　｜　しきりに：頻繁地、不停地

18 その土地及び家屋を、現に所有している者が納税義務者となる。
　　1　実際　　　　　　2　現在　　　　　　3　ずべて　　　　　4　最初から
　　實際擁有那片土地和房屋的人將成為納稅義務人。

詞彙　現に：實際　｜　納税義務者：納稅義務人

19 作業を開始する前に一通りマニュアルに目を通しておいてください。
　　1　一度　　　　　　2　ざっと　　　　　3　必ず　　　　　　4　詳しく
　　在開始作業前，請大致瀏覽一遍手冊。

詞彙　一通り：大致、粗略地 ▶ 一渉り：粗略地　｜　目を通す：瀏覽　｜　ざっと：粗略地

問題 4　請從 1、2、3、4 中選出下列詞彙最適當的使用方法。

[20] 内輪（うちわ）　自己人、家裡、內部
1　不動産売買契約の際、内輪金というのは何ですか。
2　彼はライバル会社の内輪を探ろうとしている。
3　このサービスをご利用のお客様へお届けするご請求内輪の見方をご説明いたします。
4　おじいさんが喜寿になり、今度の週末内輪で祝うことにしました。

1　不動產買賣簽約時，所謂的「自家人費用」是什麼？
2　他正在試圖尋找競爭公司中的自己人。
3　我將為使用此服務的客戶解釋如何查看寄送給您的費用內部。
4　祖父過喜壽，決定這個週末我們自己人一起慶祝。

解說　選項 3 改成「請求内訳（せいきゅううちわけ）（費用明細）」較恰當。

詞彙　内輪（うちわ）：自己人、家裡、內部 ｜ 喜寿（きじゅ）：七十七歲

[21] 心得（こころえ）　注意事項
1　この本には成功者の心得に関して書かれている。
2　仕事上にミスや失敗をしてしまった時には、「いい経験になった」のように、しっかりとした心得を持つことが重要だ。
3　母親とは遠く離れているから、いつも病状が心得だ。
4　非常食や持出品リストなど、家庭での防災の心得について紹介します。

1　這本書上寫著關於成功者的注意事項。
2　在工作上犯錯或失敗時，抱著「這是很好的經驗」這樣的堅定注意事項是很重要的。
3　因為和母親相隔遙遠，所以總是視她的生病狀況為注意事項。
4　我們將介紹有關家庭防災的注意事項，包括緊急糧食和攜帶物品清單等。

解說　選項 1 改成「心構え（こころがまえ）（心態）」較為恰當。

詞彙　心得（こころえ）：注意事項 ｜ 非常食（ひじょうしょく）：緊急糧食 ｜ 持出品（もちだしひん）：攜帶物品 ｜ 防災（ぼうさい）：防災

[22] 些末（さまつ）　瑣碎的
1　会社のみんなが気にしないようなちょっとしたことを、一々気にしている些末な人がいる。
2　幼いときの記憶には実に些末なような事柄がとても強く印象に残っていることがある。
3　周りからは「些末な感受性の持ち主」と呼ばれている。
4　新婚の時は夫婦喧嘩すると、些末な意地を張ってしまう。

1　公司裡有那種會為大家都不在意的小事逐一在意的瑣碎的人。
2　幼時的記憶中，有時一些看似瑣碎的小事卻會留下極為深刻的印象。
3　周遭都稱我為「擁有瑣碎感受性的人」。
4　新婚時夫妻只要吵架，就會堅持瑣碎的固執。

解說　選項 4 改成「つまらない意地（いじ）（無謂的固執）」較為恰當。

詞彙　些末（さまつ）だ：瑣碎的 ｜ 事柄（ことがら）：事情 ｜ 持ち主（もちぬし）：擁有者 ｜ 意地（いじ）を張（は）る：固執己見

> [23] ぐっと　充満感動或激烈情感
> 1　うちの母親は末っ子をよりぐっとかわいがっている。
> 2　あの映画の感動的な映像はぐっと胸にきた。
> 3　君にはこれからぐっと発展することを期待している。
> 4　彼の自慢話を聞くのがぐっといやになった。
>
> 1　我媽媽更加充滿感動地疼愛老么。
> 2　那部電影感人的畫面讓我深受感動。
> 3　我期待你未來充滿感動的發展。
> 4　聽他自吹自擂讓我充滿感動地厭煩。

解說 選項1改成「末っ子をもっともかわいがっている（最疼愛老么）」較為恰當，選項3改成「ぐんと（顯著地）」較為恰當。

詞彙 ぐっと：充滿感動或激烈情感

> [24] 浅ましい　卑鄙的、下流的
> 1　同僚の言葉遣いの浅ましさに大変不快な思いをしている。
> 2　買ったばかりなのに「浅ましい服装」と言われて恥ずかしかった。
> 3　彼氏に高価なブランド品をせびったり買わせたりする、浅ましい30代女性がいる。
> 4　子供の時、箸の持ち方や食べ方が浅ましいと叱られたことがある。
>
> 1　同事用字遣詞的卑鄙讓我感到非常不愉快。
> 2　才剛買卻被說是「卑鄙的服裝」，讓我感到很不好意思。
> 3　有些心態卑鄙的30幾歲女性會向男朋友索取或逼對方購買昂貴的名牌商品。
> 4　小時候曾被罵過拿筷子的方法跟吃飯的方式很卑鄙。

解說 選項4改成「おかしい（奇怪）」較為恰當。

詞彙 浅ましい：卑鄙的、下流的　｜　せびる：索取、強求

> [25] 呆気ない　太簡單的、輕易的
> 1　特色もなければ代わり映えもしない平凡な毎日に、呆気なさを感じる。
> 2　波の高さは呆気ないほど驚いてしまった。
> 3　あんなに猛烈に愛し合った二人は些細なことで呆気なく別れてしまった。
> 4　人の前で自信がない、いつもおどおどしている、そんな呆気ない自分を変えたい。
>
> 1　在沒特色又沒變化的平凡日子，覺得太簡單。
> 2　波浪的高度讓人驚訝得很簡單。
> 3　那對曾經如此猛烈相愛的兩人，因為一點小事就輕易地分開了。
> 4　在人前沒自信，總是提心吊膽，我想要改變這樣簡單的自己。

解說 選項4改成「なさけない自分を変えたい（想要改變那個可憐的自己）」較為恰當。

詞彙 呆気ない：太簡單的、輕易的　｜　代わり映えしない：毫無變化　｜　猛烈に：猛烈地
些細な：微小的　｜　おどおどする：提心吊膽

第1節 言語知識〈文法〉

問題 5 請從 1、2、3、4 中選出最適合填入下列句子（　　　）的答案。

[26] 私企業の未来のためには（　　　）革新が必要ではないか。
1　絶えざる　　　　　　　　　　2　絶えざるを得ない
3　絶えずにはすまない　　　　　4　絶えてはばからない
為了私營企業的未來，難道不需要不斷創新嗎？

文法重點！　◎ 動詞ない形（去ない）+ざる：不做〜（表示否定）
通常以慣用語的形式出現。例如：「働かざる者、食うべからず（不勞者不得食）」、「至らざるはない（沒有達不到的）」。

詞彙　絶えざる：不斷 ｜ 革新：革新、創新

[27] このような矛盾した彼の意見に、私たちは疑念を（　　　）。
1　引き起こすまでもなかった　　　2　引き起こさずにはおかなかった
3　引き起こすだけでましだった　　4　引き起こさなくてはすまなかった
對於他這種矛盾的意見，我們一定會產生懷疑。

文法重點！　◎ 動詞ない形（去ない）+ではおかない／動詞ない形（去ない）+ずにはおかない：
　　　① 一定會做〜　② 自然會做〜

詞彙　矛盾：矛盾 ｜ 疑念：懷疑

[28] 彼女は明細書をもらった（　　　）、自分の給料を確認した。
1　そばから　　2　とそばに　　3　とそばから　　4　そばからに
她一拿到明細表，就確認自己的薪水。

文法重點！　◎ 動詞原形／動詞た形+そばから：一〜就〜、剛〜就〜
　　　　　　　　　　　　　　　　（表示做某事後，立刻出現某種情況）

詞彙　明細書：明細表 ｜ 給料：薪水

[29] 親と離れて独り暮らしを始めたとはいえ、こんなに寂しくては（　　　）。
1　きわまりない　　2　きりがない　　3　かなわない　　4　やまない
雖説已經離開父母開始獨立生活，但這麼寂寞實在讓人無法忍受。

194

> [文法重點!] ✓ ～かなわない：～到無法忍受、～到受不了
>> [連接] [動詞て形＋は／い形容詞語幹＋くては／な形容詞語幹＋では／名詞＋では]＋かなわない
>> 這個句型通常會和「こう（這樣）」或「こんなに（這麼）」等一起使用，表現目前的情況。
>
> [詞彙] 独(ひと)り暮(ぐ)らし：獨立生活

---

[30] 若者は失敗しても（　　）という覇気(はき)があってうらやましい。
　　1　その通りだ　　2　もともとだ　　3　ごもっともだ　　4　始末だ
年輕人擁有即使失敗也無所謂的氣魄，真讓人羨慕。

> [文法重點!] ✓ ～て（も）もともとだ：常用接續是「だめで（不行）、失敗して（失敗）、落ちて(お)（沒考上）、断(ことわ)れて（被拒絕）＋（も）＋もともとだ」，意思是「即使～也無所謂，反正就是這樣」。
>
> [詞彙] 覇気(はき)：氣魄、雄心 ｜ ごもっともだ：您說的太對了 ｜ ～始末(しまつ)だ：最終落得～地步

---

[31] あの俳優はすばらしい演技力とすてきな笑顔が（　　）たくさんのファンを持っている。
　　1　かかわって　　2　からあって　　3　こととて　　4　相まって
那位演員憑藉出色的演技與迷人的笑容相輔相成，擁有了許多粉絲。

> [文法重點!] ✓ 名詞＋が（と）相(あい)まって：與～相輔相成、與～互相配合
>
> [詞彙] 演技力(えんぎりょく)：演技 ｜ ～こととて：因為～

---

[32] 入社して3ヶ月（　　）残業や徹夜をさせられてばかりだ。
　　1　だということ　　2　だといったら　　3　というものの　　4　というもの
入職三個月以來，我一直被迫加班和熬夜。

> [文法重點!] ✓ 表現時間的名詞＋というもの：～以來（用於表示從某個時間點開始到現在一直持續的狀態或情況）
>
> [詞彙] 徹夜(てつや)：熬夜

---

[33] 人の秘密を他人にもらすなんて、腹立たしいといったら（　　）。
　　1　ありはしない　　2　わけがない　　3　あり得ない　　4　ざるがない
居然把別人的秘密洩漏給他人，實在太氣人了。

> [文法重點!] ✓ ～といったらありはしない、～といったらありゃしない：太過～了、～極了（強調心情或描述狀態）
>
> [詞彙] 秘密(ひみつ)を漏(も)らす：洩漏秘密 ｜ 腹立(はらだ)たしい：令人生氣

| 34 | 海辺で遊んだ子供は手（　　　）足（　　　）、砂だらけだった。
1　とはいえ / とはいえ　　　　　　2　にして / にして
3　といわず / といわず　　　　　　4　なり / なり
在海邊玩耍的小朋友無論是手還是腳都是滿滿的沙子。

文法重點！　✓ AといわずBといわず：無論是A還是B（舉出兩個例子，暗示其他所有情況都一樣）

詞彙　海辺：海邊｜砂：沙子｜〜とはいえ：雖說〜

| 35 | この大会における諸君の活躍を期待（　　　）。
1　してしかるべきだ　　　　　　　2　してはかなわない
3　してもさしつかえない　　　　　4　してやまない
我對各位在這次比賽中的活躍表現期待不已。

文法重點！　✓ 動詞て形＋やまない：〜不已、非常〜
　　接在「愛する（愛）、祈る（祈禱）、期待する（期待）、願う（希望）、後悔する（後悔）、尊敬する（尊敬）」等動詞後，表達說話者的心情，通常不在第三人稱句子中使用。

詞彙　諸君：各位｜活躍：活躍

問題 6　請從1、2、3、4中選出最適合填入下列句子＿＿＿★＿＿＿中的答案。

| 36 | 信頼＿＿＿＿＿＿★＿＿＿＿＿＿何か騙されたような気分だ。
1　だと　　　　　2　足る　　　　　3　思っていたのに　　　4　するに
原本認為是值得信賴的，但總覺得好像被欺騙了。

正確答案　信頼するに足るだと思っていたのに何か騙されたような気分だ。

文法重點！　✓ 動詞原形 / する動詞的名詞化＋に足る：值得〜、足以〜
　　例　尊敬するに足る：值得尊敬的，満足に足る：值得滿足的

詞彙　騙す：欺騙

| 37 | 会社の組織は＿＿＿＿＿＿★＿＿＿＿＿＿かにつき提言させていただきます。
1　変わる　　　　2　生まれ　　　　3　すれば　　　　4　いかに
關於公司組織該如何做才能重生，我想提出一些建議。

正確答案　会社の組織はいかにすれば生まれ変わるかにつき提言させていただきます。

文法重點！　いかに：如何　**例**　人生いかにいくべきか：人生該如何走下去

[詞彙] 組織：組織｜提言：提議（相較於「提議（提議）」，更常用於規模較小的會議場合）

[38] ★ ＿＿＿ ＿＿＿ ＿＿＿ 商売、いつまで続けても意味ないと思う。
1　もない　　　2　利益　　　3　こんな　　　4　なんらの

像這種一點利益都沒有的生意，我認為無論持續到什麼時候都毫無意義。

[正確答案] なんらの利益もないこんな商売、いつまで続けても意味ないと思う。

[文法重點!] ◎ なんら：絲毫、一點（用於強調否定的語氣）
以「なんらの」的形式使用，強烈表達後續內容。例 なんらの効果もない：毫無效果

[詞彙] 利益：利益

[39] 静岡県で山崩れが起きたが、＿＿＿ ★ ＿＿＿ ＿＿＿ 救助された。
1　という　　　2　消防隊員に　　　3　あわや　　　4　ところを

静岡縣發生了山崩，在差一點發生意外時，被消防隊員救了出來。

[正確答案] 静岡県で山崩れが起きたが、あわやというところを消防隊員に救助された。

[文法重點!] ◎ あわやというところ：千鈞一髮、驚險萬分的狀況或關頭

[詞彙] 山崩れ：山崩｜救助：救助、拯救

[40] できないのなら ＿＿＿ ★ ＿＿＿ ＿＿＿ しようとしないのはどうかと思う。
1　のに　　　2　しらず　　　3　いざ　　　4　できる

如果做不到的話還無所謂，但明明做得到卻不去做，我認為這樣做不太對。

[正確答案] できないのならいざしらずできるのにしようとしないのはどうかと思う。

[文法重點!] ◎ Aならいざしらず、Bは〜：如果是A的話還無所謂，但是B〜（A與B是對比的內容）

問題7　請閱讀下列文章，並根據內容從1、2、3、4中選出最適合填入 [41] 〜 [45] 的答案。

[題目 P.180]

　　當我們觀看描繪人類未來的科幻動作電影時，可以看到富裕階層與貧困階層居住在截然不同的世界，而只需簡單操作機械便能百分之百治癒所有疾病的時代也隨之到來。在電影中，治療人類的不是醫生，而是無所不在的網路醫療技術。

現今的醫生專業領域越來越專精，與其他領域的聯繫也變得越來越薄弱。因此，有人認為綜合最新的研究結果與數據進行分析，並由 IT 醫療技術自動做出診斷的方式更為準確，這樣的觀點也不容忽視。再者，這種 IT 醫療技術能夠有效防止醫療過失，並且有助於解決醫療人員不足的問題，這一點已經是不可動搖的事實。基於這些原因，各個先進國家的 IT 企業正在加速進軍健康照護領域，爭相挑戰這個市場。

目前針對醫生與醫療人員的應用程式已經陸續推出。人們可以用智慧型手機記錄血壓變化，或是利用應用程式學習解剖學名詞。一般人也可以為了家人的健康進行研究，或在去醫院之前學習基礎的預備知識。透過這些應用程式，使用者還可以追蹤自己的血糖數值，管理糖尿病；醫院和個人的智慧型手機也可以連接，24 小時隨時查詢處方藥的效果、副作用以及儲存方法。

現在不僅是體溫、心跳數、血壓，連是否睡得好、一整天的運動量和卡路里消耗量等資訊，也都能透過自動記錄功能進行監測，搭載這些功能的穿戴式電腦即將普及。換句話說，將迎來一個每個人都能透過穿戴式電腦或智慧型手機，全天候 24 小時測量自己的身體數據，並利用網路進行管理的時代。病人的身體數據會即時傳送到醫院，不僅能夠迅速對疾病作出反應，還能加速新藥物與治療方法的開發。例如，平時心臟較弱的人，可以隨時觀察身體數據，在發生異常的緊急情況時立刻前往醫院，能避免導致死亡的情況。

利用智慧型手機的運算處理功能，MRI、CT、超音波等醫療儀器也可以實現低成本與小型化，進而顯著改善人口稀少地區的醫療狀況。檢查結果也可以在網路上彼此分享。隨著智慧型手機的普及，人類能夠更迅速地了解自身健康狀況，醫療人員也能夠更加準確且安全地執行醫療方法，提升醫療效率。對於這個新未來，我們期待著能夠建立以往無法實現的系統。

詞彙

裕福層：富裕階層 | 貧困層：貧困階層 | 操作：操作 | 到来：到來 | 総合分析：綜合分析 | 診断：診斷 | 過誤：過失 | 競う：競爭 | 領域：領域 | 挑戦：挑戰 | 追跡：追蹤 | 糖尿病：糖尿病 | 繋がる：連接 | 処方：處方 | 副作用：副作用 | 検索：搜尋 | 搭載：搭載 | 計測：測量 | 即時に：即時地 | 敏速：敏捷 | 拍車をかける：加快速度 | 駆けつける：趕到 | 過疎地：人口稀少地區 | 著しい：顯著 | 普及：普及 | 迅速に：迅速 | 把握：掌握

41	1 一概に	2 未だに	3 もろに	4 **ゆえに**
	1 一概	2 仍然	3 全面	4 **因此**

解說 前面提到「現今的醫生專業領域越來越專精，與其他領域的聯繫也變得越來越薄弱」，後面則說明了「綜合最新的研究結果與數據的 IT 醫療技術」的優勢。因此應該使用「ゆえに（因此）」接續，句子才會比較順暢。

42	1 たどたどしい	2 しかつめらしい
	3 窮屈な	4 揺るぎない
	1 不流利的	2 一本正經的
	3 瘦小的	4 不可動搖的

解說 和後面出現的「事実である（是事實）」接續起來較通順的是「揺るぎない（不可動搖的）」。

43	1 すなわち	2 かつ	3 おおかた	4 さも
	1 換句話說	2 而且	3 多半	4 實在

解說 前面提到「搭載這些功能的穿戴式電腦即將普及」，後面則進一步補充說明「將迎來一個每個人都能透過穿戴式電腦或智慧型手機，全天候24小時測量自己的身體數據，並利用網路進行管理的時代」，所以這裡用「すなわち」接續較為適合。

44	1 いざというときに助けられる
	2 死亡に至らずに済むことになる
	3 自分の病状を医師に報告することができる
	4 医療処方を早めに受けることができる
	1 關鍵時刻能夠得救
	2 能避免導致死亡的情況
	3 能向醫師報告自身的病情
	4 能及早獲得醫療處方

解說 內容提到「例如，平時心臟較弱的人，可以隨時觀察身體數據，在發生異常的緊急情況時」，緊急情況自然會涉及攸關生命的情況。

詞彙 担う：擔負 ｜ いざというとき：關鍵時刻

45	1 医療関係者が緊張を緩めない
	2 驚愕に耐えないぐらいの医療が発展する
	3 医療系の業界再編は避けられない
	4 これまでできなかったシステムが構築できる
	1 醫療相關人員無法放鬆緊張情緒
	2 醫療將發展到令人極度震驚的程度
	3 醫療行業的重組是無可避免的
	4 能夠建立以往無法實現的系統

解說 前面的句子談到「利用智慧型手機的運算處理功能」使過去無法實現的事情變得可能。決定性線索就是前面提到的「新未來」。

詞彙 緩める：放鬆 ｜ 驚愕に耐えない：令人極度震驚 ｜ 再編：重組 ｜ 構築：構築

第 1 節　讀解

問題 8　閱讀下列 (1)～(4) 的內容後回答問題，從 1、2、3、4 中選出最適當的答案。

(1)

> 題目 P.182

日本生產力中心每年春天都會分析並發布該年度新進職員的類型。例如 2012 年度為「奇蹟的一本松型」，2013 年度為「掃地機器人型」等等，會使用象徵當代的關鍵字來形容。2014 年的類型是比擬為汽車的「自動煞車裝置」，並命名為「自動煞車型」。

「自動煞車型」的人，首先反應迅速，知識淵博，且具有強大的資訊蒐集能力。在求職過程中，他們腳踏實地，若遇到自己無法克服的障礙，則會傾向於事先避免。

他們在各方面都有強烈的安全駕駛傾向，可能會讓周圍的人認為不夠積極。雖然以預防風險的安全主義為主也不錯，但上司可能會希望員工不畏失敗，秉持「破釜沉舟」的精神來行動。

46 關於「自動煞車型」的新進職員的說明，最正確的是哪一個？
1. 「自動煞車型」的新進職員也具備挑戰精神。
2. 「自動煞車型」的新進職員大多不擅長蒐集與整理資訊。
3. 「自動煞車型」的新進職在入職前已經掌握了與工作相關的知識。
4. 「自動煞車型」的新進職員在求職過程中，選擇了穩健且無風險的道路。

詞彙　奇跡(きせき)：奇蹟 ｜ 象徴(しょうちょう)：象徵 ｜ なぞらえる：比擬 ｜ 名(な)づける：命名 ｜ 長(た)ける：擅長 ｜ 手堅(てがた)い：踏實 ｜ 物足(ものた)りない：不夠充足 ｜ とらえる：理解 ｜ 当(あ)たって砕(くだ)けろ：破釜沉舟 ｜ 兼(か)ね備(そな)える：兼具 ｜ 堅実(けんじつ)：穩健

解說　內容提到「就活(しゅうかつ)も手堅(てがた)く進(すす)め～」、「リスクを未然(みぜん)に防止(ぼうし)する安全主義(あんぜんしゅぎ)」，這些形容都是是「自動煞車型」的新進職員的特徵。

(2)

> 題目 P.183

說到新年的經典事物，果然還是「御節料理」，「御節料理」是指在新年期間食用的慶祝料理。御節料理包含了希望好事層層疊加的願望，通常會放在重箱（多層餐盒）裡端上桌。據說不同地區和家庭的重箱內容物各有不同，而每道「御節料理」也都蘊含著獨特的願望。

然而，看到最近公布的「御節料理」問卷調查的結果，讓人有些驚訝。調查顯示，在年輕一代中，正月不吃御節料理的人數正逐漸增加。在 10 幾歲到 30 幾歲的族群中，大約有三分之二的人不吃御節料理。當問到「會吃什麼來替代御節料理呢？」時，受訪者回答「漢堡、熱狗、比薩、薯條、牛井等速食，或是壽司、炸雞、糖醋豬肉等，也就是會做家

人跟親戚都喜歡的料理來吃。」特別引人注目的回應是，不拘泥於新年料理，而是選擇合乎自己口味的料理來吃。另一方面，也有不少人表示「照常吃平常的食物」或「即使是新年，也不一定要吃特別的東西」，這些回應的重點是「依照平常的飲食習慣」。主要原因則是「一直吃御節料理會很膩」或是「做這些很麻煩」。

47 以文章內容而言，以下何者是最正確的？
1 「御節料理」在日本全國各地，製作方法幾乎大同小異。
2 「御節料理」的盛裝容器，根據地區和家族背景的不同而呈現多樣且獨特的風格。
3 年輕族群中，認為製作「御節料理」不麻煩的人似乎很多。
4 最近對於「御節料理」不再抱持固執觀念，擁有彈性想法的人也逐漸在增加。

詞彙
定番：經典、必備 ｜ おせち料理：御節料理 ｜ めでたい：值得慶賀的 ｜ 重箱：多層餐盒 ｜
お重：多層餐盒 ｜ 牛丼：牛丼 ｜ 唐揚げ：炸雞 ｜ 酢豚：糖醋豬肉 ｜ こだわる：拘泥 ｜
目立つ：引人注目 ｜ ～からといって：即使～也 ｜ 変わったもの：特別的東西 ｜
主旨：主旨、重點 ｜ 似たり寄ったり：大同小異 ｜ 家柄：家族背景、家世 ｜
異彩を放つ：大放異彩 ｜ 若年層：年輕族群 ｜ わずらわしい：麻煩的 ｜ 頑なに：固執 ｜
柔軟：彈性、靈活

解說 「お正月料理にこだわることなしに口に合う料理を食べるというコメントが目立った」這句話是關鍵提示，也就是說，即使是節日，也不一定要拘泥於傳統料理。

(3) 題目 P.184

敬啟者

時值寒風呼嘯之際，謹察您一切安康，並祝福您日益康泰。

此次，我順利結束了派駐海外子公司的任務，已返回總公司企劃部任職。海外任職期間，承蒙您在公私領域給予的支援與厚愛，謹此致上誠摯的感謝。

未來我將充分運用在海外學習的經驗，全力以赴投入新的工作，懇請您今後繼續給予更多的指導與鞭策。稍後我會親自拜訪您，在此先以書信簡要報告我的歸國事宜。

值此季節，請保重身體。

敬上

48 關於這封信的內容，以下何者是正確的？
1 寫這封信的時間是在 10 月左右。
2 這封信是結束海外派駐，向新職務報到的人所寫的的問候信。
3 這是寫給海外派駐期間幫助過自己的人的感謝函。
4 寫這封信的人拒絕海外勤務。

詞　彙　拝啓：敬啟者｜木枯らし吹きすさぶころ：在寒風吹拂的季節（用於12月的季節性問候語）｜清祥：康泰｜拝察：體察、洞察｜出向：派駐｜帰任：返回原本的職場｜公私ともに：於公於私｜厚情：厚愛｜賜る：獲得（「もらう」的謙讓語）｜厚く御礼申し上げます：謹致衷心感謝｜十二分に：充分地｜精進：努力專注｜所存だ：打算（「考える」的謙讓語）｜今後とも：今後也｜何卒：懇請｜ご指導ご鞭撻：指導與鞭策｜略儀ながら：雖然簡略，但｜書中をもちまして：以書信形式｜時節柄：值此季節｜御身ご自愛ください：請保重身體｜敬具：敬上｜臨む：面臨｜挨拶状：問候信｜お礼状：感謝函｜拒む：拒絕

解　說　「木枯らし吹きすさぶころ」是12月使用的問候語。「今後は、海外での経験を十二分に生かして、新たな業務に精進いたす所存でございます」這句話表示寫信者結束海外派駐後，將向新職務報到。

(4)

題目 P.185

　　最近「黑心打工」的問題日益嚴重。「黑心打工」一詞是從形容大量雇用年輕人，過度壓榨勞力後隨意解雇的「黑心企業」衍生而來的詞彙。根據市民團體「黑心企業對策專案」的調查，有打工經驗的大學生有七成表示，自己曾經受到不當的對待，例如「被迫在不希望的時間點工作」、「實際勞動條件跟招募時的描述不符」、「遭受嚴重的性騷擾或職權騷擾」、「未支付加班費」以及「以不能接受的理由被解雇」。

　　明明人手不足，為什麼「黑心打工」現象無法消失呢？那是因為打工的學生人數本身有所減少，但是不得不打工的大學生面臨的迫切需求卻愈加強烈。確實招聘職缺數量很多，但是完全符合大學生所希望的條件，例如「離自家近」和「只在沒上課的日子」的打工機會並不好找，而一些不良業者正是利用學生這種弱點來下手。

　　此外，時間較為彈性的自由工作者增多，以及經濟困難的女性人數增加，即使條件惡劣依然渴望工作的求職者激增，進一步降低了學生的勞動價值。許多學生為了保住好不容易找到的工作，全心全意地忍受惡劣的工作環境。

[49] 以下何者不符合本文內容？
1　有些打工場所，似乎與最初招募時所公布的勞動條件有所不同。
2　最近大多數學生都比較挑剔，似乎很快就能找到打工的地方。
3　許多大學生會因為生活環境所迫，似乎不得不接受打工條件。
4　即使辭掉現在的打工換到別處，也很少能避免同樣的黑心勞動環境。

詞　彙　酷使：過度使用｜使い捨てる：用完就丟｜派生語：衍生詞｜強いる：強迫｜パワハラ：職權騷擾｜人手不足：人手不足｜詮方なく：沒辦法｜求人件数：招聘職缺數量｜弱みに付け込む：利用弱點｜悪徳業者：惡質業者｜時間の融通が利く：時間彈性｜フリーター：自由工作者｜一心：專心｜劣悪：惡劣｜募る：招募｜選り好み：挑剔

解　說　「えり好み」是「根據條件或個人喜好挑選事物」的意思。在本文中，學生表示他們會忍受惡劣的工作環境來打工，如果他們太過於挑剔，自然更難找到打工。

問題 9　閱讀下列 (1) ～ (3) 的內容後回答問題，從 1、2、3、4 中選出最適當的答案。

(1)

　　20 幾歲女性的吸菸率和飲酒率在女性中是最高的。她們也常常暴露於二手煙中，且每週飲酒兩次、每次五杯以上的女性，屬於高危險群體。而這種健康習慣就是一部分女性罹癌的主因。一般認為每天攝取超過 15 克酒精的女性，感染子宮頸癌原因之一的 HPV（人類乳突病毒）極有可能無法完全清除。

　　另外，隨著生活習慣歐美化，速食食品的攝取量增加，但水果和蔬菜的攝取率較低，這被認為也是造成子宮頸癌的原因之一。隨著越來越多女性投入職場，為了緩解過勞和壓力，女性以喝酒及抽菸為樂，這也成為 20 幾歲女性癌症發病率上升的原因之一。吸菸女性罹癌的風險比非吸菸者高 1.5 ～ 2.3 倍。

　　然而，20 幾歲女性的癌症篩檢率非常低，雖然在歐美國家超過 70% ～ 80%，但在日本卻僅 37% 左右，顯示女性對篩檢的重要性仍未有充分認識。

　　感染 HPV 到癌症發作的病程大約 10 年，只要定期接受檢查，幾乎不會演變成子宮頸癌。即使如此，每年仍有約 1 萬人發病，當中約有 3 千人因為子宮頸癌死亡。子宮頸癌絕非罕見疾病，我們需有每 76 名女性中就有 1 人一生中可能罹患此病的認知，應努力早期發現病症。

　　隨著平均壽命延長、少子化、晚婚化，以及女性投入職場等現象，女性生命週期與生活方式正在轉變。為了維護 20 幾歲女性的健康，許多人呼籲大學和社會應採取行動，推動健康實踐的相關對策。然而，女性自身也該重視自我的健康管理，並在子宮癌篩檢方面具備正確的知識，落實自我管理。

[50] 20 幾歲女性為了預防癌症應該怎麼做？
1　禁菸是必要的，也要盡量避免接觸其他人的二手菸。
2　大學跟社會應該要加強教育，讓年輕女性能夠察覺自己健康的異常。
3　向大學跟社會提出補助健康管理費用的需求。
4　為了掌握癌症正確知識，應經常蒐集資訊。

解　說　「喫煙の女性が癌になる危険性は非喫煙者に比べ 1.5 ～ 2.3 倍高いという」這句話是提示，作者強調女性應注重自我管理的重要性。

[51] 以下何者不符合本文主旨？
1　隨著越來越多女性投入職場，女性生活方式也逐漸在改變。
2　20 幾歲女性的癌症篩檢率很低，很多人處於無防備狀態。
3　少子化持續、未婚女性增加、懷孕次數減少也是癌症發病的原因之一。
4　20 幾歲女性對於癌症早期發現的觀念還很薄弱。

> **解說** 內容談到「平均寿命が延び、少子化、晩婚化、社会進出などとともに、女性のライフサイクルやライフスタイルが変化してきている」。這句話指出的是社會的變化使女性的生活方式也隨之改變，而不是直接說明癌症發病的原因。

> [52] 20幾歲女性為了預防癌症最需要做的是什麼？
> 1　攝取均衡營養，規律飲食。
> 2　正因為日常生活習慣與癌症發病息息相關，所以應改善不良習慣。
> 3　加深對子宮頸癌的知識，定期去婦產科。
> 4　大學跟社會都要告知子宮頸癌的危險性，並激發人們的警覺。

> **解說** 本文中談到女性的飲酒、吸菸，以及飲食習慣等因素導致20多歲女性的癌症發病率逐漸上升。本文最後面提到的「自分の健康管理方法に気をつけ、子宮がんの検診においても正しい知識を持って自己管理するべきだ」這句話是提示，特別強調了自我管理的重要性。

> **詞彙** 露出：暴露｜発症：發病｜子宮頚がん：子宮頸癌｜尚：而且｜欧米化：歐美化｜
> 摂取：攝取｜繋がる：連結｜受診率：就診率｜感染：感染｜平均寿命：平均壽命｜
> 少子化：少子化｜晩婚化：晚婚化｜実践：實踐｜さらす：暴露｜要旨：主旨｜
> 無防備：無防備｜産婦人科：婦產科｜告知：告知｜刺激：刺激

(2)

題目 P.188

　　現代人在社會上與各種各樣的人建立關係。為了抓住更有利的商機、培養更圓融的人際關係，每個人都在注重的應該是「好印象」。以動物的本能來說，給人壞印象的人被視為「敵人」，而給人好印象的人則是「盟友」。因此，對於壞印象的人，人們會盡量避免並遠離，而對於好印象的人，則會產生想要繼續交往的親近感。

　　那麼，決定第一印象的最重要因素是什麼呢？有一個名為「麥拉賓法則」的理論，當語言、視覺和聽覺所傳達的資訊出現矛盾時，人們會優先依據哪些因素來判斷對方的訊息。經過調查，結果顯示「視覺占55%、聽覺占38%、語言占7%」的順序。也就是說，決定印象好壞的，其實更多的是「非語言」而非「語言」因素。印象的判斷通常是一瞬間就能決定的，這也解釋了為什麼禮儀、表情、整潔的穿著等是如此重要。之後，相處的時間越長，用字遣詞這類「語言溝通」變得越來越重要。<u>最初由非語言所決定的印象，會逐漸透過語言來修正。</u>

　　想要成為給人好印象的人，第一個關鍵是笑容。透過溫和且開朗的表情表示善意。人們有一種心理，即是會想要回報別人對自己的「善意」。首先，向對方表達善意，獲得良好的印象後，就可以等待對方回報這份善意。不過，有些人似乎不擅長笑，但積極的態度和正向思維有助於塑造開朗的表情。此外，低沉且緩慢的語調也能給對方帶來穩定感，因此也可以試著注意發聲的方式。

第二個關鍵是成為一個善於傾聽的人。「傾聽」這個動作本身就源自於想要理解他人的心情。因為能將對方的想法、情感、心理狀態當作是自己的體驗來接受時，自然更容易尋求協調性。這時傾聽的技巧也就變得很重要了。為了營造對方能夠放鬆說話的環境，除了透過附和、眼神交流和調整語氣來表達對對方的共鳴，最重要的是要讓對方知道自己是真心理解他的。只要真心能夠傳達出去，對方也會展現出真實而不造作的誠意，這樣就能達成良好的溝通。

　　那麼，從現在起，讓我們盡自己所能去努力，建立理想的人際關係吧。

---

53 最初由非語言所決定的印象，會逐漸透過語言來修正是指什麼？
1. 事實上語言所產生的印象是重要關鍵。
2. 非語言的印象理所當然會被語言帶來的印象修正。
3. 非語言帶來的壞印象可以透過語言修正，轉變為好印象。
4. 非語言的印象並非固定不變，有可能會受到語言印象的影響而改變。

解說 前面提到「すなわち、印象の『好』か『悪』を決めるのは『言語』というより、『非言語』というのが分かった」的說法，後面則說「そこから会う時間が長くなるほど、言葉使いなど、『言語コミュニケーション』が重要になってくるのだ」。換句話說，第一印象深受視覺影響，隨著時間的推移，這個印象會因為語言使用等因素而有所改變。

---

54 以下何者不包含在「善於傾聽」之中？
1. 談話的話題盡可能選擇對方會喜歡的內容。
2. 根據談話內容調整為較高或低的音調。
3. 透過各種不同的附和增加談話的趣味性。
4. 努力真心接納對方的想法與體驗。

解說 「聞き上手」是指能夠用心聆聽對方說話。在傾聽他人說話時，話題的選擇應由對方決定，而非自己。本文並未出現選項1的內容。

---

55 以下何者不符合本文內容？
1. 回應他人給予的善意是人類共有的心理作用。
2. 根據「麥拉賓法則」，在判斷他人時，較為優先的是肢體語言而非對方的聲音。
3. 只要露出微笑，就能夠傳達好印象。
4. 許多日本人不擅長笑，進行笑容練習是必要的。

解說 內容談到「ところが笑うのが苦手だという人もいるようだが」，但不擅長微笑的人在哪裡都可能存在，並非全部的日本人都是這樣。

詞彙

関わる：有關 | 掴む：掌握 | 円滑：圓滑 | 育む：培育 | 味方：夥伴 | 見なす：看作 | 遠ざける：疏遠 | 矛盾；矛盾 | 一瞬：一瞬間 | 礼儀作法：禮儀規範 | 清潔：清潔 | みなり：穿著 | 好意を寄せる：施以善意 | 返す：回報、歸還 | 前向き：積極 | 受け止める：接受 | 相づち：附和 | 真心：真心 | 偽り：虛偽 | バリエーション：多樣化 | 微笑む：微笑 | 必要不可欠：必要且不可或缺

(3)

題目 P.190

　　許多人可能因為每天單調的工作而難以專注，並深受其苦。那麼，為了提高注意力應該怎麼做呢？有些人可能會藉由喝咖啡提神，或者選擇休息片刻，各自都有不同的方法，但據說還有透過「過去的經驗」和「自我暗示」的方法。

　　例如，過去曾因為喝咖啡而提高注意力，那麼對這個人來說，咖啡便成為一種「過去的經驗」。但這裡還有另外一個重點，就是更換咖啡杯或以蜂蜜取代砂糖，讓自己相信「這樣就能夠專心囉！」這就是所謂的「自我暗示」。據說只要反覆進行養成習慣，就能夠迅速進入專注狀態。

　　此外，一般認為嚼口香糖也有助於提升注意力。反覆「咀嚼」這個簡單的動作，能夠緩解壓力與不安，避免意識分散，進而專心投入工作。據說棒球跟足球選手常常咀嚼口香糖就是因為這個理由。因為有節奏地咀嚼可以刺激腦部，能夠分泌出稱作「幸福賀爾蒙」的「血清素」。

　　播放被稱為 Alpha 波（α波）音樂的曲目也是一個不錯的選擇。Alpha 波是指人在專注或放鬆時出現的腦波，據說古典樂或演奏曲這類沒有歌詞的音樂也有提升注意力的效果。

　　此外，也能透過顏色提升注意力。像太陽的「黃色」能夠讓人聯想到活力與光輝，活化運動神經。進一步來說，它還能引導積極的思考，有助於維持幹勁。標靶正中央之所以是黃色，也是因為它有集中視線的效果。如果要讓心靈安定，可以嘗試融入「藍色」或「綠色」。「藍色」具有清涼感，可以幫助精神安定，而「綠色」可以減輕眼睛的疲勞。

　　不過，使用顏色時，建議以點綴方式配色會更有效果。例如，整天坐在電腦前面的人，可以在辦公室放置花瓶，或是在牆壁掛上一幅融合了「黃色」與「藍色」的和諧畫作，從身邊的物品中局部導入色彩。

　　總之，注意力是會隨著使用而耗損的，因此，為了能持續保持專注，試著找尋適合自己的方法吧。

56 以下何者符合透過「過去的經驗」和「自我暗示」的方法的敘述？
1 即使過去有討厭的經驗或是工作上的失誤，現在也堅信自己可以更努力。
2 過去只要吃冰淇淋就能順利工作，現在我改變口味並告訴自己這樣可以更努力。
3 以前一直覺得如果中樂透就好了，於是經常買樂透並帶著愉快的心情工作。
4 重新審視過去用來鍛鍊注意力的方法，並找出最適合自己的方法。

| 解說 | 下一句提到的「例如，過去曾因為喝咖啡而提高注意力，那麼對這個人來說，咖啡便成為一種『過去的經驗』」，和「讓自己相信『這樣就能夠專心囉！』這就是所謂的『自我暗示』」這兩句話是提示，本文中舉咖啡為例說明，選項 2 同樣舉冰淇淋為例。

[57] 以下何者是提高注意力的適當方法？
1 把下雨的「滴滴答答」的聲音當作背景音樂播放。
2 把辦公室最常使用的電腦和桌子換成黃色。
3 對咖啡因有感的人，最好更換咖啡種類來飲用。
4 為了提高注意力，盡可能利用過去有效的方法。

| 解說 | 「クラシックや演奏曲など歌詞のないものが集中力の向上に効果がある」是提示。另外使用顏色時，建議採取點綴式搭配，而不是將電腦和桌子全都改成黃色。

[58] 以下何者不符合本文內容？
1 如果辦公室環境允許播放音樂，最好播放 Alpha 波系列的音樂。
2 雖然黃色能激發幹勁，但是使用時需要小心。
3 反覆咀嚼的動作，可以防止注意力分散。
4 應該自己找出可以時常維持注意力的方法。

| 解說 | 內容談到「集中力というのは使うと無くなるものだから、持続させるために自分に相応しい方法を見つけてみよう」，也就是建議找到適合自己的方法來維持注意力。

| 詞彙 | 身が入る：專注 ｜ 休憩を取る：休息 ｜ 蜂蜜：蜂蜜 ｜ 思い込む：堅信 ｜ 没頭：埋頭 ｜
咀嚼：咀嚼 ｜ 分泌：分泌 ｜ 脳波：腦波 ｜ 演奏曲：演奏曲 ｜ ひいては：進而 ｜
取り入れる：採用 ｜ 清涼感：清涼感 ｜ 但し：但是 ｜ 配色：配色 ｜ 持続：持續 ｜
相応しい：適合 ｜ 鍛える：鍛鍊 ｜ 気が散る：注意力分散

問題 10　閱讀下面文章後回答問題，從 1、2、3、4 中選出最適當的答案。

題目 P.192

　　比較歐美人士與日本人的社會學認知時，經常提到個人主義與集體主義的概念。此外，有觀點認為，日本尚未建立真正意義上的個人主義，這是其現代化尚未達到成熟階段的證據。與其說①個人主義對比集體主義這個設定是對立存在的，不如說是先將前者作為基準設定，後者僅僅被用來說明與其不同的面貌，而對於集體主義的內容分析及其概念，並未有清晰的闡釋。西方強烈主張對個人主義的高度評價，認為個人主義應該是人類普遍的認知，或者說，這種看法源於個人主義尚未完全成熟，因此才被理解為條件性的差異。

然而，實際上若與他們共同生活、深入交往，就可以知道這個根深蒂固的個人意識，不僅僅是社會成熟度、現代化程度等條件性的差異，至少我所感受到的印象，是②似乎具有類似民間信仰的性質。這種強烈的個人意識 —— 以及與其密切相關的個人權利與義務的觀念 —— 不僅在日本，甚至在建立了與西方截然不同文明的印度與中國傳統中也未曾出現過。這是一種極為西歐化的文化，當然這可以從歷史、哲學、心理等層面進行詳細說明，但在此，我想從比較文化的立場來考察它與何種社會學思維相關，並試圖從結構上闡明其與日本的不同之處。

　標榜個人主義的他們，其思維的基礎在於設立「不可分割、不可合併的個人」這個單位。所謂的個人，即「individual」，本身意味著「indivisible」，即不可分割的單位，是構成社會的原子單位，也是社會構築的起點，是無法與其他事物相比的獨特單位。社會只有在個人存在的基礎上才能構築，而個人是其根本。這看似理所當然，但從邏輯上看，這其實是一種個體認知的模式，未必具有普遍性。換句話說，這是一種反映了西歐人哲學與心理特質的常識性思維方式。

　為了深入探討作為個人主義根基的個體認知，我想參考生物學中對於「個體（individual）」這個性質的研究進展（有趣的是，日本人對「個人」與「個體」使用了不同的稱呼，但在英語中，兩者都使用相同的詞彙「individual」）。

（以下省略）

---

59 文中提到①個人主義對比集體主義是指什麼？
1. 歐美各國是個人主義，日本是集體主義
2. 西方強調的個人主義與日本意識的集體主義
3. 歐美人是個人主義者，而日本人是集體主義者
4. 已經確立的西方個人主義與正在從集體主義過渡到個人主義的日本

解說 本文開頭談到的「欧米の人々と日本人の社会学的認識を対比して、個人主義と集団主義」是提示。

60 筆者所提到的②似乎具有類似民間信仰的性質是指什麼？
1. 印度跟中國的傳統意識
2. 西方人根深蒂固的個人意識
3. 日本人對權利與義務的認知
4. 西方人所意識的個人權利

解說 前面的句子談到「しかし、実際、彼らと生活をにしたり、よく交わってみると、この根強い個人意識というものは、……」，對筆者來說這種意識彷彿像是民間信仰一般。

[61] 筆者接下來想要闡明的是什麼？
1 從比較文化的角度，思考日本、中國、印度的個人意識和西方的個人意識
2 從社會成熟度的觀點，比較分析西方的個人主義和日本的集體主義
3 從比較文化的觀點，結構性地思考西方的個人意識和日本的不同
4 從社會學的思維分析西方的個人主義，並探討和日本的不同

解說 解答這類問題時，可以從題目所提到「闡明」在文章中尋找相關線索，通常在「闡明」的前後會有提示。而本題的提示即為「……ここでは、それがどのような社会学的思考と関係しているかを、比較文化の立場から考察し、日本との違いを構造的に解明してみたい」。

[62] 筆者如何看待西方的個人主義？
1 比日本更為確立且普遍的東西
2 不是普遍存在的，而是類似民間信仰性質的東西
3 個體認知的方式與日本有根本上的不同
4 雖然被視為民間信仰性質，但它是普遍的東西

解說 一般來說西方被認為強調個人，而東方則偏向集體。但筆者提到「実際、彼らと生活を共にしたり、よく交わってみると、……少なくとも私には、あたかも民間信仰のような性質を持つものという印象」，因此，筆者將個人主義視為類似民間信仰的存在。

詞彙 欧米：歐美｜対比：對比｜至る：到達｜対置：放在對立位置｜あくまで：終究只是｜様相：面貌｜ならびに：以及｜概念：概念｜見方：看法｜西欧：西方｜普遍的：普遍的｜成熟：成熟｜差異：差異｜共に：一起｜交わる：交往｜根強い：根深蒂固｜成熟度：成熟度｜度合い：程度｜あたかも：彷彿｜民間信仰：民間信仰｜築く：建構｜きわめて：極其｜標榜：標榜｜基盤：基礎｜不分割：不可分割｜不合流：不合流｜不可分：不可分割｜構築：建構｜一見：乍看之下｜あり方：應有的樣子｜母体：母體

問題11 下列 A 和 B 各自是關於「災害時的 SNS 運用」的文章。閱讀文章後回答問題，從 1、2、3、4 中選出最適當的答案。

A

題目 P.196

在災害發生時，利用 SNS（社群媒體）可以迅速獲得大量資訊。

透過即時發布與收集有關安危、災情、避難狀況、避難所狀況、二次災害風險、支援物資的獲取地點等資訊，有助於安全避難或是度過避難生活。

此外，即使電話線路難以接通，也可以利用網路線路撥打電話。

再者，只要利用 #(hashtag) 功能，就能夠搜尋並列出特定主題的相關發文，因此可以輕鬆發布或收集所需的資訊。例如需要援助時，使用 SNS 的「# 救援」功能發送救援需求，救難隊就能夠更容易發現。

B

> 題目 P.196

SNS 的特徵是能迅速且大量地發送與收集資訊，但有時候也伴隨著危險性。

惡意謠言或是錯誤的資訊可能會被發布、收集，甚至擴散開來。

例如在某些 SNS 中，即使是自己沒有追蹤的使用者發文，我們也能夠自由閱讀，若覺得該資訊有價值，還可以透過轉推進行擴散。

也就是說，不管資訊的可信度或是重要性如何，只要個人認為「這是有益且值得讓大家知道的資訊」，就可能根據該資訊採取行動或分享來促成其擴散。

此外，也有人在並非迫切需要求救的情況下，使用「# 救援」這種推特上的救援請求標籤（Hashtag）大量發文，造成救難隊的混亂，這種惡意行為屢見不鮮。

63 A 和 B 針對「災害時的 SNS 運用」闡述何種觀點？

1. A 闡述應讓更多人了解 SNS 的使用價值，而 B 則建議也應鼓勵年長者等族群使用。
2. A 針對熟悉 SNS 的人列舉其優點，B 則提出其缺點，並建議正確進行資訊的發布和收集。
3. A 闡述希望將其應用推廣給兒童和年長者，B 則建議確認資訊可信度的重要性。
4. A 針對不熟悉 SNS 的人列舉其優點，B 則提出其缺點，並建議以明智的方式收集資訊。

解說 由於 A 和 B 都提到使用 #〈標籤〉，因此是以熟悉 SNS 的人為對象進行討論。A 主要討論災害時 SNS 的運用等正面優點，而 B 則提到 SNS 的特有優勢，同時也指出其問題點。

64 A 和 B 對於「災害時的 SNS 運用」如何闡述？

1. A 舉出可即時收集與擴散詳盡資訊的優點，B 則是認為篩選紛亂的資訊並且善加利用是當前課題。
2. A 強調 SNS 的廣泛應用範圍，認為其對地方社區的幫助超過電視或廣播，B 則表示不應濫用，應明智地使用。
3. A 指出相較於受限的媒體資訊，SNS 具備即時收集與擴散的優點，而 B 擔心惡意資訊過多。
4. A 說明了 SNS 在現代的重要角色，B 則主張全民應實踐其正確的使用方法。

解說 A 強調災害時 SNS 的優勢在於能夠即時發布與收集資訊，B 則指出，SNS 的獨特優勢有時也會伴隨風險，並提醒需警惕未經篩選的資訊。

詞彙

災害時：災害發生時 ｜ 瞬時に：瞬間 ｜ 安否：安全與否 ｜ 投稿：發文 ｜ 検索：搜尋 ｜
一覧：一覽 ｜ 手軽に：輕鬆地 ｜ 迅速：迅速 ｜ 〜かつ：並且 ｜ 伴う：伴隨 ｜
悪質なデマ：惡意謠言 ｜ フォローする：追蹤 ｜ 〜に関わらず：無論〜

問題 12 閱讀下面文章後回答問題，從 1、2、3、4 中選出最適當的答案。　　題目 P.198

在日本文化裡，除了極為親密的關係，日常生活中人們習慣互相使用姓氏（家族名稱）來稱呼。

國家公務員工作時，原則上會使用婚前舊姓，各府省廳已經達成這樣的共識。

關於職場的稱呼、出勤表等內部文件，自 2001 年起已經開始允許使用舊姓，而這項措施也擴展到對外的行為。法院也決定從本月起，允許以舊姓來宣告判決。

這確實是一件不錯的事情。然而，使用舊姓被視為一種賦予恩惠的做法，與在法律被定位為正式姓氏並理所當然地使用之間，<u>有著本質上的不同</u>。長期以來討論的夫妻別姓問題並不會因此得到解決。

最重要的是，這個措施僅限於國家公務員，並未涵蓋民間或地方政府。根據內閣府去年秋天的調查，即使是有條件的情況下，認可使用舊姓的企業也僅有一半。企業規模越大，能夠接受的比例就越高，但目前未允許使用舊姓的 1000 人以上規模的企業之中，有 35% 回答「今後也不打算允許」。

人事和薪資支付程序變得更加繁瑣，導致成本上升，這也是推行此政策的主要阻礙之一。總之，這很大程度上取決於企業經營者或上司的決策及其背後的價值觀。

結婚時改姓的情況大多是女性為主。即使政府提倡「女性活躍」，並任命了專責的部長，但仍有許多人被遺留在這個議題之外。

為了解決這個問題，仍需修改法律，讓那些希望結婚時選擇同姓的夫妻能夠這樣做，而那些希望繼續使用舊姓的夫妻可以提出申請，採取「選擇性夫妻別姓」。

姓名是人作為個體應受到尊重的基礎，是人格的象徵。不情願的改姓會導致婚前努力建立的信用或評價中斷，或使人失去「自我」或自豪感，應該消除這種情況。政府必須立足於這個出發點，推動相關的政策。

但是 AB 政權的思路卻不同。擴大使用舊姓被視為「實現國家持續成長，維持社會活力」的對策之一。在人口減少的社會中，經濟增長是首要目標，為了達到這個目標，必須善用女性。如果工作上存在不便，則可以允許使用舊姓。這是他們的思路。

這只能說是扭曲的態度。姓氏並非工具，人不是為了國家的成長與發展而活著。

「所有國民都應該作為個人受到尊重」，《日本國憲法》第 13 條如此規定。

| 65 | 文中提到有著本質上的不同是指什麼？
1 使用舊姓作為對個人的尊重與僅在社會生活中使用的不同
2 在社會上獲得存在價值認同與在家庭中作為個人獲得認同的不同
3 使用舊姓作為對個人的尊重與僅出於表面上的方便使用的不同
4 在社會上獲得存在價值認同與即使成為夫妻也作為個人獲得認同的不同

解説　筆者認為夫妻之間將原本的姓氏視為理所當然的使用，與視之為某種特殊恩惠的做法是有明顯區別的。特別是在「氏名は、人が個人として尊重される基礎であり、人格の象徴」這句話中可窺視筆者的想法。

| 66 | 筆者認為企業不允許使用舊姓的真正理由是什麼？
1 因為行政手續變得繁瑣。
2 因為經營者的價值觀與想法。
3 因為行政手續費用龐大。
4 因為員工並未表達強烈的希望。

解説　從「人事や給与支払いの手続きが煩雑」可以看出，行政手續的繁瑣以及各種費用負擔的增加是推行此政策的障礙之一，但最根本的原因還是「経営者や上司の判断と、その裏にある価値観によるところが大きい」，筆者認為最後還是取決於經營者的價值觀。

| 67 | 文中筆者是如何描述「夫妻別姓」的問題？
1 基本上應該尊重每個人作為個體的尊嚴，並要求根據這一點進行法律改革。
2 為了守護個人尊嚴，不應被家族商號或家族背景束縛，應該選擇自己的名字。
3 因為姓名是作為個人受到尊重的基礎，因此應該要求所有國民使用舊姓。
4 為了促進女性參與社會，支持夫妻別姓，結婚後加入丈夫戶籍的法律已不符合時代潮流。

解説　筆者認為姓名是人應該受到尊重的最基本表現，並表示「為了解決這個問題，仍需修改法律」。

| 68 | 在這篇文章中，筆者所述的觀點是什麼？
1 姓名是用作工具還是作為個人尊嚴的象徵，取決於個人的選擇。
2 隨著女性參與社會，使用舊姓的範圍也在擴大，但仍不該忘記姓名原本的意義。
3 擴大使用舊姓的主要目的是促進女性的發展，因此女性應該意識到這一點。
4 相比個人尊嚴，未來將需要把對社會貢獻放在首位的政策。

解説　在現行 AB 政權中，擴大使用舊姓被視為「實現國家持續成長，維持社會活力」的一種手段。然而，筆者對此表示：「這只能說是扭曲的態度。姓氏並非工具，人不是為了國家的成長與發展而活著。」並批評了 AB 政權擴大使用舊姓的意圖。

詞彙

間柄：關係 | 旧姓：舊姓 | 各府省庁：各府省廳（日本的行政機關單位） |
申し合わせ：協議、共識 | 出勤簿：出勤表 | 言い渡す：宣告(判決) | いわば：可以說 |
恩恵：恩惠 | 位置づける：定位 | 名乗る：自報姓名 | 長年：長年 | 夫婦別姓：夫妻別姓 |
内閣府：內閣府 | 昨秋：去年秋天 | 条件つき：附帶條件 | 煩雑だ：繁瑣 | 渋る：不順利 |
一因：一個因素 | 要は：總之 | 唱える：提倡 | 取り残す：遺留 | 旨：主旨 |
届け出る：提交 | 基礎：基礎 | 不本意な：非自願 | 改姓：改姓 | 築く：構築 |
途切れる：中斷 | 誇り：驕傲、自豪 | 見失う：迷失 | 施策：對策 | 持続的：持續的 |
方策：對策 | 不都合：不方便 | 倒錯：顛倒、扭曲 | 尊重：尊重 | 屋号：商號 |
捉われる：被束縛 | 籍：戶籍 | 範囲：範圍 | 貢献：貢獻 |

問題 13 右邊是「蘭花栽培指南」。請閱讀文章後回答以下問題,並從 1、2、3、4 中選出最適當的答案。

[69] 木村先生從朋友那裡收到了一盆蘭花。現在是 11 月,到了 12 月應該如何照顧?
1 進入冬季後溫度下降,空氣也變得乾燥,因此需要努力保溫。
2 即使進入 12 月,溫暖的日子仍然應該讓蘭花接受日照。
3 進入冬季後溫度下降,空氣也變得乾燥,因此要澆少量的冷水。
4 進入 12 月後,要使用暖氣設備,並且幾乎不需要澆水。

解說　冬天應將溫度保持在「白天 15～20 度,晚上 15 度以上」,並且建議澆少量的溫水。

[70] 照顧蘭花的重點是什麼?
1 蘭花喜好低溫和乾燥的環境,因此要適時使用冷氣設備。
2 春天是植株生長期,因此要充分澆水。
3 夏天以外的季節要注意防止溫度下降,同時也要留意澆水方式。
4 蘭花喜好高溫,討厭濕氣,因此要注意澆水方式。

解說　根據不同季節的照顧要點,最需要注意的事項是溫度與澆水方式。蝴蝶蘭具有喜歡高溫高濕環境的特性,而春季是其生長期,因此不宜澆太多水。

～蝴蝶蘭的養育方式～

春天（3月～5月）

- 溫度：白天維持 20～25 度，晚上維持 15～18 度。
- 日光：放置於有蕾絲窗簾遮擋的地方，避免日光直射，進行適當遮光。
- 澆水：胡蝶蘭喜歡高溫高濕環境，這段時期濕度較低，可用噴霧器加濕。
- 注意：有時晚上溫度會下降，因此要注意放置的地方。此時是植株開始生長的時期，需避免過度澆水。

夏天（6月～8月）

- 溫度：戶外自然溫度即可。
- 日光：放置於整天陰涼的地方，或放置於能遮光約 70% 的遮陽網下。
- 澆水：在氣溫升高之前的早上進行澆水。標準是 4～5 天澆水 1 次。
- 注意：夏天陽光非常強烈，需小心避免葉片曬焦。若置於室外別忘記防治害蟲。

秋天（9月～11月）

- 溫度：白天維持 20～25 度，晚上維持 15～18 度。
- 日光：放置於有蕾絲窗簾遮擋的地方，避免日光直射，進行適當遮光。
- 澆水：胡蝶蘭喜歡高溫高濕環境，這段時期濕度較低，可用噴霧器加濕。澆水時需等到培養土完全乾燥後進行，避免過度澆水。
- 注意：春夏期間健康生長的植株會在這個時期長出花芽，是非常脆弱的時期，需特別注意。

冬天（12月～2月）

- 溫度：白天維持 15～20 度，晚上維持 15 度以上。
- 日光：隔著玻璃接受日光的直射。自 2 月起陽光增強，需移至有蕾絲窗簾遮擋的地方。
- 澆水：當最低溫度可保持在 15 度以上時，應等培養土完全乾燥後，再澆少量的溫水（30 度～40 度）。溫度在 15 度以下時，應將單次澆水量減半，再以噴霧器充分加濕。
- 注意：使用暖氣的房間非常乾燥，須使用加濕器等來提高濕度。半夜氣溫會下降，須以紙箱或保麗龍等覆蓋保溫。

Orchid Highland 日本（株）
Tel.0099-3852-6666

詞彙

蘭（らん）：蘭	栽培（さいばい）：栽培	鉢植え（はちうえ）：盆栽	保つ（たもつ）：保持	日光（にっこう）：日光	～越し（こし）：透過～
直射日光（ちょくしゃにっこう）：日光直射	遮光（しゃこう）：遮光	水やり（みずやり）：澆水	多湿（たしつ）：潮濕	好む（このむ）：喜好	湿度（しつど）：濕度
霧を吹く（きりをふく）：噴霧	加湿（かしつ）：加濕	株（かぶ）：植株	生育（せいいく）：生長	戸外（こがい）：戶外	日陰（ひかげ）：陰涼處
目安（めやす）：標準	日差し（ひざし）：陽光	葉焼け（はやけ）：葉片曬焦	防除（ぼうじょ）：防治	植え込み材料（うえこみざいりょう）：培養土
花芽（かが）：花芽	霧吹き（きりふき）：噴霧器	段ボール（だんボール）：紙箱	発泡スチロール（はっぽうスチロール）：保麗龍	覆う（おおう）：覆蓋

第 2 節 聽解　🎧 Track 4

問題 1　先聆聽問題，在聽完對話內容後，請從選項 1～4 中選出最適當的答案。

例　🎧 Track 4-1	例
男の人と女の人が話しています。二人はどこで何時に待ち合わせますか。	男子和女子正在交談，兩人幾點要在哪裡碰面？
男：あした、映画でも行こうか。	男：明天要不要去看部電影？
女：うん、いいわね。何見る？	女：嗯，好啊，要看什麼？
男：先週から始まった「星のかなた」はどう？面白そうだよ。	男：上禮拜上映的「星之彼方」如何？感覺還蠻有趣的。
女：あ、それね。私も見たいと思ったわ。で、何時のにする？	女：啊，那部啊。我正好也想看。那我們要看幾點的？
男：ちょっと待って、今スマホで調べてみるから…えとね… 5 時 50 分と 8 時 10 分。	男：等等哦，我現在在用手機查……嗯……有 5 點 50 分和 8 點 10 分。
女：8 時 10 分は遅すぎるからやめようね。	女：8 點 10 分太晚了，不要這個時間。
男：うん、そうだね。で、待ち合わせはどこにする？駅前でいい？	男：嗯，也是。那我們要在哪碰面？車站前可以嗎？
女：駅前はいつも人がいっぱいでわかりにくいよ。映画館の前にしない？	女：車站前人太多，不好認人，要不要改在電影院前碰面？
男：でも映画館の前は、道も狭いし車の往来が多くて危ないよ。	男：但是電影院前的馬路又小，來來往往的車也很多，很危險的。
女：わかったわ。駅前ね。	女：好吧，那就車站前吧。
男：よし、じゃ、5 時半ぐらいでいい？	男：好，那 5 點半左右如何？
女：いや、あの映画すごい人気だから、早く行かなくちゃいい席とれないよ。始まる 1 時間前にしようよ。	女：不，那部電影很受歡迎，不早點去會買不到好位子，我們約電影開演 1 小時前啦。
男：うん、わかった。じゃ、そういうことで。	男：好，我知道了。那就這樣吧！
二人はどこで何時に待ち合せますか。	兩人幾點要在哪裡碰面？
<u>1　駅前で 4 時 50 分に</u>	<u>1　車站前 4 點 50 分</u>
2　駅前で 5 時半に	2　車站前 5 點半
3　映画館の前で 4 時 50 分に	3　電影院前 4 點 50 分
4　映画館の前で 5 時半に	4　電影院前 5 點半

1番 🎧 Track 4-1-01

男の人と女の人が話しています。女の人はこれからどうしますか。

男：この前、カラオケで歌、歌ってもらったけど、本当にすごくよかったね。いや、アマチュアの実力だとは信じがたいよ。

女：あ、私実は大学時代までは歌手の夢見てて、新人賞ももらったけど、すぐ新平君ができちゃって諦めてしまったの。

男：へえ、もったいないね。今からでもやり直しはできるんじゃないかな。

女：私もう歌やめて10年にもなるのよ。実はあの時、いろいろ直せって言われて、だんだん挫折して、自暴自棄に陥ったから専業主婦になったの。

男：そっか。でもあゆみさんはリズム感とか感情のコントロールもうまいし、何より、あゆみさんの声は人を惹きつける魅力があると思うよ。絶対。

女：うん、そのへんは自信があるけど、声の出し方がうまくないと言われるたびに、落ち込んでしまって。

男：でも自分の得意分野を見つけて伸ばすのも大事じゃないかな。女流声楽家が10年ぶりに発表会を開いて、大成功を遂げたっていう話を聞いたこともあるよ。何より大事なのはその好きな気持ちを持ち続けることじゃないかな。

女：そうね。考えてみるわ。

女の人はこれからどうしますか。

1 これからは挫折しないように、自信を取り戻す
2 再び歌の練習をはじめ、歌手として大成功を夢見る
3 短所は見つけるのは時間の浪費だから諦める
4 <u>自分の長所を受け入れ、増やそうと頑張る</u>

第1題

男子和女子正在交談。女子接下來要如何做？

男：之前在卡拉OK聽妳唱歌，真的很厲害呢！哇，很難相信只有業餘的實力。

女：啊，其實我到大學畢業前都夢想著成為歌手，雖然有拿到新人獎，但因為懷了新平就放棄了。

男：咦～太可惜了。現在重新來過也可以啊！

女：我已經不唱歌十年了。其實當時因為被要求改這改那，漸漸感到挫折，最後變得自暴自棄，所以才成為了全職主婦。

男：是喔。不過步美小姐的節奏感或情感掌控都很好，最重要的是步美小姐的歌聲具有吸引人的魅力，真的！

女：嗯，我對於這部分還算有自信，不過每當被說發聲方式不好，我就會很沮喪。

男：不過找到自己擅長的領域，將其發揮也是很重要的。我曾聽說有女聲樂家睽違十年舉辦發表會，非常成功哦！最重要的是維持自己喜歡的心情。

女：嗯，我會好好想看看的。

女子接下來要如何做？

1 從現在起為了避免挫折，重拾自信
2 再次開始練習唱歌，夢想成為一名成功的歌手
3 因為尋找自己的缺點很浪費時間，所以放棄
4 <u>接受自己的優點並努力讓其更加豐富</u>

解說 女子過去因為被指出缺點而放棄當歌手。雖然男子的鼓勵並未使她決定重新成為歌手，但她決定努力發揮自己的優勢。

詞彙 挫折：挫折｜自暴自棄：自暴自棄｜陥る：陷入｜惹きつける：吸引｜落ち込む：沮喪｜得意分野：擅長領域｜伸ばす：發展｜遂げる：達成、實現｜浪費：浪費

2番　Track 4-1-02

ギフト券について話しています。女の人はこれからどうしますか。

女：ねね、友達にギフト券を送ろうとしているんだけど、私、慣れてなくて、ちょっと教えてもらえるかな。

男：どれどれ。このサイトなら、まず送り方はデジタルタイプと郵送タイプの二つがあるんだけど、どっちがいい？

女：郵送なんか今時面倒だから、デジタルタイプにしようかな。

男：そう。デジタルタイプはさらに三つあって、指定のメールアドレスに送付するEメールタイプと、直接アカウントに残高追加するチャージタイプ、あとはPDFデータを印刷するPDFタイプがあるね。

女：へえ～。デジタルタイプでもいろいろあるんだね。その友達のメールアドレスはわからないし、印刷するタイプと言っても、プリンター持ってないし。2番目の直接アカウントに残高追加するチャージタイプって何？

男：スマホで注文してコンビニやATMあるいはネットバンキング、電子マネー払いで支払いができるんだって。へえ、便利だね。これがよさそうじゃない？

女：あ、私、来週その友達に直接会うんだけど、そのときに渡したいと思って。なんかいい方法ないかな。

男：なら、ギフト券を印刷するタイプ？これがいいよ。注文から通常約5分でデータを届けてくれるっていうから。ほら、ここにもその場ですぐ手渡したい時におすすめって書いてあるじゃない。プリントなら、僕がしてあげてもいいよ。

第2題

兩人正在討論禮券。女子接下來要如何做？

女：欸欸，我打算送朋友禮券，但我不太熟悉這個操作，可以請你教我嗎？

男：哪個哪個？如果是這個網站的話，贈送方式有數位類型跟郵寄類型，妳要選哪種？

女：現在還用郵寄太麻煩了，用數位類型吧！

男：嗯，然後數位類型還有分三種。一種是寄到指定電子信箱的電子郵件類型，一種是直接為帳戶加值餘額的充值類型，還有一種是將PDF資料列印出來的PDF類型。

女：咦～數位類型也有分好多種呢。不過我不曉得那位朋友的電子信箱，就算選擇印刷類型，我也沒有印表機。第二種直接為帳戶加值餘額的充值類型是什麼意思啊？

男：就是在手機下訂後，可以透過便利商店、ATM或是網路銀行和電子錢包支付。哇，蠻方便的耶，這個看起來不錯吧？

女：啊，不過我下週會直接見那位朋友，想說那個時候再交給她，有沒有什麼好方法啊？

男：如果是這樣的話，就用把禮券印出來的類型？這個不錯喔。訂單完成後，通常大約五分鐘內就會收到檔案。妳看，這邊也有寫說「推薦給想要當場馬上交給對方的人」。如果要列印的話，我可以幫妳喔！

女：ほんと？じゃ、私は金額とデザインさえ選べばいいか。ありがとう。

女の人はこれからどうしますか。

1 友達のアカウントに残高追加し、それを印刷する
2 男の人にプリントアウトしてもらい、PDF形式で送る
3 注文したデータが届くまで5分待ち、その場で友達に渡す
4 サインインをしてから、ギフト券の価格や模様を決定する

女：真的嗎？那我只要選擇金額跟設計就好了吧。謝謝！

女子接下來要如何做？

1 為朋友的帳戶加值餘額，並印出來
2 請男子印出來，以PDF形式寄送
3 花5分鐘等待下訂的檔案寄達，並當面交給朋友
4 登入之後決定禮券的價格和圖案。

解說 男子說的數位類型中，只有PDF類型能夠當場交付。雖然女子一開始說沒有印表機無法處理，但男子表示他會幫忙列印。女子只需要登入網站，選擇價格與設計即可。

詞彙 今時：現在、如今 ｜ 指定：指定 ｜ 通常：通常 ｜ 手渡す：親自交付

3番 Track 4-1-03

健康補助食品について話しています。男の人はこれからどうしますか。

男：最近健康補助食品に頼っている人が多いらしいですね。

女：サプリメントのことを言ってますか？え、吉田さんは飲まないんですか。今時はほとんどの人が飲んでいるんじゃないですか。

男：でもその種類が多すぎて、自分に何が合っているか分からなくて……。

女：私の場合、肩凝りや腰痛がひどくて飲んでいますが、絶対飲むだけの効果はあると思いますよ。うちの主人も慢性疲労だったんですが、かなりの効果がありましたよ。

男：そうなんですか。実は自分も事務室ではモニターばかり見続けて、目がかすむし、疲れやすくて……。

女：ほら、渡辺さんも40代だから、ブルベリーとかルテインが含まれたサプリを飲まなきゃ。現代人は仕事なんかに追われて栄養のバランスを

第3題

兩人正在討論健康輔助食品。男子接下來要怎麼做？

男：最近仰賴健康輔助食品的人好像蠻多的。

女：你是說營養補充品嗎？咦？吉田先生沒有服用嗎？現在大部分人不是都有服用嗎？

男：但是種類太多，不知道什麼適合我……

女：我的話，因為肩膀痠痛和腰痛很嚴重，所以有在服用，我相信服用就一定會有效果。我先生之前也有慢性疲勞的問題，服用後也有相當明顯的效果。

男：是喔。其實我在辦公室也一直盯著螢幕看，眼睛看不清楚又容易疲勞……

女：對吧。渡邊先生也40幾歲了，該喝含有藍莓或葉黃素的營養補充品了。現代人忙於工作很難在飲食上保持營養均衡，所以營養補充品是必要的。

取りにくいでしょう。だから、サプリは必須ですよ。

男：でも、その名前どおりあくまでも「補助」なので、普段からバランスの取れた食生活を心掛け、それでも足りない時に使用するのが基本だと思います。むしろ摂取過剰になると、病気を引き起こす可能性だってあると言われているじゃないですか。あと、それだけ効果があるのかも正直疑問ですしね。

男の人はこれからどうしますか。

1　サプリの効果について正しく検討する
2　サプリの摂取の前に、自分の食生活を見直す
3　サプリの摂取時、最小限になるように注意する
4　サプリの量が適切になるように気をつける

男：不過，就如同它的名稱，它畢竟只是「輔助」的作用，因此平時還是應該保持均衡的飲食，當營養不足時再使用才是基本的做法。反而，如果攝取過多，據說還可能引發疾病呢。而且，說實話，我對它是否真的有那麼大的效果也有所疑問。

男子接下來要怎麼做？

1　正確地評估營養補充品的效果
2　在攝取營養補充品前，先重新審視自己的飲食
3　攝取營養補充品時，要注意將攝取量控制在最低
4　注意營養補充品的攝取量是否適當。

解說　男子認為營養補充品固然不錯，但如果能夠維持規律且健康的飲食生活，就不需要額外攝取這些營養補充品，而且這些補充品的效果也值得懷疑。

詞彙　健康補助食品：健康輔助食品 ｜ 今時：現在、如今 ｜ 肩凝り：肩膀痠痛 ｜ 慢性疲労：慢性疲勞 ｜ 目がかすむ：眼睛看不清楚 ｜ 必須：必須 ｜ あくまで（も）：畢竟、終究只是 ｜ 心掛ける：留心、注意 ｜ 摂取過剰：攝取過量 ｜ 引き起こす：引發 ｜ 適切に：適當地

4番　Track 4-1-04

経済学会の入会について話しています。女の人は入会のために何をすればいいですか。

女：あのう、入会したいんですが、申し込みはどうすればいいですか。

男：こちらの別紙「入会申込書」に必要な事項を記入してください。

女：はい。あと、入会金とかはどうなりますか。

男：入会金は3000円で、会費は普通会員が年額10,000円で、団体会員は年額12,000円になります。団体会員になった場合、年4回刊行の機関紙が無料で配布されます。

第 4 題

兩人正在討論關於加入經濟學會的事情。女子為了入會應該怎麼做？

女：那個……我想要加入會員，請問要怎麼申請？

男：請在這張「入會申請書」上面填寫必要項目。

女：好的。然後入會費怎麼計算呢？

男：入會費是 3000 日圓。會費的部分，一般會員是年繳 10,000 日圓，團體會員是年繳 12,000 日圓。如果成為團體會員，每年會免費發放四次機構刊物。

220

女：じゃ、団体会員にします。あと、私、本学会員の吉本さんに勧められてきたんですが。
男：あ、会員の推薦がある場合は入会金が免除されます。
女：こちらの勤務先名のことですが、私まだ学生ですが。
男：大学生の場合、学部、学科まで記入してください。
女：はい、分かりました。最後に会費の送金はいつまでに振り込めばいいですか。
男：会費の請求書は今入会申込書の登録が済んだら、1週間以内に発行されます。会費を支払わないと、正式な入会が承認されないので、お気をつけください。
女：はい、分かりました。

女：那我選擇成為團體會員。然後，我是由我們學會的吉本先生推薦的。
男：啊，如果有會員推薦，入會費會免除。
女：這裡是工作地點的名稱，我還是學生耶⋯⋯
男：如果是大學生，請填入學系、學科。
女：好，我知道了。最後想請問會費的匯款期限是什麼時候？
男：會費的帳單會在您完成入會申請書的登記後一週內發送。如果沒有支付會費，將無法正式批准您的入會，請注意這一點。
女：好的，我知道了。

女の人は入会のために何をすればいいですか。

1　会費の請求書が届いたら、一週間以内に 15,000 円を送金する
2　入会申込書の作成を終えてから、後で 12,000 円を送金する
3　入会申込書の勤務先欄に年齢や専攻を書く
4　正式な入会員になるまでさらに 1 週間を待つ

女人為了入會應該怎麼做？

1　收到會費帳單後，一週內匯款 15,000 日圓
2　完成入會申請書後，稍後匯款 12,000 日圓
3　在入會申請書的工作地點欄位中填寫年齡和專攻科目
4　在成為正式會員之前，還需要再等一週

解說　這類問題中的數字通常不會直接作為答案，像這題女子因為是由會員推薦，所以可以免除入會費，因此只需支付團體會員的 12,000 日圓即可。

詞彙　事項：事項 ｜ 刊行：發行 ｜ 配布：發放 ｜ 推薦：推薦 ｜ 免除：免除 ｜ 送金：匯款 ｜ 請求書：帳單 ｜ 承認：承認

5番　Track 4-1-05

緊急速報を伝える「緊急メール」サービスについて話しています。女の人はこれから、どのようにこのメールを使いますか。

女：「緊急メール」サービスってどんなメールですか。

第 5 題

兩人正在討論傳遞緊急速報的「緊急簡訊」服務。女子接下來要如何使用這個簡訊？

女：「緊急簡訊」服務是怎麼樣的一個簡訊啊？

男：災害などの緊急時において、気象庁が提供する緊急の地震速報や津波警報など、避難情報を一定の地域の携帯電話に一斉に同時配信するサービスです。

女：あ、それすごく役に立ちそうですね。私、自分だけでなく、出張が多いから両親のことも心配だったんですが、このサービスを申し込んだら海外にいても少しは安心ですね。

男：申し訳ございませんが、このサービスは国内のみご利用いただけます。

女：あ、そうですか。でもいますぐ受信の申し込みをしたいんですが。私ABモードサービスの契約をしています。

男：はい、かしこまりました。あ、現在そのサービスのご契約の方は、別途のお申し込みすることなくご利用いただけます。なお、機種によっては事前に受信設定が必要になる場合がございますので、機種をよくお確かめください。

女：あ、そうですか。

男：あと、このメールは通話中や電源を切っている場合、機内モードに設定している場合、電波の届きにくい場所にいる場合には「緊急メール」を受信することができませんので、ご注意ください。

女：はい、分かりました。

女の人はこれから、どのようにこのメールを使いますか。

1 地震や津波の時に、海外でも安心して家族の情報が分かるように使う
2 前もって受信設定すれば、ケータイの種類に関係なく使う
3 自分がどのサービスの商品に加入しているか、確認してから使う
4 電波がよく届く場所で、いつも電源を入れたまま使う

男：這是在災害等緊急情況時，氣象廳提供緊急地震速報或海嘯警報等避難資訊，並將這些資訊同時一併發送至特定地區的手機的服務。

女：啊，這個看起來非常有幫助呢。不僅是自己，我也會擔心父母親，因為我常常出差。如果申請這項服務，即便我人在國外也比較安心。

男：很抱歉，這項服務只能在國內使用。

女：啊，是喔。但我我現在還是想立刻申請接收。我簽了AB模式服務契約。

男：好的，我知道了。現在有簽屬那項服務契約的顧客，無需額外申請即可使用。另外，有可能因為機型不同，會需要事前設定收發功能，麻煩您確認機型。

女：啊，這樣啊。

男：另外，當您正在通話、關閉電源、設置為飛行模式，或處於無法接收到訊號的地方時，是無法接收到「緊急簡訊」的，請特別注意。

女：好的，我知道了。

女子接下來要如何使用這個簡訊？

1 地震或海嘯時，即便人在國外，也能安心掌握家人的資訊
2 提前設定接收簡訊，即可不分手機型號進行使用
3 確認自己所訂閱的服務方案再使用
4 在收訊良好的地方，且手機保持開機狀態下使用。

解說 這名女子訂閱的服務不需要另外申請接收，便能直接收到「緊急簡訊」，但在國外無法使用，而且如果手機關機或是無法接收到訊號的地方，也無法接收簡訊。

詞彙 緊急速報：緊急速報 │ 災害：災害 │ 提供：提供 │ 速報：速報 │ 警報：警報 │ 避難：避難 │ 一斉に：同時

6番 　Track 4-1-06

ケニアの旅行について話しています。女の人は何を注意しなければなりませんか。

女：今回アフリカ旅行に行ってみようと思うんだ。マサイ族の村も訪ねることができて、すごい楽しみ。健太君去年行ったから、なんか注意点とかあったら教えてよ。黄熱病の予防接種とかした方がいいかな。

男：僕は10月から11月にかけて行ったけど、あの時はしなかったよ。でもケニアは黄熱病の常在国だから、どちらかというとした方がいいよね。

女：そうか、分かった。あと、蚊取り線香とかたくさん持っていった方がいいよね。

男：ホテルには殺虫剤や蚊帳の設備があるから、それはいいけど、昼間は携帯用の殺虫剤スプレーはいつも身に付けた方がいいね。あと、アフリカは日中は日差しが強いけど、地域によって朝晩は寒いから、風通しのいい長袖の服装がいいよ。

女：そうか。長袖のシャツも必要だね。

男：うん、肌の露出は絶対避けた方がいいね。あと、ツアーでマサイ村を訪れたときに写真はいくら撮ってもいいけど、それ以外の時は撮らないでね。

女：どうして？ 写真撮られるのが嫌なのかな。

男：そうじゃなくて、彼らが見学させているところは写真を撮らせて収入を得ているからだよ。だから見学を許可してないのに、写真撮られることは彼らとしては納得行かないんだよね。

女：なるほど。

第6題

兩人正在討論關於肯亞的旅行。女子必須注意什麼？

女：這次我打算去非洲旅行。可以參訪馬賽族的村落，真是令人期待！健太去年去了，有沒有什麼要注意的事情，跟我說吧～是不是打一下黃熱病的疫苗比較好啊？

男：我是去年10月到11月去的，那時候沒有打疫苗。但是肯亞就是黃熱病的流行國家，所以最好還是打一下。

女：是喔，我知道了。另外，應該多帶一些蚊香之類的吧？

男：飯店裡面有殺蟲劑跟蚊帳，所以那部分沒問題。但是白天最好隨身攜帶噴霧式的殺蟲劑。另外，非洲白天的陽光很強，但根據地區不同，早晚可能會比較冷，所以最好穿透氣的長袖衣服喔！

女：是喔，也需要長袖襯衫對吧。

男：對啊，最好避免露出肌膚。還有，參加旅行團參訪馬賽村落時可以隨意拍照，但在其他情況下不要拍照。

女：為什麼？他們不喜歡被拍嗎？

男：不是，他們允許參觀的地方是用來讓遊客拍照賺取收入的。所以，在未經允許參觀的情況下拍照，對他們來說是無法接受的。

女：原來如此。

女の人は何を注意しなければなりませんか。	女子必須注意什麼？
1 蚊除けのためになるべくたくさんの殺虫剤を用意する	1 為了驅蚊，盡量多準備一些殺蟲劑
2 日差しに肌を露出するのは避けて、許可されている場所だけで撮影する	2 避免將肌膚曝曬在陽光下，並且僅在允許的地方拍攝
3 多少暑くても通気性のいい長袖や短パンを用意する	3 即便會有點熱，也要準備透氣的長袖跟短褲
4 マサイ族の現金収入していない場所に入らないように気を付ける	4 小心不要進入馬賽族無法賺取現金收入的地方。

解說 問題並非準備物品，而是注意事項。男子說為了避開白天的強烈陽光，需要準備長袖服裝。另外雖然有提到前往馬賽族村落時，除了特定情況下不要拍攝，但並未說明禁止進入。

詞彙 訪ねる：訪問 ｜ 黄熱病：黄熱病 ｜ 予防接種：預防接種 ｜ 常在国：（疾病）流行國家 ｜
蚊取り線香：蚊香 ｜ 殺虫剤：殺蟲劑 ｜ 蚊帳：蚊帳 ｜ 露出：露出 ｜ 避ける：避免 ｜
納得がいく：能接受、能理解

問題 2 先聆聽問題，再看選項，在聽完內容後，請從選項 1～4 中選出最適當的答案。

例　🎧 Track 4-2	例
男の人と女の人が話しています。男の人の意見として正しいのはどれですか。	男子和女子正在交談。根據男子的意見，哪一個是正確的？
女：昨日のニュース見た？	女：你有看昨天的新聞嗎？
男：ううん、何かあったの？	男：沒有，發生什麼事情了嗎？
女：先日、地方のある市議会の女性議員が、生後7か月の長男を連れて議場に来たらしいよ。	女：前幾天聽說某地方的市議會女議員，帶著剛出生七個月的長子來到議會。
男：へえ、市議会に？	男：咦，市議會嗎？
女：うん、それでね、他の議員らとちょっともめてて、一時騒ぎになったんだって。	女：對啊，然後她和其他議員發生了一些爭執，造成了一場混亂。
男：あ、それでどうなったの？	男：那之後怎麼樣了？
女：うん、その結果、議会の開会を遅らせたとして、厳重注意処分を受けたんだって。ひどいと思わない？	女：嗯，結果因為議會開會延遲了，她受到了嚴重的警告處分。不覺得很過分嗎？
男：厳重注意処分を？	男：嚴重的警告處分？

224

女：うん、そうよ。最近、政府もマスコミも、女性が活躍するために、仕事と育児を両立できる環境を作るとか言ってるのにね。

男：まあね、でも僕はちょっと違うと思うな。子連れ出勤が許容されるのは、他の従業員がみな同意している場合のみだと思うよ。最初からそういう方針で設立した会社で、また隔離された部署で、他の従業員もその方針に同意して入社していることが前提だと思う。

女：ふ〜ん、…そう？

男：それに最も重要なのは、会社や同僚の負担を求めるより、父親に協力してもらうことが先だろう。

女：うん、そうかもしれないね。子供のことは全部母親に任せっきりっていうのも確かにおかしいわね。

男の人の意見として正しいのはどれですか。

1 子連れ出勤に賛成で、大いに勧めるべきだ
2 市議会に、子供を連れてきてはいけない
3 条件付きで、子連れ出勤に賛成している
4 子供の世話は、全部母親に任せるべきだ

女：對啊。明明最近政府跟媒體才說，為了要讓女性更加活躍，要創造可以兼顧工作跟育兒的環境。

男：嗯，我倒覺得有些不同。帶孩子出勤，是要其他員工都同意的情況才可以。比如說一開始就以這樣的方針設立的公司，或是與其他部門分開的部門裡，其他員工也同意這個方針後才加入公司的，我覺得這些是前提條件。

女：嗯〜是喔？

男：而且最重要的是，與其先讓公司跟同事承擔，倒不如要先找孩子的爸爸幫忙。

女：嗯，或許是這樣。確實，只把子女問題交給媽媽一個人來處理也有點不對。

根據男子的意見，哪一個是正確的？

1 贊成帶孩子上班，應該要大大推崇
2 不可以把孩子帶去市議會
3 贊成有條件式的帶孩子上班
4 照顧孩子的責任應該全部交給母親

1番 Track 4-2-01

男の人と女の人が話しています。女の人はどうしてうれしくないのですか。

男：昨日あたりから、朝晩しのぎやすくなったね。もう暑くならなければいいけど。

女：そうね…。もう残暑はないのかしら…。

男：あれ、みちこさん、涼しくなったのがうれしくないみたいだね。

女：うん、ちょっとね…。実は、一昨日新しいエアコンを2台付け替えたのよ。

男：え、ほんとに。どうして？ もう夏も終わりなのに。

第1題

男子和女子正在交談。女子為什麼不高興？

男：從昨天開始，早晚變得比較涼快了呢。希望不要再變熱了。

女：是啊……已經不會再出現秋老虎的天氣了吧……

男：咦？道子小姐，好像對於天氣變涼不太高興。

女：對啊，有一點……其實前天我安裝了兩台新的空調。

男：咦？真的嗎？為什麼？夏天已經要結束了說。

女：うん、リビングの方は前から壊れていたから、扇風機だけで、我慢していたのよ。で、寝室の方なんだけど、夜なんだか雨漏りみたいな音がするから、どうしたのかとずっと思っていたのよ。そうしたら、エアコンから、水がポタポタ落ちていた音だったのに気が付いたの。

男：ええ？ エアコンから水が落ちていたの？ 水は室外機のホースから外に出るだろ？

女：うん、外からも出ていたんだけど、室内の方からも、水が漏れていたのよ。

男：それって、カビが溜まっていたせいじゃないかな。それは身体に良くないな。

女：それでね、あと一カ月は残暑で暑いから、思い切って買い替えたのよ。そうしたら涼しくなっちゃって、新しいエアコンを使う機会が無くなっちゃって、残念な気持ちよ。

男：そうか。でも、来年出番があるからいいじゃない。

女の人はどうしてうれしくないのですか。

1　涼しいより暑い方が好きだから
2　エアコンの不調が改善しないから
3　新しいエアコンの出番がないから
4　新しいエアコンも使い難いから

女：嗯，客廳的部分是因為之前就壞掉了，一直吹電風扇忍耐。寢室那台是因為晚上有聽到像是漏雨的聲音，我一直在想這是怎麼回事。後來才發現是空調裡有水滴滴落的聲音。

男：是喔？空調滴水嗎？水應該是從室外機的管子流出去吧？

女：嗯，外面也有水流出來，但是室內的部分也在漏水。

男：那是因為黴菌積聚的關係吧。這樣對身體不好耶。

女：然後，因為接下來還會有一個月的秋老虎，天氣會很熱，才下定決心換新的。結果居然變涼，沒有使用新空調的機會，心裡有點遺憾。

男：是喔，不過明年還會有用到的機會不是嗎？

女子為什麼不高興？

1　因為比起涼爽，比較喜歡炎熱
2　因為空調的故障沒有改善
3　因為沒有機會使用新空調
4　因為新空調也不好用

解說　女子認為未來一個月都會很熱，為了應對秋老虎還買了兩台空調，但天氣變涼後沒有機會使用，所以她覺得很遺憾。

詞彙　残暑：入秋之後的餘熱、秋老虎 ｜ 雨漏り：漏雨 ｜ ポタポタ：滴滴答答 ｜ 漏れる：滲漏 ｜ 思い切って：下定決心 ｜ 出番：出場

2番　Track 4-2-02

男の人と女の人が話しています。男の人のアドバイスは何ですか。

男：みどりさん、ダイエットは順調にいってる？

第 2 題

男子和女子正在交談。男子的建議是什麼？

男：小綠小姐，減肥順利嗎？

226

女：うん、それが…。3か月間で2.5キロの減量に成功したんだけどね。

男：へえ、すごいじゃない。そのぐらいのペースで減量するのが一番いいんだよね。

女：自分でも、ちょっと満足してね。あと1キロやせたいと思っているのよ。

男：そう、そのぐらいできそうじゃない。

女：ところが最近ね。それほど食べたいわけじゃなかったけど、自分へのご褒美も必要だと思って、アイスクリームケーキを食べたのよ。それが美味しくてね。それ以来、毎日アイスクリームが食べたくて我慢できないのよ。

男：へえ、そうなの。今までは、我慢していたわけ？

女：ううん、そうでもないの。だんだん、甘いものも食べたいと思わなくなっていたわね。

男：ああ、じゃあ、脳が忘れていた習慣を思い出させちゃったんじゃないの？

女：自分の意思に逆らって、無理にご褒美をあげちゃったからかしら？

男：うん、そうだと思う。まあ、無理しないで今はアイスクリームを食べたらいいんじゃないの。

女：そうしたら、また元に戻っちゃうじゃないの。

男の人のアドバイスは何ですか。

1　いままでのペースを続けること
2　脳が嫌がることをするべきだ
3　自分の脳の指令に逆らわないこと
4　もう一度ダイエットをやり直すこと

女：嗯，其實……我花三個月成功減了2.5公斤。

男：哇，真是厲害！按照這個步調減重是最好的。

女：我也有點滿意，想要再瘦1公斤。

男：是喔，那種程度應該可以做到吧。

女：但是最近，雖然沒有那麼想吃，但想說給自己獎勵一下也是必要的，就吃了冰淇淋蛋糕。超好吃的。從那之後我每天都好想吃冰淇淋，根本忍不住啊。

男：咦，這樣喔。之前是一直在忍耐嗎？

女：不，也不是這樣。我漸漸不太想吃甜食了。

男：啊，那麼，是不是大腦讓你想起了忘記的習慣？

女：是不是因為我違背自己的意願，硬是給自己獎勵的關係啊？

男：嗯，我覺得是那樣喔。算了，不必勉強，現在可以吃冰淇淋啊。

女：這樣不就又會回到原來的樣子了嗎？

男子的建議是什麼？

1　繼續保持現在的步調
2　應該做大腦討厭的事情
3　不要違背自己大腦的指令
4　重新開始減肥

解說　男子建議女士，減肥固然好，但不必過於勉強，應該先吃自己想吃的東西，也就是吃冰淇淋會比較好。「ご褒美」是指為了表彰而給予的物品或金錢，通常會發放給在公司中業績表現良好的員工。

詞彙　順調に：順利 ｜ 減量：減量 ｜ 褒美：犒賞、獎勵 ｜ 逆らう：違背

3番 🎧 Track 4-2-03

女の留学生と日本人の男の人が話しています。男の人が勧める改善法は何ですか。

女：山田さん、昨日ある人に「キムさんは、方向音痴ですか？」って、言われたんだけど、どういう意味？

男：ああ、それは、方向や方角に対する感覚が劣る人のことを言うんだよ。

女：ああ、なるほどね。私は確かに方向音痴かもね。道も何回も繰り返し通らないと覚えられないし、広い駐車場では、どこに車を止めたか覚えられないし。どうにかならないかしら？

男：そうだね、方向音痴を良くする方法はあるよ。

女：ホントに？ ぜひ、教えて。

男：うん、道を覚える時だけど、目印を決めること。それも動かないようなもの、たとえば進行方向の右側に郵便ポストがあったとか、後ろを振り返って、左手に神社があったなとか、確認することだよ。

女：ああ、そうね。ショッピングセンターで車をどこに止めたか忘れちゃうときも、常に目印を意識すればいいのよね。

男：そうだね。それと、お店から出る時は、入ったときと同じ入り口から出るようにするといいよ。

女：ああ、そうだわね。違う出口から出るからいけないのよね。

男の人が勧める改善法は何ですか。

1 何回も同じ道を繰り返し通ること
2 不動な目印と同じ出入り口にすること
3 自分の前後左右を何回も確認すること
4 最初は動く目印と違う出入り口にすること

第 3 題

女留學生和一名日本男子正在交談。男子建議的改善方法是什麼？

女：山田先生，昨天有人對我說「金小姐是路痴嗎」，這是什麼意思？

男：啊，那是指對方向或方位感覺比較遲鈍的人。

女：啊，原來如此。我確實可能是路痴。路也得反覆走過好幾次才能記住，在廣大的停車場裡，也總是記不住車子停在哪裡。有什麼辦法可以解決嗎？

男：嗯，有改善路痴的方法喔。

女：真的嗎？一定要教教我。

男：嗯，在記路的時候，要決定一些地標。而且最好是那些不會移動的東西，例如行進方向的右側有郵筒等等，往回看時左手邊有神社，要這樣去確認。

女：啊，原來如此。在購物中心忘記車子停哪時，我只要一直注意地標就好了。

男：對啊。然後離開店時，最好從原本進去的入口出去。

女：啊，對耶，我就是因為從不同的出口出來才會搞不清楚。

男子建議的改善方法是什麼？

1 反覆走好幾次同一條路
2 利用固定的地標和從同樣的出入口進出
3 多次確認自己的前後左右
4 一開始利用會移動的地標和從不同的出入口進出

解說　男子建議利用不會移動的地標，並從相同的出入口進出，「不動（固定不變）」是關鍵字。

詞彙　改善法：改善方法 ｜ 方向音痴：路痴 ｜ 方角：方位 ｜ 劣る：差、不如 ｜ 目印：標誌

4番 Track 4-2-04

男の人と女の人が話しています。男の人は女の人にどうしたらいいと言っていますか。

男：彩さん、もう新しい職場には慣れた？
女：それが…。毎日辛くて辛くて、泣いてばかりです。
男：ええ？　そんなに仕事がきついの？
女：う～ん、新しい仕事がなかなか覚えられなくて、自分の能力のなさに落ち込んでしまうんです。
男：でも、新入社員だし当たり前でしょ。
女：はい、でも周りの人もイライラしているようで、自分が嫌になってしまうんです。
男：ああ、彩さんは真面目だからね。ぼくも最初は仕事が出来なくて、よく怒られたし、泣いたこともあったな。
女：え！　先輩もそうだったんですか。どう克服したんですか。
男：そうだな。ある時期から開き直って、目の前の仕事だけに集中するようにしたんだよ。それに周りの人だって、新入社員の時は、皆できなかったと思うし。仕事なんて、毎日同じことをするんだから、半年もすれば、慣れちゃうしね。周りの人に「ダメな奴だと思われているんじゃないか…」なんて気にする必要はないよ。
女：ああ、そうですよね。なんか、気が楽になりました。

男の人は女の人にどうしたらいいと言っていますか。

1　辛い時は、思い切り泣くのがいい
2　目の前の仕事より、先の事を考える
3　新入社員は仕事はほどほどでよい
4　仕事も人間関係もそのうち慣れる

第 4 題

男子和女子正在交談。男子對女子說應該如何做？

男：彩小姐，妳已經適應新職場了嗎？
女：其實……每天都很痛苦，一直在哭。
男：咦？工作那麼辛苦嗎？
女：嗯，我記不太起來新的工作內容，對自己的無能感到沮喪。
男：但是妳是新進員工，這也是正常的啊。
女：是啊，但是周遭的人似乎都很煩躁，所以我很討厭自己。
男：唉，因為彩小姐很認真啊。我最一開始也是做不出什麼工作成果來，常常被罵，也曾經哭過。
女：咦！前輩也這樣嗎？那您是怎麼克服的？
男：是啊，從某個時期開始，我就決定改變心態，專心做眼前的工作。而且周遭的人還是新進員工的時候，大家也都做不好吧。工作這種事，每天都在做相同的事情，過半年就能習慣了。不需要在意旁人是不是覺得自己不行。
女：嗯，也對喔！感覺心情輕鬆了許多！

男子對女子說應該如何做？

1　痛苦時，應該痛痛快快地哭出來
2　比起眼前的工作，先想想將來的事
3　新進員工在工作上適度表現即可
4　工作和人際關係很快就會習慣

解説　男子在談論自己的經驗時提到，若只專心於工作，因為每天都在做的工作會變得熟悉，也不必在意旁人。只要過了半年，就會習慣了。

詞彙　落ち込む：沮喪 ｜ いらいらする：煩躁 ｜ 克服：克服 ｜ 開き直る：改變心態 ｜
思い切り：盡情、痛快地 ｜ ほどほど：適度

5番 Track 4-2-05

女の人二人が電話で話しています。女の人はどうして、アフリカに行きたいのですか。

女1：最近、アラスカに一週間行ってきたのよ。

女2：へえ～。なんだか寒そうね。でもすごいわね。

女1：そうなのよ。寒かったけど、大自然が素晴らしくてね。

女2：熊がでそうじゃない。

女1：そう、熊も見たわよ。もう帰ってからも大自然にはまっちゃって、また大自然をもとめて次の旅行を考えているのよ。

女2：ふ～ん、いいわね。今度はどこ？

女1：旅行会社の人にアフリカがいいんじゃないですか？って言われたのよ。

女2：ふ～ん、そうなんだ。アフリカのどこ？

女1：セレンゲティ国立公園、野生の動物をいっぱい見られて、自然の醍醐味を十分味わえるんだって。

女2：ああ、サファリか…。そういう所へ行くと人生観が変わるっていうわね。

女1：ねえ、鈴木さん、いっしょに行かない。

女2：そうね…。私は、あなたみたいにお金も時間もないし……。

女の人はどうして、アフリカに行きたいのですか。

1 大自然を満喫したいから
2 野生の動物を観たいから
3 人生観を変えたいから
4 お金も時間も十分あるから

第5題

兩位女子正在講電話。女子為什麼想要去非洲？

女1：最近我去了阿拉斯加一個禮拜。

女2：是喔～感覺好像很冷，但是真厲害呢！

女1：對呀，雖然很冷，但是大自然真是太美妙了！

女2：感覺好像會有熊出沒。

女1：對，有看到熊。回來後我已經迷上了大自然，現在已經在考慮下一次追尋大自然的旅行了。

女2：是喔～真好。下次想去哪？

女1：旅行社的人跟我說非洲或許不錯喔。

女2：哦，這樣啊。非洲的哪裡？

女1：塞倫蓋提國家公園，聽說可以看到一堆野生動物，還能充分體驗大自然的樂趣。

女2：哦，是去看狩獵的地方啊……聽說去到那種地方會改變人生觀呢。

女1：欸，鈴木小姐要不要一起去啊？

女2：嗯……我沒有像妳那麼有錢跟時間……

女子為什麼想要去非洲？

1 因為想要享受大自然
2 因為想要看野生動物
3 因為想要改變人生觀
4 因為有足夠的錢與時間

解說 交談中出現的「大自然にはまっちゃって」和「自然の醍醐味を十分味わえる」是關鍵提示。要記住「～にはまる（沉迷於～）」和「醍醐味（樂趣、精髓）」這兩個字。

詞彙 醍醐味：樂趣、精髓 ｜ 味わう：體驗 ｜ ～にはまる：沉迷於～ ｜ 満喫：享受

6番 Track 4-2-06

大学で、男の人が日本での就職活動体験を話しています。男の人はどうして、東京の企業を止めて大学に戻ったのですか。

男：来日してから大学を卒業するまで、大学生として日本の生活、習慣などを4年間経験しましたが、社会人としての経験をしないで帰国したら、いつか後悔するのではないかと思ったので、卒業後に東京のベンチャー企業に入社しました。しかし、約3年勤務している間に、「環境」という分野で仕事をしたい気持ちが強くなり、大学へ戻って、修士号と博士号を取得することにしました。そして、5年間で身に付けた専門性を生かすために、現在の環境コンサルティング企業に入社しました。将来、自分の仕事が少しでも未来の地球環境の改善に役立てばいいと思っています。

男の人はどうして、東京の企業を止めて大学に戻ったのですか。

1 学位取得後に大学で働くため
2 大学で学んだ環境学を深めるため
3 希望する仕事の学位を取るため
4 将来、自国の環境整備に貢献するため

第6題

大學裡，男子正在談論在日本的求職體驗。男子為什麼放棄東京的企業，回到大學？

男：到日本之後一直到大學畢業為止，身為一個大學生體驗了4年的日本生活以及習慣，但是，我覺得如果不嘗試體驗社會人士的生活就回國，將來可能會後悔，所以我畢業之後就進入東京的新創企業工作了。然而，在工作了大約3年期間，我越來越想要從事「環境」這個領域的工作，所以決定回到大學，攻讀碩士跟博士。之後，為了活用我在這5年間掌握的專業能力，我進入了現在這個環境顧問企業工作。將來，我希望自己的工作能對未來的地球環境改善盡可能有所幫助。

男子為什麼放棄東京的企業，回到大學？

1 為了取得學位後在大學工作
2 為了更深入地學習在大學裡學過的環境學
3 為了取得期望的工作的學位
4 為了將來能夠對自己國家的環境整頓有所貢獻

解說 男子決定回大學取得碩士與博士的學位，是因為希望從事自己心儀的工作領域，也就是環境領域，取得學位後則順利進入環境領域相關的公司。

詞彙 修士号：碩士學位 ｜ 博士号：博士學位 ｜ 取得：取得 ｜ 改善：改善 ｜ 貢献：貢獻

7番 Track 4-2-07

男の人と女の人が話しています。男の人はどうして日傘をささないのですか。

女：佐藤さんは営業だから、外歩きが多いでしょ。ここ数年の暑さはきつくない？

第7題

男子和女子正在交談。男子為什麼不撐陽傘？

女：佐藤先生因為是業務，所以常常在外面走路吧。這幾年的炎熱是不是很難受？

男：うん、大変だよ。灼熱の炎天下の中、スーツを着込んで、重い営業バッグを持って、お客さま周りをしなくちゃいけない。いつも汗ダクダクだよ。

女：そうでしょうね。外歩くとき、私達女性は日傘をさすけど、どうして男の人はささないのかな？

男：ああ、そうだね。この間、ちょっと母の日傘を借りてみたら涼しくて、びっくりしたよ。

女：でしょ。日傘をさしたらいいのに。

男：うん、でも、ちょっと…。男が日傘をさすのは、かっこ悪いとか、気持ち悪いとか、男らしくないとかいう固定観念があるんだよね。

女：ああ、言われてみると、そうかもね。でも、雨の日は男の人でも傘はさすじゃない。

男：まあ、そういえば、そうなんだよね。でも、市民権をえるには時間がかかりそうだな。

女：そんなこと言っていられないわよ。こんなに日差しが強くて暑いんだから、頭にも髪にもよくないわよ。それでなくても、男性ははげるんだから。

男：それを言われるとつらいな。帽子は蒸れるから、僕も禿にならないために日傘男子になろうかな。

男の人はどうして日傘をささないのですか。

1　日傘をさすと、荷物が持ち難いから
2　日傘をさすと女っぽいと思われるから
3　日傘は女性用しか売られていないから
4　日傘をさすと、禿になりやすいから

男：嗯，真的很辛苦。在炎熱的大熱天下，還要穿著西裝，拿著沉重的業務公事包，到處跑客戶。總是汗流浹背。

女：我想也是。在外面走路的時候，我們女生會撐陽傘，為什麼男生都不撐呢？

男：嗯，對耶。之前我借了我媽的陽傘撐，真的好涼哦，嚇我一跳。

女：對吧？只要你們撐傘就好啦。

男：嗯，但是有點……男生撐陽傘這件事，好像會被認為不帥、讓人不舒服，或者覺得不夠男人之類的，有這樣的刻板印象啦。

女：哦，你這麼一說，或許真的是這樣。但下雨天男生也會撐傘啊。

男：對喔，妳這樣說也確實是這樣。但是要變得普及似乎需要一段時間……

女：你怎麼能說這種話！陽光這麼強，天氣這麼熱，對頭或是頭髮都不好啊。就算不說這些，男人本來就容易禿頭的。

男：被這樣講真不好受。戴帽子會很悶熱，為了不要禿頭我還是做陽傘男子吧。

男子為什麼不撐陽傘？

1　因為撐陽傘，東西會不好拿
2　因為撐陽傘，會讓人覺得很女性化
3　因為只有販售女性用的陽傘
4　因為撐陽傘容易禿頭

解說　對話提到幾個男子不使用陽傘的理由，其中「男らしくない」與「市民権をえるには時間がかかりそうだ」是關鍵提示。「市民権をえる」是指「某個行為或思維方式被廣泛了解並普及，並且扎根於社會中」。換句話說，一般人都認為陽傘是女性使用的物品，對於男性使用陽傘這件事尚未有正面的認知。

詞彙　灼熱：炎熱｜炎天下：大熱天｜お客さま周り：拜訪客戶｜ダクダク：流汗不止的樣子｜固定観念：刻板印象｜はげる：禿頭｜蒸れる：悶熱｜禿：禿頭

問題 3　在問題 3 的題目卷上沒有任何東西，本大題是根據整體內容進行理解的題型。開始時不會提供問題，請先聆聽內容，在聽完問題和選項後，請從選項 1～4 中選出最適當的答案。

例　Track 4-3

男の人が話しています。

男：みなさん、勉強は順調に進んでいますか？成績がなかなか上がらなくて悩んでいる学生は多いと思います。ただでさえ好きでもない勉強をしなければならないのに、成績が上がらないなんて最悪ですよね。成績が上がらないのはいろいろな原因があります。まず一つ目に「勉強し始めるまでが長い」ことが挙げられます。勉強をなかなか始めないで机の片づけをしたり、プリント類を整理し始めたりします。また「自分の部屋で落ち着いて勉強する時間が取れないと勉強できない」というのが成績が良くない子の共通点です。成績が良い子は、朝ごはんを待っている間やお風呂が沸くのを待っている時間、寝る直前のちょっとした時間、いわゆる「すき間」の時間で勉強する習慣がついています。それから最後に言いたいのは「実は勉強をしていない」ということです。家では今までどおり勉強しているし、試験前も机に向かって一生懸命勉強しているが、実は集中せず、上の空で勉強しているということです。

この人はどのようなテーマで話していますか。

1　勉強がきらいな学生の共通点
2　子供を勉強に集中させられるノーハウ
3　すき間の時間で勉強する学生の共通点
4　勉強しても成績が伸びない学生の共通点

例

男子正在講話。

男：各位，學習進展順利嗎？我想有許多學生因成績遲遲無法提升而煩惱吧。本來就已經不喜歡學習了，還不得不學，結果成績又沒提升，真是糟透了吧。成績無法提升的原因有很多。首先，第一個原因可以說是「開始學習之前需要花很多時間」。有些人遲遲無法開始學習，反而去整理書桌或整理講義。還有一種情況是，「如果沒有能在自己房間裡安心學習的時間，就無法學習」，這是成績不好的孩子的共通點。成績好的孩子則有一種習慣，就是善用等待早餐的時間、等浴室熱水的時間，或是睡前短暫的時間，也就是所謂的「零碎時間」來學習。最後，我想說的是，有些孩子「其實根本沒有在學習」。雖然表面上在家裡還是像往常一樣在學習，考試前也看似努力地坐在書桌前用功，但實際上卻沒有集中精神，而是心不在焉地學習著。

這個人正在討論什麼主題？

1　討厭學習的學生的共通點
2　能讓孩子專心學習的祕訣
3　利用零碎時間學習的學生的共通點
4　即便學習成績也無法提升的學生的共通點

1番 🎧 Track 4-3-01

テレビで女の人が話しています。

女：テレビをご覧の皆さん、こんなこと、ありませんか？ あれ？ 卵と牛乳はまだあったかしら？ ビールは冷蔵庫にまだあったはずけど……、もう補充しないといけないわね。買いに行かなくちゃ…。こんなふうに思った時、自分で買い物に行かなくても、インターネットを使って食べ物や飲み物が自動的に補充される…。読みたい本や、聞きたい音楽や、見たい映画も、自分でチェックしなくても、人工知能が自分の好みに合うものをすすめてくる…。そんな時代がもうすぐやってくるかもしれません……。こんなふうになったら、生活やビジネスは根底から変わるでしょうね。

さて、あなたは便利だと思いますか？ 余計なおせっかいだと思うでしょうか？

女の人はどのようなテーマで話していますか。

1 自動注文の時代へ
2 便利すぎる時代へ
3 自動注文の長所と短所
4 生活が一変する時代へ

第 1 題

電視上，女子正在講話。

女：各位正在觀看電視的朋友們，您有過這樣的經驗嗎？「咦？雞蛋跟牛奶應該還有吧？冰箱裡應該還有啤酒……不過也該補充了，得去買些東西了……」當你有這種想法時，即便自己不出門購物，也能夠利用網路自動補足食物跟飲料……想閱讀的書、想聽的音樂、想看的電影，也不需要自己去查找，人工智慧會根據你的喜好推薦給你……這樣的時代或許很快就會到來……如果到了那時，生活跟商業模式可能會從根本上改變吧。

那麼，你覺得方便嗎？還是會覺得這只是多餘的干涉呢？

女子正在討論什麼主題？

1 邁向自動訂購的時代
2 邁向過於便利的時代
3 自動訂購的優點與缺點
4 邁向生活完全改變的時代

解說 女子說網路與人工智慧可掌握人們的喜好，將來我們將進入一個無須人類主動行動、系統會自動處理訂購的時代。換句話說，人們不再需要擔心某些物品是否還有存貨或是否已經用完，系統會根據個人偏好自動進行訂購，預計這樣的時代將會來臨。

詞彙 補充：補充 ｜ 人工知能：人工智慧 ｜ 根底：根本 ｜ おせっかい：多管閒事 ｜ 一変する：完全改變

2番 🎧 Track 4-3-02

大学で男の人が就職活動に必要なことを話しています。

男：皆さんは、いままでに自分がどんな人間なのか自分に問いかけたことがありますか？

第 2 題

大學裡，男子正在談論求職活動中需要的東西。

男：各位，到目前為止，你們有沒有問過自己，自己是怎麼樣的人？

ほとんどの方はないのではないでしょうか。就職活動のエントリーシートや面接で上手に自分をアピールするためにはその問いかけが大切なものになります。具体的に自分に質問してみましょう。

自分の長所や短所、好きなものや嫌いなもの、趣味は何か。自分の専門や能力は？どんなことに興味があって、将来の夢はどんなことなのか。どんな価値観や人生観をもっているのか。シートに書き出してみましょう。そうすることで、今まで気が付かなかった、ありのままの自分を発見できるのです。そこから自分に適した仕事ややりたい仕事が浮かんでくると思うので、ぜひ、実践してみましょう。

何について話していますか。
1 自分の生き方について
2 自分の可能性について
3 自己分析をする事について
4 自己分析シートについて

大多數人可能都沒有這樣的經歷吧。為了能在求職活動中的求職申請書或面試中，順利地展現自己，這樣的提問是非常重要的。不妨具體地對自己提出一些問題看看吧。

自己的優缺點、喜歡的東西、討厭的東西、興趣是什麼？自己的專業和能力是什麼？對什麼有興趣，將來的夢想是什麼？有什麼樣的價值觀或人生觀？請在求職申請書中將這些寫出來。如此一來，就能夠發現以往未曾察覺的真實自我。我認為在這個過程中，你會想到適合自己的工作和想做的工作，請各位務必實踐看看。

正在談論什麼事情？
1 關於自己的生活方式
2 關於自己的可能性
3 關於自我分析
4 關於自我分析表

解說 男子認為，如果平時能對自己進行分析和了解，就能更充分地準備面試與求職申請書，所以建議進行自我分析。

詞彙 問いかける：詢問 ｜ エントリシート：求職申請書 ｜ 価値観：價值觀 ｜ 人生観：人生觀 ｜ 適する：適合 ｜ 実践：實踐

3番 Track 4-3-03

ラジオで男の人が話しています。

男：皆さんは、よくそばを食べますか。ぼくは昼ごはんに良く食べます。

そばには、ルチンやコリンなど様々な成分が含まれているそうです。ルチンは血液をきれいにしたり、血圧を下げる働きのほかに、糖尿病になりにくくしたり心臓病の予防や認知症を防ぐ効果があると言われているそうです。またコリンには、肝硬変や動脈硬化を防止し、自律神経失調症になりにくくする効果があるとも言われているそうです。

第 3 題

廣播中，男子正在講話。

男：各位常吃蕎麥嗎？我常常在午餐時吃蕎麥。

據説蕎麥中含有蘆丁、膽鹼等各種成分。蘆丁除了有潔淨血液、降血壓的作用外，還被認為能減少罹患糖尿病的風險，並有預防心臟病和失智症的效果。另外，膽鹼則被認為有助於預防肝硬化和動脈硬化，並可降低罹患自律神經失調症的風險。

そのほかにも、疲労回復に効果のあるパントテン酸、肌のシミ、ソバカスを防ぐ効果があるシスウンベル酸、大腸ガンや便秘になりにくくする食物繊維が含まれているそうですよ。身体にうれしい成分がいっぱいあるんですね。

男の人はどんなテーマで話していますか。

1 そばの成分
2 そばの薬
3 そばと病気
4 そばの効能

除此之外，蕎麥還含有有助於消除疲勞的泛酸、預防皮膚斑點、雀斑的 cis-umbellic acid，還有預防大腸癌和便秘的膳食纖維。富含對身體非常有益的成分。

男子正在談論什麼主題？

1 蕎麥的成分
2 蕎麥的藥
3 蕎麥與疾病
4 蕎麥的功效

解說 男子提到蕎麥包含的幾項成分，但整體內容並非只是舉出這些成分，而是進一步說明了這些成分成分具備的多項功效。

詞彙 糖尿病：糖尿病 ｜ 認知症：失智症 ｜ 防止：防止 ｜ 疲労回復：消除疲勞 ｜
食物繊維：膳食纖維 ｜ 効能：功效

4番 Track 4-3-04

テレビでアナウンサーが男の人に意見を聞いています。

女：日本の伝統文化について、Aさんのようなお若い方はあまり関心がないようですが、その点をどう思っていらっしゃいますか？

男：そうですね。ぼくたちのような若者世代にはとっつきにくい面もありますけど、中には、日本の伝統文化のことを良く知らないし、経験したこともないのに拒否反応を示す者もいます。それはちょっと考えものですね。これはいわゆる食わず嫌いなのでしょう。何かのきっかけで、経験するチャンスが巡ってきたり、または年を重ねていけば、おのずとそのよさが理解できるようになると思います。たとえ関心が持てなくても、否定することはなくなると思います。私の母の友人は日本の伝統文化に全く興味がなかったのですが、たまたま歌舞伎のチケットをもらって、気がすすまないまま行ったのですが、それ以来、歌舞伎にはまってしまったそうです。

第4題

電視上，播音員正在詢問男子的意見。

女：關於日本傳統文化，像 A 先生這樣的年輕人似乎不太感興趣，您怎麼看這個問題？

男：嗯，確實對我們這樣年輕世代的人來說，有難以親近的部分，當中也有些人完全不清楚日本的傳統文化，也沒體驗過，便產生了抗拒反應。這值得好好思考。這就是所謂的偏見吧。因為某個契機，比如有機會親身體驗，或者隨著年齡增長，自然而然就能理解其中的美好之處。即使仍然無法提起興趣，也應該不會再加以否定了。我母親的朋友原先對於日本傳統文化完全沒興趣，但某次偶然拿到歌舞伎的門票，雖然興致缺缺地去看了一場，但後來卻迷上了歌舞伎呢！

男の人はどう考えていますか。	男子是怎麼想的？
1 若い時は興味がなくても、価値が分かる日がくる	1 即便年輕時沒興趣，有一天也會明白它的價值
2 拒否感を持つ前に、何度か経験するべきだ	2 在產生抗拒感之前，應該多體驗幾次
3 若い時に興味を持てば、ずっと興味が持続する	3 如果年輕時對某件事產生興趣，這份興趣就會一直持續下去
4 若い時に無理にでも伝統文化にふれるべきだ	4 年輕時即便很勉強也應該接觸傳統文化

解說 大多數年輕人對傳統文化並不感興趣，但男子舉母親朋友為例，並表示某個時刻自然會對日本的傳統文化產生興趣。

詞彙 とっつきにくい：難以接近 ｜ 拒否反応：抗拒反應 ｜ 食わず嫌い：沒吃過就討厭、有偏見 ｜ 巡る：循環、輪到 ｜ おのずと：自然而然 ｜ 気が進む：起勁 ｜ 〜にはまる：沉迷於〜

5番 Track 4-3-05

テレビで男の人が話しています。

男：やっぱり、繁盛する店や職場って活気がありますよね。活気のない所は、間違いなく繁盛していないですね。初めて行く店や職場でも、入る前になんとなく、それは感じるものです。きれいに掃除されていたり、元気な明るい声が飛び交っていたりすると、きっといい店なんだなと思いますね。そういう店は間違いなく、料理もサービスも間違いありませんね。職場も同じだと思います。では、どうしたら活気が出るようにできるのか。一つは「スピードあるキビキビした動き」。迅速に動くことで活気がでます。二つ目は「明るく元気な声」。挨拶にしても打ち合わせや電話にしても、小さな声でボソボソ喋っている人がいますけど、それじゃあ全然職場に活気がでませんね。そうそう、あとトイレの掃除が行き届いているかどうかは、すごく大切な要素だと思います。

第5題

電視上，男子正在講話。

男：果然，生意興隆的店鋪或工作場所都充滿了活力。沒有活力的地方，一定是不繁榮的。即使是第一次去的店鋪或工作場所，在踏進去之前，總能隱約感受到這一點。如果店裡保持整潔，或者充滿了明亮而有活力的聲音，就會覺得這裡肯定是一家好店。這樣的店鋪，無論是料理還是服務，肯定都沒問題。工作場所也是一樣的。那麼，該怎麼做才能讓工作場所充滿活力？第一個方法是「迅速且俐落的動作」。迅速行動可以展現出活力。第二個方法是「明亮且有活力的聲音」。無論是打招呼、開會還是打電話，有些人講話小聲含糊不清，但這樣根本無法讓工作場所充滿活力。對了，我認為廁所是否打掃乾淨也是非常重要的要素。

男の人はどのようなテーマで話していますか。	男子正在討論什麼主題？
1 繁盛しない店の雰囲気	1 生意冷清的店鋪的氛圍
2 繁盛する店の掃除方法	2 生意興隆的店鋪的打掃方法
3 職場を活気付ける方法	3 讓工作場所充滿活力的方法
4 活気ある職場とない職場	4 有活力與無活力的職場

解說 男子稱讚充滿活力的店鋪或工作場所，同時還說明了如何打造充滿活力的工作場所。

詞彙 繁盛：興隆 ｜ 飛び交う：交錯 ｜ キビキビ：動作俐落 ｜ 迅速に：迅速地 ｜
ボソボソ：講話小聲且不清楚 ｜ 要素：要素

6番 Track 4-3-06

第 6 題

女の人がビジネス研修会でコミュニケーションについて話しています。

女：コミュニケーション力向上のためには、相手を理解しようとする姿勢が大切になります。
相手は「何を」、「なぜ」伝えようとしているのか、聞き取ることが重要です。相手の話をきちんと理解するには、「いつ、どこで、どのように」などを聞き取ることも大切ですが、話し手の態度や声のトーンなどからも話し手の気持ちを汲み取ることで、彼らが伝えたい話やポイントがはっきり見えてきます。それから、話の間の間を読み取るようにしましょう。話の腰を折ったり、話を途中で遮ったりしないようにしましょう。質問や感想は話を聞き終わってからにしましょう。

女子正在商業研習會談論有關溝通的議題。

女：為了提升溝通能力，最重要的是具備理解對方的態度。
了解對方想要傳達「什麼」和「為什麼」是非常重要的。為了正確理解對方的話，除了聽清楚「何時、在哪裡、如何做」等細節外，從對方的態度、聲音語調等也能感受到他們的心情，這樣便能清楚知道他們想要傳達的內容或是重點。接著，應該學會讀懂談話中的停頓，不要打斷對方或在中途插話。問題和感想應該等對方說完後再提出。

女の人はどのようなテーマで話していますか。	女子正在討論什麼主題？
1 聞くための基本練習とは	1 何謂聆聽的基本練習
2 聞き上手になるためには	2 如何成為擅長聆聽的人
3 相手の本心を探る事とは	3 何謂試探對方的真心
4 話し上手になるためには	4 如何成為擅長說話的人

解說 女子探討了在溝通能力中，如何聆聽對方的話語和該注意的禮儀，而不是著重於自己的表達方式。

詞彙 汲み取る：體察、理解 ｜ 間：空檔、停頓 ｜ 読み取る：讀懂、理解 ｜ 話の腰を折る：打斷談話 ｜ 遮る：打斷、阻止 ｜ 探る：試探

問題 4 在問題 4 的題目卷上沒有任何東西，請先聆聽句子和選項，從選項 1～3 中選出最適當的答案。

例 Track 4-4

男：部長、地方に飛ばされるんだって。
女：1 飛行機相当好きだからね。
　　2 責任取るしかないからね。
　　3 実家が地方だからね。

例

男：聽說部長被派到鄉下去了。
女：1 因為他非常喜歡飛機。
　　2 因為他只能負起責任了。
　　3 因為他老家在那邊。

1番 Track 4-4-01

男：2時から緊急会議だって。会議室の手配、間に合うかな？
女：1 今1時ですね。椅子はいくつあれば足りますか。
　　2 もう遅いですよ。始発には乗れません。
　　3 急いで行けば間に合うと思います。

第 1 題

男：聽說 2 點開始有緊急會議，來得及準備會議室嗎？
女：1 現在是 1 點對吧。椅子要幾張才夠呢？
　　2 已經太遲了，搭不上第一班車。
　　3 我覺得如果快點去應該還來得及。

解說「手配」除了表示「通緝」之外，也有「準備」的意思。由於後面接了「間に合う（來得及）」的表達，因此是要詢問「準備是否來得及」的意思。

詞彙 足りる：足夠 ｜ 始発：第一班車

2番 Track 4-4-02

男：今度の土曜、空けられるかな？
女：1 いいえ、土曜日は空けなくてもいいです。
　　2 いつもがらがらなので別に急がなくてもいいです。
　　3 大丈夫ですが、週末は休みじゃないですか。

第 2 題

男：這個禮拜六，妳能空出時間嗎？
女：1 不，不需要空出禮拜六。
　　2 因為總是空蕩蕩的，所以不需要特別著急。
　　3 沒問題，不過週末不是休假嗎？

解說「空ける」是指「騰出時間或空間運用在其他事情上」的意思。

詞彙 がらがら：空蕩蕩的、空無一人

第 4 回　實戰模擬試題解析　239

3番　🎧 Track 4-4-03

男：あ、鉢植えほしいな。
女：1　何飼うの？
　　2　何植えるの？
　　3　何削るの？

第 3 題

男：啊，我想要一盆盆栽。
女：1　你要養什麼？
　　2　你要種什麼？
　　3　你要削什麼？

解說　男子說想要「鉢植え（盆栽）」，所以回應「植える（種植）」較為恰當。

詞彙　飼う：飼養　|　削る：削

4番　🎧 Track 4-4-04

女：うわ～、すごい土砂降りですね。
男：1　これでは暑くてかなわないよ。
　　2　傘持ってたけど、びしょ濡れになっちゃったよ。
　　3　そんなことないよ。がんばれば誰だってできるって。

第 4 題

女：哇～好大的暴雨啊！
男：1　這樣下去會熱到受不了啊。
　　2　雖然有帶傘，但全身都溼透了。
　　3　沒這回事，只要努力誰都能做得到。

解說　「土砂降り」是指「傾盆大雨、暴雨」。

詞彙　びしょ濡れ：濕透

5番　🎧 Track 4-4-05

女：以前、こちらの病院にかかったことがありますか。
男：1　そうですね、2時間ぐらいでしょうか。
　　2　いいえ、その病気にはかかったことがありません。
　　3　はい、1度だけ診てもらったことがあります。

第 5 題

女：以前曾經來過這間醫院嗎？
男：1　是的。大概兩個小時嗎？
　　2　不，我沒有得過這個病。
　　3　是的，我曾經來看診過一次。

解說　「かかる」這個動詞有很多用法，在這道題目中使用了「病院にかかる（在醫院就診）」這個慣用表達。也可以記住另一個用法「医者にかかる（看醫生）」。

6番　Track 4-4-06

女：お客様、決済は円建てにしますかドル建てにしますか。

男：1　そうですね、為替相場の推移を見てから決めましょう。
　　2　いいえ、両替はしなくてもいいですから。
　　3　では円をドルにしてください。

第6題

女：客人，結帳要用日圓還是美金呢？

男：1　嗯，我先看一下匯率走勢再決定吧。
　　2　不，不需要換匯。
　　3　那請把日圓換成美金。

解說　在貿易交易中，根據支付貨款使用的貨幣不同，會稱為「円建て（以日圓計價）」、「ドル建て（以美元計價）」、「ユーロ建て（以歐元計價）」。

詞彙　為替相場：匯率　｜　推移：變遷　｜　両替：換匯

7番　Track 4-4-07

女：話の腰を折らないでよ。

男：1　ごめん、日ごろ興味を持っている話題になるとつい……。
　　2　重たくて女一人では持てないと思うよ。
　　3　私も以前腰を痛めて大変だったことがあるよ。

第7題

女：不要打斷我說話啦。

男：1　抱歉，一談到我平常有興趣的話題，我就忍不住……
　　2　這個太重了，女生一個人應該拿不動。
　　3　我以前也曾因為腰痛很痛苦。

解說　「話の腰を折る」是「別人說話時插嘴、干擾或打斷」的意思。

詞彙　話題：話題　｜　痛める：弄疼

8番　Track 4-4-08

男：ちょっと丈が長いようですが。

女：1　少し緩くした方がいいかもしれません。
　　2　それじゃちょっとつめましょうか。
　　3　やや伸ばした方がいいでしょうね。

第8題

男：長度好像有點長。

女：1　可能稍微寬鬆一點比較好。
　　2　那麼稍微縮短一點嗎？
　　3　還是稍微延長一點會比較好。

解說　「丈」是指「長度」，男子說長度有點長，所以回答中提到縮短的說法比較合適。「つめる」這個動詞有很多用法，在此是指「縮短長度」的意思。另外可以一起記住「席をつめる（坐緊一點）」這個說法。

詞彙　緩い：寬鬆　｜　やや：稍微

9番　Track 4-4-09

男：お腹、もうはち切れそうだよ。

女：1　そりゃそうでしょ。朝から何も食べてないからね。

　　2　いくらなんでも食べすぎはよくないって。

　　3　この塗り薬、そんな傷によく効くわよ。

第9題

男：我肚子已經快要爆掉了。

女：1　那是當然的啊。因為你從早就什麼也沒吃。

　　2　再怎麼說，吃太多就是不好。

　　3　這個藥膏，對這種傷口很有用哦。

解說　「はち切れる」是「內容物滿到快要爆炸」的意思，「お腹がはち切れる」是「吃太多，肚子快要爆炸」的意思。

詞彙　いくらなんで：再怎麼說｜塗り薬：藥膏

10番　Track 4-4-10

男：田中君、寄り道をしたようです。

女：1　今度東京に来たらぜひうちにも寄ってよ。

　　2　道路の真ん中は危ないからもっと右に寄りなさい。

　　3　え、そう？　どうりで遅いと思った。

第10題

男：田中好像繞路了。

女：1　下次來東京的話，一定也要順便來我家哦。

　　2　道路中間很危險，靠右邊一點。

　　3　咦？是喔？難怪這麼晚。

解說　「寄り道」的意思是「前往目的地的途中，順便繞到其他地方」。

詞彙　寄る：順道去｜どうりで：難怪、怪不得

11番　Track 4-4-11

女：すっかり長居してしまいました。

男：1　あまり長居しては人に迷惑だから、そろそろ帰ってください。

　　2　まだいいんじゃないですか？　もっとゆっくりしてってください。

　　3　もうこんな時間ですか？　私もぼちぼち出かけないと。

第11題

女：不小心待太久了。

男：1　待太久會造成別人困擾，差不多請回去了。

　　2　還可以吧？請再待久一點。

　　3　已經到這個時間啦？我也差不多該出門了。

解說　「長居する」是「長時間待在某地」的意思，通常用於在他人家中逗留過久的情況。

詞彙　すっかり：完全｜ぼちぼち（→ぼつぼつ）：差不多

12番 Track 4-4-12

女：札幌市が2026年の冬季五輪招致を表明したそうですね。

男：1　冬のオリンピックか。ぜひ見に行きたいものですね。
　　2　いいえ、それはもう承知しておりますが。
　　3　2026年ですか？これで完成のめどがつきました。

第12題

女：聽說札幌市已經表明將爭取2026年冬季奧運的主辦權。

男：1　冬季奧運嗎？真想去看一看。
　　2　不，那件事情我早就知道了。
　　3　2026年嗎？這樣就能確定完成的目標了。

解說　要記住「冬季（冬季）」、「五輪（奧運）」、「招致（爭取、邀請）」這幾個詞彙。

詞彙　表明：表示、表明 ｜ 承知している：知道 ｜ めどがつく：目標確立

13番 Track 4-4-13

女：部長、ようやく契約にこぎつけましたね。

男：1　早く手を打たなきゃならないから、もっと急げよ。
　　2　そうだね、これで契約を考え直すことになるよね。
　　3　これで一安心だ、ご苦労さんだった。

第13題

女：部長，終於努力簽到合約了呢！

男：1　因為要盡快採取措施，還需要再加快一些啊。
　　2　對啊，這樣一來就得重新考慮這份合約了。
　　3　這樣就能暫時放心了，辛苦了。

解說　「こぎつける」是「划船到達目的地」意思，但經常用於表示「努力後達成目標」。

詞彙　手を打つ：採取措施

14番 Track 4-4-14

女：お父さんは欲しいものがあれば日本中どこにでも買い求めに行くよね。

男：1　おれは凝り性なんで。
　　2　おれは頑固なんで。
　　3　おれはせっかちなんで。

第14題

女：爸爸只要有想要的東西，就會跑遍全日本去買呢。

男：1　因為我很執著。
　　2　因為我很頑固。
　　3　因為我性子很急。

解說　「凝り性」是指「對某件事情非常執著，直到滿意為止都會堅持下去的性格」。

詞彙　頑固だ：頑固 ｜ せっかちだ：性急、急躁

問題 5 在問題 5 中將聽到一段較長的內容。本大題沒有練習部分，可以在題目卷上做筆記。

第 1 題、第 2 題
在問題 5 的題目卷上沒有任何東西，請先聆聽對話，接著聆聽問題和選項，再從選項 1～4 中選出最適當的答案。

---

1 番　🎧 Track 4-5-01

女の学生と男の学生が話しています。

女：佐藤君は、夜寝る前の一時間ほどは、どんなことをしてるの？

男：そうだな。お風呂に入って、テレビをぼーっと見て寝るかな…？

女：そう、この雑誌にね。「成功者が寝る前に行っていること五つ」っていう記事があるの。

男：へえ、興味深いね。どんなことするの？

女：まず、読書をする、読書にはストレスを緩和したり記憶力を向上させたりする効果があるんですって。2つ目はね。散歩すること。散歩すると気分がスッキリするし、創造性が高まるんですって。

男：ああ、そうかもしれないね。ぼくも夜、ときどき散歩するけど、散歩中にアイデアが浮かんできたり、思いがけず解決困難な問題の突破口が見つかることもあるよ。

女：それは、散歩の効用だわね。それから、3つ目はその日良かったことを振り返ることだって。できなかったことではなく、その日に成し遂げたこととか、感謝したいことを3個から5個ぐらい書き出すんだって。

男：うん、それはいいかも。今までは、ついついできなかったことばかり考えちゃってたよ。

女：そうすると、ストレスがたまっちゃうって。あとは、次の日の準備を万全にしておくことと携帯電話の電源をオフにすることだって。

男：ああ、なるほどね。2時とか3時ごろにスマホにメールしてくる奴もいて、安眠妨害だよ。今夜から消すことにしようっと。

女：それがいいわよ。

第 1 題

女學生和男學生正在交談。

女：佐藤同學，睡前一小時左右你都在做什麼啊？

男：嗯……洗澡發呆看電視，然後去睡覺吧。

女：是喔，這本雜誌上有篇文章叫做「成功人士睡前會做的五件事」。

男：哦，真是有趣。他們都做些什麼呢？

女：首先是閱讀。據說閱讀可以減輕壓力或提升記憶力。第二個是散步，散步可以讓心情變得舒暢，還能提升創造力。

男：啊，或許是這樣耶。我晚上偶爾也會散步，散步的時候有時候會突然冒出一些點子，甚至能找到解決棘手問題的突破口。

女：那就是散步的效果吧。然後，第三件事是回顧當天發生的好事。不是去想沒做到的事情，而是寫下 3 到 5 件當天完成的事情或值得感謝的事情。

男：嗯，這或許不錯。以往我總是忍不住去想那些沒有做到的事情。

女：那樣會讓壓力積累起來哦。還有，就是要為隔天做好萬全準備，並且將手機關機。

男：啊，原來如此。確實有些人半夜兩三點還會傳簡訊給我，真的是妨礙我的睡眠呢。從今晚開始我決定關機。

女：這樣才對嘛！

男の人がこれから、夜寝る前にすることは何ですか。	男人接下來在晚上睡覺前會做什麼？
1　一時間ほどの読書	1　閱讀1小時左右
2　ペットとの散歩	2　和寵物散步
3　スマホの電源を切る	3　關閉手機電源
4　翌日の準備をする	4　為隔天做準備

解說　女子看到雜誌上的文章「成功人士睡前做的五件事」後便告訴男子，男子也同意該文章的內容，最後也同意關閉手機電源的說法，而且決定從今天晚上開始執行。

詞彙　ぼうっと：發呆 ｜ 興味深い：有趣的 ｜ 緩和：緩解、減輕 ｜ 記憶力：記憶力 ｜
すっきりする：感覺清爽、舒暢 ｜ 創造性：創造力 ｜ 思いがけず：意外的、想不到的 ｜
突破口：突破口 ｜ ついつい：忍不住 ｜ 安眠妨害：妨礙睡眠

2番　Track 4-5-02

女の留学生と日本人の男の学生が話しています。

女：田中さんは、奈良出身でしょ。

男：うん、そうだけど。何で？

女：今度の連休に京都と奈良のお寺めぐりをしようと思っているのよ。奈良で、おすすめの宿泊場所はある？

男：そうだね。ホテルも、旅館もあるし、ちょっと値段を抑えて、ゲストハウスや、民泊サービスを利用することもできるし。

女：そうね、旅館は朝食と夕食付でしょ。温泉もついているところはあるの？

男：そうだね。南の方に行けばあるけど交通の便が悪いから、やっぱり、駅の周辺がいいんじゃないの？最近はゲストハウスも古民家風のものや、いろいろあるし。あと一般の民家に泊まるのもいいんじゃないかな？

女：なるほどね。ゲストハウスだと、他の国から来た人達と話もできそうだし楽しそうね。

男：うん、そうだね。ああ、そうだ！ナンシーさんはお寺に泊まったことはあるの？

第2題

女留學生和日本男學生正在交談。

女：田中同學是奈良人對吧？

男：嗯，對啊，怎麼了嗎？

女：這次連假我想去參加京都和奈良的寺廟巡禮，有沒有推薦的奈良住宿？

男：嗯，有飯店也有旅館，也可以選擇價格較便宜的青年旅館或民宿服務。

女：對喔。旅館有附早餐跟晚餐對吧，有沒有附溫泉的地方啊？

男：嗯，往南走的話是有的，但是交通比較不方便，所以還是待在車站附近比較好吧？最近青年旅館也有古宅風格的，種類很豐富。另外，住一般的民居也不錯吧？

女：原來如此。如果是青年旅館的話，應該能和來自其他國家的人交流，感覺很有趣呢。

男：嗯，對啊。對了！南西同學有住過寺廟嗎？

女：お寺か？ああ、まだないわ。でも、朝が早いんじゃない？ 男：ああ、お坊さんと一緒にお経体験するかもしれないからね。あと、最近、和風のホテルが新しく建ったんだって。 女：へえ、おもしろそうね。そこがいいかな？ 男：建ったばっかりだから、口コミはあるかな？ネットでチェックしてみて。駅のすぐ横だよ。 女：へえ、駅に近すぎるわね。やっぱり、知らない人とのコミュニケーションが出来そうなとこが私はいいかな。 男：そう、じゃ、ネットで確認してみて。 女の留学生は、宿泊場所としてどこを調べてみますか。 1　旅館 2　ゲストハウス 3　和風ホテル 4　お寺	女：寺廟嗎？哦，我還沒住過。但是早上不是要很早起來？ 男：嗯，因為可能會和和尚一起體驗誦經。然後最近聽說有新建的日式飯店哦。 女：哇，感覺好像蠻有趣的，那裡不錯嗎？ 男：因為剛建好，不曉得查不查得到評價。妳在網路上查看看吧，它就在車站旁邊。 女：哇！離車站太近了吧。果然我還是比較喜歡那種可以和陌生人交流的地方。 男：是喔。那就上網查看看吧。 女留學生會查詢哪個住宿地點？ 1　旅館 2　青年旅館 3　日式飯店 4　寺廟

解說　來自奈良的日本人介紹幾個很有魅力的住宿地點，但女留學生表示希望住在能夠與其他外國人交流的地方。這樣的地方就是前面談到的青年旅館。

詞彙　めぐり：巡遊 ｜ 値段を抑える：降低價格 ｜ お坊さん：和尚 ｜ 経：佛經、經書 ｜ 建つ：建、蓋 ｜ 口コミ：口碑、評價

第3題
請先聽完對話與兩個問題，再從選項1～4中選出最適當的答案。

3番　Track 4-5-03	第3題
男の留学生と女の留学生が話しています。 男：キムさん、今度のお休みに一週間くらい帰国するつもりなんだ。 女：え！アリさんも。私も一週間くらい帰国しようと思っているの。	男留學生和女留學生正在交談。 男：金同學，這次放假我打算回國一個禮拜左右。 女：咦？亞力同學也是嗎？我也打算回國一個禮拜左右。

男：それで、お土産をどうしようか考えているんだけど、キムさんはどうするの？

女：私の国は冬、寒いでしょ。それでね、本当はコンパクトなストーブを買いたいんだけど、それは持っていけないからね…。

男：ああ、だったら、使い捨てのカイロがいいんじゃないの？

女：ああ、いいわね。それに決めた。アリさんも？

男：ううん、ぼくの国は一年中暑いから必要ないよ。

女：ああ、そうか。あ！そうだ。私の国で喜ばれるものはね、日本の固形のカレールーが人気なのよ。

男：へえ、意外だね。キムさんの国にもありそうじゃないの？

女：う～ん？　まだ、私はお目にかかったことがないわね。

男：そうなの？　ぼくの国はしょっちゅうカレーを食べるけど、日本のカレールーは便利で味も豊富でいいかもしれないな。ぼくはそれにしよう。

女：ええ？　アリさんの国でもあるんじゃないの？

男：いいや、ないと思う。それと、日本のお菓子を弟や妹に買っていこうかな。

女：うん、いいわね。日本のお菓子はパッケージも楽しいし、いろいろな味があって喜ばれるわよ。

男：うん、ああ、そうだ！前回、母に日本の胃薬や目薬を買っていったら喜んでいたよ。

女：ああ、そうそう。私も買おうと思っていたの。もし母が要らないって言ったら私が使えばいいしね。

質問 1

男の留学生はどんなお土産を買いますか。

1　使い捨てカイロと日本の薬
2　固形のカレールーと日本のお菓子
3　使い捨てカイロと日本のお菓子
4　固形のカレールーと日本の薬

男：所以我在考慮該帶些什麼紀念品，金同學打算怎麼做呢？

女：我的國家冬天很冷對吧，所以其實我想買一個小型的暖爐，但又帶不過去……

男：啊，那樣的話，拋棄式暖暖包不錯吧？

女：咦，不錯耶。我決定帶這個了。亞力同學也是嗎？

男：不，我的國家一年四季都很熱，所以不需要哦。

女：啊，原來如此。啊！我想到了。在我們國家很受歡迎的是日本的咖哩塊。

男：哇，真是意外。金同學的國家應該也有不是嗎？

女：嗯？我還沒有看過耶。

男：是喔？在我的國家常常吃咖哩，但日本的咖哩塊既方便又有多種口味，可能還不錯。我就帶這個吧。

女：咦？亞力同學的國家也有不是嗎？

男：不，我覺得應該沒有。然後我還打算買日本的點心給弟弟和妹妹。

女：嗯，不錯哦！日本的點心連包裝都很有趣，還有各種口味，他們應該會很開心。

男：嗯，啊！對了！上次我買日本的胃藥跟眼藥水回去給我媽，她好高興。

女：啊，對對對。我也想說要買。如果我媽不要的話，我就自己用。

問題 1

男留學生會買什麼紀念品？

1　拋棄式暖暖包和日本的藥品
2　咖哩塊和日本的點心
3　拋棄式暖暖包和日本的點心
4　咖哩塊和日本的藥品

質問 2	問題 2
女の留学生はどんなお土産を買いますか。	女留學生會買什麼紀念品？
1　使い捨てカイロと日本の薬	1　拋棄式暖暖包和日本的藥品
2　固形のカレールーと日本のお菓子	2　咖哩塊和日本的點心
3　使い捨てカイロと日本のお菓子	3　拋棄式暖暖包和日本的點心
4　固形のカレールーと日本の薬	4　咖哩塊和日本的藥品

解說　問題1：男子的國家一整年都很熱，所以不需要拋棄式暖暖包。他選擇了有多種口味的日式咖哩塊和要買給弟弟妹妹的點心。要注意的是，藥品是以前買過的，而不是這次要買的。

問題2：女子根據自己國家的寒冷天氣，選擇了拋棄式暖暖包和要送給媽媽的藥品。

詞彙　使い捨てカイロ：拋棄式暖暖包　｜　目にかかる：看見　｜　豊富：豐富

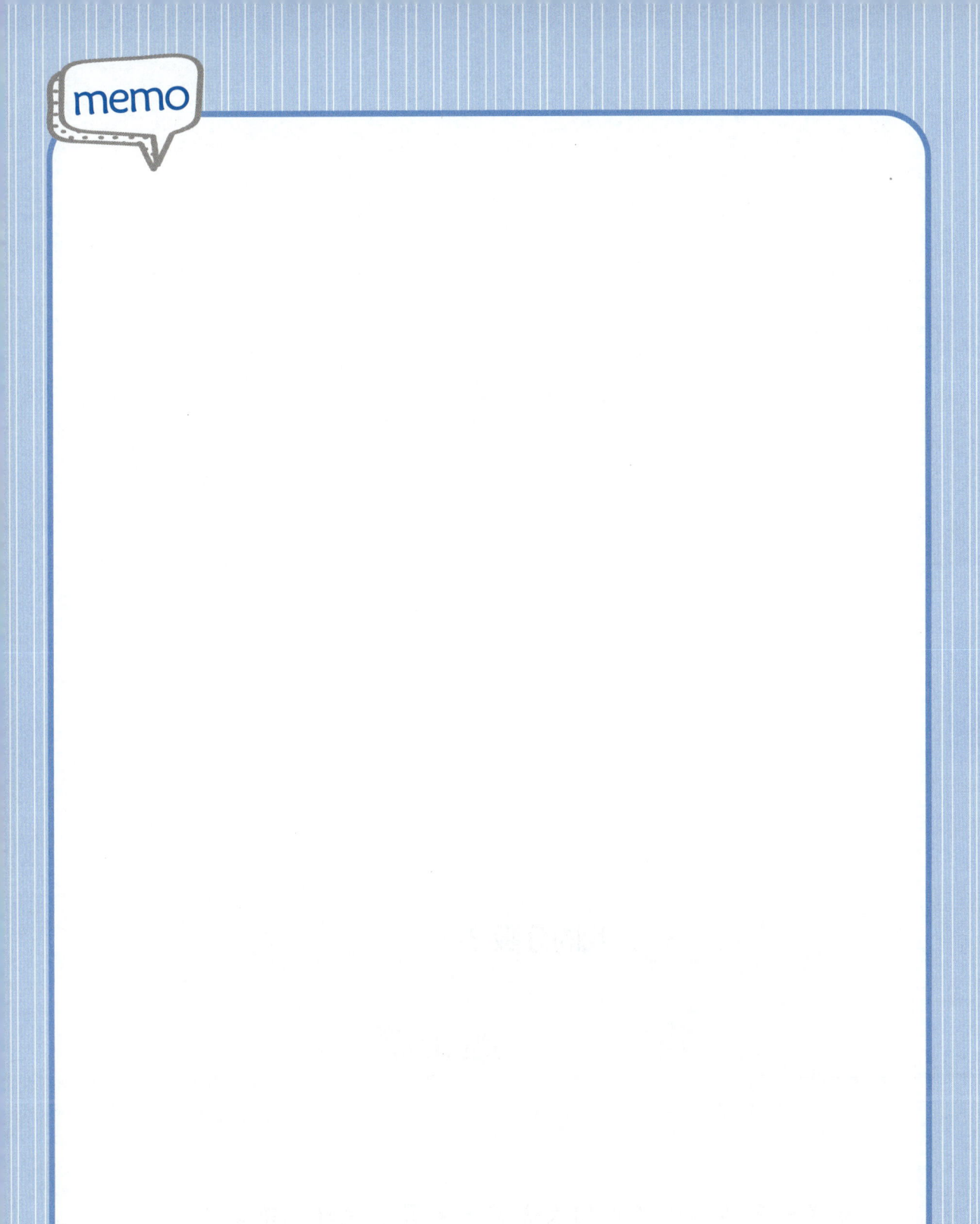

我的分數？

共 ☐ 題正確

若是分數差強人意也別太失望，看看解說再次確認後重新解題，如此一來便能慢慢累積實力。

JLPT N1 第5回 實戰模擬試題解答

第1節 言語知識〈文字・語彙〉

問題 1 [1] 1 [2] 4 [3] 4 [4] 2 [5] 3 [6] 3
問題 2 [7] 4 [8] 2 [9] 1 [10] 2 [11] 4 [12] 2 [13] 4
問題 3 [14] 4 [15] 3 [16] 2 [17] 2 [18] 1 [19] 3
問題 4 [20] 4 [21] 3 [22] 1 [23] 1 [24] 2 [25] 3

第1節 言語知識〈文法〉

問題 5 [26] 4 [27] 2 [28] 3 [29] 4 [30] 1 [31] 1 [32] 2 [33] 1 [34] 4 [35] 3
問題 6 [36] 1 [37] 1 [38] 4 [39] 4 [40] 1
問題 7 [41] 3 [42] 3 [43] 3 [44] 2 [45] 1

第1節 言語知識〈讀解〉

問題 8 [46] 1 [47] 3 [48] 4 [49] 2
問題 9 [50] 4 [51] 1 [52] 1 [53] 3 [54] 2 [55] 3 [56] 4 [57] 2 [58] 4
問題 10 [59] 4 [60] 2 [61] 2 [62] 2
問題 11 [63] 4 [64] 2
問題 12 [65] 3 [66] 2 [67] 4 [68] 3
問題 13 [69] 1 [70] 3

第2節 聽解

問題 1 [1] 3 [2] 1 [3] 4 [4] 3 [5] 3 [6] 1
問題 2 [1] 2 [2] 4 [3] 2 [4] 3 [5] 1 [6] 2 [7] 3
問題 3 [1] 2 [2] 3 [3] 2 [4] 3 [5] 4 [6] 3
問題 4 [1] 2 [2] 1 [3] 2 [4] 3 [5] 2 [6] 3 [7] 1 [8] 2 [9] 1 [10] 3 [11] 1 [12] 2 [13] 3 [14] 1
問題 5 [1] 4 [2] 4 [3] 1 3 2 2

第5回 實戰模擬試題 解析

第1節 言語知識〈文字・語彙〉

問題1 請從 1、2、3、4 中選出＿＿＿＿這個詞彙最正確的讀法。

---

1 人々を悩ませている害虫を全部退治した。
1 たいじ　　　2 たいち　　　3 だいじ　　　4 だいち

將困擾人們的害蟲全部消滅了。

詞彙 退治（たいじ）：消滅、驅除

+ 注意「治」有兩種讀法，分別是「ち」和「じ」。▶ 治療（ちりょう）：治療，政治（せいじ）：政治

---

2 もし彼の主張が事実なら、政府が国民を欺いていることになる。
1 うつむいて　　2 きずいて　　3 かたむいて　　4 あざむいて

如果他的主張是事實，那麼就是政府在欺騙國民。

詞彙 欺（あざむ）く：欺騙 ▶ 詐欺（さぎ）：詐騙，欺瞞（ぎまん）：欺瞞 ｜ 築（きず）く：建造、構築 ｜ 傾（かたむ）く：傾斜、傾向

---

3 次は、寄付金控除のご案内です。
1 くうしょ　　2 くうじょ　　3 こうしょ　　4 こうじょ

接下來是捐款扣除的說明。

詞彙 寄付金（きふきん）：捐款 ｜ 控除（こうじょ）：扣除 ▶ 控訴（こうそ）：控訴

---

4 いつまでも心身を清らかに保ちたい。
1 なめらかに　　2 きよらかに　　3 なだらかに　　4 おおらかに

希望永遠保持身心清淨。

詞彙 清（きよ）らかだ：清淨、純潔 ｜ 滑（なめ）らかだ：流暢、光滑 ｜ なだらかだ：平緩 ｜ 大（おお）らかだ：豁達

---

5 今年の元日は、確か日曜だった。
1 げんじつ　　2 げんにつ　　3 がんじつ　　4 がんにち

今年的元旦好像是星期日。

252

詞彙 元日(がんじつ)：元旦
+ 注意「元」有兩種讀法，分別是「がん」和「げん」。▶ 元年(がんねん)：元年，紀元(きげん)：紀元

[6] 私の母は、80歳を過ぎて体力が著しく衰えてきたようだ。
　1　はげしく　　　2　おびただしく　　3　いちじるしく　　4　めざましく
我的母親過了 80 歲之後，體力似乎明顯地衰退。

詞彙 著(いちじる)しい：顯著的 ｜ 衰(おとろ)える：衰老、衰退 ｜ 激(はげ)しい：激烈的 ｜ おびただしい：大量的 ｜ 目覚(めざ)ましい：驚人的

問題 2 請從 1、2、3、4 中選出最適合填入（　　　）的選項。

[7] 失恋して何ヶ月も経っているのに立ち直れない私。こんな（　　　）性格を直したい。
　1　まちどおしい　　2　すばしこい　　3　いさましい　　4　みれんがましい
失戀過了好幾個月，我卻無法重振起來。真想改掉我這種依戀不捨的個性。

詞彙 待(ま)ち遠(どお)しい：盼望已久的 ｜ すばしこい：靈活、敏捷的 ｜ 勇(いさ)ましい：勇敢的 ｜ 未練(みれん)がましい：依依不捨、依戀

[8] 仙台市は観光客減に（　　　）をかけるために、一刻も早く対策を立てるべきである。
　1　鍵　　　　2　歯止め　　　　3　手間　　　　4　拍車
仙台市應盡快制定對策，以抑制觀光客減少的趨勢。

詞彙 歯止(はど)めをかける：制止、抑制 ｜ 手間(てま)をかける：花費時間心力 ｜ 拍車(はくしゃ)をかける：加速、促進

[9] A社とB社の社長同士の合併の話し合いは、緊張した表情も見えたものの、まずは順調な（　　　）をうかがわせた。
　1　すべりだし　　2　ふりこみ　　3　かけだし　　4　もちこみ
A 公司和 B 公司的社長進行合併協商時，雖然雙方表情略顯緊張，但整體仍透露出順利開局的態勢。

詞彙 合併(がっぺい)：合併 ｜ 滑(すべ)り出(だ)し：開局、起步 ｜ かけだし：新手 ｜ うかがう：看出（某情況）

10 銀行から住宅ローンに関する書類を（　　　）必要が生じたが、「書類は本人が直接来なければ出せない」と言われた。
　　1　取りかかる　　　2　取り寄せる　　　3　取り組む　　　4　取り合う

需要向銀行索取住宅貸款相關文件，但卻被告知「文件必須由本人親自到場才會提供」。

詞彙 取りかかる：著手｜取り寄せる：索取｜取り組む：致力於｜取り合う：互相爭奪

11 今何よりも急がなければならないことは、（　　　）難を逃れた人々が命をつなげるよう、救援物資を手元に届けることだと思う。
　　1　いまにも　　　2　なおさら　　　3　きっぱり　　　4　かろうじて

目前最急迫的事情，是將救援物資送到那些好不容易逃過災難的人手中，確保他們能維持生命。

詞彙 難：災難｜逃れる：逃脱｜救援物資：救援物資｜手元：手邊｜今にも：眼看就要｜なおさら：更加｜きっぱり：乾脆｜かろうじて：好不容易、勉強

12 タバコやお酒などを直接子どもに売りつけるサイトがあるが、こんな有害サイトが子どもに及ぼす悪影響が（　　　）されている。
　　1　憂い　　　2　懸念　　　3　煩わしい　　　4　恐れ

有些網站直接向兒童販售菸酒，這種有害網站對兒童可能造成的負面影響令人擔憂。

詞彙 売りつける：強行推銷｜及ぼす：帶來、造成｜懸念：顧慮、擔憂｜煩わしい：令人心煩
＋「憂い」和「恐れ」也有「擔憂、不安」的意思，但這些詞彙後面不會接「する」。

13 他の産業との（　　　）もあり、林業だけを国有化するのはそう簡単な問題でない。
　　1　つれあい　　　2　とりあい　　　3　こみあい　　　4　かねあい

由於需要考量與其他產業的平衡，僅將林業國有化並不是一個容易解決的問題。

詞彙 林業：林業｜国有化：國有化｜つれあい：同伴｜取り合い：爭奪｜兼ね合い：平衡、兼顧

問題 3　請從 1、2、3、4 中選出與 _____ 意思最接近的選項。

14 ロシアは平和的解決を望む立場をとりつつ、領土問題で中立をとなえている。
　　1　もとめて　　　2　のぞんで　　　3　うながして　　　4　しゅちょうして

俄羅斯採取希望和平解決的立場，同時在領土問題上主張中立。

詞彙 唱える：主張、提倡　**例** 異議（不服）を唱える：提出異議｜促す：促進

> 15 冬山は本当に危険。もし道に迷ったら、引き返すのが原則だ。
> 　1　たちどまる　　　2　やめる　　　　3　もどる　　　　4　たえる
> 　冬季登山真的非常危險。如果迷路了，原則上就是原路返回。

詞彙　冬山：冬季登山｜引き返す：返回、折回｜立ち止まる：停下來｜戻る：回去、返回｜
耐える：忍耐

> 16 日本相撲協会は八百長の存在をおおやけに認め、引退勧告など、異例の大量処分に踏み切った。
> 　1　はじめて　　　　2　公式に　　　　3　すべて　　　　4　ようやく
> 　日本相撲協會公開承認了打假賽的問題，並作出了異例的大規模處分，包括引退勸告等等。

詞彙　八百長：打假賽｜公に：公開、正式 ▶ おおっぴらに：公開地，公然と：公然地｜
踏み切る：下定決心｜ようやく：終於

> 17 今は鍋ごと入れられる業務用大型冷蔵庫もあるが、以前は家庭用の冷蔵庫1台でボランティアの食事をまかなっていた。
> 　1　保存していた　　2　整えてだした　3　とどめていた　　4　控えてだした
> 　現在有可以連鍋子一起放入的營業用大型冰箱，但以前只能用家用冰箱來為志工準備餐食。

詞彙　賄う：準備餐食｜整える：整理、準備｜止める：停止｜控える：待命、等候

> 18 様々な規制緩和や海外との経済連携で、日本の企業は新たな市場を開拓することができた。
> 　1　きりひらく　　　2　ふみきる　　　3　きりかえる　　　4　たちきる
> 　透過各種規定放寬和與國外的經濟合作，日本企業成功開拓新市場。

詞彙　連携：合作｜開拓：開拓 ▶ 拓く：開拓，草分け：開拓者｜切り開く：開闢｜
踏み切る：下定決心｜切り替える：切換｜断ち切る：截斷、切斷

> 19 政府の発表によると、原発の寿命は40年が一つの目安になっているそうだ。
> 　1　予想　　　　　　2　兆し　　　　　3　基準　　　　　　4　たより
> 　根據政府的公告，核電廠的壽命以40年為一個基準。

詞彙　目安：標準、基準 ▶ 物差し：標準｜兆し：徵兆｜頼りになる：可靠的

問題 4 請從 1、2、3、4 中選出下列詞彙最適當的使用方法。

20 潔い（いさぎよい）　果斷、乾脆
1 女性はシンプル且つ潔い服装の男性を好む。
2 この病院は安全で安心できる医療と潔い病室で評判になっている。
3 大晦日を迎え、家中の大掃除をしたら心まで潔くなった気分だ。
4 このアプリで「もう優柔不断ではない、すぱっと決断できる潔い性格の人」になれます。

1 女性喜歡穿著簡單且果斷的男性。
2 這間醫院以安全且安心的醫療和果斷的病房獲得好評。
3 迎接除夕，家裡進行了大掃除，讓我感覺到心靈也變得更果斷了。
4 利用這個應用程式，可以成為「不再優柔寡斷，能迅速做出決定、性格果斷的人」。

解說 選項 1、2、3 全都是當作「潔淨」意思使用的句子。

詞彙 潔い（いさぎよい）：果斷、乾脆 ｜ 且つ（かつ）：而且 ｜ 評判だ（ひょうばんだ）：好評 ｜ 優柔不断（ゆうじゅうふだん）：優柔寡斷 ｜
すばっと：果斷、爽快

21 じれったい　令人焦急的、著急的
1 子供の時から集団になじむことが苦手で、今でもじれったい人間関係はなるべく避けたい。
2 みんなの前で誉められるのは何だかじれったい。
3 じれったい彼に自分から先に告白しようと思う。
4 自分の彼は重い荷物をさりげなく持ってくれるし、じれったい。

1 從小就不擅長融入團體，現在還是盡可能想要避免令人焦急的人際關係。
2 在大家面前被誇獎，總感覺有點焦急。
3 我打算主動向那個讓我焦急的他告白。
4 我男朋友會裝作若無其事的樣子幫我拿重物，真是令人焦急。

解說 選項 1 改成「厄介な人間関係（やっかいなにんげんかんけい）（煩人的人際關係）」較為恰當。

詞彙 じれったい：令人焦急的、著急的 ｜ なじむ：熟悉、融入 ｜ 誉める（ほめる）：誇獎、稱讚 ｜
さりげない：若無其事的

22 介抱　照顧（病人等）
1　道で転倒して怪我した人がいたので、介抱してあげました。
2　介抱とは、対象者が日常生活において不都合がないように支援や教育することである。
3　うちは夫婦共働きなので、子供の介抱も分担することにしています。
4　高齢者の増加に伴い、将来にわたって安定した介抱保険制度の確立などに取り組んでいる。

1　因為有人在路上摔倒受傷，我便幫忙照顧他。
2　照顧是指在日常生活中，提供協助和教育，確保對象不會感到不便。
3　我家是雙薪家庭，因此也會分擔照顧孩子的責任。
4　隨著老年人的增加，我們正在努力建立一個未來長期穩定的照顧保險制度。

解說　選項3改成「子供の面倒を見る（照顧孩子）」較為恰當。

詞彙　介抱：照顧（病人等）｜転倒：摔倒｜共働き：雙薪家庭｜取り組む：致力於

23 相容れない　不相容、彼此無法接受、矛盾
1　彼の主張の中には、同意できる意見もあれば、全く相容れないものもあった。
2　世の中には自分で自分を相容れなくて苦しんでいる人も、大勢いると思う。
3　偏見の目にさらされるのが怖くて、自分の子供の発達障害を相容れない親も多い。
4　日本は曖昧さや失敗を相容れないというイメージが強い。

1　他的主張中，有一些可以同意的意見，也有完全無法接受的部分。
2　世上有許多人因為無法接受自己而感到痛苦。
3　因為害怕被帶有偏見的眼光看待，有很多父母也無法接受自己孩子的發展障礙。
4　日本給人一種對曖昧與失誤不相容的強烈印象。

解說　「相容れない」是必須有對象才能使用的詞彙，因此選項2、3都無法使用。

詞彙　相容れない：不相容、彼此無法接受、矛盾｜偏見：偏見｜さらす：暴露｜曖昧さ：曖昧

24 括る　捆綁
1　当局の監視の目を括って、外国に大量の軍用品を輸出した。
2　読み終った新聞を紐で括ると、重ねやすくなる。
3　海女が島の沿岸で括ってわかめで作った天然スナックです。
4　体重を減らしたいなら、「食べ残しはダメ」という固定観念から括った方がいい。

1　捆綁當局的監視視線，向國外出口大量軍用品。
2　將看完的報紙用繩子捆好後，會更方便堆疊。
3　這是海女在島嶼沿岸捆綁並用海帶芽製作的天然點心。
4　如果想減重，最好捆綁「不能剩飯」的既定觀念。

詞彙　括る：捆綁｜監視：監視｜海女：潛水捕捉漁獲的女性｜沿岸：沿岸｜固定観念：既定觀念

25 振る舞う　行動、動作
1　人間自分の目的を熟知し、自分のつとめに専念したら人に振る舞われることはないと思う。
2　彼女は彼氏のことを思いのままに振る舞っている。
3　会社でとても馴れ馴れしく振る舞っている同僚がいて、困る。
4　男性が権力を振る舞う時は確実に対処しなければなりません。

1　人只要熟悉自己的目的，並專注於自己的職責，就不會被他人動作。
2　她對男朋友隨心所欲地動作。
3　公司裡有一些同事表現得非常親暱，讓人感到困擾。
4　男性表現權力時，必須確實地應對。

解說　選項 4 改成「権力を振う（濫用權力）」較為恰當。

詞彙　振る舞う：行動、動作 ▶ 振る舞い：行動、舉止 ｜ 熟知：熟悉 ｜ 馴れ馴れしい：過分親暱 ｜ 対処：應對、處理

第 1 節　言語知識〈文法〉

問題 5　請從 1、2、3、4 中選出最適合填入下列句子（　　　）的答案。

26　テレビを見る（　　　）見ていたら、工場の火事のニュースが目に入ってきた。
1　ことなく　　　　2　はずなく　　　　3　ことなしに　　　4　ともなしに
無意間看著電視時，看到一則工廠火災的新聞。

文法重點！　☑ 動詞原形＋ともなしに／動詞原形＋ともなく：沒有特別的意圖或目的地做某事，無意間～、不經意地～
後面通常會接續「見る（看）、聞く（聽）、考える（思考）」等動詞，表示「沒有刻意去看」、「隨便聽聽」、「沒有刻意思考」等意思使用。另外還有「いつからともなく（不知從何時開始）」、「どこへともなく（不知往哪裡去）」等慣用表達。

27　彼の立場を思うと（　　　）が、いまさらながら、悔やみきれない。
1　分からなくてもない　　　　　　　2　分からないでもない
3　分からなしにでもない　　　　　　4　分からなくてもいい
從他的立場來看，也不是不能理解，但事到如今還是讓我無法釋懷。

文法重點！　☑ 動詞ない形＋でもない：也不是不能～、也不是沒有～
這是一種雙重否定的表現方式，帶有一種「消極的肯定」語氣。

258

詞彙 いまさらながら：事到如今 ｜ （悔やんでも）悔やみきれない：（即使後悔）也無法完全釋懷

---

28 仕事を進めていく（　　　）は、彼の援助がどうしても必要だ。
1　になって　　　　2　にかかわって　　　3　上で　　　　4　にそくして
在推進工作的過程中，他的幫助是必須的。

文法重點！ ✓ 動詞原形 / する動詞名詞化（＋の）＋上で（は）：在做某事的過程中（或是～的情況下）
注意後面不會接表現行為的句子。 **例** （×）海外旅行の上で必要なものを買った

詞彙 援助：幫助

---

29 美術に関しては、天才とまでは（　　　）、かなり強い素質はあると思う。
1　言わなくまでも　　　　　　　　2　言えないまでに
3　言われないまでに　　　　　　　4　言わないまでも
雖然不能說是天才，但我認為他在美術方面有相當出色的天賦。

文法重點！ ✓ 動詞ない形＋までも：雖然不能～但至少～

詞彙 素質：素質、天賦

---

30 他国にはまだまだ（　　　）辛い肉体労働を強いられている貧しい子供がいる。
1　聞くにたえない　　　　　　　　2　聞くにかたい
3　聞くにたる　　　　　　　　　　4　聞くにかたくない
在其他國家，仍然有許多貧困的孩子被迫從事令人無法聽下去的辛苦體力勞動。

文法重點！ ✓ 動詞原形＋にたえない：無法忍受做～（通常和「見る（看）、聞く（聽）、読む（閱讀）」搭配使用，表示「看不下去、聽不下去、根本無法讀」等意思）

詞彙 強いる：強迫 ｜ 貧しい：貧困的

---

31 周囲の反対を（　　　）固い意志を通し続けた。
1　ものともせず　　2　ことともせず　　3　こともなしに　　4　おそれもなしに
不顧周圍的反對，始終堅持自己堅定的意志。

文法重點！ ✓ 名詞＋をものともせず（せずに／しないで）：不顧～、不在乎～

詞彙 意志：意志

32 東京に行ったのは久々だが、親友には（　　　）でそのまま実家に向かった。
1　会えないあげく
2　会えずじまい
3　会うもがな
4　会えるのもしない

久違地去了東京，但最終未能見到好友，便直接回老家了。

文法重點！
- 動詞ない形 + ずじまいだ：最終未能〜、沒能〜就結束了
（「しない」的接續是「せずじまい」）

33 こちらの商品は見た目（　　　）、多様な収納スペースに感動します。
1　もさることながら
2　もことながら
3　もさるとともに
4　もことであり

這款商品不只是外觀，連多樣化的收納空間都令人讚賞。

文法重點！
- 名詞 + もさることながら：〜是當然的，更不用說〜
「A もさることながら B」表示「A 固然〜，但 B 更〜」的意思。

詞彙　見た目：外觀｜収納スペース：收納空間

34 大事なことで討論中なのに、議題と関係のない話をするなんて（　　　）。
1　もってのほかもある
2　もってのほかない
3　もってのほかもしない
4　もってのほかだ

明明在討論重要的事情，卻談些與議題無關的事情，真是荒謬。

文法重點！
- もってのほかだ：豈有此理、荒謬

詞彙　討論：討論｜議題：議題

35 あの選手は体調不良（　　　）競技に参加する強い意志を見せた。
1　をまして
2　におして
3　をおして
4　にまして

那位選手不顧身體不適，表現出參賽的強烈意志。

文法重點！
- 〜をおして：不顧〜、冒著〜（風險）

詞彙　体調不良：身體不適｜競技：比賽

問題 6 請從 1、2、3、4 中選出最適合填入下列句子＿＿＿★＿＿＿中的答案。

[36] 急性胃腸炎は ＿＿ ＿★＿ ＿＿ ＿＿ くらいだった。
1 なんのって　　2 身動きも　　3 痛いの　　4 取れない

急性腸胃炎實在是痛到完全無法動彈。

正確答案　急性胃腸炎は痛いのなんのって身動きも取れないくらいだった。

文法重點！　◯ ～のなんのって：強調前述內容的表達　**例** 面白いのなんのって＝とても面白い：非常有趣

詞彙　急性胃腸炎：急性腸胃炎

[37] 政府のダム建設のために移転を ＿＿★＿ ＿＿ ＿＿ ＿＿ 中では故郷の痕跡が残っている。
1 余儀なくされた　　2 人たちは　　3 心の　　4 まだ

因為政府的水壩建設而不得不遷移的人們，內心仍留存著故鄉的痕跡。

正確答案　政府のダム建設のために移転を余儀なくされた人たちはまだ心の中では故郷の痕跡が残っている。

文法重點！　◯ 名詞＋を余儀なくされる：不得不～、被迫～

詞彙　痕跡：痕跡

[38] 今回の試合の結果は ＿＿ ＿★＿ ＿＿ ＿＿ おかげで最後まで頑張れたと思います。
1 みなさんの　　2 応援の　　3 どうで　　4 あれ

無論這次比賽的結果如何，我相信能夠堅持到最後，都是因為有大家的支持。

正確答案　今回の試合は結果はどうであれみなさんの応援のおかげで最後まで頑張れたと思います。

文法重點！　◯ どうであれ：總之、無論如何

[39] 景気の ＿＿ ＿★＿ ＿＿ ＿＿ 世界中の問題である。
1 低迷は　　2 だけに　　3 限らず　　4 韓国

經濟低迷不僅限於韓國，而是全世界的問題。

正確答案　景気の低迷は韓国だけに限らず世界中の問題である。

文法重點！　◯ 名詞＋だけに限らず：不僅限於～，而且～

詞彙　低迷：低迷

40	あんなちっぽけな口喧嘩で離婚 ____ ____ ★ ____ ことだ。
	1 なんて　　2 にまで　　3 ありえない　　4 発展してしまう
	因為那麼一場小小的口角，竟然發展到離婚，真是難以想像。

正確答案　あんなちっぽけな口喧嘩で離婚にまで発展してしまうなんてありえないことだ。

文法重點　✓ 〜なんて：竟然〜、居然〜（多用於表達驚訝、意外、不屑或輕視等情感）

詞彙　ちっぽけだ：微小、渺小

問題 7　請閱讀下列文章，並根據內容從 1、2、3、4 中選出最適合填入 41 ～ 45 的答案。

題目 P.234

根據國際聯合國世界糧食計畫署（WFP）的說法，每天約有 25,000 人餓死，其中兒童最為嚴重，每六秒就有一人死於飢餓。從 WFP 的網站上可得知，全球人口每七人就有一人營養不足。

根據專家的預測，到 2025 年，全球三分之一的人口將因飢餓而受苦，我們不得不說，未來的糧食危機是非常嚴重的問題。[41]

導致如此多人飽受饑餓之苦的原因之一是全球暖化。如果繼續放任地球平均氣溫上升，可能會對地球環境帶來劇烈的變化。事實上，澳洲因為聖嬰現象，過去十年來農作物收成率減少了一半以上[42]，而巴西與阿根廷則因為酷熱的天氣，導致豆類與玉米的產量減少了約 20%。

在這樣的背景下，作為「未來的食材」而受到關注的就是昆蟲食品。

一聽到昆蟲食品，許多人可能會立刻產生厭惡感。然而，這只是因為人們對昆蟲的認識不足。許多國家已經積極將昆蟲作為未來糧食進行研究。首先，不管「昆蟲食品」外觀如何，在營養上都非常優秀。其蛋白質含量不亞於牛肉，還均衡地含有碳水化合物與脂肪，以及豐富的必需胺基酸、維生素和鐵等礦物質。

此外，生產效率也非常高。例如，假設有 10 公斤的飼料，蟋蟀能生產出 9 公斤的可食用部分，而牛則只能生產出 1 公斤。換句話說，如果生產相同含量的蛋白質，昆蟲的生產效率是牛的 9 倍。現在，世界上 30% 的土地用於飼養家畜，70% 的農地用來栽種家畜的飼料。不僅如此，據說 18% 的溫室氣體排放是由畜牧業所產生的，這表明當前的食品生產結構在經濟和環境上都缺乏效率。

話說回來，為了解決糧食短缺問題，要將不習慣的昆蟲食品納入餐桌似乎還是有些困難[43]。必須改變「昆蟲」這個名稱，或是在料理方式上花點心思[44]。正因昆蟲作為人類重要食物資源的潛力極高，我認為現在正是重新檢視未來永續飲食的時候。[45]

262

> **詞　彙**　割合：比例｜餓死：餓死｜予測：預測｜飢餓：飢餓｜放置：放置｜激変：劇烈變化｜
> 酷暑：酷暑｜嫌悪感：厭惡感｜乏しい：缺乏｜劣る：不如｜必須アミノ酸：必需胺基酸｜
> 呼称：稱呼

41	1 想定するべきだ	2 断言し得る	3 言わざるを得ない	4 言わずにはすまない
	1 應該設想	2 能夠斷言	3 不得不說	4 不說就無法解決

> **解　說**　前面談到「根據專家的預測，到 2025 年，全球三分之一的人口將因饑餓而受苦」。因此，當然只能說未來的糧食危機是一個嚴重的問題。

42	1 招き寄せかねる		2 引き金になりかねない
	3 もたらしかねない		4 迎え入れかねる
	1 難以招來		2 可能成為誘因
	3 可能帶來		4 難以迎來

> **解　說**　前面談到「導致如此多人飽受飢餓之苦的原因之一是全球暖化」，也就是說如果繼續放任地球的平均氣溫上升，將會為地球環境帶來劇變。

43	1 又しても	2 それにもかかわらず	3 それにしても	4 かくして
	1 又	2 儘管如此	3 話說回來	4 如此一來

> **解　說**　前面談到昆蟲食品比畜產業更具效率，在此如果先解決第 44 題，會接續「納入餐桌似乎還是有些困難」這個答案，因此這裡使用「話說回來」較為適合。

44	1 何の偏見も持たずに受け入れるのは難しくて
	2 食卓に取り入れるのはまだまだ無理があるようで
	3 どんどん受け止めるのは困難で
	4 栄養のことばかり考えて取り上げるのはできなくて
	1 不抱持任何偏見地接受是很困難的
	2 納入餐桌似乎還是有些困難
	3 不斷地接受是困難的
	4 只考慮營養來採用是無法做到的

> **解　說**　為了解決糧食短缺，強調了昆蟲食物的必要性，但由於後面提到需要在料理方式花點心思，換句話說，目前將其作為主食還是會有一些排斥感。

> **詞　彙**　偏見：偏見｜取り上げる：採用

45	1 サステナブルな	2 アイデンティティーな	3 グロバールな	4 アーカイブな
	1 永續的	2 具特色的	3 全球化的	4 歸檔的

解說 最重要的關鍵句子是「作為『未來的食材』而受到關注的就是昆蟲食品」。如果人類未來能夠利用昆蟲食品，持續性將是最重要的因素。選項 4 是為了這道題目而組合出的詞語。

第 1 節　讀解

問題 8 閱讀下列 (1) ～ (4) 的內容後回答問題，從 1、2、3、4 中選出最適當的答案。

(1)　　　　　　　　　　　　　　　　　　　　　　　　　　　　　　　　　　題目 P.236

> 　　現在，少子化問題日趨嚴重，櫻花市導入了一項新的托育服務，該服務能在需要的時間內照顧孩子，並於今年 4 月開始試營運。以往申請櫻花市政府認證的托兒所，所要求的最低工作條件為「每週工作 4 天且每天 6 小時以上」，如果低於此標準將無法受理申請。未能進入認證托兒所的人只能將孩子送往費用較高的無認證托兒所，並等待托兒所的名額空出來，這就是現狀。
> 　　這項服務旨在為育兒中的女性提供一個能應對婚喪喜慶、突發疾病、放鬆身心或從事兼職工作時，能夠有完善的環境，並以促進多生育為目標。由於兼職工作常有臨時的工作需求，這項托育服務即使當天申請也能提供照顧。
> 　　這項服務的主要使用者是有急事需要托育的家庭主婦和從事自由職業的母親們。櫻花市自今年 4 月起，作為應對少子化的對策，開始試行這類托育設施的營運。

46	以文章內容而言，以下何者是最正確的？
	1　為了參加親生父親的靈前守夜，可以利用這項托育服務。
	2　這項托育服務的目的在於減輕低收入家庭的經濟負擔。
	3　要使用這項托育服務需要事前預約。
	4　這項托育服務對全職工作的人有利。

詞彙 少子化問題：少子化問題｜今時：現在、如今｜預かる：照顧｜預ける：寄放｜空き：空缺｜
冠婚葬祭：婚喪喜慶｜急病：急病｜非常勤：兼職｜多產化：多產化｜〜が故に：因為〜｜
急遽：急忙｜常連客：常客｜通夜：守夜

解說 文中談到的「冠婚葬祭」是提示。

(2)

> 董事兼總經理　川人努先生
> 平成 30 年 9 月 15 日
>
> 　　　　　　　　　　　　　　　　　　　　　　　　國內業務企劃部　上田正雄
>
> 　　　　　　　　　　　　　　　關於人事異動（呈報）
>
> 　本人上田，根據 9 月 10 日的任命書，將於今年 10 月 1 日調職沖繩分店。然而，基於以下原因，我認為沖繩分店的工作對我來說是困難的。
>
> 　懇請您重新考慮，並撤回這項任命。
>
> 　　　　　　　　　　　　　　　　說明如下
>
> 1. 我與需要照顧的父母（83 歲、81 歲）同住，並由我和妻子共同負責居家照顧。
> 2. 我有一位就讀東京都內私立高中二年級的女兒，以及一位就讀東京都立國中三年級的兒子。
> 3. 因此，無論是攜家帶眷一起調職，還是單獨赴任，對我來說都極為困難。
>
> 　　　　　　　　　　　　　　　　　　　　　　　　　　　　　　　　　以上

47 以文章內容而言，以下何者是正確的？
1. 上田先生無論任何理由，都必須在下個月調職至沖繩分店。
2. 上田先生從下個月起，全家一起調職至沖繩。
3. **上田先生似乎因為擔心雙親的情況而對調職感到猶豫。**
4. 負責發布這項人事異動的部門似乎希望只有上田夫婦調職。

詞彙
取締役社長：董事兼總經理 ｜ 上申：呈報 ｜ 〜付：於〜日期 ｜ 辞令：任命書 ｜
〜を以って：以〜 ｜ 何卒：懇請 ｜ 再考：重新考慮 ｜ 撤回：撤回 ｜ 要介護：需要照顧 ｜
都内私立高校：東京都內私立高中 ｜ 都立中学：東京都立國中 ｜ 家族連れ：攜家帶眷 ｜
単身赴任：單獨赴任 ｜ 極めて：極為 ｜ いかんに関わらず：無論如何 ｜
家族お揃い：全家一起 ｜ 気がかり：擔心 ｜ ちゅうちょする：猶豫 ｜ 発令：發布命令

解說　文中談到「要介護の親（83 歳・81 歳）と同居しており、夫婦で自宅介護に当たっております」，這裡的「介護」是指「照顧高齡者或傷殘人士的行為」。換句話說，上田先生因需要照顧高齡的父母，因此難以接受調職。

(3)

　　某網路調查公司詢問了「與自己剛入職時相比，現在的新人有哪些不足之處？」的問題，結果顯示，「無法察言觀色」是最多人的回答，其次是「不擅長向上司或前輩報告、聯絡、商量」，這兩項回答的比例超過40%。然而，剛出社會不久的新人無法察言觀色，似乎是理所當然的。此外，或許也有新人「故意不想要迎合辦公室的氛圍」。

　　另外，向來被視為社會人士基本能力的「報告、聯絡與商量方式」，由於他們還是新人，因此對於「應該報告什麼內容」感到迷惑的情況也很常見。在這種情況下，新進員工多半希望上司或前輩能夠提供「詳細且周到的指導」，但上司或前輩大多數則希望新進員工「自己思考後，用行動表現出來」。在針對職場員工的意識調查中，可以發現上司與新進員工之間存在這樣的隔閡。近年的新進員工，是從小接觸社群網路服務（SNS）長大的世代。他們習慣透過網路文字獲取資訊，並以文字進行溝通。對這些新人來說，或許已經不再適用那種「心有靈犀的默契」了。我們不應該再說「這種事情不用每次都教也會知道吧」，對於艱深的術語或專業知識，還是應該確實地解釋清楚，這點也非常重要。

48 以文章內容而言，以下何者是正確的？
1. 現在的新進員工，似乎挺能掌握職場的氛圍。
2. 最近的上司和新人之間似乎並不會感受到太大的隔閡。
3. 現在的新人因為SNS的關係，也習慣了實際的溝通。
4. 筆者似乎對現在的年輕人持寬容的態度。

詞　彙　今時：現在｜空気が読めない：無法察言觀色｜次ぐ：接著｜戸惑う：困惑｜懇切だ：懇切、詳細｜隔たり：隔閡｜あうんの呼吸：心有靈犀｜心得る：領會、理解｜汲み取る：領會｜大して～ない：不太～｜寛容的：寬容的

解　說　從本文整體內容來看時，作者認為包括上司在內的老一輩應該避免以自己的世代觀點來思考，而是應該更加理解年輕一代的想法。

(4)

　　政府已制定推動「基因組醫療」實用化的方針，計劃利用遺傳資訊（基因組）為每位患者提供最適合的治療。

　　這項方針將整合國內三個生物銀行所收集的遺傳資訊數據格式等，並有效地應用於研究。另外，將重點推進癌症、部分失智症以及罕見難治疾病等，與發病有關的基因研究。將由相關政府部門所設立的「基因組醫療實現推進協議會」決定，並將納入明年度的預算。

　　基因組醫療不僅是確定病因基因並開發治療方法，還能根據遺傳資訊了解藥物療效、副作用易發性等體質差異，進而選擇最適合每位患者的藥物，以提高治療效果。為了實現這一目標，需要通過對大規模人群的調查來確定基因與體質等之間的關聯。

49 關於「基因組醫療」，哪一項是正確的？
1 「基因組醫療」的實用化，預計能大幅減輕治療難治疾病所需的醫療費用。
2 「基因組醫療」的實用化不僅對於罕見難治疾病的治療有所助益，也被寄予厚望能對製藥領域做出貢獻。
3 隨著「基因組醫療」的實用化，有望治癒癌症及失智症等大多數罕見難治疾病。
4 「基因組醫療」的實用化，是由政府投資，並由國內民間研究機構主導推進。

詞彙　〜向けた：朝向〜 ｜ 推進方針：推進方針 ｜ 集積：集聚 ｜ 認知症：失智症 ｜
希少難病：罕見難治疾病 ｜ 発症：發病 ｜ 突き止める：徹底查明 ｜ 把握：掌握 ｜
省く：減少 ｜ 貢献：貢獻 ｜ 完治：痊癒

解說　「基因組醫療」的本質在於「癌症、部分失智症以及罕見難治疾病等，與發病有關的基因研究」和「根據遺傳資訊了解藥物療效、副作用易發性等體質差異」。然而,「基因組醫療」絕非萬能醫療。

問題 9　閱讀下列 (1) 〜 (3) 的內容後回答問題，從 1、2、3、4 中選出最適當的答案。

(1)

題目 P.240

　　在意紫外線的美肌人士，每次外出時都會頻繁地塗抹防曬乳來阻擋紫外線，甚至太陽眼鏡和陽傘也是必備物品。一般認為曬黑的肌膚會導致色斑或雀斑，容易罹患皮膚癌。然而，皮膚癌通常與部分白人群體相關，而在大多數道路都以瀝青鋪設的城市中，這種風險相對較低。這是因為白色會反射紫外線，而黑色則會吸收紫外線的緣故。

　　在此我們將探討<u>有益健康</u>的日光浴的重要性。

　　那麼，日光浴與健康之間有什麼樣的關係呢？首先是體內維生素 D 的生成。維生素 D 是經由曬太陽生成的，它能提高免疫力、將癌細胞恢復為正常的細胞，並有效預防骨質疏鬆症。據說，體內維生素 D 含量高的人，罹患大腸癌、胰臟癌等多種癌症的可能性會降低 20% 〜 80%，同時也能降低高血壓和糖尿病的發病率，並預防心臟病和腦梗塞。另外，維生素 D 可以強化骨骼，因此對於成長中的小孩以及年長者而言是有必要的。

　　此外，陽光對於改善「憂鬱症」也有療效。人體內有一種名為「血清素」的腦內物質，它能帶來平穩的情緒。這種物質在曬太陽後會增加分泌量。如果平時因為小事就容易生氣或焦躁，可能是因為缺乏足夠的陽光照射所致。

　　另外，日光浴能促進腦血管的血液循環，因此對緩解頭痛也有幫助。血液循環改善後，肌肉會放鬆，壓力也能減輕。日光浴還有助於促進熟睡和緩解冷氣病，因此每天養成約 10 分鐘日光浴的習慣，可能是讓現代人更有活力的最簡單方法之一。

　　紫外線會被紙張或玻璃吸收，因此對於主要在室內工作的人來說，只要待在有陽光照射的地方，也能進行日光浴。此外，維生素 D 是可以儲存的，因此，如果這個夏天計劃前往南方島嶼旅行，不妨盡情享受日光浴，為陽光稀少的冬季做好準備，您覺得如何呢？

| 50 | 以下何者不是日光浴有益健康之處？
1 激發熱情，能夠以愉快的心情順利工作。
2 抑制心臟衰竭、中風等疾病的發病。
3 能夠睡得很沉，有助於治療「憂鬱症」。
4 使骨骼保持健康，因此是高齡者長壽的原因。

解說 雖然提到了日光浴對我們健康的多項益處，但並未提到與長壽相關的內容。

| 51 | 以下何者不是維生素 D 的效果？
1 不再發洩怒氣。
2 預防老年人腰痛及關節炎。
3 有助於緩解因冷氣過冷引起的頭痛。
4 有預防骨折的效果。

解說 對於「容易生氣或焦躁」的人來說，所需的並非維生素 D，而是血清素。

| 52 | 以下何者符合本文內容？
1 為了生成維生素 D，不一定要去外面散步。
2 皮膚癌發病與人種有關。
3 長年在地下工作的人，可能會容易焦慮，或是在工作上犯錯。
4 夏天日光浴的次數決定了血清素的儲存量。

解說 內容談到「紫外線會被紙張或玻璃吸收，因此對於主要在室內工作的人來說，只要待在有陽光照射的地方，也能進行日光浴」。換句話說，並不一定需要出去才能曬太陽。

詞彙
紫外線：紫外線 ｜ 美肌：美麗的肌膚 ｜ 遮る：遮擋 ｜ 皮膚：皮膚 ｜ 舗装：鋪設 ｜
免疫力：免疫力 ｜ 骨粗しょう症：骨質疏鬆症 ｜ すい臓：胰臟 ｜ 糖尿病：糖尿病 ｜
脳梗塞：腦梗塞 ｜ 必須：必須 ｜ 尚：此外 ｜ うつ病：憂鬱症 ｜ 分泌量：分泌量 ｜
切れる：發火 ｜ 脳血管：腦血管 ｜ 血流：血液循環 ｜ 熟眠：熟睡 ｜ 湧く：湧現 ｜
心不全：心臟衰竭 ｜ 脳卒中：中風 ｜ 抑制：抑制 ｜ 怒りをぶちまける：發洩怒氣 ｜
関節炎：關節炎 ｜ 緩和：緩解 ｜ 疾患：疾病 ｜ 焦る：焦慮 ｜ 過ちを犯す：犯錯

(2)

題目 P.242

　　2014 年某人力資源公司針對 2,243 名新進員工進行問卷調查，結果顯示約 90% 以上的人回答「想要出人頭地」，而 30 歲時理想的年收入則是「500 萬日圓左右」。所謂的「出人頭地」可以有各種不同的形式，例如成功達到理想職位，或是跳槽到年薪較高的公司，又或者是獨立創業經營自己的公司等等，具有多種不同的含意。

然而，另一方面，也有些人似乎不想出人頭地。或許他們不願意面對出人頭地所帶來的「無謂的辛勞與壓力」，這可能是原因所在。此外，還有人認為「一旦升任職位，責任只會變重，但實際薪水卻並未有太大變化，反而要為管理下屬煩惱，甚至有可能成為裁員的對象」。

　　然而，大致上只要提出這種意見，就會遭到批評。像是「有這種想法的人應該降職成為約聘人員或是派遣人員」、「最終無法出人頭地的人只是在找藉口」、「這樣的人無法成為一個完整的人、像無根的草一樣」等等。

　　然而，①有機會出人頭地的人卻不想出人頭地，是有其他理由的。他們只是單純不想為了出人頭地變成像工蜂一樣，被上司強迫假日打高爾夫，還得說場面話或取悅上司。如果這些高爾夫活動並非單純的聯誼，而是公司內部的派系勾結，那就更讓人抗拒。他們不想輕易附和這樣的團體，也不願與這樣的群體為伍。當然，這樣的想法可能會讓他們較難出人頭地，但他們更希望在享受孤獨的同時，珍視自己的生活態度和人生觀。這類人重視團隊合作，努力提升組織能力，並且更傾向於參與第一線的工作。即使脫離組織，他們也會選擇與認同自己價值觀的人交往。這類人通常②不抱怨，精力充沛且充滿朝氣，並致力於充實自己獨特的哲學和信念。

　　當然，對於當今的年輕世代來說，「就業不穩定、年收入未必能提升」等更現實的原因可能也是他們不願出人頭地的一大因素。然而，選擇哪種生活方式依然是每個人的自由，這取決於個人的價值觀。在社會地位與能夠實現自我理想的環境之間，你認為哪種人生會更幸福呢？

---

53 ①有機會出人頭地的人卻不想出人頭地，這些人會選擇怎樣的生活方式？

1　根據自己的價值觀生活，比起和公司同事來往，更喜歡享受孤獨。
2　隱藏對公司的不滿，不輕易表達自己的意見。
3　按照自己的信念生活，退休後也想要構築新的人際關係。
4　比起社會上的成功與地位，更願意為組織或家庭做出犧牲。

解說　「自分の価値観に共鳴できる人と付き合い」這句話是提示。

---

54 為什麼②不抱怨、精力充沛且充滿朝氣？

1　因為不浪費精力在無用的事情上，工作上沒有壓力
2　因為不拘泥於社會地位，而是創造自己最滿意的環境
3　因為對社會沒有不滿，和同事的關係也很融洽
4　因為擁有自己的人生觀，認為抱怨是無用的

解說　不堅持出人頭地，重視自己的生活態度與人生觀，並且能夠在符合自己價值觀的環境中生活，這樣的人應該就能實現這種狀態。

> 55 以下何者不符合本文內容？
> 1 以世俗來說，不想出人頭地的想法是難以被接受的。
> 2 不想出人頭地的理由，是因為不想要勉強適應組織的體系，或不想只與那些關心現實利益的人聚在一起。
> 3 不想要出人頭地的人與上司和同事的來往較少，重視一個人的時間。
> 4 社會上並非所有人都想要出人頭地，也可以根據自己的人生觀做出不同的選擇。

解說 內容談到「このタイプの人はチームワークを重視して組織力を高めるように努力し、もっと現場主義の仕事をする傾向がある」。換句話說，我們應該摒棄「不想出人頭地的人必定是獨來獨往」的偏見。

詞彙 年収(ねんしゅう)：年收入｜役職(やくしょく)に就(つ)く：就任職位｜無用(むよう)：無用｜ややもすれば：動不動、很容易就｜職位(しょくい)を落(お)とす：降職｜負(ま)け惜(お)しみ：找藉口｜根(ね)無(な)し草(くさ)：無根的草（比喻無固定依靠的人）｜働(はたら)き蜂(ばち)：工蜂｜社交辞令(しゃこうじれい)：場面話｜機嫌(きげん)を取(と)る：討好、取悅｜親睦(しんぼく)：聯誼｜馴(な)れ合(あ)い：勾結｜なおさらだ：更加｜群(む)れを組(く)む：組成團體｜共鳴(きょうめい)：共鳴｜愚痴(ぐち)を言(い)う：抱怨｜溌剌(はつらつ)：活潑、精力充沛｜交(まじ)わり：交往｜むやみに：胡亂、隨便｜～に沿(そ)う：遵循、依照｜築(きず)く：建構｜犠牲(ぎせい)：犧牲｜拘(こだわ)る：拘泥｜連中(れんじゅう)：同夥｜固(かた)まる：聚在一起

(3)

題目 P.244

今年以來，歐盟（EU）主要20個國家中，約有一半的國家實行金融寬鬆政策。金融寬鬆是指當經濟不景氣時，銀行透過發行現金來增加市場貨幣量，或是購買國債等方式來使資金的調度變得更加容易的政策。

現在的日本，經濟成長率、物價、企業投資、利率都處於歷史最低水準，已經進入第25年的不景氣狀態。從美國開始，歐洲和亞洲等地，儘管程度和時間有所不同，情況大致沒有太大變化。也就是說，「不景氣」已經是全世界所面臨的國際性問題。

①不景氣的原因或許難以明確說明。最近，隨著年輕世代的就業率下降，以及晚婚化的影響，出生率也在減少。此外，高齡化導致平均壽命增加，人們對未來的擔憂也日益加深。於是，人們減少消費，轉而增加儲蓄。消費停滯不前，資金流通不暢，最終導致經濟停滯，這就是通貨緊縮。

②為了改善惡化的資金流通，如同前述，各國主要的銀行會降低利率。在低利率的情況下，民間的借貸變得更加容易，個人會購買股票或房屋，企業則會進行設備投資。另外，政府會發行國債，以籌集到的資金進行公共建設等項目。這樣一來，就能創造就業機會，民間所產生的收入也會進一步用於消費，這就是整個循環的機制。

然而，不景氣時消費者往往會縮減消費，因此這個對策可能無法發揮效果。如果沒有根本性的對策，僅依賴不動產的振興或政府在社會間接資本方面的投資，可能只會導致債務的增加。我們不能永遠追隨過去的邏輯。

那麼，國家和國民應該如何為未來做好準備呢？隨著科學的發展，即使是專業職業也可能面臨失業的風險；企業所擁有的技術也正在步入隨時可能被其他公司或其他國家超越的時代。我們應該認識到這個現實。政府應該避免重蹈過去的覆轍，以冷靜的思維來投資未來的產業；而個人則需要根據減少的收入來尋找適合的生活方式。

56 以下何者不符合①不景氣的原因？
1 結婚年齡逐漸提高，有些夫妻即使結婚也不打算生育。
2 出生率下降至低於人口替代水準的程度。
3 醫療技術的進步，使得即便是難以治癒的重症疾病，也能延長壽命。
4 民間企業裁員導致中產階級以上的收入減少。

解說 提示在後面提到的「年輕世代的就業率下降、出生率減少、高齡化導致平均壽命增加」。當中並未談到的內容是選項4。

57 ②為了改善惡化的資金流通，應該怎麼做？
1 個人儘早償還向銀行借的款項。
2 政府與地方政府應建設用於IT的光纖電纜網路。
3 民間企業要促進技術革新，避免被其他企業超越。
4 各國主要銀行應像現在一樣維持零利率政策。

解說 內容談到「主要的銀行會降低利率。在低利率的情況下，民間的借貸變得更加容易，個人會購買股票或房屋，企業則會進行設備投資。另外，政府會發行國債，以籌集到的資金進行公共建設等項目。這樣一來，就能創造就業機會，民間所產生的收入也會進一步用於消費，這就是整個循環的機制」。根據這段內容，適合的方法是選項2。

58 以下何者合乎本文內容？
1 所謂通貨緊縮是指物品價格下降，貨幣價值持續下降的狀態。
2 為了擺脫通貨緊縮，應該提高物價水準，並支持企業進行設備投資。
3 為了脫離不景氣，個人應該停止儲蓄並轉為消費。
4 為了解決不景氣，國家和個人必須邁向未來，踏出新的一步。

解說 最後一段是提示，內容談到「政府應該避免重蹈過去的覆轍，以冷靜的思維來投資未來的產業；而個人則需要根據減少的收入來尋找適合的生活方式」。

詞彙 欧州連合：歐盟 ｜ 金融緩和政策：金融寬鬆政策 ｜ 通貨：貨幣 ｜ 晩婚化：晚婚化 ｜ 頭打ち：停滯不前 ｜ 停滯：停滯 ｜ 仕組み：機制 ｜ 消費を絞りがちだ：往往會縮減消費 ｜ 発揮：發揮 ｜ 追い越す：超過 ｜ 模索：摸索 ｜ 人口置換水準：人口替代水準 ｜ 返済：還款 ｜ 脱却：擺脫 ｜ 踏み出す：踏出

問題 10 下面文章後回答問題，從 1、2、3、4 中選出最適當的答案。

　　人類的身體內，有一種以一天為週期有節奏地運作，名為①「生理時鐘」的機制。通常白天處於活動狀態，夜晚則進入休息模式。這個生理時鐘是由大腦內負責計時的時鐘基因所驅動的。

　　如果你的生理時鐘類型是「極夜型」或「夜型」，就需要重新調整它與「1 天 24 小時日常生活」之間的偏差。

　　要重新調整生理時鐘的偏差，最有效且任何人都能輕鬆做到的方法，就是早上起來後「曬早晨的太陽」。

　　只要曬曬早上 5 點到中午 12 點的陽光，就能幫助生理時鐘偏慢的人將其調整到提前的狀態。這是因為從眼睛進入的陽光會直接影響掌管生理時鐘的基因，進而重設生理時鐘。早上醒來後，首先要做的就是打開窗簾，曬曬從窗戶進來的陽光。無論是晴天、陰天還是雨天，天氣如何都無關緊要。即使是陰天，光照度（表示光線亮度的單位）也有 1 萬勒克斯，這是便利商店亮度的 5 倍。就像聽到報時聲後調整時鐘的誤差一樣，每天早上用眼睛接收陽光，也可以重新調整生理時鐘的偏差。

　　對於那些難以對鬧鐘作出反應的人，建議在睡前將遮光窗簾打開，讓晨光能進入房間再睡覺。這樣一來，便可以在早晨的陽光中醒來，感受到光線的存在。

　　對於女性來說，可能會對睡覺時開著遮光窗簾感到抗拒，但人的大腦即使在閉眼狀態下，也能透過眼睛後方的視網膜感受光線。因此，只要每天堅持在同一時間起床，曬曬陽光，身體會逐漸適應，並改為早晨型的生活模式。

　　這裡有兩個重點。第一是「每天持續」，不僅在要工作或上學的平日，週末也應該盡量在平日的同一時間起床，並且一醒來就先曬曬早晨的陽光。第二個是「週末不要補眠」。

　　如果在週末補眠，會使得從週一到週五調整的生理時鐘偏差，在短短兩天內就恢復原狀。最終可能會導致週一起不來。換句話說，逐漸適應早起模式的生理時鐘，會因為週末的補眠而被打亂。

　　週末試圖一次解決平日睡眠不足的「補眠」方法，是②「百害而無一利」的。

59　①「生理時鐘」是指什麼？
1　調節人類身心運作的機制，偏差由心臟控制。
2　調整人類生活節奏的機制，由心臟控制。
3　調節人類一天的荷爾蒙量的機制，偏差由大腦控制。
4　調節人類生態節奏的機制，由大腦控制。

> **解說** 文章前後都有生理時鐘的相關說明。生理時鐘會根據一天的週期調整我們身體的節奏，而驅動這個生理時鐘的是「大腦內的時鐘基因」。

[60] 重新調整生理時鐘偏差的簡單方法是什麼？
1 在晴天的早晨，於相同時間曬太陽
2 即使是雨天，也要在每天上午曬太陽
3 在晴天的日子，每天上午曬太陽
4 在非雨天的陰天，也要在上午曬太陽

> **解說** 調整生理時鐘最好的方法就是「朝日を浴びる」。也就是說，不論天氣如何，一律都要曬太陽。

[61] 本文提到的 ②「百害而無一利」是指什麼意思？
1 夜型的習慣即使有一百種壞處，也沒有一點好處
2 每天的習慣只要中斷兩天，就會回到調整前的狀態
3 如果將夜型的生理時鐘調整成早晨型，會對身心帶來許多好處
4 每天的習慣若中斷一天，會使身體的器官功能失調

> **解說** 提示是前面提到的「朝早いパターンに慣れ始めていた体内時計が、週末の寝だめによって一気に狂ってしまう」。換句話說，從週一到週五辛苦調整好的生理時鐘，可能會在週末的補眠中完全被破壞。

[62] 筆者在這篇文章中想傳達的是什麼？
1 如果要重新調整生理時鐘，即使即使每天都很睏，也要在固定時間起床。
2 不要一次睡太久，養成每天早晨都曬太陽的習慣，消除生理時鐘的偏差。
3 即使重新調整了生理時鐘，也很容易再次混亂，所以要特別注意。
4 睡眠的積存會使生理時鐘失調，因此在晴天時要多曬太陽。

> **解說** 筆者似乎並不喜歡「夜型」或「極夜型」的生活模式。本文在介紹改善這類生活模式的方法，這些方法簡單且每個人都能做到，譬如早上曬太陽，並且強烈建議不要在週末進行補眠。

> **詞彙** 刻む：刻畫｜超夜型：極夜型｜夜型：夜型｜ズレ：偏差｜前倒し：提前｜というのも：〜是因為｜司る：掌管｜働きかける：施加影響｜照度：光照度｜時報：報時｜遮光性：遮光性｜網膜：視網膜｜欠かさず：不漏掉｜徐々に：逐漸地｜朝型：早晨型｜移行：轉移｜寝だめ：補眠｜一気に：一口氣｜狂う：變得混亂｜睡眠不足：睡眠不足｜百害あって一利なし：百害而無一利｜心臓：心臟｜臓器：器官｜狂わす：使〜混亂

問題 11 下列 A 和 B 各自是關於日本早期英語教育的文章。閱讀文章後回答問題，從 1、2、3、4 中選出最適當的答案。

A

> 英語至上的觀念不僅僅出現在社會人士或大學生身上，甚至還擴及到小學生。日本文部科學省決定從 2020 年度開始將英語列為小學五、六年級的必修科目，這或許是為了讓孩子們從小培養作為國際人才的基礎，但反而讓我不得不擔憂其帶來的負面影響。
>
> 同時學習日語和英語，恐怕會讓孩子們的語言發展陷入半途而廢的狀態，這是難以避免的。更令人擔憂的是，從小就接觸英語的孩子，是否能夠真正珍惜日語這個問題。
>
> 在全球化的潮流中，認為「學英語比較有利」，可能就會輕易地拋棄母語，這讓我感到擔憂。

B

> 關於小學英語必修化，最常見的意見是「與其學英語，不如先加強國語」。大家真的認為小學每週一次左右的英語課會導致國語能力下降嗎？一年約 35 小時的早期英語教育，究竟如何威脅到國語能力呢？
>
> 在我身邊那些英語能力達到一定水準的人，毫無例外地，他們的日語能力也比一般人高出許多。
>
> 我在教學過程中也發現，孩子的英語能力幾乎與國語能力成正比，這一點毋庸置疑。即使語言不同，語言的敏銳度和語言能力所展現的潛力，基本上是相同的。
>
> （中間省略）
>
> 當然，提高國語教育的水準是必要的。但我認為，早期英語教育並不會阻礙國語能力提升，反而能成為一種助力。

63 關於早期英語教育，A 與 B 的觀點是什麼？

1. A 對問題點感到模糊的不安，B 則根據經驗報告其必要性。
2. A 具體指出早期英語教育的必要性，B 則探討解決方案。
3. A 意識到解決問題的重要性，同時表達了擔憂，B 則全盤否定這些問題。
4. A 指出早期英語教育所帶來的問題點，B 則抱持肯定的看法。

解說 A 主張早期英語教育可能會讓孩童的語感發展中斷，以及忽視日語等問題；B 則討論了早期英語教育帶來的正面影響。

64 關於孩子同時學習日語和英語，A 和 B 是如何表述的？
1. A 認為在建立作為國際人才的基礎之前，必須先提升國語能力，B 則認為國語能力的提升很重要，但更應該提高英語能力。
2. A 擔心母語的發展會受到英語的影響，並導致情感依附變弱，B 則認為兩者之間反而會產生相輔相成的效果。
3. A 強調應該等到國語基礎打好後再學習英語，B 則認為應該從小就發揮語言的潛能。
4. A 擔心母語發展會變得不完整，B 認為不需要擔心這一點，但擔心失去對母語的情感依附。

解說 A 擔心早期英語教育會導致孩童忽略作為母語的日語，B 則說早期英語教育反而會提升母語能力。

詞彙 培う：培育｜狙い：目標｜弊害：弊病｜憂慮する：擔憂｜～ずにはいられない：不得不～｜中途半端：半途而廢｜恐れる：懼怕｜いとも：非常｜捨て去る：捨棄｜必修化：必修化｜本気で：認真地｜脅かす：威脅｜比例：比例｜潛在力：潛力｜左右する：影響、左右｜妨げる：妨礙｜危惧：擔心｜相乗効果：加乘效果｜喪失：喪失

問題 12　閱讀下面文章後回答問題，從 1、2、3、4 中選出最適當的答案。

題目 P.252

　　在兼顧環境保護的同時，如何實現穩定的電力供應呢？這需要政府和電力公司雙方認真努力應對。

　　日本經濟產業省的專家會議開始重新審議國家能源政策指導方針「能源基本計畫」。討論焦點之一是作為基載電源的燃煤發電的使用策略。

　　燃煤發電可穩定取得燃料，發電成本也便宜，但另一方面，它在環境方面也存在問題，例如其二氧化碳（CO_2）排放量是液化天然氣火力發電的兩倍。

　　日本作為《巴黎協定》締約國，根據全球暖化對策的框架，①提出了在 2030 年度將排放量較 2013 年度①減少 26% 的目標。

　　日本國內約有 150 座燃煤發電設施，其發電量約占整體發電量 32%，比 2030 年政府目標超出 6 個百分點，而且還有超過 40 座的新建計畫。

　　隨著全球「減碳」的潮流，日本也需集思廣益，避免過度依賴燃煤火力。

　　日本環境省本月向經濟產業省提交了一份意見書，要求 C 電力公司針對其大型燃煤火力發電廠計畫採取更多的 CO_2 減排措施。

　　擁有核准該計畫權限的經濟產業省，也建議該公司在已經決定的老舊火力發電廠廢除計畫基礎上，進一步加強措施。這是首次針對未納入環境影響評估的發電廠存廢問題提出建議。

C電力公司正與T電力公司整合火力發電業務，兩家公司合計的發電量約占全國的一半。若雙方合作，將有很大可能廢止老舊火力發電廠，並以CO_2排放量較少的最新型設備取而代之。

　　經濟產業省此前對環境省的主張持謹慎態度，而此次提出燃煤火力實際應用的具體措施，這是理所當然的。

　　希望其他推動新建計畫的電力大企業也能在環境對策上加強合作。同時希望在專家會議中進一步討論燃煤火力產生的CO_2高壓封存於地下的技術實用化等議題。

　　而在能源基本計畫中，核能發電的中長期定位也是主要議題之一。

　　從能源安全保障的角度來看，核能發電的利用是不可或缺的。核能發電幾乎不排放溫室氣體，也有助於達成巴黎協定的目標。

　　缺乏資源的日本，其能源自給率為8%，在主要先進國中最低。核能使用的是燃料價格穩定的鈾，在能源安全保障方面具有重要意義，有效利用核能發電是妥當的。

　　政府預計2030年發電量的20%～22%由核能供應。為了達成目標，需重啟約30座自福島事故後停運的核電設施，而目前僅有5座重啟。

　　如果要將核能發電當作基載電力運用，那麼就必須強化具體的重啟措施。

---

65 在重新檢視「能源基本計畫」的討論中，政府和電力公司需要認真推動的主要事項是什麼？

1. 為了防止全球暖化，開發兼顧環境的再生能源
2. 為了穩定提供電力，努力降低環境負擔與發電成本
3. 為了防止全球暖化，重新審視兼顧環境的發電方式，並制定具體對策
4. 在兼顧環境保護的同時，推動「去石油化」和「去煤炭化」的趨勢

解說 整體內容的重點在於，政府與電力公司正在討論如何防止全球暖化，同時確保安全且穩定的電力供應。

66 文中提到①提到了減少26%的目標，這句話的意思是什麼？

1. 到2030年為止的17年間，將火力發電的電力減少26%
2. 將努力在2030年之前減少26%的CO_2排放量
3. 已簽訂協議，到2030年為止將CO_2排放量減少至26%
4. 以2013年的CO_2排放量為基準，希望30年後能降到26%

解說 內容談到造成全球暖化等最大的問題就是CO_2，而目標是要比2013年減少26%的CO_2排放量。

[67] 在這篇文章中，筆者提到「作為基載電源的燃煤發電的使用策略」，舉的例子是什麼？
1. 為了減少 CO_2，強化可再生能源的活用、電力公司業務的合作、重啟核電廠等。
2. 為了減少 CO_2，推廣可再生能源、電力公司業務的整合、重啟核電廠等。
3. 為了減少 CO_2，實現新技術的實用化、電力公司業務的整理合併、重啟核電廠等。
4. **為了減少 CO_2，實現新技術的實用化、電力公司業務的整合與合作、重啟核電廠等。**

解說 筆者提到，作為燃煤發電的應對措施，應整合電力公司的火力發電業務並進行合作，同時更換老舊的發電設施，最後強調無二氧化碳排放的核能發電將有助於實現巴黎協定的目標。

[68] 在這篇文章中，筆者最想表達的是什麼？
1. 實現兼顧環境的電力穩定供應和降低價格。
2. 開發符合全球趨勢的新能源並確保穩定供應。
3. **加強推動兼顧環境的電力穩定供應策略。**
4. 研究有助於防止全球暖化的核能開發。

解說 文章開頭出現的「環境保護に配慮しながら電力の安定供給をどう実現」可以說是本文最大的主題，內容還談到便宜卻造成全球暖化的火力發電廠的解決對策，結尾部分則強調應積極利用幾乎不排放污染物的核電廠。

詞彙
配慮：顧慮 | 双方：雙方 | 真剣に：認真地 | 取り組む：致力於 | 有識者会議：專家會議 |
指針：指導方針 | 見直し：重新審視 | 焦点：焦點 | 基幹電源：基載電源 |
石炭火力発電：燃煤火力發電 | 燃料：燃料 | 調達：供應 | 液化天然ガス：液化天然氣 |
二酸化炭素：二氧化碳 | 排出：排放 | 抱える：承擔、背負 | 枠組み：架構 |
締約国：締約國 | 掲げる：提出 | 比率：比例 | 〜に沿い：依照、根據 | 過度な：過度的 |
依存：依賴 | 知恵を絞る：集思廣益 | 大型：大型 | 追加：追加 | 削減：削減 |
認可権限：許可權限 | 既に：已經 | 老朽：老化 | 廃止：廢止 | 上積みする：增加 |
勧告：勧告 | 存廃：存廢 | 言及：提及 | 統合：整合 | 合計：合計 | 最新鋭：最新型 |
入れ替える：替換 | 余地：餘地 | 慎重：謹慎 | 大手：大企業 | 協業：企業合作 |
促す：促進、促使 | 高圧：高壓 | 閉じ込める：封閉 | 深める：加深 |
中長期的：中長期的 | 位置付け：定位 | 原発：核能發電 | 欠かす：遺漏 |
温室効果ガス：溫室氣體 | 〜に資する：有助於〜 | 乏しい：缺乏、貧乏的 |
自給率：自給率 | ウラン：鈾 | 妥当だ：妥當、合理 | 賄う：提供 | 再稼働：重啟 |
現状：現狀

問題 13 右頁是首次來到雅區的外國人遷入手續說明。請閱讀文章後回答以下問題，並從 1、2、3、4 中選出最適當的答案。

69 在遷入手續中，哪一項是正確的？
1 如果是家人，需要有能證明家屬關係的文件。
2 如果是家人，只要提出戶長的護照即可。
3 若非本人提出申請，則需要支付手續費。
4 必須於平日下午 5 點前辦理手續。

解說 內容談到「如為家人或夫妻等兩人以上的戶籍遷入，需提供由母國核發的家人或夫妻關係證明的文件及翻譯文件」。此外，家人需要提交全體家庭成員的護照，手續費則是免費。手續需於平日下午 5 點前完成，但週三可延長至晚上 7 點。

70 延遲申請的人應該怎麼辦？
1 除了所需文件之外，只要有日本人的擔保人就沒有問題。
2 如果延遲申請的理由正當，就沒有問題。
3 提交能夠證明在日本開始居住的文件。
4 事先打電話給申請窗口，並繳納滯納金。

解說 內容談到「若已超過申請期限，需要準備如租賃合約書等能證明開始居住日期的文件」。

關於（雅區）首次來日本的外國居民辦理手續（遷入申請）

在機場獲發在留卡的人（包括護照上註明「在留卡日後交付」的人），須於確定居住地後的 14 天內，**至居住地的市町村辦公室申報住址**。

※ 不可將住址設於飯店、短租公寓或公司辦公室等地方。

所需文件

- 所有遷入者的護照
- 所有遷入者的在留卡（在機場獲發在留卡的人）

＊ 如無法提供護照及在留卡，則無法受理遷入申請。

＊ 如為家人或夫妻等兩人以上的戶籍遷入，需提供由母國核發的家人或夫妻關係證明的文件及翻譯文件。

申請期限

＊ 自開始居住於雅區當日起 14 天內

＊ 無法於開始入住前提出申請

★ 若已超過申請期限，需要準備如租賃合約書等能證明開始居住日期的文件，因此請在申請前先行諮詢。

申請人

- 戶長或是同戶成員

＊ 如為代理人代為申請，除「所需文件」中列出的文件外，還需提供本人簽署的委託書、代理人本人的身分證明文件，以及委託人身分證明文件影本。

申請窗口

- 各綜合分所區民課窗口服務組

受理時間

- 平日上午 8 點 30 分至下午 5 點（週三延長至晚上 7 點）

＊ 部分需要向其他區市町村或相關機構確認的業務，可能無法在延長時間內受理。詳情請洽申請窗口。

手續費：免費

詞彙

手続き：手續 ｜ 転入届：遷入申請 ｜ 在留：居留 ｜ 後日：日後 ｜ 記載：記載 ｜ 含む：包含 ｜
定める：決定 ｜ 市町村：市町村 ｜ 届け出る：申報 ｜ ウィークリーマンション：短期公寓 ｜
本国：本國 ｜ 翻訳文：翻譯文件 ｜ 届出：申報 ｜ 賃貸契約書：租賃合約書 ｜
問い合わせる：詢問 ｜ 世帯主：戶長 ｜ 代理人：代理人 ｜ 欄：欄位 ｜ 委任状：委託書 ｜
委任者：委託人 ｜ 支所：分所 ｜ 手数料：手續費 ｜ 延長：延長 ｜ 保証人：保證人 ｜
遅延金：滯納金

第 2 節　聽解　Track 5

問題 1　先聆聽問題，在聽完對話內容後，請從選項 1～4 中選出最適當的答案。

例　Track 5-1

男の人と女の人が話しています。二人はどこで何時に待ち合わせますか。

男：あした、映画でも行こうか。

女：うん、いいわね。何見る？

男：先週から始まった「星のかなた」はどう？面白そうだよ。

女：あ、それね。私も見たいと思ったわ。で、何時のにする？

男：ちょっと待って、今スマホで調べてみるから…えとね… 5 時 50 分と 8 時 10 分。

女：8 時 10 分は遅すぎるからやめようね。

男：うん、そうだね。で、待ち合わせはどこにする？駅前でいい？

女：駅前はいつも人がいっぱいでわかりにくいよ。映画館の前にしない？

男：でも映画館の前は、道も狭いし車の往来が多くて危ないよ。

女：わかったわ。駅前ね。

男：よし、じゃ、5 時半ぐらいでいい？

女：いや、あの映画すごい人気だから、早く行かなくちゃいい席とれないよ。始まる 1 時間前にしようよ。

男：うん、わかった。じゃ、そういうことで。

二人はどこで何時に待ち合せますか。

1　駅前で 4 時 50 分に
2　駅前で 5 時半に
3　映画館の前で 4 時 50 分に
4　映画館の前で 5 時半に

例

男子與女子正在交談，兩人幾點要在哪裡碰面？

男：明天要不要去看部電影？

女：嗯，好啊，要看什麼？

男：上禮拜上映的「星之彼方」如何？感覺還蠻有趣的。

女：啊，那部啊，我正好也想看。那我們要看幾點的？

男：等等哦，我現在用手機查……嗯……有 5 點 50 分和 8 點 10 分。

女：8 點 10 分太晚了，不要這個時間。

男：嗯，也是。那我們要在哪碰面？車站前可以嗎？

女：車站前人太多，不好認人，要不要改在電影院前碰面？

男：但是電影院前的馬路又小，來來往往的車也很多，很危險的。

女：好吧，那就車站前吧。

男：好，那 5 點半左右如何？

女：不，那部電影很受歡迎，不早點去會買不到好位子，我們約電影開演 1 小時前啦。

男：好，我知道了。那就這樣吧！

兩人幾點要在哪裡碰面？

1　車站前 4 點 50 分
2　車站前 5 點半
3　電影院前 4 點 50 分
4　電影院前 5 點半

1番 Track 5-1-01

会社のユニークな社内制度について話しています。女の人はどの制度がいいと言っていますか。

女：ねね、こんな独自の社内制度がある会社の社員はいいね。羨ましい限りよね。

男：本当にびっくりするほどの制度だね。この会社いいね。有給休暇の連続取得に10万円支給か。しかも四日以上の取得も可能だそうだよ。

女：社員が連続で休暇を取ると、会社としても他の社員としても負担は少なくないだろうに。

男：そりゃ、確かに影響はあるだろうけど、社員としてはまとめて休んだ方が効率的だし、リフレッシュして戻ってきたら、結果としてはモチベーションも向上すると思うよ。ナナコちゃんは何が一番気にいっているの。女性だからバーゲン半休かな。それともデートの支援金制度？

女：あ、それいいね。新しい服を買いたいのに平日にバーゲンが始まったら週末まで待ち遠しいもんね。あと、デートとかプライベートまで気を使ってもらうのはありがたいけど……、私はそれより最新のデバイス購入のほうを援助してほしいな。

男：へえ、意外だね。そんなモバイル機器は男性の方が喜ぶんじゃない。

女：何言っているの。アーリーアダプターに女性と男性の区別はないの。

女の人は女の人はどの制度がいいと言っていますか。

1 女性や男性の差別のない平等な会社
2 社員のスタイルのために半日の休暇を認める会社
3 新しいテクノロジーに触れるように、購入金額を補助する会社
4 付き合っている人との関係が円満になるように応援する会社

第1題

兩人正在討論公司內部一些獨特制度。女子說哪個制度比較好？

女：你看，員工在這種擁有獨特內部制度的公司，真的很棒耶。真是羨慕呢！

男：真的是讓人驚訝的制度。這間公司真好，連續請特休還能拿十萬日圓，而且聽說可以請四天以上呢。

女：員工連續請假，對公司或對其他員工來說，負擔應該不少吧。

男：嗯，那確實是會有影響，不過對員工來說，將休假集中在一起反而更有效率，而且休息後再回來工作，應會因此提升工作動力。奈奈子最喜歡什麼呢？女生的話，應該是特賣會半天休假，還是那個約會補助金制度？

女：啊，這個不錯耶。想買新衣服，但如果特賣會是在平日開始，又要苦到到週末。還有公司照顧到約會或私人生活是很貼心啦……但比起那個，我比較想要公司補助購買最新的電子裝置。

男：哎？真是意外。這種行動裝置不是男性會比較開心嗎？

女：你在說什麼啊。對早期使用者而言，是不分男女的。

女子說哪個制度比較好？

1 沒有性別歧視、男女平等的公司
2 支持員工個人生活型態，提供半日休假的公司
3 補助購買費用，讓員工接觸新技術的公司
4 支持員工與伴侶維持和諧關係的公司

解説 內容談到多種獨特的公司制度，女子最想要的制度是補助購買最新電子裝置。「バーゲン半休」是指當特賣會只在平日舉行，或者不想等到週末時，員工可以使用的休假制度。許多女性會在上午前往特賣會購買喜歡的物品，下午再回公司上班，這也是女性最常使用的休假方式。

詞彙 独自：獨自 │ ～限りだ：真是太～ │ 有給休暇：特休 │ 支給：支付 │ 効率的：有效率的 │ 支援金：補助金 │ 待ち遠しい：盼望已久的 │ 援助：幫助 │ 平等：平等 │ 円満だ：圓滿、和諧

2番　Track 5-1-02

子供の行動について話しています。女の人はこれからどうしますか。

女：うちの子供はまだ小学生なのに、反抗期が始まって戸惑っています。時には大泣きするからどうしたらいいか分からなくて……。

男：母親は「よかれ」と思って言ったつもりなのに、それがかえって子供にはストレスになったりします。そして親が見ると反抗ですが、子供にとっては独立心だったり、自我の芽生えなので、心の正常な発達現象と言えるでしょう。

女：普段、しつけだと思って叱ったりすると、言うこと聞かないから、本当に大変です。

男：この記録をみると、お母さんが子供によく使う言葉の中で「ちゃんと」とか、「さっさと」「きちんと」などの言葉が含まれていますが、小学生の低年齢にこの言葉の意味は伝わっていません。その基準を明確にしてあげないと、子供は混乱するばかりですね。

女：あ、そうですか。

男：たとえば外出の支度をしているときに、約束に遅れそうになったら、命令口調で「さっさとしなさい」とか習慣的に言っていませんか。その代わりに「～時までに駅に着かないと、ママ約束の時間に遅れちゃうから、急いでほしいの。」というように、具体的で穏やかに言ってみるのはどうですか。

女：あ、そうですね。自分の言い方を反省して頑張ってみます。

第2題

兩人正在討論孩子的行為。女子接下來要怎麼做？

女：我們家的孩子還只是小學生，卻已經開始進入叛逆期，真的很困擾。有時候他會大哭，真不曉得該怎麼辦……

男：媽媽本來是抱著「這是為你好」的心情在說話，但這反而會對小朋友造成壓力。而且，從家長的角度看來是叛逆，但對孩子而言，這其實是獨立心或自我意識的萌芽，可以說是一種正常的心理發展現象。

女：平常我認為這是教養的一部分，所以會責備他，但他就是不聽話，真的很累人。

男：從這些記錄來看，媽媽對孩子常用的詞語中，包括「好好地」、「快點」、「整齊地」這類詞語，但對於小學低年級的孩子來說，他們還不理解這些詞語的具體意思。如果不把標準講清楚，孩子只會更加混亂。

女：啊，這樣啊。

男：比如說準備外出時，如果快要遲到了，您會不會習慣性地用命令式的語氣說：「快一點！」之類的話？與其這樣，不如試著用具體又平和的方式表達：「如果我們在～點之前沒到車站，媽媽的約會就會遲到，所以能不能再快一點呢？」這樣說如何呢？

女：啊，對喔。我會反省自己的說話方式並努力看看的。

女の人はこれからどうしますか。

1 習慣的な口癖を改善し、子供の目線になって考える
2 しつけを教えることが子供にはストレスになるので注意する
3 何かを命令するときは具体的に指示する
4 子供の味方になれる、はっきりとした基準を決める

女子接下來要怎麼做？

1 改善習慣性的口頭禪，站在孩子的立場思考
2 教育孩子規矩時，要小心這可能會對孩子造成壓力
3 下指令時，要具體下指示
4 成為孩子的夥伴，設立明確的標準

解說 男子最後說對小孩說話要更具體和平和一點，而不是命令式語氣。女子則說會依照男子的建議反省並改正自己的口氣。

詞彙 反抗期：叛逆期 ｜ よかれ：為對方好 ｜ 独立心：獨立心 ｜ 自我の芽生え：自我意識的萌芽 ｜ しつけ：教養 ｜ 叱る：責罵 ｜ さっさと：快點 ｜ 混乱：混亂 ｜ 支度：準備 ｜ 命令口調：命令語氣 ｜ 指示：指示 ｜ 味方：夥伴 ｜ 口癖：口頭禪 ｜ 改善：改善

3番 Track 5-1-03

スマートフォンのサービスの停止について話しています。男の人はこれからどうしますか。

男：スマートフォンのサービスの停止をしたいのですが。
女：はい、お客様、申し訳ございませんが、電話での受付は午後8時までですので、手続きはスマートフォンやパソコンの方をご利用いただけませんか。
男：あ、そしたら、パソコンでのやり方を教えてください。
女：はい、まず「マイドドモ」を検索し、左側のメニューの上から3番目にある「ドドモオンライン手続き」のボタンをクリックします。さらに「お客様サポート」をクリックし、そこから「各種サービスの申し込みや停止」の所をクリックすれば、手続きができます。
男：あ、なんかパソコンでのやり方はややこしいですね。

第3題

兩人正在討論停止智慧型手機服務的事情。男子接下來要怎麼做？

男：我想要停止手機的服務。
女：好的，客人。不好意思，因為電話受理時間到晚上8點為止，您能否使用手機或電腦進行手續呢？
男：啊，這樣的話，請告訴我電腦的操作方式。
女：好的。首先搜尋「My Dodomo」，接下來點選左側選單由上數來第三項的「Dodomo Online手續」按鈕。接著點選「客戶支援」，並點選「申請與停止各項服務」，就能夠進行手續了。
男：啊，感覺電腦的操作方式有點麻煩。

第5回 實戰模擬試題解析 283

女：そしたら電話での受付は午前9時から始まるので、明日まで待っていただけませんか。	女：那麼，電話受理時間是上午9點開始，能否等到明天呢？
男：いいえ、明日も会議なんかで忙しそうだから、家に帰って自分でなんとかやってみます。	男：不，明天我也有會議之類的，應該會很忙，所以我回家之後再自己操作看看吧。
女：あと、「ドドモオンライン手続き」のご利用の場合、「ネットワーク暗証番号」や「ドドモIDとパスワード」が必要ですので、ご承知おきください。	女：另外，如果是使用「Dodomo Online 手續」，則需要「網路密碼」以及「Dodomo ID 和密碼」，請您留意。
男：え？　そんなのも必要ですか。IDとパスワードは忘れて、覚えてないんですが。	男：咦？那個也需要嗎。我忘記ID跟密碼了，記不起來。
女：ドドモIDやパスワードなどの紛失の場合もホームページで調べることができます。	女：Dodomo ID 及密碼遺失的話，也可以透過首頁查詢。
男：ああ、なんか面倒くさくなりそうだな。とにかく分かりました。	男：唉，這樣好像會變得很麻煩。總之我知道了。

男の人はこれからどうしますか。

1　ひとまず、「マイドドモ」で「IDとネットワーク暗証番号」を変更する
2　「ドドモオンライン手続き」のご利用の際、「ドドモIDとネットワーク暗証番号」を用意する
3　スマートフォンのサービスを変更するために、メニューから「手続きの案内」をクリックする
4　スマートフォンのサービスを変更するために、ネットから「マイドドモ」を検索する

男子接下來要怎麼做？

1　暫時先在「My Dodomo」上變更「ID 及網路密碼」
2　使用「Dodomo Online 手續」時，要準備「Dodomo ID 及網路密碼」
3　為了變更手機的服務，要從選單點選「手續指南」
4　為了要變更手機服務，要從網路搜尋「My Dodomo」

解說　女子說最先要搜尋「My Dodomo」，由於想要變更服務需要「網路密碼」和「Dodomo ID 及密碼」，因此男子搜尋「My Dodomo」後就必須找到這些資料。

詞彙　停止：停止｜手続き：手續｜ややこしい：麻煩｜暗証番号：密碼｜紛失：遺失｜用意：準備｜ひとまず：暫時｜

4番　Track 5-1-04

インフルエンザの予防接種について聞いています。女の人の父親が接種を受けるためにはどうすればいいですか。

女：今年のインフルエンザの予防接種について聞きたいことがあるのですが。対象者は何歳の人ですか。

第4題

正在詢問有關流感預防接種的事情。女子的父親為了接種應該怎麼做？

女：我想詢問關於今年的流感預防接種，請問對象是幾歲的人呢？

男：65歳以上の方です。つまり、今年12月31日までに65歳になられる方です。

女：あ、そうですか。うちの父が今年64歳になりますから、来年から対象になりますね。体の不自由な人とかに特別待遇はないでしょうか。

男：60歳以上65歳未満の方のうち、身体障害者手帳1級で、心臓、腎臓、呼吸器の機能またはヒト免疫不全ウイルスによる免疫機能の障害を有する方も対象になります。

女：あ、うちの父、心臓の手術を受けてから、1級持っています。あと、接種に必要なものですが、接種予診票はどこでもらえますか。

男：該当者への通知は9月25日より、順次発送しますが、その時同封されます。接種時、持参してください。

女：順次と言いますと？

男：10月31日以前の生まれの方は9月26日に発送、11月30日以前の生まれの方は10月28日に、12月31日以前の生まれの方は11月27日に発送の予定です。

女：じゃ、10月の末ですね。わかりました。

女の人のお父さんが接種を受けるためにはどうすればいいですか。

1　65歳の該当者なので、10月初旬に送られる通知を待つ

2　腎臓の障碍者なので、10月中旬に送られる通知を待つ

3　10月の下旬に送られる予診票を接種時に持ってくる

4　10月31日以前の生まれの方なので、12月31日までに接種に行く

男：是65歲以上的人。也就是在今年12月31日前滿65歲的人。

女：哦，原來如此。我爸爸今年64歲，所以明年就是接種對象吧。但是對於身體不便的人有沒有特別待遇啊？

男：60歲以上未滿65歲的人，若持有身體障礙者1級的手冊，且有心臟、腎臟、呼吸器官功能障礙，或是因人類免疫缺陷病毒造成的免疫功能障礙，也是施打對象。

女：啊，我爸爸在做過心臟手術後，持有1級手冊。另外關於接種需要準備的東西，接種預診單可以在哪裡領到呢？

男：符合條件的通知會自9月25日起依序寄送，屆時會一起寄送。接種時請記得帶過來。

女：所謂依序是指什麼意思？

男：10月31日以前出生的會在9月26日寄送；11月30日以前出生的會在10月28日寄送；而12月31日以前出生的會在11月27日寄送。

女：那就是10月底。我知道了。

女子的父親為了接種應該怎麼做？

1　因為是符合65歲的對象，應該等候10月上旬寄送的通知

2　因為有腎臟功能障礙，應該等候10月中旬寄送的通知

3　接種時需要攜帶10月下旬寄來的預診單

4　因為是10月31日以前出生的人，因此必須在12月31日之前去接種

解說　女子的父親今年64歲，因此從明年開始符合接種流感疫苗的對象。由於父親是心臟障礙一級患者，男子說會依序寄出通知，並且詳細說明內容，女子聽完後回答「那就是10月底」。由此可知女子的父親是11月30日前出生。因此，父親預計會在10月底收到通知，屆時只需攜帶預診單去接種即可。

詞彙
予防接種：預防接種 ｜ 対象：對象 ｜ 特別待遇：特別待遇 ｜ 身体障害者：身體障礙者 ｜
呼吸器官：呼吸器官 ｜ 免疫：免疫 ｜ 該当者：符合者 ｜ 順次：依序 ｜ 持参：帶來（去） ｜
通知：通知 ｜ 初旬：上旬 ｜ 中旬：中旬 ｜ 下旬：下旬

5番　Track 5-1-05

生きがいについて話しています。男の人はこれからどうしますか。

男：この間、町を歩いていたら、突然アンケート調査の人に「あなたの生きがいや幸せはなんですか」と聞かれたんだけど。僕ちょっと黙り込んでしまってね。

女：そりゃ、もちろんいきなりの質問だったからじゃないですか。

男：うん、そのせいもあると思うけど、よく考えてみたら、僕生きがいなんかないんじゃないかなと思って。結婚前は家内との恋愛に夢中になって、会社に入ってからは「働きバチ」と言われても仕事筋で生きてきたし、子供が二人も生まれてからはより責任感が増して仕事ばかりに燃えてきたよ。

女：今の橋本さんにはその守ってあげたい家族が「生きがい」なんじゃないですか。

男：でも最近は朝から晩まで仕事に追われてばかりだし、週末も接待ゴルフなんかで休めないよ。自然に家族と過ごす時間は減ってしまい、最近は顔もろくに合わせてないよ。

女：そうですか。仕事と家族だけの人生が平凡だと思うなら、何か変化を与えてみるのはどうですか。たとえば何かを新しく習ってみたりとか。

男：そういえば、僕中学の時までギターを習ってたけど。それをまた習い始めようかな。

女：いいじゃないですか。でも肝心なことは家族の幸せや他の人との触れ合いがあったからこそ、今仕事に夢中になれるんですよ。その人たちを大事にしてくださいね。

男：うん、その通りだね。

第5題

兩人正在討論人生意義。男子接下來要怎麼做？

男：前陣子我在路上走，突然被一個問卷調查的人問說「你的人生意義跟幸福是什麼呢？」，我當時沉默了一下。

女：那是當然的啊，因為是突然被問到的問題吧。

男：嗯，這也有關係，不過仔細想想，我覺得自己好像根本沒有什麼人生意義。婚前沉迷於和太太的戀愛，進公司後即便被說成是「工蜂」，但我也始終靠著工作撐起人生。生了兩個小孩後責任感更重了，就更是把全部心力都燃燒在工作上了。

女：對現在的橋本先生來說，想要守護的家人不就是「人生意義」嗎？

男：但是最近從早到晚都忙於工作，週末也要應酬打高爾夫，根本沒辦法休息，自然跟家人相處的時間也變少了，最近甚至也沒什麼碰面。

女：是喔。如果覺得只有工作和家人的人生很平凡，那要不要試著改變一下。比如說學習一些新東西。

男：說到這個，我以前學吉他到國中時期。要不要重新開始學習呢……

女：不錯啊。但是最重要的是，因為有家人的幸福以及和他人接觸的機會，現在才能這麼投入工作，所以請好好珍惜這些人喔。

男：嗯，妳說的沒錯。

男の人はこれからどうしますか。	男子接下來要怎麼做？
1 仕事だけの平凡な人生を捨て、変化に富んだ人生を送る	1 丟掉只有工作的平凡人生，開始過著充滿變化的人生
2 家族や仕事ばかり考えてきた自分を反省する	2 開始反省只考慮家人或工作的自己
3 **周りの人と今までの関係を保ちながら、何か新しいことに挑戦してみる**	3 **在保持與周圍人既有關係的同時，嘗試挑戰一些新的事物**
4 もっと人生に活気を与えるために、多様なことに挑戦してみる	4 為了讓人生更有活力，試著挑戰各式各樣的事物

解說 女子建議為了改變可以學習一些新事物，男子想要重新開始學吉他。女子說因為有家人的幸福以及和他人來往的機會，男子現在才能這麼投入工作，請他好好珍惜，而男子也同意這番話。

詞彙 生きがい：生存價值 ｜ 突然；突然 ｜ 黙り込む：沉默不語 ｜ 夢中になる：沉迷於 ｜ 平凡：平凡 ｜ 肝心：重要 ｜ 触れ合い：接觸、交流 ｜ 〜に富む：富含〜

6番 Track 5-1-06

教育検定試験の申し込みの方法について話しています。男の人は試験の申込をするためにはどうすればいいですか。

男：教育検定試験の申し込みの方法について聞きたいですが、申し込みの場所や日時はどこで分かりますか。

女：受験希望地で分かりますが、まずは教育会議所のホームページで最寄りの受験希望地をお決めになってください。申し込み日時および申し込み場所は、各地の受験希望地によって異なることがございますので、受験希望地にお問い合わせください。

男：じゃ、まず自分の受験希望地を決めないといけないんですね。さっそく聞いてみます。

女：但し、受験日のおよそ3ヶ月前から、確認ができます。

男：試験は9月15日で今は5月半ばだから、しばらく待たなきゃだめですね。もしかして申し込みは受験者の代わりの者がしたり、ホームページでは不可能ですか。

第6題

兩人正在討論關於教育檢定考試的報名方法。男子為了報名考試，應該怎麼做？

男：我想要詢問教育檢定考試的報名方法，要從哪知道報名地點跟日期時間呢？

女：可以在您希望的考試地點查詢。首先請您先到教育會議所的官網上，選擇離您最近的考試地點。至於報名的時間和地點，因為每個地區的考試地點有所不同，請直接向您選定的考試地點詢問。

男：所以就是要先決定自己希望的考試地點吧，我馬上來確認。

女：但是，大約從考試日期的三個月前，才可以開始確認相關資訊。

男：考試是9月15日，現在才五月中旬，看來還得等一陣子。是不是不允許由他人代為報名，或者無法在網站上進行報名呢？

女：はい、原則としては申し込みは受付窓口で行われていて、申込用紙に自筆で記入することになっておりますが、郵送やネットによる申込を受け付けているところもございますので、教育会議所のホームページでお調べください。

男：そしたら、受験料の払い方も同じですか。

女：そうです。原則としては窓口ででお支払いいただけますが、郵送やネットを通してのお支払いもできるところもございます。

男：はい、分かりました。

男の人は試験の申込をするためにはどうすればいいですか。

1　自分が希望している受験地を決めるために、およそ1ヶ月ぐらい待つ
2　3ヶ月間待ってから、教育会議所のホームページで検索する
3　申込の代行が可能かどうか分かるように、最寄りの教育会議所を訪ねる
4　申込用紙を直筆で作成し、郵便で送付する

女：是的，原則上報名是在承辦窗口進行，並且需要自己填寫報名表。但也有部分地點接受郵寄或是網路報名，這部分請上教育會議所的官網查詢。

男：那麼，報名費的支付方式也是一樣的嗎？

女：是的，原則上都是在承辦窗口支付，但也有部分地點可以透過郵寄或網路支付。

男：好的，我知道了。

男子為了報名考試，應該怎麼做？

1　為了決定自己希望的考試地點，需大約等待一個月
2　等三個月之後，在教育會議所的官網上查詢
3　為了確認是否可以由別人代為報名，要去最近的教育會議所詢問
4　親筆填寫報名表，並以郵寄方式送出

解說　在詢問過程中對方要求先決定希望的考試地點，並表示大約在考試日期前三個月就能開始確認。男子說考試日期是9月15日，現在是5月中旬，因此再等約一個月，到6月中旬時就能確認。

詞彙　最寄り：最近的　｜　異なる：不同　｜　さっそく：立刻　｜　但し：但是　｜　原則：原則　｜　自筆：親自書寫　｜　検索：查詢　｜　直筆：親筆

問題 2　先聆聽問題，再看選項，在聽完內容後，請從選項1～4中選出最適當的答案。

例　Track 5-2	例
男の人と女の人が話しています。男の人の意見として正しいのはどれですか。 女：昨日のニュース見た？ 男：ううん、何かあったの？	男子和女子正在交談。根據男子的意見，哪一個是正確的？ 女：你有看昨天的新聞嗎？ 男：沒有，發生什麼事情了嗎？

女：先日、地方のある市議会の女性議員が、生後7か月の長男を連れて議場に来たらしいよ。

男：へえ、市議会に？

女：うん、それでね、他の議員らとちょっともめてて、一時騒ぎになったんだって。

男：あ、それでどうなったの？

女：うん、その結果、議会の開会を遅らせたとして、厳重注意処分を受けたんだって。ひどいと思わない？

男：厳重注意処分を？

女：うん、そうよ。最近、政府もマスコミも、女性が活躍するために、仕事と育児を両立できる環境を作るとか言ってるのにね。

男：まあね、でも僕はちょっと違うと思うな。子連れ出勤が許容されるのは、他の従業員がみな同意している場合のみだと思うよ。最初からそういう方針で設立した会社で、また隔離された部署で、他の従業員もその方針に同意して入社していることが前提だと思う。

女：ふ～ん、…そう？

男：それに最も重要なのは、会社や同僚の負担を求めるより、父親に協力してもらうことが先だろう。

女：うん、そうかもしれないね。子供のことは全部母親に任せっきりっていうのも確かにおかしいわね。

男の人の意見として正しいのはどれですか。

1 子連れ出勤に賛成で、大いに勧めるべきだ
2 市議会に、子供を連れてきてはいけない
3 条件付きで、子連れ出勤に賛成している
4 子供の世話は、全部母親に任せるべきだ

女：前幾天聽説某地方的市議會女議員，帶著剛出生七個月的長子來到議會。

男：咦，市議會嗎？

女：對啊，然後她和其他議員發生了一些爭執，造成了一場混亂。

男：那之後怎麼樣了？

女：嗯，結果因為議會開會延遲了，她受到了嚴重的警告處分。不覺得很過分嗎？

男：嚴重的警告處分？

女：對啊。明明最近政府跟媒體才説，為了要讓女性更加活躍，要創造可以兼顧工作跟育兒的環境。

男：嗯，我倒覺得有些不同。帶孩子出勤，是要其他員工都同意的情況才可以。比如説一開始就以這樣的方針設立的公司，或是與其他部門分開的部門裡，其他員工也同意這個方針後才加入公司的，我覺得這些是前提條件。

女：嗯～是喔？

男：而且最重要的是，與其先讓公司跟同事承擔，倒不如要先找孩子的爸爸幫忙。

女：嗯，或許是這樣。確實，只把子女問題交給媽媽一個人來處理也有點不對。

根據男子的意見，哪一個是正確的？

1 贊成帶孩子上班，應該要大大推崇
2 不可以把孩子帶去市議會
3 贊成有條件式的帶孩子上班
4 照顧孩子的責任應該全部交給母親

1番 🎧 Track 5-2-01

男の人と女の人が電話で話しています。女の人はどうして次の約束を決められないのですか。

男：もしもし、岡田さん、確認だけど。明日11時に博物館の入り口に行けばいいね。

女：ああ、それが…。ちょうど今メールしようと思っていたのよ。

男：ええ？ なんか元気ないみたいだけど、どうしたの？

女：うん、ずっとお腹の調子が悪かったのに、木曜日に天ぷらを食べたのも良くなかったのか？昨日はずっと絶食状態で寝ていたのよ。何か腸がふやけて、機能していない感じなの。

男：ええ、それはつらいよね。そうすると、明日は無理そうだね。

女：うん、申し訳ないけど明日の約束は延期させてくれる？

男：うん、もちろんいいけど…。じゃ、今度はいつにしようか。

女：う〜ん、そうね…。明日、医者に行って診てもらうつもりだけど、劇的に回復するとは思えないのよ。それに、仕事も立て込んでいるし。

男：そうか。わかったよ。仕事も無理しないで、胃腸を休めてね。また連絡待っているよ。

女：うん、ごめんね。

女の人はどうして次の約束を決められないのですか。

1　メールをうつ元気もないから
2　すぐに回復する気がしないから
3　医者に外出を禁止されているから
4　仕事の予定がわからないから

第1題

男子和女子正在講電話。女子為什麼無法決定下次的約定？

男：喂？岡田小姐，我確認一下哦，明天11點去博物館入口就可以對吧？

女：啊，那個……我現在正想要傳訊息給你。

男：咦？聽起來妳好像沒有什麼精神，怎麼了？

女：嗯，我的腸胃一直不太舒服，星期四吃了天婦羅，可能反而更糟了吧？昨天一整天都沒吃東西，只是躺著休息。感覺腸子脹氣，完全沒在運作的樣子。

男：是喔，那還真是辛苦。這樣的話明天應該不行了吧？

女：嗯，很抱歉，可以讓我延期明天的約定嗎？

男：嗯，當然可以啊……那下次要什麼時候呢？

女：嗯……這個嘛……明天我打算去看醫生，但我覺得不太可能會迅速恢復，而且工作也排得很滿。

男：是喔，我知道了。工作也別太勉強，讓腸胃好好休息。我再等妳連絡。

女：嗯，抱歉喔。

女子為什麼無法決定下次的約定？

1　因為連打訊息的精神都沒有
2　因為感覺不會很快恢復
3　因為被醫生禁止外出
4　因為不曉得工作計畫

解說　女子因為腸胃不太舒服，所以無法遵守和男子之間的約定，而且根據目前的情況，大概無法馬上恢復，所以才會無法決定下次的約會。

詞　彙　博物館：博物館　｜　調子：狀況　｜　絶食状態：完全不進食的狀態　｜　ふやける：發脹、變軟　｜
延期：延期　｜　劇的に：劇烈地　｜　改善：改善　｜　立て込む：事情多、繁忙　｜　胃腸：腸胃　｜
回復：恢復

2番　Track 5-2-02

女の人二人が話しています。二人はこのボランティア業務に対してどう思っていますか。

女1：ねえ、大田さんは例のボランティアに行っているの？

女2：ううん、昨日もね。係りの人から電話がかかって来て、来週の国際フォーラムのボランティアを3人募集したけど、だれも手をあげた人がいなかったんだって。予定が合えばやってもらえないかって。

女1：ふ～ん、それで、OKしたの？

女2：ううん、「あいにく、予定が入っているので」って、ウソついて断っちゃったわ。

女1：そう、9時から5時まで拘束されて、交通費の1000円とお昼のお弁当の支給だけでしょ。やってられないわよね。

女2：そうなのよ。うちで、洗濯したり、テレビ見ている方がいいわ。たまに行くのは気分転換になって、いいんだけどね。

女1：そうね。外国の研究者や有名な人達とも会えるしね。

女2：それは、非日常でおもしろいけどね。でも、私達と同じ業務をやっている学生さんはアルバイトで時給1000円もらっているでしょ。私達は、ただですものね。その辺を改善しないとボランティアスタッフは、今後集まらないかもね。

女1：ホントよね。学生さんと一緒の額じゃなくてもいいから、せめて半分ぐらい出してもらえればいいんだけど。

女2：私も同感だわ。そうすれば、やる人も増えるわよね。

例

兩個女子正在交談。兩人對於這個志工工作有什麼想法？

女1：欸欸，大田小姐有去參加那個志工工作嗎？

女2：沒有，昨天工作人員打電話過來，說下週的國際論壇在招募三名志工，但沒有人報名。他問我時間允許的話，是否能幫個忙。

女1：嗯～那妳答應了嗎？

女2：沒有，我撒謊說「我剛好有事」拒絕了。

女1：嗯，從九點被綁到五點，還只有付交通費1000圓跟提供中午便當而已，根本做不下去吧。

女2：對阿，還不如在家洗衣服、看看電視比較好。有時候偶爾參加一下，當作換個心情還不錯啦。

女1：對，還可以跟國外研究人員或名人見面。

女2：那是非日常的體驗，是還蠻有趣的。不過和我們做同樣工作的學生，是以打工身分領時薪1000日圓，而我們是免費。如果不改善這部分的話，我看將來可能很難再招到志工工作人員吧。

女1：真的耶。不用和學生相同金額也沒關係，至少給個一半嘛。

女2：我也是這麼覺得。這樣的話，應該會有更多人願意參加吧。

二人はこのボランティア業務に対してどう思っていますか。	兩人對於這個志工工作有什麼想法？
1 拘束時間が長すぎる	1 工作時間太長
2 気分転換の良い機会だ	2 是轉換心情的好機會
3 学生の時給が高すぎる	3 學生時薪太高
4 待遇の改善が必要だ	4 需要改善待遇

解說 兩人認為相較於學生打工，她們卻是免費在幫忙，因此覺得不滿，且認為需要改善這樣的情況。

詞彙 業務：工作 ｜ 募集：招募 ｜ あいにく：不巧、剛好 ｜ 拘束：限制、束縛 ｜
気分転換：轉換心情 ｜ 改善：改善 ｜ せめて：至少 ｜ 待遇：待遇

3番　Track 5-2-03

男の学生と女の学生が話しています。男の人はどうして、アルバイトの応募に失敗したのですか。

女：佐藤君、来月の国家試験のアルバイトは確定したの？

男：それがさ。ダメだったんだよ。

女：ダメだった？　申し込みは、ネットで先着順じゃないの？

男：うん、そう。昨日の夜8時から受付開始だったから、10分前からパソコンの前に待機して申し込みに備えていたんだよ。

女：うん、私もしたことあるからわかるけど…？何人の募集枠だったの？

男：ええっと、30人だったんだけどね。8時にすぐ「この仕事に申し込み」をクリックしたら、次に「労働規約の同意」って、出たから、その規約を読んでから「同意する」をクリックしたんだよ。そうしたらもう締め切られていたんだ。

女：佐藤君、ネットでの申し込みは初めてだったの？　そんなモタモタしてちゃダメじゃない。

男：遅かったのかな。みんな、規約を読まないで「同意する」を押しちゃうのかな。

第3題

男學生和女學生正在交談。男學生為什麼應徵打工失敗？

女：佐藤同學，下個月國家考試的打工有確定了嗎？

男：那個啊……沒有被錄取啦。

女：沒有錄取？報名不是依照網路登記的先後順序嗎？

男：嗯，對啊。是從昨天晚上八點開始受理，我從10分鐘前就在電腦前待命，準備報名。

女：嗯，我也有報過所以我知道啦……那，招募幾個人啊？

男：嗯……30個人。八點一到我就立刻點下「報名此工作」，接著跳出「同意勞動規約」的頁面，我看了規約才點了「同意」。結果那時就已經報名截止了。

女：佐藤同學是第一次用網路報名嗎？不能那樣慢吞吞的啦。

男：是太慢了嗎？大家是不是都沒看規約就直接按下「同意」了呢？

女：あたりまえじゃない。8時からだったら、人気の場所の仕事は5分ぐらいで埋まっちゃうわよ。
男：10分も前から、スタンバイしていたのに、本当にショックだよ。
女：まあ、経験だわね。

男の人はどうして、アルバイトの応募に失敗したのですか。

1　応募開始の10分前に申し込んだから
2　「規約に同意」をクリックするのが遅かったから
3　「申し込む」のあと、「確定」を押さなかったから
4　「規約に同意」をよく読まないでクリックしたから

女：當然啊。如果是八點開始，熱門的工作地點大概5分鐘就會額滿。
男：我明明從10分鐘前就開始待命了……真的很震驚啊。
女：嗯，這就是經驗啦。

男學生為什麼應徵打工失敗？

1　因為在報名開始前的10分鐘申請
2　因為點選「同意規約」的時間太慢
3　因為點選「申請」之後，忘記按下「確定」
4　因為沒有仔細看「同意規約」就直接點選

解說　打工是依照網路登記先後順序採用，雖然男子閱讀了勞動規約並點選了同意，但其他人沒有閱讀規約就按下「同意」，所以報名速度才會比較慢，錯失機會。

詞彙　確定：確定｜先着順：按照先後順序｜開始：開始｜待機：待命｜備える：準備｜募集枠：招募名額｜労働規約：勞動規約｜締め切る：截止｜モタモタ：慢吞吞｜埋まる：額滿

4番　Track 5-2-04

男の人と女の人が話しています。男の人は、「はっとバス」の利用者が増え続けている理由は何だと言っていますか。

男：パクさんは、「はっとバス」って知っている？
女：ひょっとして、東京の街を歩いていると時々見かける黄色の観光バスのことかしら？
男：うん、そうだよ。
女：私、一度乗ってみたいと思っているんだけど、利用者は多いの？
男：うん、「はっとバス」はすごいよ。実はバブル期並みに利用者数を増やしているんだ。
女：へえ、今、外国人観光客が多いからじゃないの？
男：うん、それもあるけど東京近郊の利用者が結構多いんだよ。

第4題

男子和女子正在交談。男子說「哈特巴士」的使用者持續增加的原因是什麼？

男：朴小姐知道「哈特巴士」嗎？
女：該不會是那種在東京街頭走路時，偶爾會看到的黃色觀光巴士吧？
男：對！就是那個。
女：我有想要搭一次看看，使用者多嗎？
男：嗯，「哈特巴士」很受歡迎喔！其實使用者數量已經增長到和泡沫經濟時期差不多。
女：咦～是不是因為現在有很多外國觀光客？
男：嗯，這也是其中一個因素，不過東京近郊的使用者不少哦。

女：へえ、どんなところが人気なの？	女：是哦。哪個部分受歡迎呢？
男：まず、幅広い層をターゲットにしていて、多彩なコースがあるんだよ。自分のスケジュールに合わせて、日帰りコース、半日コース、昼コース、夜コースなどを選ぶことができるし、効率よく手軽に観光スポットを回れるんだよ。	男：首先，它的目標客群相當廣泛，並提供各種不同的行程選擇。你可以根據自己的時間安排，選擇當天往返行程、半日行程、白天行程或是夜間行程等等，可以有效率又輕鬆地遊覽觀光景點。
女：へえ、いろいろな人のニーズにあうように工夫されているのね。	女：哇，原來是為了滿足不同人群的需求而精心設計的啊。
男：うん、そう。ちょっと東京見物をしたいときも、便利だね。今度一緒に乗ってみる？	男：對啊，沒錯。當你想稍微逛逛東京的時候也很方便呢。下次要一起搭看看嗎？
女：ああ、いいわね。ぜひお願い。	女：啊，好啊，一定要帶我去！

男の人は、「はっとバス」の利用者が増え続けている理由は何だと言っていますか。	男子說「哈特巴士」的使用者持續增加的原因是什麼？
1　黄色のバスのデザインが人気だから	1　因為黃色巴士的設計很受歡迎
2　最近、外国人観光客が増え続けているから	2　因為最近外國觀光客持續增加
3　手軽で便利な観光コースが色々あるから	**3　因為有許多既輕鬆又方便的觀光行程**
4　お客のニーズと予定に合わせてバスを出すから	4　因為會根據顧客的需求和計畫安排巴士

解說　雖然外國觀光客很多，但東京近郊的使用者也很多。由於有多樣化的行程，能方便且有效率地觀光是其優點。實際上只要前往東京等地，就能看到這種市區觀光巴士。

詞彙　ひょっとして：該不會　｜　バブル期並み：與泡沫經濟時期差不多　｜　近郊：近郊　｜　幅広い：廣泛　｜　多彩だ：豐富多樣　｜　日帰りコース：當天往返的行程　｜　工夫：設法、下功夫

5番 Track 5-2-05

ラジオで男の人が話しています。男の人は、どんな人を高齢者というのだと言っていますか。

男：ええ、総人口の4人に1人が65歳以上であり「超高齢化社会」といわれる日本ですが、高齢者とは一体どんな人を言うのでしょうか。体力がなくて仕事はできず、家でゴロゴロしていて、しかも病院にかかってばかりいる人。若い人に言わせれば、仕事もせずに年金や医療費ばかり使っている人…だから、医療費が高くなる。ぼくらが年取ったころには年金がなくなる。でも、いわゆる高齢者と言われる人で、ヨボヨボの老人、寝たきりの老人の数は非常に少ないのです。ある統計では、90歳以上の老人はわずか150万人、寝たきり老人の数もほぼ同数で、かなりの部分がダブっているので、「本当の高齢者」の数は率にして1.5％、64人に1人なのです。

男の人は、どんな人を高齢者というのだと言っていますか。

1　体力的に働けず、寝たきりなどの人
2　体力があっても働かない65歳以上の人
3　病院通いが仕事のような65歳以上の人
4　年金で生活している65歳から90歳の人

第5題

廣播中，男子正在講話。男子說什麼樣的人是高齡者？

男：嗯……日本被稱為總人口中有四分之一是65歲以上的「超高齡化社會」，那麼到底所謂的高齡者是指哪樣的人呢？是指沒體力無法工作，在家中無所事事，還經常跑醫院的人。如果讓年輕人來說，他們會覺得這些人既不工作，又只會花年金和醫療費……結果醫療費就變高了。等我們老的時候，年金就沒了。但是，所謂的高齡者中，真正衰弱無力、長期臥床的老年人其實非常少。在某個統計中，90歲以上的老人只有150萬人，長期臥床的老人數量也幾乎一樣，而且有很大一部分是重疊的，因此「真正的高齡者」僅占總人口的1.5%，64人當中僅有1人。

男子說什麼樣的人是高齡者？

1　體力上無法工作，長期臥床的人
2　即便有體力卻不工作的65歲以上的人
3　把去醫院當作工作一樣的65歲以上的人
4　依靠年金生活的65歲到90歲之間的人

解說　由於臥床的老人相當多，因此不應該只將65歲視為高齡的標準，要依照實際的身體狀況、健康狀況判斷。

詞彙　超高齢化社会：超高齡化社會｜ごろごろする：無所事事｜よぼよぼ：年老體弱、步履蹣跚｜寝たきり：長期臥床｜ダブる：重疊

6番 Track 5-2-06

男の人と女の人が話しています。どうして、400円が請求されていたのですか。

男：ねぇ、カードの利用代金明細書が来てるんだけど、この400円っていうのは何？

女：ああ、これね。7月10日遅延損害金って書いてあるのでしょ。

男：なんか、仰々しいね。

女：実はね。カードの代金って、銀行口座から落ちるじゃない。

男：うん、そうだね。口座から落とされなかったってことか。

女：そう、7月の15日ぐらいだったかしら、ハガキで督促状がきてね。「お客さまの口座からご利用代金がお引き落としできませんでした。」っていう内容だったのよ。銀行に振り込んだつもりだったんだけど、忙しかったから、忘れちゃったみたい。すぐにカード会社に電話して、不足分はいくらか、聞いたけど、答えてくれないのよ。

男：ふ〜ん、個人情報だからかな？

女：うん、そうかもしれない。それで、日にちが経つとどんどん高くなるから、督促状が来た日にすぐ振り込みしたんだけどね。5日間の遅れで400円とられちゃった。

男：その間、カード利用は止められるはずだけど、ぼくらはカード使わなかったのかな。

女：そうみたいね。400円でもしゃくにさわるわね。

どうして、400円が請求されていたのですか。

1 利用代金明細書の到着が遅れたから
2 銀行口座にお金が足りなかったから
3 督促状のハガキ代金と手数料として
4 銀行とカード会社の手違いのため

第 6 題

男子和女子正在交談。為什麼會被收取400日圓呢？

男：欸，信用卡帳單明細寄來了，這個400日圓是什麼？

女：啊，這個啊。這邊寫著7月10日滯納金。

男：聽起來好像有點誇張。

女：其實，信用卡的費用，不是從銀行戶頭扣款的嗎？

男：嗯，對啊，所以是説款項沒從戶頭扣走嗎？

女：對，大概在7月15日左右，有寄來一張催繳明信片，上面寫著「您的帳戶無法扣款」。我本來以為我已經轉帳到銀行了，但是因為太忙，似乎忘了，馬上打電話給信用卡公司問説不足的金額是多少，他們沒回答我。

男：嗯〜是因為個人資訊的關係嗎？

女：嗯，也許是吧。由於天數拖得越久，金額就會不斷增加，所以我在收到催款通知的那天立刻轉帳了。但是因為晚了5天，被收了400日圓。

男：在那段期間，信用卡應該會被停用吧？我們那時沒有用卡嗎？

女：看來是這樣。即使只有400日圓，還是有點不爽呢。

為什麼會被收取400日圓？

1 因為帳單明細比較晚寄達
2 因為銀行戶頭的錢不夠
3 作為催繳明信片的費用和手續費
4 因為銀行和信用卡公司的錯誤

解說 卡費要從戶頭扣款，但因為忘記轉帳導致銀行戶頭餘額不足，卡費遲繳，所以400日圓是滯納金。

> **詞 彙** 利用代金明細書：帳單明細 ｜ 遅延損害金：滞納金 ｜ 仰々しい：誇張 ｜ 督促状：催繳單 ｜
> 引き落とす：扣款 ｜ どんどん：接連不斷 ｜ 癪にさわる：令人生氣 ｜ 手違い：錯誤

7番 Track 5-2-07

テレビのニュースで男の人が話しています。E社が工場を閉鎖する理由は何ですか。

男：日本の大手、菓子メーカーであるE社は、8月21日に国内にある二つの工場の生産を終了すると発表しました。E社は閉鎖理由として、国内生産拠点の整理・再配置を行って経営の効率化を図ることを挙げています。それら二つの工場は1953年に創設されました。それから60年以上が経過し、建物や設備などの老朽化が進んでいたとみられます。また、生産していたキャラメルや飴製品、ガム製品などの販売が不振だったことも工場閉鎖につながったと思われます。E社の「ガム・キャラメル・キャンディー」カテゴリーの売上高は規模が小さく、年々縮小していました。

E社が工場を閉鎖する理由は何ですか。

1　老朽化した建物を再建するため
2　他の地域に大きな工場を建てるため
3　建物の老朽化と売上げ減少のため
4　生産拠点を移し経営を改善するため

第 7 題

電視新聞中，男子正在講話。E 公司關閉工廠的理由是什麼？

男：日本大型點心製造商 E 公司於 8 月 21 號發表，將結束國內兩家工廠的生產作業。E 公司表示，關閉工廠的原因是為了整頓並重新配置國內的生產據點，以提升經營效率。這兩座工廠於 1953 年創立，至今已經超過 60 年，建築與設備等看來已經老化嚴重。另外，這些工廠所生產的焦糖、糖果以及口香糖產品等銷售表現不佳，也被視為導致工廠關閉的原因之一。E 公司的「口香糖、焦糖、糖果」類別的營業額規模較小，且逐年縮減。

E 公司關閉工廠的理由是什麼？

1　因為要重建老舊建築物
2　因為要在其他地區建立大型工廠
3　**因為建築物老化與營業額減少**
4　因為要轉移生產據點並改善經營

> **解 說** 因為是超過 60 年的建築物，已進入老化階段。另外，這兩家工廠所生產的產品銷售不振，也是最終決定關閉的關鍵原因。
>
> **詞 彙** 閉鎖：關閉 ｜ 拠点：據點 ｜ 効率化：效率化 ｜ 図る：謀劃 ｜ 創設：創立 ｜ 経過：經過 ｜
> 設備：設備 ｜ 老朽化：老舊化 ｜ 不振：蕭條、不振 ｜ つながる：連結 ｜ 規模：規模 ｜
> 縮小：縮小

問題 3　在問題 3 的題目卷上沒有任何東西，本大題是根據整體內容進行理解的題型。開始時不會提供問題，請先聆聽內容，在聽完問題和選項後，請從選項 1～4 中選出最適當的答案。

例　🎧 Track 5-3

男の人が話しています。

男：みなさん、勉強は順調に進んでいますか？成績がなかなか上がらなくて悩んでいる学生は多いと思います。ただでさえ好きでもない勉強をしなければならないのに、成績が上がらないなんて最悪ですよね。成績が上がらないのはいろいろな原因があります。まず一つ目に「勉強し始めるまでが長い」ことが挙げられます。勉強をなかなか始めないで机の片づけをしたり、プリント類を整理し始めたりします。また「自分の部屋で落ち着いて勉強する時間が取れないと勉強できない」というのが成績が良くない子の共通点です。成績が良い子は、朝ごはんを待っている間や風呂が沸くのを待っている時間、寝る直前のちょっとした時間、いわゆる「すき間」の時間で勉強する習慣がついています。それから最後に言いたいのは「実は勉強をしていない」ということです。家では今までどおり勉強しているし、試験前も机に向かって一生懸命勉強しているが、実は集中せず、上の空で勉強しているということです。

この人はどのようなテーマで話していますか。

1　勉強がきらいな学生の共通点
2　子供を勉強に集中させられるノーハウ
3　すき間の時間で勉強する学生の共通点
4　勉強しても成績が伸びない学生の共通点

例

男人正在說話。

男：各位，學習進展順利嗎？我想有許多學生因成績遲遲無法提升而煩惱吧。本來就已經不喜歡學習了，還不得不學，結果成績又沒提升，真是糟透了吧。成績無法提升的原因有很多。首先，第一個原因可以說是「開始學習之前需要花很多時間」。有些人遲遲無法開始學習，反而去整理書桌或整理講義。還有一種情況是，「如果沒有能在自己房間裡安心學習的時間，就無法學習」，這是成績不好的孩子的共通點。成績好的孩子則有一種習慣，就是善用等待早餐的時間、等浴室熱水的時間，或是睡前短暫的時間，也就是所謂的「零碎時間」來學習。最後，我想說的是，有些孩子「其實根本沒有在學習」。雖然表面上在家裡還是像往常一樣在學習，考試前也看似努力地坐在書桌前用功，但實際上卻沒有集中精神，而是心不在焉地學習著。

這個人正在討論什麼主題？

1　討厭學習的學生的共通點
2　能讓孩子專心學習的祕訣
3　利用零碎時間學習的學生的共通點
4　即便學習成績也無法提升的學生的共通點

1番 Track 5-3-01

ある団体の研修会で女の人が話しています。

女：本日はお暑い中、研修会にご出席いただき、誠にありがとうございます。

まず、このあと当団体の理事よりご挨拶させていただいた後、関係者の挨拶が 11 時 10 分からございます。料亭の料理長と女将の紹介とご挨拶でございます。11 時半からはこちらの料亭のお庭を散策していただきまして、12 時からはお昼の懐石料理を召し上がっていただく予定でおります。午後 1 時からは、日本文化体験を二つ予定しております。今後のお仕事の勉強の場であるのはもちろんですが、今日はどうぞご自身もお楽しみくださいませ。終了は午後 4 時となっております。

女の人は何について話していますか。

1　研修会参加のお礼
2　研修会のスケジュール
3　研修会の内容
4　研修会の費用

第 1 題

在某個團體的研習會上，女子正在講話。

女：今天非常感謝大家在這麼炎熱的天氣中，出席研習會。

首先，接下來將由本團體的理事致詞，然後從 11 點 10 分開始會有相關人員的致詞。接著，我們會介紹高級日本料理餐廳的主廚和老闆娘，並請他們致詞。從 11 點半開始，將安排各位在這家高級日本料理餐廳的庭院散步，並預計 12 點開始享用午餐的懷石料理。下午 1 點起，我們安排了兩項日本文化體驗活動。今天除了是未來工作學習的機會外，也請各位盡情享受。研習會將於下午 4 點結束。

女子正在談論什麼？

1　參加研習會的謝詞
2　研習會的日程
3　研習會的內容
4　研習會的費用

解說　女子正在對參加高級日本料理餐廳研習會的人説明今天的行程，「料亭」是「高級日本料理餐廳」的意思。

詞彙　研修会：研習會 ｜ 女将：老闆娘、女主人 ｜ 散策：散步 ｜ お礼：謝意、謝詞

2番 Track 5-3-02

ラジオである会社の社長が話しています。

男：私がどのようにしてここまで会社を大きくできたかは、母のおかげだと思います。母親は、私が小学校に入学する前に結核にかかってしまい、私はその病気を早く治したい一心で、15歳の時に八百屋の修行に出たんです。朝早くから夜遅くまで必死になって働きました。ご主人にはずいぶんよくしてもらい、商売に必要なことをていねいに教えていただきました。とにかくお客様に喜んでいただける仕入れをすることの大切さを、私は一番に学びましたね。19歳で最初の店を出し、店は鮮度を重視した戦略で繁盛し、2店舗目までは順調にいったのですが、25歳の時にある方の保証人になってしまったことで私は全てを失いました。あとに残ったのは莫大な借金とトラック一台だけでした。結局、そのトラック一台が、この業界に飛び込むきっかけになったんです。

社長は、どのようなテーマで話していますか。

1　母親の病気を治すため
2　八百屋の修行での学び
3　会社を興すまでの歩み
4　店を繁盛させる販売戦略

第 2 題

廣播中，某公司的總經理正在講話。

男：我認為我能把公司做到這麼大，都是因為母親的幫助。母親在我上小學前得了結核病，我一心想要讓她的病快點治好，15歲的時候就到蔬果店學習賣菜技藝。從清晨到深夜拚命地工作。店長對我非常好，很仔細地教導我商業經營所需的各種知識。無論如何，我最先學到的一點，就是「進貨時要以讓顧客滿意為首要目標」這件事的重要性。19歲時，我開了第一家店，這家店以新鮮度為主打策略，生意非常興隆，第二家店也順利開設。但當我25歲時，因為成為某個人的保證人，結果我失去了所有。剩下的只有龐大的債務和一輛卡車。最後，正是那輛卡車成為我進入這個行業的契機。

總經理正在談論什麼主題？

1　為了治癒母親的病
2　在蔬果店的學習
3　創立公司的歷程
4　讓店鋪繁榮的銷售戰略

解說　總經理正在回顧自己將公司發展到現在規模的過程，為了治療母親的病，年輕時便投入工作，從中學到了許多東西，經歷了成功與失敗才有今天的地位。

詞彙　修行：修行、學習｜必死：拚命｜鮮度：新鮮程度｜重視：重視｜戦略：戰略｜繁盛：興隆｜順調に：順利地｜失う：失去｜莫大だ：龐大｜借金：債務｜飛び込む：投入｜きっかけ：契機｜興す：創辦｜歩み：歷程

3番 🎧 Track 5-3-03

テレビで男の人が「食べること」について話しています。

男：「食べるということは」生きるために必要な行為です。植物にしても動物にしても「他のものから命をいただく」ということで、何を食べても同じなのです。人間は草を食べても美味しいとは感じないのですが、それは人間の味覚が「人間に必要なもの」を見分けることができるからです。人間には栄養学とかメディアからの情報がありますから、「これは栄養がある」などと言いますが、動物はそんなことは分かりません。しかし動物のもっている味覚で自分に必要なものを見分けられます。

もちろん、人間も正常なら「美味しいものを食べる」ことが大切で、「あれが良い、これは体に悪い」等という知識は本来いらないのです。最近50年ほど、テレビや雑誌などで健康と食材のことが繰り返し取り上げられていますが、食べて不味いものが健康に良い食材といえるのかどうかは不明です。

男の人はどう考えていますか。

1 人間は栄養学に従って食べるべきだ
2 美味しいと感じるものが必要な食べ物だ
3 人間も動植物と同じものを食べるのが良い
4 まずいと感じるものが良い食べ物だ

第 3 題

電視上，男子正在談論有關「吃」的話題。

男：「吃這件事」是為了生存所需的行為。不管是植物還是動物，都代表「從其他生命中獲取生命」，不管吃什麼，其本質都是相同的。人類即使吃草也不會覺得好吃，這是因為人類的味覺能夠分辨出「對人類有必要的東西」。人類有營養學以及從媒體獲得的資訊，會說「這個有營養」等等，但動物並不知道這些事。然而，動物憑藉其天生的味覺，也能分辨出對自己有益的東西。

當然，人類如果處於正常狀態下，「吃好吃的東西」是很重要的，而像「這個對身體好，那個對身體有害」之類的知識，本來就是不必要的。最近50年來，電視、雜誌等媒體反覆地探討健康與食材的話題，但吃起來難吃的東西，是否能稱作對健康有益的食材，目前尚不明確。

男子是怎麼想的？

1 人類應該按照營養學進食
2 覺得美味的食物就是身體所需要的食物
3 人類應該吃與動植物相同的食物
4 覺得難吃的東西才是好食物

解說 現代人越來越關注健康食材，但男子主張應該先吃美味的食物。換句話說，他認為「吃起來好吃的食物，才是我們真正需要的」。最後則提到，目前尚無法斷定「難吃的食物是否更有益健康」。

詞彙 行為：行為 ｜ 見分ける：分辨、區分 ｜ 正常：正常 ｜ 知識：知識 ｜ 繰り返す：反覆 ｜ 取り上げる：提出、討論 ｜ ～に従って：依據～、按照～

4番 🎧 Track 5-3-04

ある講演会で、男の人が話しています。

男：目標を決めてやる気になったとしても、ほとんどの人は、途中で諦めてしまうのです。これは何故かというと、人の脳は「新しいこと」を嫌うようになっているからです。実は、人にはそれぞれの快適な範囲というものがあって、「これまでの自分」という状態に安心感を覚えるのです。つまりお金のない人はお金のない状態を、勉強しない人は勉強しない状態を「安心」と思ってしまうのです。なので、今度こそ自分を変えよう！と思って、新しい目標をたてても、どこか不快で居心地が悪い感じがして「元の自分」に戻ってしまうのです。そこで、重要になってくるのが目的です。目的とは「なぜ」その目標を達成しないといけないのかという理由になります。その目的があれば人は頑張れるのです。

男の人はどのようなテーマで話していますか。

1 目標を定めて前進してみよう
2 快適な範囲で目標設定するには
3 目標達成するには目的が必要だ
4 自分を変える目標と目的のために

第 4 題

男子正在某場演講會中發言。

男：即使設定目標充滿幹勁，但大多數人仍會在中途放棄。這是為什麼呢？原因在於人類的大腦傾向於抗拒「新事物」。事實上，每個人都有自己的舒適圈，會對「過去的自己」這種狀態感到安心。也就是說，沒有錢的人會認為沒錢的狀態是「安心的」，不讀書的人會認為不讀書的狀態是「安心的」。因此，即使下定決心「這次一定要改變自己！」，並設定了一個新的目標，但由於感到某種不適和不自在，最終還是會回到「原來的自己」。因此，關鍵在於目的。目的指的是「為什麼」必須達成那個目標的理由。只要有這個目的，人們就能努力下去。

男子正在討論什麼主題？

1 訂立目標並向前邁進
2 如何在舒適圈設定目標
3 為了達成目標，目的是必要的
4 為了改變自己的目標及目的

解說 即使設定目標充滿幹勁，一般人對於新事物都會有排斥感，往往難以持續，並安於自己原本的狀態。因此，若要挑戰新事物，就一定要有目的，唯有這樣才能達成目標。

詞彙 快適だ：舒適 ｜ 範囲：範圍 ｜ 状態：狀態 ｜ 不快：不愉快 ｜
居心地：在某個位置或情境下的感受、心情 ｜ 達成：達成 ｜ 前進：邁進、前進

5番 🎧 Track 5-3-05

テレビで男の人が番組について話しています。

男：皆さんは、コンビニやスーパーで売れ残った商品はどうするのかな？と疑問に思ったことはあるでしょうか。おにぎり、パン、サンドイッチ、弁当、お惣菜等の食料品はスーパーやコンビニの主力商品で、売上全体の約20％から40％のシェアを占めているんです。

しかし、これらの食料品には、常に「廃棄ロス」の問題がつきまといます。商品が納品された後、一定の販売期間を過ぎると販売時間切れとなります。それらの商品はお店の棚から引き下げられて、「廃棄商品登録」、すなわち処分が必要な商品として登録されることになります。

各店舗とも、期限が切れた商品が間違ってお客さんに販売されないように、もしそれらをレジでスキャンすると、「ピーッ！」とアラームが鳴るシステムになっています。今日は、そんな商品をレポートしていきます。

何についてのレポート番組ですか。

1 販売期間切れ商品の再利用
2 廃棄商品の時間切れの目安
3 廃棄ロスの解決策はあるのか
4 廃棄商品はどう処理されるか

第5題

電視上，男子正在討論節目內容。

男：各位是否曾經想過，超商跟超市賣剩的商品怎麼處理呢？飯糰、麵包、三明治、便當、熟食等食品，這些都是超市跟超商的主力商品，占了總銷售額大約20％～40％。

然而，這些食品總是伴隨著「廢棄損失」的問題。商品進貨後，若超過固定的銷售期限，銷售時間便會到期。這些商品會從貨架上移除，並註明為「廢棄商品」，也就是需要處理的商品。

為了防止過期商品被誤賣給顧客，各家店鋪都設有系統，當這些商品在收銀台被掃描時，會發出「嗶嗶！」的警報聲。今天，我們將報導這些商品的情況。

這是關於哪方面的報導節目？

1 銷售期限到期的商品的再利用
2 廢棄商品的時間截止標準
3 是否有廢棄損失問題的解決辦法
4 廢棄商品是如何處理的

解說 男子提到的是廢棄商品的處理方式，具體是指如何避免過期商品被誤賣。根據描述，現在的超商已經設有「廢棄商品註冊」系統，可以準確過濾掉過期商品。

詞彙 番組：節目 ｜ 疑問に思う：覺得疑惑 ｜ 惣菜：熟食 ｜ 主力商品：主力商品 ｜ シェアを占める：占比 ｜ 廃棄：廢棄 ｜ つきまとう：伴隨 ｜ 納品：交貨 ｜ すなわち：也就是說 ｜ 処分：處理 ｜ 目安：標準 ｜ ロス：損失 ｜ ～切れ：～到期

6番 🎧 Track 5-3-06

ラジオで男の人が話しています。

男：アメリカでは自動運転ができる自動車の法律整備が着々と進められているようです。ところで、タクシー料金の自由化さえできていない日本は、自動運転を認めることは可能なのでしょうか？自動運転により職を失う可能性のある職業としては、タクシー運転手、バス運転手、トラック運転手あたりがあげられます。しかし完全に自動運転化が社会に受け入れられて、台風などで、雨や風の強い日でも事故が起こらない状態になるにはまだまだ時間がかかりそうです。そういう意味で、自動運転が完全に普及するためには、まだ20年以上の歳月がかかると見ています。タクシーの料金ですら自由競争が許されていない日本では、20年で自動運転が普及するかどうかさえ疑問です。

男の人は車の自動運転についてどう考えていますか。

1　日本も自動運転の法律を急ぐべきだ
2　自動運転化による失業者対策が必要だ
3　日本では自動運転化の普及は難しい
4　安全な自動運転化は夢物語である

第6題

廣播中，男子正在講話。

男：看來美國正穩步推動有關自動駕駛汽車的法律規範。不過，像日本這樣連計程車費用自由化都尚未實現的國家，是否能夠允許自動駕駛呢？自動駕駛可能會導致失業的職業，包括計程車司機、公車司機、貨車司機等。不過，要讓自動駕駛完全被社會接受，並且在颱風等雨天或強風等情況下，仍能避免事故的發生，似乎還需要相當長的時間。從這個意義上來說，自動駕駛要完全普及，可能還需要20年以上的時間。在日本，連計程車費用都無法實現自由競爭，是否能在20年內普及自動駕駛，甚至還是個問題。

男子如何看待車輛自動駕駛？

1　日本應該加快制定自動駕駛的法律
2　需要針對自動駕駛帶來的失業問題提出對策
3　在日本，要普及自動駕駛是很困難的
4　安全的自動駕駛是不切實際的夢想

解說　自動駕駛在美國進行得相當順利，但男子認為日本仍處於完全落後的狀況。

詞彙　失う：失去 ｜ ～あたり：～之類的 ｜ 普及：普及 ｜ 歳月：歲月 ｜ 自由競争：自由競爭 ｜ 疑問：疑問 ｜ 失業者：失業者 ｜ 対策：對策 ｜ 夢物語：空想、夢想

問題4　在問題4的題目卷上沒有任何東西，請先聆聽句子和選項，從選項1～3中選出最適當的答案。

例　🎧 Track 5-4

男：部長、地方に飛ばされるんだって。
女：1　飛行機相当好きだからね。
　　2　責任取るしかないからね。
　　3　実家が地方だからね。

例

男：聽說部長被派到鄉下去了。
女：1　因為他非常喜歡飛機。
　　2　因為他只能負起責任了。
　　3　因為他老家在那邊。

1番 Track 5-4-01

男：例の書類、目を通してくれたかな？
女：1　はい、一通り作りました。
　　2　はい、一通り読みました。
　　3　はい、一通り書きました。

第1題

男：那份文件，妳看過了嗎？
女：1　是的，我大概做好了。
　　2　是的，我大概讀過了。
　　3　是的，我大概寫好了。

解說　「目を通す」是「過目、瀏覽」的意思。

詞彙　一通り：大概、粗略地

2番 Track 5-4-02

男：あのレストラン繁盛してるよね。
女：1　値段も手ごろだし、従業員もとても親切だから。
　　2　どうりでいつもすいてるわけだ。あれでいいのかな。
　　3　そのうちつぶれちゃうんじゃないかね。

第2題

男：那間餐廳生意真好呢。
女：1　因為價格也很合理，員工也很親切。
　　2　難怪總是這麼空，這樣真的可以嗎？
　　3　遲早會倒閉吧。

解說　「繁盛」這個詞，從字面上看是「繁盛」，但在日文中通常用來形容商店等營業狀況良好，意思是「生意興隆」。

詞彙　手ごろ：適合、合理 ｜ どうりで：難怪 ｜ つぶれる：倒閉

3番 Track 5-4-03

女：田中さん、ずいぶん焼けましたね。
男：1　本当にきれいな夕焼けだ。見に来るだけのことはあるよね。
　　2　あ、そう？　今年の夏休みはグアム行ってきたよ。
　　3　ずっと雨だったが、梅雨明けで本格的な夏が始まったね。

第3題

女：田中先生，你曬得好黑喔。
男：1　真的是很美的夕陽，來看看真是值得的。
　　2　啊，是嗎？我今年暑假去了關島。
　　3　雖然一直下雨，但梅雨結束了，真正的夏天也開始了呢。

解說　首先必須知道「焼ける」這個詞彙。它有「食物烤熟」、「皮膚曬黑」等意思。在這類問題中，如果聽到單字或表達方式重覆出現，通常是陷阱，要特別小心。

詞彙　夕焼け：夕陽 ｜ 梅雨明け：梅雨結束

4番 🎧 Track 5-4-04

女：森川さんはいける口ですか。

男：1　あ、すみません。今日はちょっと都合が悪くて行けませんが……。

　　2　ご心配は要りません。どんなことがあっても必ず行きます。

　　3　いいえ、私下戸ですよ。ま、そう見えないとみんなに言われますが。

第 4 題

女：森川先生酒量很好嗎？

男：1　啊，不好意思。今天不太方便沒有辦法去……

　　2　不需要擔心，不管不管發生什麼事情，我一定會去。

　　3　不，我酒量很差。不過大家都說看不出來啦……

解說　「いける口」是「酒量很好」的意思，反之，「下戸」則是指「完全不會喝酒的人」。

詞彙　都合が悪い：不方便

5番 🎧 Track 5-4-05

男：入社したてのころは、毎日のように飲みに行ってたよね。

女：1　就活大変だったよね。でもなぜかその時が懐かしい。

　　2　若かったからね。でも今はもう無理でしょう。

　　3　毎日は無理だけど、週に3回ぐらいなら大丈夫ですよ。

第 5 題

男：剛進公司時，幾乎每天都去喝酒對吧？

女：1　求職活動很辛苦吧，不過不知為何，那段時光讓我覺得懷念。

　　2　因為當時年輕啊，但現在應該做不到了吧。

　　3　沒辦法每天，但如果一週三次左右應該沒問題。

解說　「入社したて」是「剛入職、剛進公司」的意思。動詞ます形（去ます）再接續「たて」表示「剛～，剛做完～」的意思。**例**　焼きたてのパン：剛烤好的麵包

詞彙　就活：「就職活動」的縮寫，指「求職活動」

6番 🎧 Track 5-4-06

男：この和菓子、どのぐらいもちますか。

女：1　20個ぐらいなら私一人でも持てますが、それ以上は無理でしょう。

　　2　こちらでお召し上がりですか、それともお持ち帰りですか。

　　3　三日ぐらいは大丈夫ですが、なるべくお早めにお召し上がりください。

第 6 題

男：這個日式點心可以放多久呢？

女：1　如果20個左右的話我一個人拿得動，但超過的話應該不行吧。

　　2　您要內用嗎？還是要外帶呢？

　　3　三天左右應該沒問題，但還是請盡早享用為佳。

解說 這是詢問「もつ」的用法。考試中常見的用法有兩種：①（費用等）承擔、②（長時間維持某種狀態）保持、持續。這道問題是第二種用法，指「食物不會壞掉能持續存放」之意。

詞彙 持ち帰り：帶回去、外帶

---

7 番　Track 5-4-07

男：これぐらいでへこたれるなよ。
女：1　うん、絶対あきらめない。最後までやり通すわ。
　　2　怒ってないって、ちょっと疲れただけなんだから。
　　3　大丈夫。これくらいのことでびびらないって。

第 7 題

男：別因為這點小事就放棄。
女：1　嗯！我絕對不會放棄！我會做到最後。
　　2　就說沒有生氣了，我只是有點累而已。
　　3　沒事，我不會因為這點小事就害怕。

解說 「へこたれる」有兩個意思，一是「體力變差而覺得疲憊」，二是「精神上被打擊而變得軟弱、沮喪、放棄」。

詞彙 やり通す：做到最後　｜　びびる：害怕

---

8 番　Track 5-4-08

女：最近盆栽にはまってるんですよ。
男：1　それは危ないね。やめた方がいいんじゃないか。
　　2　若いのに珍しいね。どんなところが好き？
　　3　最近景気もよくないし、もうしばらく時間かかりそう。

第 8 題

女：最近我迷上了盆栽。
男：1　那真危險，最好別再做了。
　　2　你這麼年輕居然會喜歡，你喜歡哪部分呢？
　　3　最近經濟狀況也不好，應該還要一段時間。

解說 「はまる」是指「熱衷、沉迷於某事」，「盆栽」一般是中老年人的興趣，但年輕人也可能會對此著迷，因此男子感到意外。

詞彙 珍しい：罕見

9番　Track 5-4-09

男：すみません、こちらのテーブルを拝借させていただきたいんですけど。

女：1　ええ、どうぞ。
　　2　はい、上に載せてください。
　　3　いえ、下に置いた方がいいでしょう。

第9題

男：不好意思，請問可以借用這張桌子嗎？

女：1　可以，請用。
　　2　可以，請放在上面。
　　3　不，最好放在下面。

解説　「拝借する」是「借りる（借入）」的謙讓語，「拝借させていただきたい」表示説話者想要借東西。

10番　Track 5-4-10

男：高橋君の企画書、文句のつけようがなかったよ。

女：1　申し訳ありません、これから気をつけます。
　　2　いいえ、別に文句を言っているつもりではありませんが。
　　3　いいえ、とんでもありません。

第10題

男：高橋小姐的企劃書，實在無可挑剔。

女：1　非常抱歉，今後我會特別注意。
　　2　不，我沒有想要抱怨的意思。
　　3　不，真是不敢當。

解説　「文句をつける」是「挑剔、找麻煩」的意思，「文句のつけようがない」表示「沒有挑剔的地方」，也就是「無可挑剔」的意思。

詞彙　文句を言う：抱怨

11番　Track 5-4-11

女：そういえばお父さんの誕生日、今日じゃなかったっけ？

男：1　今日の夕飯は腕によりをかけて作ろう。
　　2　誕生日パーティーはもう終わったよ。
　　3　じゃ、今日の夕飯はお父さんにおごってもらおうね。

第11題

女：説起來，爸爸生日不是今天嗎？

男：1　今天晚餐就讓我大顯身手吧。
　　2　生日派對已經結束囉。
　　3　那今天的晚餐就讓爸爸請吧。

解説　「腕によりをかける」是「大顯身手、拿出真本事」的意思，對話內容提到因為是父親的生日，所以做菜時會特別用心。

詞彙　おごる：請客

12番 Track 5-4-12

女：じゃ、そろそろ忘年会もこれでお開きにしましょうか。

男：1　みなさん揃ったことだし、まず乾杯しましょう。
　　2　あ、もうこんな時間ですか。
　　3　では食べ物注文しましょうか。

第12題

女：那麼，差不多該結束這次的尾牙了吧？

男：1　大家都到齊了，我們先乾杯吧。
　　2　啊，已經這個時間了嗎？
　　3　那來點餐吧。

解說　「お開きにする」是「（宴會等）結束」的意思。

詞彙　揃う：到齊

13番 Track 5-4-13

男：きのうは日曜だったのに、ずっと一人で事務室に詰めていたよ。

女：1　もっと詰めてもいいと思うよ。
　　2　その代わり日曜日はゆっくり休めるよね。
　　3　仕事柄しかたないわね。

第13題

男：昨天明明是星期天，我卻一直獨自在辦公室待著。

女：1　我覺得可以再待久一點哦。
　　2　相對來說，星期天可以好好休息吧？
　　3　這是工作性質，沒辦法吧。

解說　「詰める」是考試常出現的動詞，牢記下列用法吧！在這裡使用的是第④種的用法。
①填滿、②靠緊、擠在一起、③縮短、④（在某個地方）待命　**例**：持ち場に詰める：在負責區域等待

詞彙　仕事柄：工作上的關係、工作性質

14番 Track 5-4-14

女：やっぱりだめだった。部長にさんざんしぼられたよ。

男：1　だから言わないことではないでしょ。
　　2　ほら、前もってしぼった方がいいって言ったでしょ。
　　3　いや、必ずしもそうとは限らないでしょ。

第14題

女：果然還是不行，被部長狠狠罵了一頓。

男：1　所以我不是早就說過了嗎？
　　2　你看，我不是說過提前縮小比較好嗎？
　　3　不，未必是那樣吧。

解說　「しぼる」也有「責罵、訓斥」的意思，像「油をしぼる」是指「嚴厲責備」的意思。
「言わないことではない」是一種批評對方的表達，意思是「我早就說過了，結果你沒聽，現在倒好。」也就是對對方不聽勸告表示不滿。

詞彙　さんざん：狠狠地 ｜ 前もって：事先 ｜ ～とは限らない：未必～、不一定～

問題 5　在問題五中將聽到一段較長的內容。本大題沒有練習部分，可以在題目卷上做筆記。

第 1 題、第 2 題
在問題 5 的題目卷上沒有任何東西，請先聆聽對話，接著聆聽問題和選項，再從選項 1～4 中選出最適當的答案。

1 番　　Track 5-5-01

男の人と女の人が話しています。

女：近藤さんって、お金のことに詳しいでしょ。ちょっと相談があるんだけど。

男：そうでもないけど。なあに？

女：実は、私の知り合いなんだけど、ほとんど会ったこともない親戚の人が急死してね。その遺産を1千万ぐらいもらったんだって。それでどうしたらいいか悩んでいるのよ。

男：へえ、そんなことあるのか…。ずいぶんラッキーなことだね。その知り合いって、何歳ぐらい？

女：うん、いま45歳ぐらいかな。

男：そうか。まずは、その人が、そのお金を全部使いたいと思っているのか？それともそのお金を増やしたいと思っているのか？どっちなんだろう？

女：そりゃ、両方でしょ。私だったら、300万ぐらいは海外旅行なんかに使って、残りは投資するとか。

男：うん、そうだね。今は銀行に貯金しても低金利でつまらないし、かと言って、株に投資してもリスクが伴うしね。

女：そうよね。中古の住宅を購入するのはどうかしら？　家賃収入が見込めるでしょ。

男：まあ、その選択もあるね。どれが、一番いいとも言えないよね。なんでも、リスクは伴う。ぼくだったら、ほとんど知らない人からの遺産ということがネックになるな。

女：そうよね。彼女もそう言っていたわ。でも、そのままにしておくのももったいないじゃない。

第 1 題

男子和女子正在交談。

女：近藤先生應該很懂錢的事情吧。我有點事情想請教你。

男：也不是這樣啦。怎麼了？

女：其實是我認識的人，她幾乎沒什麼碰面的親戚突然去世。聽說她繼承了1千萬左右的遺產，正在煩惱該怎麼辦。

男：咦，竟然有這種事……也太幸運了吧，那位認識的人，大概幾歲？

女：嗯，現在大概45歲左右。

男：是喔。那首先要確定她是打算把這筆錢全部花掉，還是想要讓這筆錢增值呢？到底是哪一種情況？

女：嗯，應該兩者都有吧。如果是我的話，大概會拿三百萬去旅行什麼的，剩下的部分再做投資之類的。

男：嗯，也是。現在把錢存在銀行裡，利息那麼低，真的沒意思。雖說如此，投資股票還是會有風險。

女：是啊，那如果買中古屋呢？應該能夠帶來房租收入吧。

男：哦，這也是一種選擇。沒辦法說哪一個最好。每個選擇都會有風險。如果是我的話，從幾乎不認識的人那裡繼承遺產，會成為一個困擾。

女：對啊，她也有這樣說過。但是放著不管也太可惜了吧。

310

男：まあ、そうだね…。ああ、そういう場合は寄付する人も多いらしいよ。あと、金を買っておくのもおすすめかな。

女：なるほどね。でも、やっぱりいろいろ知識があるわよね。

男：うん、どっかのマネー講座かなんかに行ってみるのがいいんじゃないかな？同じような境遇の人の経験を聞けるかもしれないしね。ぼくはそれが一番だと思う。

女：ふ〜ん。じゃ、そう言っておくわ。

男の人はどうするのがいいと言っていますか。

1　中古住宅の購入
2　金を購入する
3　寄付をする
4　マネー講座の受講

男：嗯，的確……啊，聽說這種情況下，也有蠻多人捐款的。還有也推薦她買金子。

女：原來如此，但果然還是需要各種知識對吧。

男：嗯，可能去參加某個理財講座之類的會比較好吧？也許能聽到一些有類似經歷的人分享經驗。我覺得這是最好的方法。

女：嗯〜那我就這樣跟她說。

男子說應該怎麼做？

1　購買中古屋
2　購買金子
3　捐款
4　參加理財課程

解說　「それが一番だと思う」這句話是提示。在這種問題中，通常會列舉出幾個建議，然後最後強調其中的一個選項，這時候會使用「一番（最）、もっとも（最）、何よりも（最重要的是）、なんといっても（不管怎麼說）」等詞彙縮小範圍。

詞彙　投資：投資｜低金利：低利息｜株：股票｜伴う：伴隨｜見込む：預估｜ネック：瓶頸、難題｜境遇：境遇

2番　Track 5-5-02

テレビで男の人が介護施設の女の人にインタビューしています。

男：今日は、介護施設で人材担当をしていらっしゃいます伊藤さんにお話をうかがいます。
介護現場での人材不足が深刻化しておりますが、伊藤さんの施設では幅広い層の方の採用を試みられているそうですね。

女：はい、アジアからのお若い方や、主婦の方、あとシルバーの方にもお手伝いいただいています。

第2題

電視上，男子正對照護機構的女員工進行訪問。

男：今天，我將向擔任照護機構人力資源負責人的伊藤小姐請教一些問題。
　　現在照護現場的人力短缺問題非常嚴重，據說伊藤小姐的機構嘗試招募各類型的人員。

女：沒錯，我們有來自亞洲地區的年輕人、主婦，還有銀髮族的朋友們也來幫忙。

男：そうですか。そのような方の仕事の内容や今後の活用についてもお話ししていただけますか。

女：はい、まず外国人の方ですが、やはり言葉で勘違いしたり、誤解が生じたりいたします。それで、日本人の介護士とペアになって働いてもらっています。今後も少しずつ増やしていきたいです。

次に主婦の方達ですが、人材が不足しております。主婦の方々は、もともと介護職に抵抗感があるようなんですね。それで、最初はレクリエーション活動だとか、喫茶店運営などのお仕事から始めていただく工夫をしております。

男：そうですか。あと、注目すべきはシニア層の活用ですが、いかがでしょうか。

女：そうですね。この方達はシルバー人材センターから派遣していただいています。今の60代、70代の方達はまだまだ元気で、主に利用者さんのお傍に寄り添うようなお仕事をしていただいております。特に、男性の方が生き生きと楽しそうに働いておられる姿はほほえましくも、感動いたします。

男：へえ…。そうなんですか。定年退職された方達ですよね。

女：はい、そうです。もともと一流企業で働いていたサラリーマンです。エプロンをかけ、利用者さんのちょっとしたことのお世話や話し相手なども、非常に和やかな雰囲気でお手伝いしていただいています。今後は特に、これらの方の活用方法をていねいに探っていきたいと思っております。

女の人は今後どんな人材の活用が特に望まれると言っていますか。

1 外国人
2 主婦層
3 シルバーの女性
4 定年退職者の男性

男：原來如此。可以請您跟我們分享這些人的工作內容，以及未來的運用計畫嗎？

女：好的。首先是外國人的部分，確實會因語言而產生誤解或誤會。所以，我們讓他們和日本的看護搭檔工作，並計畫未來逐步增加這類人員的數量。

接下來是主婦，目前我們正面臨人手不足的情況，主婦們一開始似乎對從事照護工作有些抗拒。所以我們設法讓她們先從休閒活動或經營咖啡店等工作開始。

男：原來如此。另外，值得注意的是銀髮族的運用，這方面情況如何呢？

女：對，這些人員主要是由銀髮族人力資源中心派遣的。現在60、70歲的人們依然精力充沛，主要的工作是與使用者待在一起，提供陪伴。尤其是男性員工，他們在工作中看起來充滿活力又快樂，讓人感到溫馨又感動。

男：哇，真是這樣嗎？這些人都是退休士吧？

女：是的，沒錯。他們原本是在一流企業工作的上班族。現在則是穿著圍裙，在非常和善融洽的氛圍中，幫忙照顧使用者的日常小事，或是當他們的談話對象。今後，我們也希望能更加細緻地探索這些人力資源的活用方式。

女子說未來特別希望能夠活用哪些人力資源？

1 外國人
2 主婦族群
3 銀髮族女性
4 退休後的男性

解說 照護機構招聘各類型的員工，其中最為活躍的是已經退休的男性，並表示未來會繼續探索這些人員的活用方式。

詞彙 介護：照護 │ 深刻化：嚴重化 │ 幅広い：廣泛 │ 採用：錄用 │ 試みる：嘗試 │
今後：今後、未來 │ 生じる：產生 │ 抵抗感：排斥感 │ 工夫：辦法 │ 寄り添う：靠近 │
ほほえましい：令人感到溫馨的 │ 定年退職：退休 │ 探る：探索、尋找

第3題
請先聽完對話與兩個問題，再從選項 1～4 中選出最適當的答案。

3番 🎧 Track 5-5-03

テレビでアナウンサーが目のお医者さんに質問しています。

女1：オフタイムなどに、のんびり長時間スマホを使いたい時、目の負担を軽くする姿勢や工夫があったら教えてください。

男1：そうですね。スマホはパソコンよりもさらに近い距離で見るので、毛様体筋の負担を減らすためには近くを楽に見るための度が入ったメガネの使用をおすすめします。また軽い近視の方は、裸眼でスマホを見る方が目に負担がかかりません。眼科医としては長時間のスマホは奨励しませんが、スマホを見る時の注意点をあげておきます。まず、30分ごとに1回、10分間の休憩をはさむことを心掛けましょう。次に、スマホを顔から30～40cmは離して、首を曲げずになるべく視線だけ下げて見るようにしましょう。また、意識的に瞬きを増やし、時々遠くを見ることを習慣にしましょう。最後にスマホ画面の照度を落としましょう。
⋯

女2：ああ、参考になるわね。こういうことに注意しなくちゃだめよね。

男2：うん、ぼくも最近目がしょぼしょぼするんだよ。スマホ病だね。

女2：私も肩は凝るし、首がつらいのよ。

男2：だったら、顔からスマホを離して、姿勢に気をつけた方がいいね。

女2：これから意識して見ることにするわ。

第3題

電視上，主播正在向眼科醫生提問。

女1：在休息時間等想要輕鬆地長時間使用手機時，有什麼姿勢或方法可以減輕眼睛的負擔呢？請跟我們分享一下。

男1：嗯，手機比電腦更接近眼睛，所以為了要減少睫狀肌的負擔，我建議戴上有度數的眼鏡來輕鬆看近處的物品。另外，輕微近視的人裸眼看手機反而對眼睛負擔較小。作為一個眼科醫生，我不推薦各位長時間使用手機，但我可以提供一些看手機時的注意事項。首先，記得每 30 分鐘休息一次，每次休息 10 分鐘。接著，將手機保持在離臉部 30 到 40 公分的距離，避免彎曲脖子，盡可能只讓視線向下看。另外，有意識地增加眨眼次數，並養成偶爾看遠處的習慣。最後就是要降低手機畫面的亮度。
⋯

女2：啊，這些話很有參考價值呢。我們真的必須注意這些事情。

男2：嗯，我最近也覺得眼睛疲勞睜不開，應該就是手機病吧。

女2：我也是肩膀僵硬，脖子也很痛。

男2：那最好要把手機拿遠一點，還要注意姿勢。

女2：以後我會有意識地這樣看。

男2：ぼくも、いつもスマホをじっと見過ぎているから、ときどき外の緑なんかを見るようにしようっと。
女2：お互いに気をつけましょうね。

質問1
男の人が気を付けることは何ですか。

1　スマホ用のメガネをかける
2　スマホを見る時の姿勢
3　瞬きをして、遠くを見る
4　スマホの明るさの調整

質問2
女の人が気を付けることはですか。

1　スマホ用のメガネをかける
2　スマホを見る時の姿勢
3　瞬きをして、遠くを見る
4　スマホの明るさの調整

男2：我也常常盯著手機看太久，應該偶爾看看外面的綠色景物來休息一下。
女2：我們一起互相注意吧！

問題1
男子應該注意的事項是什麼？

1　配戴手機專用的眼鏡
2　看手機時的姿勢
3　眨眼並看遠處
4　調整手機亮度

問題2
女子應該注意的事項是什麼？

1　配戴手機專用的眼鏡
2　看手機時的姿勢
3　眨眼並看遠處
4　調整手機亮度

解說　問題1：男子說因為使用手機而感到眼睛不適。眼科醫生建議這種時候要經常眨眼並多看遠處，男子也同意這樣做。
問題2：女子說肩膀僵硬且脖子很痛，當男子提醒她要注意姿勢時，她也同意了。

詞彙　姿勢：姿勢　｜　工夫：辦法　｜　毛様体筋：睫狀肌　｜　裸眼：裸眼、裸視　｜　奨励：鼓勵　｜
はさむ：插入、穿插　｜　心掛ける：記住、注意　｜　瞬き：眨眼　｜　照度：亮度　｜
しょぼしょぼする：眼睛疲勞睜不開　｜　凝る：僵硬　｜　調整：調整

JLPT 新日檢 N1 合格實戰模擬題

作　　者：黃堯燦 / 朴英美
譯　　者：張書懷 / 林建豪
企劃編輯：王建賀
文字編輯：王雅雯
設計裝幀：張寶莉
發 行 人：廖文良

發 行 所：碁峯資訊股份有限公司
地　　址：台北市南港區三重路 66 號 7 樓之 6
電　　話：(02)2788-2408
傳　　真：(02)8192-4433
網　　站：www.gotop.com.tw
書　　號：ARJ001400
版　　次：2025 年 08 月初版
建議售價：NT$699

國家圖書館出版品預行編目資料

JLPT 新日檢 N1 合格實戰模擬題 / 黃堯燦, 朴英美原著；張書懷,
　林建豪譯. -- 初版. -- 臺北市：碁峯資訊, 2025.08
　　面；　公分
　ISBN 978-986-502-380-5(平裝)
　1.CST：日語　2.CST：能力測驗
803.189　　　　　　　　　　　　　　　　　　108022070

商標聲明：本書所引用之國內外公司各商標、商品名稱、網站畫面，其權利分屬合法註冊公司所有，絕無侵權之意，特此聲明。

版權聲明：本著作物內容僅授權合法持有本書之讀者學習所用，非經本書作者或碁峯資訊股份有限公司正式授權，不得以任何形式複製、抄襲、轉載或透過網路散佈其內容。
版權所有‧翻印必究

本書是根據寫作當時的資料撰寫而成，日後若因資料更新導致與書籍內容有所差異，敬請見諒。若是軟、硬體問題，請您直接與軟、硬體廠商聯絡。